식물분류학자가 들려주는
우리 곁 식물 이야기

솟은땅 너른땅의 푸나무

솟은땅 너른땅의 푸나무
식물분류학자가 들려주는 우리 곁 식물 이야기

2012년 3월 5일 초판 1쇄 발행
글과 사진 유기억 그림 홍정윤

펴낸이 이원중 **책임편집** 김명희 **디자인** 박선아
펴낸곳 지성사 **출판등록일** 1993년 12월 9일 **등록번호** 제10 - 916호
주소 (121 - 829) 서울시 마포구 상수동 337 - 4 **전화** (02) 335 - 5494~5 **팩스** (02) 335 - 5496
홈페이지 www.jisungsa.co.kr **블로그** blog.naver.com/jisungsabook **이메일** jisungsa@hanmail.net
편집 주간 김명희 **편집팀** 김찬 **디자인팀** 정애경

ⓒ 유기억, 2012

ISBN 978 - 89 - 7889 - 251 - 3 (03480)

잘못된 책은 바꾸어드립니다. 책값은 뒤표지에 있습니다.

이 도서의 국립중앙도서관 출판시 도서목록(CIP)은 e-CIP 홈페이지(http://www.nl.go.kr/ecip)에서 이용하실 수 있습니다. (CIP제어번호: CIP2012000657)

식물분류학자가
들려주는
우리곁 식물이야기

솟은땅
너른땅의
푸나무

유기억 지음 | 홍정윤 그림

 지성사

| 머리말 |

　　식물분류학을 공부해 보겠다고 마음먹은 지가 벌써 27년이나 지났다. 되돌아보면 해놓은 일도 별로 없이 귀중한 시간만 흘려보낸 것 같다. 산을 잘 타지도 못할 뿐더러 주말에도 쉴 틈이 없어 몇 번이고 후회하기도 했지만, 태생인 촌놈 기질은 어쩔 수 없나 보다. 지금은 어린 시절을 시골에서 보낸 것에 대해 두 손을 들어 하루 종일 감사의 표시를 해도 지나치지 않을 만큼 훌륭한 선생님 같은 시간이었다고 생각한다. 그래도 다행스러운 것은 그런 경험이 바탕이 되고 나름대로 노력한 결과로 같은 분야에 관심을 가지고 있는 학생들을 가르치는 선생이 되었으니 그 감사에 대한 보답은 어느 정도 한 것 같다. 그런데 아직까지 해결하지 못한 문제가 한 가지 남아 있다. 어떻게 하면 일반인들에게 식물에 대한 이해와 관심을 갖게 하느냐 하는 것이다. 식물도감으로는 한계가 있는 것 같고 그렇다고 화려한 사진으로만 되는 것도 아닌 것 같다. 고민의 시작은 오래되었지만 그것을 해결해 보자고 욕심을 낸 것은 불과 몇 년 전이다. 기회가 좋았던 것은 우연히 우리 대학에서 발행하는 〈강대〉 신문에 매주 식물을 설명할 수 있는 지면을 얻은 것이다. 2004년부터 하나하나

글을 써나가다 보니 8년이 지난 지금에는 사계절을 대표할 수 있는 종류들은 모두 소개된 것 같다. 이 내용을 기초로 하여 여기에 좀 더 쉬운 설명문을 붙여 본다면 여러 사람들이 쉽게 읽을 수 있을 뿐만 아니라 관심도 이끌어 낼 수 있는 내용이 되지 않을까?

이 책의 집필은 이렇게 시작되었다. 책의 시작은 식물분류학이 어떤 학문분야인지를 알아보기 위한 분류학 엿보기로 문을 열었다. 이어서 본문과 분포도에 사용한 용어와 그림으로 만든 범례 등을 자세히 설명하여 독자들의 이해를 도왔다. 한편 본문의 내용에서는 각 식물이 가지고 있는 여러 가지 특징, 학명과 이름의 유래, 전설, 유사한 종과의 차이점, 그리고 용도 등을 총망라하여 설명했다. 식물학적 특징 외에 내용의 앞쪽에는 식물을 설명하기 위한 도움닫기 형식의 문장으로 꾸며져 있는데, 그 내용은 필자가 직접 체험한 경험담이나 식물조사 때 있었던 에피소드 등이다. 내용의 마무리는 종류별 분포도와 개화기, 결실기, 그리고 주요 형질 등을 도식화하여 모든 특징을 한눈에 알아볼 수 있도록 정리했다.

이 책에 등장하는 100가지의 식물 종류는 식물학적으로 희귀하거나 중요한 식물이 아니라 우리 주변에서 쉽게 만날 수 있는 것들이다. 따라서 자생식물 이외에도 귀화식물이나 재배식물도 포함되어 있다. 읽는 이의 편의를 위해 '겨울에서 봄', '여름에서 가을' 하는 식으로 계절별로 구분해 정리한 책 속에는, 주인공인 100종류의 식물 이외에 비교 설명을 위한 비슷한 종류와 보충 설명을 위한 식물이 800여 분류군이나 등장한다. 이 정도면 우리나라 식물의 약 20퍼센트에 해당하니 요놈들만 어지간히 알아도 어디 가서 한 목소리를 낼 수 있는 수준은 될 것 같다. 또 직접 찍은 600여 장의 사진도 책의 내용을 이해하는 데 도움이 되리라 믿는다.

이 책이 나오기까지는 아내의 노력도 컸다. 정성 들여 손수 그린 39장의 그림이 책의 내용을 더 빛나게 해주었기 때문이다. 또 함께 야외조사를 다니고 원고의 완성도를 높이기 위해 이런저런 노력을 해준 식물분류학 연구실 식구들도 한몫을 했다.

　학문을 시작한 지 30여 년이 가까워서야 졸작을 한 편 세상에 내어 놓는다. 나름대로 최선은 다했지만 부족한 곳이 많을 줄 안다. 그럼에도 이 책을 통해 식물을 바라보는 관심의 눈이 조금이라도 열리는 독자들이 생겼으면 하는 바람이다.

　끝으로 책이 나오기까지 무던히 노력해 주신 지성사의 이원중 사장님과 직원들에게 감사의 말을 전하며, 이 책을 사랑하는 가족들에게 바친다.

유기억

| 글 싣는 순서 |

머리말 4

식물분류학 엿보기 12

주요 용어와 범례 16

겨울부터 봄까지

1. 그리움의 상징, 동백나무 24
2. 사랑을 꿈꾸는 이들을 위한 선물, 겨우살이 30
3. 봄날, 축복을 내리는 복수초 35
4. 부처, 부채, 독약의 삼각관계를 말하는 앉은부채 39
5. 어디서나 봄봄이고 싶은 보춘화 45
6. 산에 피는 동백나무? 산수유? 생강나무? 49
7. 잠 못 이루는 밤은 제비꽃과 함께 54
8. 이른 봄의 털북숭이 꽃다지 61
9. 노루귀는 노루의 귀를 닮았다 65
10. 꽃말이 봄의 꽃마리 71
11. 우리의 벚꽃 왕벚나무 76
12. 고개 숙인 백발의 할미꽃 81
13. 늘 우리 곁에 머무르는 회양목 87
14. 전국을 어우르는 개나리 91

15. 천하를 호령한 장수의 상징인 주목 95

16. 민들레와 서양민들레는 친하지 않다 100

17. 활짝 핀 노란 얼굴의 양지꽃 105

18. 봄의 전령사, 봄맞이 111

19. 오이 냄새가 나는 고광나무 115

20. 노란 산수화 한 자락을 그리는 피나물 121

21. 산 위에 하늘정원을 꾸미는 얼레지 125

22. 봄기운을 타고 내리는 하얀 별을 닮은 모데미풀 131

23. 혼자 있어 외로운 홀아비바람꽃 135

24. 이름 뒤에 숨은 아름다움이 있는 깽깽이풀 141

25. 나그네의 풍성한 향기를 간직한 산돌배 146

26. 곰취와 닮은꼴인 동의나물 152

27. 미스김라일락의 사촌, 수수꽃다리 157

28. 이루지 못한 사랑의 그리움, 목련 163

29. 행복을 약속해 주는 은방울꽃 168

30. 쓰임새가 많아 행복한 미치광이풀 173

31. 사뿐히 즈려밟고 가시옵소서, 진달래와 철쭉 178

32. 친한 친구 같은 소나무와 금강소나무 185

33. 해맑은 순수함으로 구애하는, 꿩을 닮은 꿩의바람꽃 191

34. 이름과 모양이 딱 맞아떨어지는 삼지구엽초 197

35. 수줍은 아름다움을 간직한 족도리풀 202

36. 거듭거듭 이어나가는 모습을 닮은 층층나무 207

37. 우리네 삶을 함께하는 친구 같은 느티나무 212

38. 꽃도 보고 잎도 보고 도랑 치고 가재 잡는 귀룽나무 217

39. 진짜를 찾기가 쉽지 않은 단풍나무 223

40. 손때 묻지 않은 수려함을 간직한 개느삼 229

41. 함박웃음 가득한 함박꽃나무 234

42. 봄맛을 간직한 냉이 241

43. 야생의 사랑초, 괭이밥과 큰괭이밥 247

44. 늦가을이 담긴 식물, 노박덩굴 252

45. 잡초라고 불려 슬픈 뚝새풀 257

46. 잎, 꽃, 열매의 아름다운 삼중주, 마가목 262

47. 외면하게 하는 향기를 지닌 미모의 백선 268

48. 접시와 부처님 머리를 닮은 백당나무와 불두화 272

49. 추어탕 맛의 비밀을 간직한 산초나무와 초피나무 278

50. 버릴 것이 하나도 없는 감나무 283

51. 향기 나는 눈 뭉치 꽃을 가진 쪽동백나무 288

52. 주렁주렁 추억을 매달고 있는 뽕나무와 산뽕나무 293

53. 찔레나무의 꽃은 흰색이다 299

54. 진짜 나무이자 도토리묵을 만드는 신갈나무 305

55. 조심스레 얘기할래요, 개불알꽃 312

56. 청산별곡과 다래 317

초여름부터 가을까지

57. 금빛 비단 주머니를 가진 금낭화 324

58. 백 리까지 퍼지는 향기를 지닌 백리향 328

59. 깊은 산골짜기 속 숨겨진 보물, 개병풍 333

60. 식물계의 카멜레온, 쥐오줌풀 338

61. 산삼 친구이자 너도 삼인 고삼 344

62. 숲 속의 까치 같은 반가운 얼굴, 까치박달 348

63. 초롱초롱 작은 종, 초롱꽃 353

64. 초록빛 고깔을 쓴 소녀 같은 백부자 357

65. 고부간의 갈등이 담긴 며느리밑씻개 362

66. 가을의 시작을 알리는 붉나무 366

67. 가냘프지만 쓰임이 다양한 고추나물 371

68. 영원한 사랑과 따뜻한 애정을 간직한 도라지 376

69. 주황머리 동자승을 닮은 동자꽃 381

70. 제 이름이 슬픈 꽃, 뻐꾹나리 385

71. 숨바꼭질하는 녹색나비, 나비나물 391

72. 며느리의 슬픔을 간직한 꽃며느리밥풀 396

73. 만병통치약 같은 만삼 401

74. 소박하지만 화려한 매력의 마타리와 뚝갈 407

75. 어머니의 병을 고친 익모초 412

76. 보라빛 매력 발산하는 작살나무 417

77. 나리 중의 나리 참나리 423

78. 고란사 절벽에 숨어 자라는 고란초 428

79. 진정한 야생초의 왕, 왕고들빼기 433

80. 등골처럼 생긴 등골나물 439

81. 향기가 슬픈 송장풀 444

82. 라틴의 피와 동양의 포용심이 만난 산오이풀 448

83. 한약방의 감초 같은 고본 454

84. 얽히고설킨 갈등의 상징, 칡과 등 458

85. 대나무 잎을 닮은 닭의장풀 463

86. 부동의 혹사마귀 같은 혹쐐기풀 469

87. 오누이의 슬픈 전설을 간직한 금강초롱꽃 474

88. 함께하고픈 보랏빛 보조개를 가진 나도송이풀 480

89. 번식의 왕 벌개미취 485

90. 밀짚의 윤기를 가진 여우오줌 491

91. 아주까리와 피마자 495

92. 하얀 꽃 잔치 미국쑥부쟁이 500

93. 곤드레나물로 더 유명한 고려엉겅퀴 506

94. 가을을 닮은 청아한 보라색 꽃의 용담 511

95. 물가에 사는 예쁜 장난감, 물봉선 516

96. 외로운 계절을 홀로 지키는 빈 들의 색시, 산국과 감국 522

97. 옛 친구가 그린 수채화 같은 개미취 526

98. 로마 병사의 투구를 닮은 투구꽃 531

99. 갈대와 억새, 그리고 으악새의 관계는? 536

100. 감자를 닮았지만 소속이 다른 뚱딴지 542

찾아보기 548

식물분류학 엿보기

식물분류학은 어떤 학문일까?

생물 교과서에서는 분류학分類學이란 '생물 간의 유사성과 차이점 전체를 가장 잘 반영하는 분류체계를 수립하는 학문'이라 정의하고 있다. 이것을 위해서는 동물과 식물의 다양성에 대한 연구가 기초적으로 이루어져야 하고 각 분류군에 대한 동정, 명명 및 분류가 가능해야 한다. 생물을 분류하기 위해 정보를 얻을 수 있는 분야도 시대에 따라 많은 변화가 있었는데, 지금은 외부형태학을 기초로 하여 발생학, 해부학, 화분학, 유전학, 생리학, 생화학, 생태학, 고생물학, 생물지리학, 그리고 분자계통학까지 동원되고 있다. 최근의 분류학은 이 모든 정보가 동원된 종합과학의 복합체로 발전했다. 그러다 보니 분류학은 생물학에서 가장 기본이 되는 분야로 인정받고 있다. 이렇게 되기까지 오랫동안 축적된 다양한 정보가 기반이 되었음은 당연한 일이다.

그중 가장 큰 역할을 한 것은 생물 표본이다. 식물을 예로 들어 보면, 식물 표본이 분류학의 근거 자료로서 역할을 하게 된 것은 지금보다 600년이나 앞선 1400년대로 거슬러 올라간다. 그때부터 어느 곳에 어떤 식물이 살고 있는지에 관심을 갖고 그에 대한 자료를 수집하고 보관하는 표본 수집과 표본관이 발달하게 되었다. 이러한 자료들은 식물도감이나 식물지 형태로 출판되어 문헌으로 남아 있어서 지금까지도 인용되고 있다. 기초 자료의 축적은 특정 분류군에 대하여 좀 더 정밀한 연구가 가능하도록 하는 실험 자료로서의 기능을 했다. 최근에는 모든 생물학적 근거에 기초한 계통발생적 유연관계를 토대로 하는 완벽한 분류체계를 수립하는 시기가 되었다. 이로써 말 그대로 전 형질적 분류체계全形質的分類體系를 만들어 내는 것이 분류학의 최종 목표라 할 수 있다.

식물 이름은 어떻게 지을까?

분류학은 이름을 알고 새로운 이름을 붙이는 것이 가장 중요하다. 식물의 명명은 국제식물명명규약International Code of Botanical Nomenclature, ICBN에 따른다. 이 규약은 한 나라의 헌법과 마찬가지로 이름을 붙이는 데 가장 기본이 되는 내용부터 최종적으로 이름을 얻기까지 필요한 모든 내용을 담고 있다. 이러한 규약을 정해 놓은 이유는 식물의 이름과 분류에 안전성과 고정성을 꾀하고, 전 세계적으로 식물 한 종의 이름은 반드시 하나만 갖게 한다는 데에 있다.

이 법은 1737년 스웨덴의 식물학자 린네Linne가 명명에 기초가 되는 초안을 제안하면서 시작되었다. 그 후 이 규약에 대한 문제점이 제기되거나 개정해야 할 내용이 생기면 전 세계를 돌며 6년마다 주기적으로 개최되는 국제식물학회 회의에서 투표로 결정하고 있다. 학명學名이라 부르는 식물의 이름은 속명屬名과 종소명種小名 그리고 명명자命名者를 차례대로 쓰는 이명법二名法을 사용하므로 동물의 명명법과는 차이가 있다.

학명은 반드시 라틴어 또는 라틴어화하여 붙인다. 예를 들어 벼의 학명 *Oryza sativa* L.에서 '*Oryza*'는 속명이고 '*sativa*'는 종소명이며 'L.'은 명명자로 Linne의 약자다. 속명의 첫 글자는 반드시 대문자로, 종소명의 첫 글자는 소문자로 쓰되 이탤릭체로 눕히며, 명명자는 정자체로 쓰고 첫 글자는 대문자로 써야 한다. 학명을 라틴어로 표현하지 못할 때는 속명과 종소명에 밑줄을 그어 다른 단어와 구별해 준다.

새로운 종에 이름을 붙일 때는 학명뿐만 아니라 그 식물의 기준이 되는 정기

준표본正基準標本, holotype을 1장 만들어야 하며, 이 모든 정보는 논문으로 만들어 정기학술지에 발표해야 새로운 종으로서 효력을 발휘할 수 있다. 속명과 종소명은 가능한 한 그 식물의 특징을 잘 나타내는 단어로 만드는 것이 좋다. 식물의 정식 이름은 오직 하나뿐이므로 지방에서 부르는 지방명地方名이나 구전되어 내려오는 이름은 가급적 피해야 한다.

어떻게 하면 식물 분류를 잘할 수 있을까?

사진을 찍는 작가들을 만나거나 대학의 사진 동아리방에 가면 항상 듣게 되는 말이 있다. 좋은 사진을 찍으려면 '많이 걷고 많이 생각하고 많이 찍어야 한다' 는 조언이다. 하루아침에 훌륭한 작가가 될 수 없다는 뜻으로, 수십 컷을 찍었어도 마음에 차지 않으면 미련 없이 휴지통에 버려야 한다는 프로 정신을 강조하는 말이다. 어찌 보면 식물분류학을 공부하는 것도 이와 비슷한 것 같다. 약 4,000종류나 되는 우리나라에 사는 식물을 한꺼번에 알 수 있는 방법은 없을 테니까 말이다.

그렇다면 식물 분류를 잘할 수 있는 방법은 없는 것일까? 모든 일이 그러하듯 학문도 첫걸음이 중요하다. 분류의 첫 단계는 눈에 보이는 형태로 구분하기 때문에 형태 분류形態分類가 가장 중요하다고 할 수 있다. 형태 분류를 잘 하려면 세 가지를 잘해야 한다. 첫째는 사진작가들처럼 많이 걷고 많이 보는 것이다. 나는 지난 20여 년 동안 매년 100일 이상을 야외조사하는 데 쓰고 있다. 여러 곳을 돌아다니며 관찰해야 하나의 종에 여러 변이 형태를 볼 수 있고, 지역마다 나타나는 독특하고 다양한 식물 분포를 확인할 수 있기 때문이다.

둘째는 같은 장소, 같은 경로를 계절별로 연속해서 여러 번 가보는 것이다. 전국 대부분이 온대기후의 특성을 보이는 우리나라는 사계절이 뚜렷한 편이다. 따라서 계절별로 변해가는 식물의 모습 역시 다양하다. 이른 봄이면 뿌리에서 첫 번째

잎과 줄기가 올라오고 여름에는 영양기관이 완성되어 가며, 봄부터 피기 시작한 꽃은 가을까지 활짝 피었다 지면서 열매를 맺고 날씨가 추워지면서 서리를 맞아 식물체의 모습은 서서히 변해간다. 이런 과정을 연속해서 관찰해야 식물 한 종의 모든 생활사를 볼 수 있게 되기 때문이다.

셋째는 각 종류를 구별할 수 있는 핵심형질核心形質, key character을 잘 알아 두어야 한다. 도감을 읽다 보면 식물 전반에 걸친 특징을 나열한 내용을 보게 되는데 그 형질을 모두 외우고 익힌다는 것은 그리 쉬운 일이 아니다. 따라서 기본적으로 식물과 관련된 용어를 알아 두고 그 종류를 구별할 수 있는 핵심형질을 기억해 둔다면 분류는 쉬워질 것이다. 이런 형질을 부각시켜서 우리나라에 분포하는 모든 식물에 대한 검색표檢索表가 만들어져 출판된 것도 있지만, 형질은 보는 관점에 따라 달라질 수 있으므로 나만의 검색표를 만들어 보는 것이 중요하다.

주요 용어와 범례

　푸나무풀과 나무 이야기를 쓰면서 식물을 설명하기 위해 사용하는 용어를 최대한 쉽게 쓰려 했으나 한계가 있었다. 너무 쉽게 풀어쓰면 지면이 늘어나고 그렇다고 원래의 용어를 그대로 사용하자니 나 자신도 어렵게 느끼는 부분이 있었다. 고민 끝에 본문은 풀어쓰기와 기재에 필요한 용어를 조화롭게 섞어 사용했는데, 이들을 정리해 보니 크게 9가지 항목이었다.

　식물의 분포나 식물학적 특징, 이름, 그리고 용도 등은 여러 가지 문헌을 참고했다. 주로 인용에 사용한 문헌은 『원색한국기준식물도감이우철, 1996』, 『원색한국본초도감안덕균, 2003』, 『원색대한식물도감이창복, 2005』, 『한국식물도감이영노, 2006』, 『국가표준식물목록국립수목원 · 한국식물분류학회, 2007』 등이다. 본문에 사용한 용어와 분포도에서 사용한 예를 정리해 보았다.

1. 분포의 범위

　각 식물종의 분포는 우리나라의 특별시, 광역시, 도의 경계를 지도에 표시한 후 분포 범위를 기록했으며 흔하게 분포하는 경우진한 색와 드물게 분포하는 경우빗금 사선로 구별하여 표시했다.

　　　　고른 분포　　　드문 분포

2. 개화기와 결실기

꽃이 피는 개화기와 열매를 맺는 결실기는 1년을 기준으로 12달로 표시했으며, 개화기는 해당 월에 노란색으로, 결실기는 해당 월에 진한 황색으로 구별해 표시했다. 예를 들어 어떤 식물이 6~7월에 꽃이 피고 9~10월에 열매를 맺는다면 아래와 같이 표현된다.

3. 생육 기간

생육 기간은 한해살이1년생, 一年生, 두해살이2년생, 二年生, 그리고 여러해살이다년생, 多年生 식물로 구분하여 아래 그림처럼 표시했다.

4. 식물의 형태

식물의 형태는 크게 나무목본와 풀초본로 나눴다. 나무는 다시 높이에 따라 8미터 이상은 큰키나무교목, 喬木, 2~8미터는 작은키나무아교목, 亞喬木, 그리고 0.8~2미터는 떨기나무관목, 灌木로 세밀하게 나눴다.

5. 잎의 종류와 잎차례

잎은 1장의 잎으로 구성된 단엽單葉, 여러 장의 작은 잎이 모여 완성된 복엽複葉, 손바닥처럼 갈라지는 장상엽掌狀葉, 소나무 종류처럼 뾰족한 침엽針葉, 바늘잎으로 구분했다. 잎차례는 마디에 2장의 잎이 마주 달리면 마주나기대생, 對生, 서로 어긋나 달리면 어긋나기호생, 互生, 마디 1개에 적어도 3장 이상의 잎이 달리면 돌려나기윤생, 輪生 등으로 나눴다.

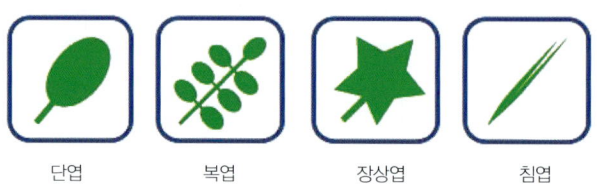

단엽   복엽   장상엽   침엽

6. 줄기의 종류와 습성

줄기는 곧게 서는 직립경直立莖, 땅을 기어가는 포복경匍匐莖, 땅속으로 뻗어가는 지하경地下莖, 다른 물체를 감고 올라가는 덩굴형 줄기인 만경蔓莖, 그리고 스스로 살아가지 못하고 다른 식물에 기대어 사는 기생형寄生形으로 세밀하게 나눴다.

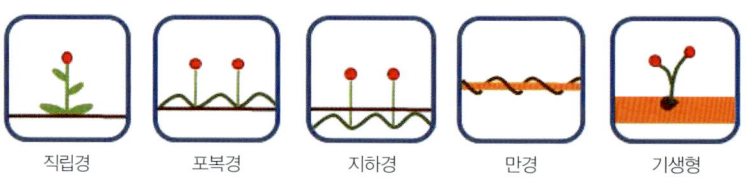

직립경   포복경   지하경   만경   기생형

7. 꽃차례

꽃차례, 즉 화서花序는 꽃이 꽃줄기에 달린 모양을 표현하는 것이다. 총상꽃차례總狀花序는 꽃 축이 길게 자라고 꽃에는 작은 꽃자루도 발달하지만 꽃줄기가 갈라지지 않는 것을 말하는 데 비해 작은 꽃줄기가 여러 차례 갈라져 전체가 고깔 모양

의 꽃차례를 이루는 것은 원추꽃차례圓錐花序라고 한다. 산방꽃차례繖房花序는 층층나무처럼 꽃차례의 끝이 거의 같은 높이로 자라서 편평한 구조를 만드는 것이며, 산형꽃차례傘形花序는 길이가 거의 같은 꽃차례들이 비슷한 지점에서 갈라져 우산처럼 생긴 것을 말한다. 꽃줄기의 중앙에 있는 꽃이 먼저 핀 다음 주변의 꽃이 피는 것은 취산꽃차례聚繖花序라 하며, 민들레나 개미취처럼 혓바닥 모양의 설상화나 통 모양의 통상화가 한꺼번에 여러 개 모여 꽃줄기의 가장 윗부분에 달리는 것은 두상꽃차례頭狀花序라고 한다. 또 목련처럼 줄기 끝에 1개의 꽃만이 달리면 단정꽃차례單頂花序, 작은 꽃자루 없이 통통한 육질에 꽃만 밀집해서 달리고 불염포라는 보호기관에 둘러싸여 있는 것은 육수꽃차례肉穗花序라고 한다. 벼과나 사초과 식물에서 볼 수 있는 특이한 형태로 꽃줄기는 길게 자라지만 작은 꽃자루가 거의 없는 것은 소수꽃차례小穗花序라 하며, 이런 형태가 여러 개 모여 길게 자란 것은 수상꽃차례穗狀花序라 한다. 밤나무의 수꽃처럼 꼬리 모양으로 길게 늘어지는 꽃 축에 여러 개의 꽃이 달리는 것은 미상꽃차례尾狀花序, 마디에 꽃이 돌려나는 것은 윤생꽃차례輪生花序라 한다. 한편 소나무는 수꽃과 암꽃이 따로 피는데 수꽃은 새로 나온 가지의 밑부분에, 그리고 암꽃은 새로 난 가지의 끝부분에 달린다.

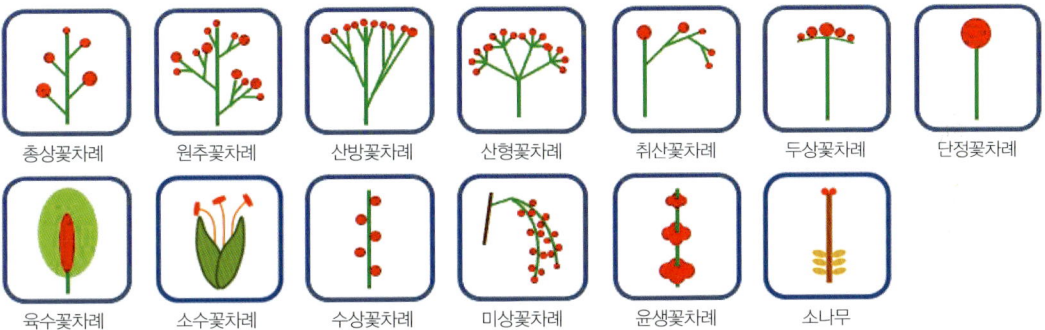

8. 열매의 종류

열매는 씨방이 성숙한 상태를 말한다. 튀는 열매로 알려진 삭과蒴果는 성숙하면 배봉선을 따라 열매의 껍질이 터지면서 씨가 밖으로 튕겨나간다. 골돌과蓇葖果는 쪽꼬투리 열매로 여러 개가 붙어 있으며 익으면 각각이 배봉선을 따라 열려 씨가 방출된다. 솔방울처럼 생긴 열매는 구과毬果에 속하며, 단풍나무처럼 날개가 붙어 있는 열매는 시과翅果라고 한다. 참나무 종류의 도토리 같은 열매는 견과堅果라고 하며, 벼과 식물처럼 열매껍질은 막질이고 씨껍질이 열매껍질과 붙어 있는 것은 영과穎果라 한다. 콩꼬투리처럼 생긴 것은 모두 협과莢果에 속하고, 포도처럼 안쪽에 딱딱한 껍질에 의해 둘러싸인 씨가 있고 성숙해도 껍질이 열리지 않는 장과漿果는 물열매라고도 한다. 사과나 배처럼 씨방과 꽃턱화탁, 花托의 일부가 변형되어 만들어진 이과梨果도 있다. 핵과核果는 앵두처럼 열매 중심에 나무처럼 딱딱한 껍질에 씨가 들어 있는 종류이고, 수과瘦果는 민들레처럼 껍질이 딱딱하고 성숙해도 열리지 않으며 대개 1개의 씨방에 1개의 씨가 달리는 종류로 끝에는 날개가 있거나 없다. 분열과分裂果는 가운데 부분에 몇 개의 씨가 달려 있다가 성숙하면 떨어져 나가는 것을 말한다. 한편 고사리 종류는 열매를 맺지 못하는 대신 포자를 만들어 번식하는데 대부분 잎의 뒷면에 갈고리나 원형 또는 막대기 모양으로 달리며 성숙하면 터지면서 포자가 방출된다.

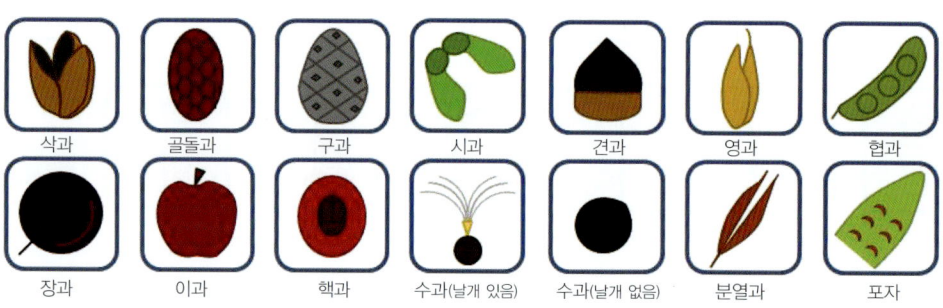

9. 용도

식물의 용도는 약으로 쓰면 약용, 먹을 수 있는 식용, 목재로 이용하는 목재용, 그리고 관상용으로 구분했다. 그러나 용도가 여러 가지일 때는 많이 이용되는 것으로 표시했다.

겨울부터
봄까지

그리움의 상징, 동백나무

　　불혹의 나이를 넘어선 분들은 우리나라 국민가수로 인정받고 있는 이미자 씨를 알 것이다. 목소리가 얼마나 아름다우면 '엘레지의 여왕'이라고 했을까? 사랑과 동경, 그리움과 슬픔을 주제로 한 가사를 애절하게 표현하는 목소리가 꽃의 여왕으로 불리게 된 동기가 아닐지. 1964년 발표한 「동백아가씨」는 가신 님을 그리워하며 그 외로움을 동백꽃에 비유한 가사 그대로가 아픔이다. 가사를 음미해 보면 마치 일제강점기 때 자유를 위해 핍박과 억눌림으로부터 벗어나려는 애절함이 묻어나는 듯하다. 그래서인지 이 노래는 발표된 지 얼마 안 되어 당시 방송윤리위원회로부터 금지곡으로 묶여 1984년 해금될 때까지 공식적으로는 부를 수 없는 노래였다. 금지곡으로 지정한 이유는 경제 발전을 위해 꾸준히 노력해야 할 시기에 이렇게 애절한 노랫말은 국민 정서에 좋지 않다는 것이었다. 사실은 한국과 일본과의 국교 정상화 시기와 맞물려 있던 때라서 정치외교적 배경도 한몫했다는 뒷이야기도 있다.

동백나무 Camellia japonica는 우리나라 식물의 분포에 따른 8개 구계구분區系區分 가운데 남부아구를 특징짓는 대표 종이다. 따뜻한 곳을 좋아해 충청남도 이남이나 남쪽 섬 지역 또는 해안가에 주로 분포하며, 강원도 지방에서는 실내에서 관상용으로 기른다. 야생으로는 인천광역시 옹진군의 대청도가 분포의 북한계선으로 알려져 있으며, 이 지역의 동백나무 자생지는 천연기념물제66호로 지정되어 있다. 동백나무 꽃은 꽃가루받이수분, 受粉가 독특하다. 대부분의 종자식물은 벌이나 나비 같은 곤충이 주로 꽃가루받이를 해 주는데 동백꽃은 '동박새'라는 새의 힘을 빌린다. 이런 종류의 꽃을 조매화鳥媒花라 하는데, 꽃이 크고 화려한 식물이 많은 열대 지방에서 볼 수 있다. 바나나, 파인애플, 선인장 등이 이에 속하는데 우리나라 식물 중에서는 동백나무가 유일한 것 같다. 동백꽃도 많은 꿀을 만들어 내지만 꽃 피는 시기가 너무 일러 곤충이 활동하기 전이라 동박새가 임무를 대신하는 것이다.

속명 'Camellia'는 동남아시아 식물 연구의 선구자인 체코슬로바키아의 선교사 카멜G.J. Kamell을 기념하기 위해 붙인 이름이며, 종소명 'japonica'는 일본에서 자란다는 뜻이다. 동백나무라는 우리 이름은 겨울에도 꽃이 피며 늘 푸른 잎을 가진 식물이란 뜻인 것 같다. 동백나무에 비해 어린 가지와 잎 뒷면의 맥, 씨방 등에 털이 있는 품종은 '애기동백나무'라 하며, 흰 꽃이 피는 개체는 '흰동백나무'로 구분한다. 동백나무는 녹나무과Lauraceae에 속하는 생강나무의 다른 이름으로 쓰이기도 하며, 지방에 따라서는 '동백', '뜰동백나무' 또는 '뜰동백'이라 불리기도 한다.

씨를 짜서 만든 동백기름은 오래전부터 사용되어 오던 우리나라 전통의 머릿기름으로 더 유명하다. 한방에서는 동백꽃을 산다화山茶花라 하여 약으로 사용하는데, 출혈을 멈추게 하는 효과가 있다고 한다. 제주도에서는 동백꽃이 꽃줄기에서 떨어지는 모습이 마치 사형 집행을 당하여 목이 잘려 떨어지는 것 같다고 하여 집안에 들여 놓으면 불행이 찾아온다고 집안에는 심지 않는 풍습이 있다. 일본말에도 갑자기 생기는 불행한 일을 '찐지ちんじ, 椿事'라 하는데 바로 동백꽃이 떨어지는 모

습을 보고 연상하여 생긴 단어라 한다.

동백꽃에 얽힌 전설이 하나 전하는데, 옛날 어느 나라에 욕심 많고 성격이 괴팍한 왕이 있었다. 그런데 불행하게도 자식이 없어서 죽고 나면 동생의 두 아들 중 한 명에게 왕위를 물려 줄 수밖에 없는 처지였다. 욕심 많은 왕은 그것이 싫어서 동생의 아들들을 죽일 계략을 세웠다. 이를 눈치 챈 동생은 자신의 아들들을 멀리 피신시키고 대신 아들들과 닮은 두 소년을 데려다 놓았다. 이 사실을 눈치챈 왕은 동생의 친아들을 잡아 와서 "네 아들들이 아니니 네가 직접 죽이라"고 동생에게 명령을 내렸다. 차마 자신의 아들들을 죽일 수 없는 동생은 그 자리에서 자결하여 붉은 피를 흘리며 죽고 말았다. 이 광경을 지켜보던 두 아들도 새가 되어 날아가 버렸다. 죽은 동생은 동백나무가 되었고 세월이 흘러 크게 자라 꽃을 피우기 시작하자, 새로 변한 두 아들도 돌아와 동백나무에 둥지를 틀고 함께 살았다. 이 새가 동박새인 것은 두말할 것도 없다.

여수 앞바다에 있는 오동도의 동백나무 숲에도 슬픈 사연이 전한다. 오동도에서 나고 자라 그곳에서 결혼까지 해 평생을 다복하게 살고 있는 부부가 있었다. 남편은 바다에서 고기를 잡아다 상점에 내다 파는 어부였고 아내는 평범한 주부였다. 어느 날 남편이 고기를 잡으러 바다로 나간 사이 집에 도둑이 들었다. 도둑은 부인의 미모에 빠져 물건 훔치는 것은 잊은 채 부인을 범하려 달려 들었다. 부인은 필사적으로 도망치다가 그만 바다에 빠져 죽고 말았다. 깊은 슬픔에 빠진 남편은 부인의 넋을 달래 주기 위해 시신을 수습하여 바닷가에 잘 묻어 주었다. 다음해 부인의 무덤가에 나무 한 그루가 자라더니 붉은색의 예쁜 꽃을 피웠다. 바로 동백나무였다. 그때부터 오동도에는 동백나무가 무성히 자라기 시작했다고 한다.

동백나무는 한자 '冬栢'이 의미하듯 추운 겨울을 이겨 낸 꿋꿋함이 있다. 두껍고 진한 녹색 잎이 그리고 이른 봄에 피는 붉은색의 꽃잎이 더욱 그렇다. 그래서인지 동백나무 숲 속에 서 있으면 몸과 마음이 편안해지는 느낌이 든다. 어렸을 때 엄

동백나무
1 전체 2 꽃과 잎
3 줄기 4 꽃
5 열매

마 품에 안겨 있는 것처럼 말이다. '겸손한 아름다움'이라는 꽃말처럼 진정한 봄꽃의 대명사로, 붉은 정열의 아름다움이 영원히 기억되는 나무였으면 좋겠다.

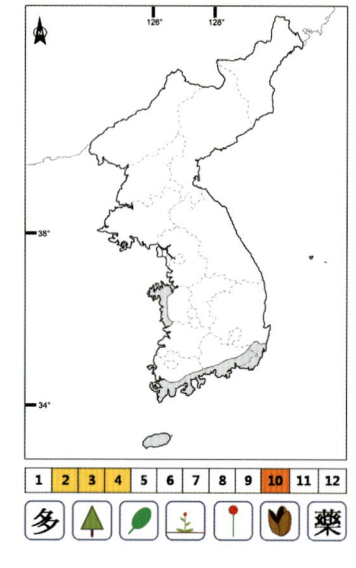

동백나무는 차나무과 Theaceae에 속하는 늘푸른작은키나무로, 높이는 7m까지 자라며 줄기 표면은 회백색이고 가지 끝의 겨울눈은 선 모양의 긴 타원형이다. 잎은 어긋나 달리고 짙은 녹색으로 타원형이며 길이 5~12cm, 폭 3~7cm로 두껍고 광택이 난다. 꽃은 2~4월에 붉은색으로 피고 주로 가지 끝에 1개씩 달린다. 꽃잎은 5~7장으로 밑부분은 합쳐져 있으며 윗부분은 절반 정도가 열려 있어 마치 장미꽃처럼 보인다. 수술은 여러 개이며 꽃밥은 황색이어서 붉은색과 황색이 어우러진 화려한 꽃이 핀다. 하지만 꽃이 질 때면 꽃잎 하나하나가 순서대로 떨어지는 것이 아니라 꽃송이 전체가 한꺼번에 떨어지는 특징이 있다. 열매는 성숙하면 배봉선背縫線을 따라 껍질이 벌어지는 삭과蒴果로 모양은 동그랗고 10월에 완전히 익으면 세 갈래로 갈라지는데 안쪽에는 잣알보다 조금 더 큰 짙은 갈색의 씨가 들어 있다.

홍·정·윤 갤·러·리

동백나무 *Camellia japonica*

사랑을 꿈꾸는 이들을 위한 선물, 겨우살이

우리 주변에는 조금만 주의를 기울이면 신기한 생물들이 너무나 많다. 길이가 40센티미터나 되고 동물의 살 속 7.5센티미터 깊이까지 주둥이를 찔러 넣는 커다란 거머리가 있는가 하면, '홀딱 벗고~, 홀딱 벗고~' 하며 우는 '검은등뻐꾸기'라는 새도 있고, 심지어는 제 어미의 살을 뚫고 나와 그 몸을 먹고 자라는 거미도 있다. 모든 것이 평소에 무심코 스쳐 지나가는 자연 속에서 벌어지는 일들이다. 식물도 예외는 아니어서 천손초千孫草 또는 화호접花胡蝶이라고 불리는 화초는 무성적으로 만들어진 작은 싹들이 잎 가장자리에 생기고 일정한 시간이 지나면 떨어져 나와 독립된 형태로 자라는데, 한 번에 만들어지는 개체가 수십 개에 달한다. 그래서 1년쯤 지나면 화분의 흙 표면에는 어린 개체들로 꽉 들어찬다. 식물이 보여 주는 또 다른 특이한 형태로는 기생식물寄生植物을 들 수 있다. 흔히 곤충만 동물이나 다른 곤충에 기생한다고 생각하기 쉬우나 식물 중에도 다른 식물체에 들러붙어 양분을 얻어 한평생을 살아가는 것들이 있다. 겨우살이 *Viscum album* var. *coloratum*가 대표적

1		겨우살이
2	3	1 전체 2 꽃 3 열매

이다. 이 식물은 광합성은 하지만 이것만으로는 충분한 양의 에너지를 얻을 수 없기에 숙주식물host plant에게서 양분을 얻어 기생생활을 한다.

  속명 'Viscum'은 새를 잡는 풀이라는 라틴어 'viscum'에서 유래되었으며, 종소명 'album'은 흰색을 뜻하고, 변종소명 'coloratum'은 색깔이 있다는 의미로 열매의 색을 표현한 것 같다. 겨우살이는 겨우내 푸르다 하여 '동청凍靑'이라고도 하며, 나무에 겨우 붙어산다고 하여 '기생목寄生木' 혹은 '겨우사리'라는 이름으로도 불린다. 겨우살이에 비해 열매가 좀 더 붉게 익는 종은 '붉은겨우살이'라고 하며 제주도에서 자란다. 서양에서는 참나무 숲에 자라는 겨우살이에 마법의 힘이 있다고 믿어 고대의 제사장들은 제물로 사용하기도 했으며, 요즘에도 성탄절 모임이 열리는 집의 현관문 위에 걸어 놓아 그 아래를 지나는 손님들에게 좋은 일이 생기기를 기원한다. 이때 그 아래를 지나는 여자에게 입맞춤을 해도 여자는 거부할 수 없으며 입을 맞춘 두 사람은 결혼까지 이어진다는 풍습이 있어서 유럽의 일부 지역에서는 겨우살이를 파는 가게를 쉽게 볼 수 있다.

우리나라에 자라는 겨우살이과 식물은 4종류인데 이름에 모두 '겨우살이'라는 단어가 붙는다. 참나무겨우살이는 제주도에서만 자라며 구실잣밤나무, 동백나무, 후박나무, 육박나무에 기생하고 전체적인 분위기는 보리수나무와 비슷하게 생겼다. 꼬리겨우살이는 제주도, 경상북도, 충청북도, 강원도, 평안남도에서 자라며 참나무 종류와 밤나무의 가지에 기생하는데 잎은 주걱같이 생겼고 꽃자루가 없는 수상꽃차례가 달린다. 동백나무겨우살이는 남쪽의 섬에서 자라며 동백나무, 사스레피나무, 모새나무, 사철나무에 기생한다. 마디가 많고 편평한데, 잎은 퇴화되어 마치 작은 선인장을 보는 것 같은 느낌이 든다.

한방에서는 겨우살이와 동백나무겨우살이의 잎이 붙은 줄기를 곡기생槲寄生이라 하여 약용하는데, 이뇨나 항균 작용을 하며 혈압을 낮추는 효과가 있는 것으로 알려져 있다.

그렇다면 겨우살이과에 속하는 식물 이외에 다른 기생식물은 없을까? 물론, 그렇지 않다. 가장 흔한 종류로는 그물을 펼쳐 놓은 듯이 초본류의 줄기를 덮으면서 흡기로 영양분을 섭취하는 새삼, 실새삼, 미국실새삼이 있으며, 흰색 꽃이 특징적인 수정난풀도 있다. 또 우리나라에서 자라는 열당과Orobanchaceae 식물들은 모두 기생하는데 야고, 초종용, 개종용, 오리나무더부살이, 가지더부살이 등 이 과에

1	2	기생식물
3		1 새삼　2 야고
	4	3 실새삼　4 초종용
5		5 수정난풀

속하는 식물들은 주변에서 흔히 볼 수는 없지만 아름다운 꽃을 피운다. 얼마 전 제주도의 억새밭 사이에서 만났던 야고의 모습이 생각난다. 볏집 같은 억새 줄기 틈새를 비집고 빼곡히 내민 자주색 꽃 얼굴이 가신 님을 기다리는 듯 고개를 들고 나를 쳐다보고 있었다. 어떤 이는 기생식물을 놀고먹는 이기적인 식물이라 비난하기도 하지만 이렇게 어여쁜 꽃과 열매가 달리는 것을 보면 어찌 미워할 수 있겠는가. 게다가 이들의 삶은 그 자체가 신비로운 자연의 현상인 것을……

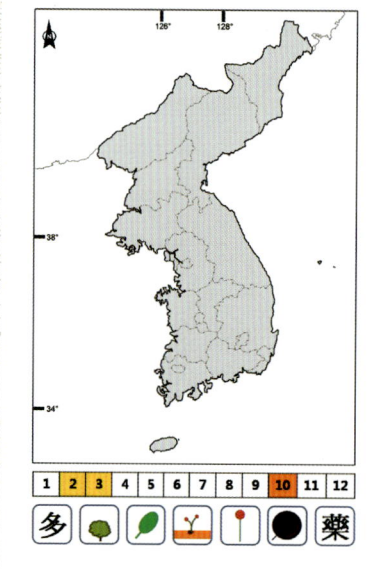

겨우살이는 겨우살이과 Loranthaceae에 속하는 늘 푸른 반기생식물半寄生植物로 떨기나무에 속한다. 줄기는 여러 개로 갈라져 까치집처럼 둥글게 자라지만 크게는 1m에 달하는 것도 있다. 잎은 마주나고 두꺼우며 거꾸로 된 피침 모양으로 길이 3~6cm, 폭 6~12mm이며 끝은 둥글고 밑으로 갈수록 좁아진다. 잎은 짙은 녹색으로 3~5개의 맥이 있고 가장자리에는 톱니가 없어 밋밋하다. 꽃은 가지 끝에 보통 3개씩 나고 2~3월에 엷은 황색으로 핀다. 꽃은 종 모양으로 4개로 갈라지며 작은 꽃턱잎은 술잔처럼 생겼다. 열매는 둥글며 길이는 6mm 정도이고 10월쯤에 반투명한 엷은 황색으로 익는다. 열매에는 끈적끈적한 점성이 있어 산포를 돕는데, 새가 열매를 쪼아 먹다가 점액질과 함께 부리에 묻은 씨가 다른 나무에 닿게 되면 그곳에서 발아하여 퍼져 나간다. 겨우살이는 주로 참나무과 Fagaceae 식물에 기생하지만, 팽나무, 오리나무, 자작나무, 배나무 등에도 기생하는 것으로 알려져 있다.

봄날, 축복을 내리는 복수초

사람들은 겨울이 오면 따뜻한 여름을 기다리고, 여름이 오면 겨울을 그리워한다. 추위가 계속되면 처마 밑의 햇볕 한줄기에도 감사하게 된다. 불과 얼마 전까지 덥다고 난리법석을 떨며 선풍기와 에어컨을 찾던 것은 잊어버리고 말이다. 그러나 시간의 흐름에 따른 계절 변화에 가장 민감한 반응을 보이는 것은 동물보다는 식물이다. 버들강아지버드나무의 꽃가 계곡에서 녹아내리는 얼음물 옆으로 살며시 고개를 내밀 때면 봄을 떠올리며 아지랑이 가득한 길을 걷는 상상도 하게 된다. 이 시기가 되면 항상 만나게 되는 반가운 얼굴이 있다. 바로 눈꽃으로 비유되는 복수초 $Adonis\ amurensis$다. 중부 지방에서는 목련이나 생강나무 등이 봄이 왔음을 알려 주는 대표적인 식물로 생각되지만, 복수초 무리 중에 성격이 급한 것은 1, 2월에도 눈 속에서 꽃을 피우므로 진정한 의미에서 봄의 전령사라 할 수 있다. 그래서인지 복수초를 '얼음새꽃', '원일초', '설연화', '눈색이꽃' 이라 부르기도 한다. 복수초는 어떻게 눈 속에서 꽃을 피울 수 있을까? 정답은 식물체에서 나오는 열기 때문이다. 꽃이 필

1	2
3	

복수초
1 군락   2 개화 직전의 꽃
3 열매

무렵 복수초의 뿌리를 캐어 보면 온기를 느낄 수 있을 정도이고 하얀 김이 서려 나오는 것도 볼 수 있다. 이러한 열기로 꽃이 핀 후에도 주변의 눈을 녹일 수 있다. 힘든 환경에서도 살아갈 수 있는 놀라운 적응력을 가진 식물이다.

속명 '*Adonis*'는 그리스신화에 나오는 청년의 이름이다. 건강하고 멋진 청년인 아도니스는 어느 날 산길을 걷다가 산돼지를 만나 한바탕 싸움이 벌어졌다. 야생에서 자란 산돼지는 생각보다 강한 상대였고 결국 아도니스는 산돼지에 물려 죽고 말았다. 그때 흘린 피가 땅에 떨어져 스며든 곳에서 돋아난 풀이 아도니스라고 전해진다. 아도니스의 피 때문인지 유럽에서 자라는 복수초 중에는 진한 붉은색 꽃

복수초 종류_ 복수초(왼쪽), 세복수초(오른쪽)

을 피우는 종이 많다고 한다. 종소명 'amurensis'는 아무르 지방에서 자란다는 뜻이다. 그런데 식물의 이름이 왜 하필이면 복수초인가! 복수라고 하면 '원수를 갚는다'는 '복수復讐'를 떠올리기 쉬운데, 이 식물의 이름 '복수'는 한자로 '福壽'라고 써서 '복 받으며 오래 살라'는 뜻이다. 겨울을 이겨 내는 강함 힘으로 오랫동안 장수하라는 뜻이 담긴 것 같다. 그래서 동양에서는 꽃말이 '행복을 가져다준다' 또는 '영원한 행복'이다. 우리나라에서 볼 수 있는 복수초는 3종류로, 복수초 이외에 줄기가 가지를 치고 꽃받침은 5개이며 꽃잎의 길이가 꽃받침보다 긴 가지복수초와, 잎의 끝부분이 점차 뾰족해져 끝이 약간 긴 모양이고 꽃받침은 녹색이며 제주도에만 분포하는 세복수초가 있다.

한방에서 식물체 전체를 약용하는데, 심장 박동을 낮추고 진통 효과가 있으며 이뇨작용을 한다고 한다.

복수초에는 일본 홋카이도 원주민인 아이누 족에게 전해 내려오는 슬픈 전설이 하나 있다. '크논'이라는 아름다운 여신이 살고 있었는데, 그녀에게는 사랑하는 사람이 있지만 그녀의 아버지가 그들의 결혼을 심하게 반대했다. 결국 크논은 사랑하는 사람과 함께 다른 지방으로 도망을 쳤다. 화가 난 그녀의 아버지는 수소문 끝에 그들을 찾아내 남자 친구는 죽이고 크논은 식물로 만들어 버렸다. 이 식물이 바로 복수초다. 그 때문인지 서양에서는 복수초의 꽃말이 '슬픈 추억'이다.

복수초는 우리나라에만 분포하는 특산식물이거나 희귀식물은 아니지만 봄이라는 색깔과 어울려서 유명해진 식물이다. 주위의 나무들이 새순을 내밀려고 할 때 복수초의 꽃은 이미 함박웃음을 짓고 있어서 사람들 눈에 띄기 쉬워 훼손의 염려가 있다. 작지만 의미 있는, 그리고 한 해의 시작을 알리는 반가운 얼굴이니만큼 아끼고 소중히 다루어야 하겠다.

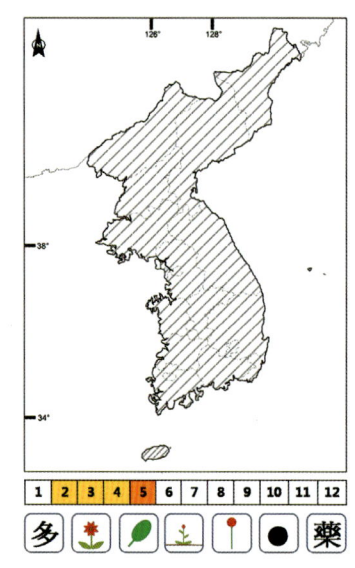

복수초는 미나리아재비과 Ranunculaceae에 속하는 여러해살이풀로, 높이는 10~30cm 정도이며 위쪽에서 가지를 많이 친다. 땅속줄기는 짧고 굵으며 진한 갈색으로 잔뿌리가 많다. 잎은 어긋나고 길이는 3~10cm로 3~4회씩 갈라져 마치 당근이나 코스모스의 잎을 닮았으며, 잎자루 아래쪽은 얇은 막질로 줄기를 감싼다. 꽃은 2~4월에 진한 노란색으로 가지 끝에 1개씩 달린다. 꽃잎은 20~30장으로 많으며 모양은 피침을 거꾸로 놓은 형태로 꽃받침보다 길고 안쪽에는 여러 개의 암술과 수술이 들어 있으며, 연꽃처럼 아침에 열렸다가 저녁에 닫히는 특징이 있다. 열매는 잘 익어도 껍질이 열리지 않고 딱딱하게 되며, 안쪽에는 씨가 1개씩만 들어 있는 수과瘦果로 거꾸로 된 넓은 계란 모양이며 표면에는 짧은 털이 있다. 열매는 여러 개가 동그랗게 모여 달려 마치 포도나 머루의 열매를 축소해 놓은 것처럼 보이며 5월에 성숙한다.

부처, 부채, 독약의 삼각관계를 말하는 앉은부채

봄이 되면 계절을 알리는 식물들이 많다. 도시 주변이나 학교 같은 건물이 있는 곳이면 목련이나 산수유 같은 나무들이 잎보다 꽃을 먼저 피워 눈길을 끌고, 밭이나 들에 나가 보면 키가 작아 눈에는 잘 띄지 않아도 꽃마리며 꽃다지 같은 초본 식물들이 봄맞이 준비를 하고 있다. 하루 이틀이 지나 날씨가 조금만 더 따뜻해지면 일제히 파랗고 노란 꽃잎을 드러낸다. 산으로 가보면 아무것도 보이지 않는 썰렁한 분위기 속에서도 계곡 주변으로 햇빛이 잘 드는 곳에는 파릇파릇한 새싹이 돋아나 있는 것을 볼 수 있다. 이른 봄을 장식할 너도바람꽃, 회리바람꽃, 현호색, 제비꽃, 산괴불주머니 같은 식물들의 새순이다. 산의 정상 쪽으로 조금 더 올라가면 앙상한 나뭇가지가 더 많이 눈에 띄는데, 낙엽이 쌓인 그늘진 곳을 잘 들여다보면 낙엽이 고깔 모양으로 수북하게 올라와 있는 곳이 있다. 그곳을 살짝 들춰 보면 반가운 얼굴이 고개를 내민다. 이름도 특이한 앉은부채*Symplocarpus renifolius*다. 처음 이 식물을 만나면 반가움보다는 소스라치게 놀라는 사람이 많다. 바로 꽃을 둘러싸

1	2	앉은부채
3		1 전체 2 잎
		3 꽃

고 있는 붉은색의 포(苞)라고 불리는 보호 잎 때문이다. 앉은부채는 복수초와 더불어 열을 만들어 내는 식물로 유명하다. 주변의 눈을 뚫고 올라온 꽃이 열을 발산하는 것으로, 왜 이러한 노력까지 하면서 일찍 꽃을 피우는지 의문이다.

속명 'Symplocarpus'는 결합한다는 뜻의 그리스어 'symploce'와 열매를 의미하는 'carpos'의 합성어로 씨방이 모여 있는 열매에 붙어 있다는 뜻으로 천남

꽃의 비교_ 앉은부채(왼쪽), 애기앉은부채(오른쪽)

성과 식물의 가장 큰 특징이다. 종소명 '*renifolius*'는 콩팥 모양의 잎을 가졌다는 뜻이다. '앉은부채'라는 이름의 유래는 명확하지 않다. 꽃대가 땅바닥 가까이에서 직접 나와 자갈색의 불염포에 둘러싸여 있는 모양이 마치 승려가 입는 가사를 걸친 부처의 모습을 연상시킨다 하여 붙여진 것이라고도 하고, 꽃이 작고 잎이 다 펴지면 파초 잎을 닮은 부채 모양 같다고 하여 붙은 이름이라고도 한다. 모습이 비슷한 식물로는 애기앉은부채가 있다. 잎은 10~20센티미터 정도로 작고 폭도 좁으며, 꽃보다 잎이 먼저 나온다. 주로 강원도 이북 지방에 분포하므로 전국적으로 분포하는 앉은부채와는 차이가 있다. 설악산 지역에서는 동면을 끝내고 밖으로 나온 곰이 눈 속을 뚫고 가장 먼저 뜯어 먹는 풀이라 하여 애기앉은부채를 '곰치'라고 부르기도 한다. 앉은부채는 지방에 따라서 '안진부채', '삿부채풀', '우엉취', '산부채풀', '삿부채'로 달리 불리기도 한다.

   가끔 잘못된 정보나 소문으로 앉은부채를 만지기만 해도 독성에 중독되는 것으로 여기는 사람도 있다. 그만큼 독성이 강하다는 말이다. 천남성과에 속하는 대

부분의 식물들이 그렇듯이 잎과 꽃잎은 양배추처럼 생겼는데 냄새가 심하다 하여 외국에서는 '스컹크양배추Skunk cabbage'라고도 한다. 이 냄새는 수정을 위해 벌이나 곤충 같은 가루받이 매개체를 유인하는 역할을 한다고 하니 열매를 맺기 위한 훌륭한 전략임에는 틀림없다. 다행인지 불행인지는 몰라도 우리나라에 분포하는 두 종류에서는 냄새가 나질 않는다. 만약 독성에 냄새까지 났더라면 찾아주는 손길이 하나도 없을지 모르겠다.

뿌리는 맹독성이지만 지상부는 한방에서 취숭臭菘이라 하여 뿌리줄기와 함께 구토를 가라앉히거나 이뇨제로 쓴다. 천남성과에 속하는 앉은부채, 천남성, 반하 등은 뿌리의 강한 독성 때문에 식용하기는 어렵지만 창포, 곤약, 토란 등은 식용 또는 약용한다. 앉은부채도 잎을 묵나물로 먹기도 하지만 독성이 많아 조심해야 한다. 봄이 되어 나물이 풍성해졌다고 즐거워하며 나물 캐는 것도 좋지만 봄나물을 채취할

독성이 있는 천남성과 식물_ 앉은부채(위), 천남성(가운데), 반하(아래)

홍·정·윤갤·러·리

앉은부채 *Symplocarpus renifolius*

때는 항상 신중할 필요가 있다. 종을 정확히 알아보지 못하면 자칫 생명에 큰 위협을 받을 수도 있기 때문이다.

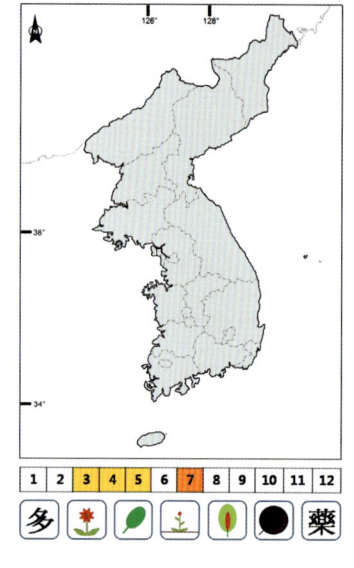

앉은부채는 천남성과Araceae에 속하며 빠른 것은 3월 초부터 늦은 것은 5월까지 꽃을 피우는 맹독성의 여러해살이풀이다. 원줄기가 없으며 뿌리는 짧은 뿌리줄기根뿌에서 나와 사방으로 뻗고, 잎은 꽃이 핀 뒤에 뿌리줄기에서 나와 여러 개가 달린다. 뿌리줄기의 바깥쪽 잎은 막질膜質로 뿌리줄기를 감싸지만 안쪽의 잎은 긴 잎자루를 가지며 계란 모양의 심장형 또는 콩팥 모양으로, 큰 것은 길이와 폭이 40cm까지 자란다. 잎 끝은 둔하거나 둥글며 아랫부분은 심장 모양이고 가장자리에는 톱니가 없다. 꽃은 줄기 하나에 1개씩 어른 주먹만 한 크기로 잎보다 먼저 피며 2~4cm인 꽃줄기에 꽃이 빽빽하게 달려 마치 이삭 모양을 하고 있는 육수꽃차례肉穗花序를 이룬다. 꽃은 꽃잎 모양을 하고 있는 불염포佛焰苞라는 화려한 덮개가 감싸고 있는데, 모양은 계란처럼 생긴 원형이며 한쪽으로 열리고 대부분은 자색을 띠며 자갈색 반점 같은 무늬를 갖는다. 꽃잎은 4장이고 계란을 거꾸로 세운 모양이며 길이는 5mm로 아주 작은데 꽃이 여러 개가 같이 달려 있어서 전체적으로는 거북의 등껍질처럼 보인다. 열매는 꽈리처럼 수분이 많은 장과漿果로 둥글게 모여 달리며 7월에 붉은색으로 익는다.

어디서나 봄봄이고 싶은 보춘화

화려한 꽃이 피는 대표적인 식물로는 난초 종류를 들 수 있다. 꽃집에 가 보면 서양에서 들여온 소위 '양란'이라고 불리는 난초가 많은데, 향기는 없지만 꽃이 크고 아름다우며 오랫동안 감상할 수 있다는 장점이 있다. 때문에 사업의 시작이나 집들이 선물용으로 인기가 있어서 어느 집이든 서양 난 화분 한 개쯤은 가지고 있는 것 같다. 우리나라에서 자라는 야생 난은 어떤 것들이 있을까? 식물도감을 찾아보면 우리나라에 절로 나 자라는 난초 종류는 약 80종류에 이른다. 은대난초나 타래난초처럼 전국에서 흔하게 볼 수 있는 종류가 있는가 하면 죽백란, 한란, 풍란이나 나도풍란처럼 멸종위기 야생식물로 지정되어 보호받는 종류들도 있다. 지나친 남획과 자생지 훼손으로 법적 보호를 받는 신세가 되어 버린 것이다. 희귀종은 아니지만 남쪽 지방에서 이른 봄에 흔하게 만날 수 있는 난초가 있다. 이른바 춘란으로 알려진 보춘화 *Cymbidium goeringii*다.

얼마 전 난 동호회가 주최하는 전시회를 다녀온 적이 있다. 특별히 난을 좋아

보춘화_ 잎(왼쪽), 꽃(오른쪽)

하거나 기르는 취미가 없어 꽃이 피는 모양만을 봐 왔던 터라 그리 특별할 것은 없었지만 긴 겨울이 지나 오랜만에 꽃 소식을 들으니 가보고 싶은 마음이 생겼다. 전시장에는 약 200여 점의 보춘화가 늘어서 있었다. 겨울 동안 잘 관리된 화분에서 꽃대가 올라오고 그곳에 피어난 한 송이 꽃의 색깔은 화려한 것에서부터 단순한 형태에 이르기까지 각양각색이었다. 잎도 평범한 녹색에서 가장자리에 무늬가 들어간 개체, 가운데 잎맥 주변에 황금색 줄이 들어간 개체 등 매우 다양했다. 대상을 받은 작품은 누가 보더라도 고개를 끄덕일 만큼 멋있는 자태를 자랑하고 있었다. 처음 구경하는 전시회였지만 한 종류에서 저렇게 다양한 모습을 볼 수 있구나를 생각하게 하는 귀한 시간이 되었다. 난을 좋아하는 사람들은 마치 자식 다루듯이 귀하게 키운다고 한다. 하루 일과 중 몇 시간은 꼭 난을 위해 할애할 정도라고 하니 그 정성은 달리 뭐라 말할 수 없을 것 같다. 이런 집에서 기른 화분을 보면 어느 것 하나 시들시들한 것 없이 생기 넘치고 싱싱하게 잘 자라 있다. 그저 부러울 따름이다.

속명 'Cymbidium'은 배를 뜻하는 그리스어 'cymbe'와 모양을 의미하는 'eidso'의 합성어로 꽃의 모양을 표현한 것이고, 종소명 'goeringii'는 채집가 궤링Goering을 기념하기 위하여 붙여진 것이라 한다. 보춘화報春花라는 우리 이름은 한자의 의미대로 봄을 알리는 꽃이란 뜻이며 '보춘란' 또는 '춘란'이라고도 한다. 또 한라산 남쪽의 늘푸른나무 숲 아래에 자라며 잎에 톱니가 없고 5~12개의 꽃이 송이처럼 총상꽃차례總狀花序를 이루며 꽃 향기가 있는 한란, 해남 대흥사 근처에서 자라는 부생식물腐生植物로 뿌리와 잎이 달리지 않는 대흥란이 우리나라에서 볼 수 있는 비슷한 종류다. 보춘화가 속한 'Cymbidium' 속은 전 세계에 40~60종류가 분포하는데, 특성에 따라 '춘란春蘭', '한란寒蘭', 동양란으로 불리는 '혜란蕙蘭' 등으로 나뉘거나 생육 상태에 따라 착생란著生蘭과 지생란地生蘭 또는 반착생란과 반지생란으로 구별한다. 꽃과 잎 등의 특징에 따라 많은 원예품종도 만들어져 있다. 원예식물도감을 보면 혜란 종류만 하더라도 가느다란 잎을 가진 세엽성細葉性 품종이 117종류, 잎이 넓은 광엽종廣葉種이 90여 품종이나 된다. 그런데 이들 품종의 이름은 황양皇陽, 천초天草, 천훈天勳, 여명黎明 등 왜 그렇게 어렵게 붙여 놓았는지 모르겠다. 품종에 이름을 붙인 사람들은 나름대로의 기준과 특성을 가지고 있겠지만 한자를 함께 쓰지 않으면 형태와 이름을 일치시키는 데 어려움이 있을 것 같다. 하물며 자기 이름을 한자로 쓰는 것도 버거워하는 요즘 젊은이들에게는 두말할 필요도 없을 것 같다.

말레이시아 보루네오 섬 사바Sabah 주의 코타키나발루Kota Kinabalu에 있는 해발 4,095미터의 키나바루Kinabalu 산에는 1,000여 종류의 난초과 식물이 절로 나 자라는데 이들의 보존 정도는 세계 최고다. 그곳은 한 사람이 등반하더라도 안내자가 따라 붙는데 이는 길을 안내할 뿐만 아니라 해설가와 감시요원의 역할을 겸하는 것 같았다. 우리나라도 이런 제도를 도입하여 국립공원이나 보존 가치가 있는 지역에 적용하면 좋을 것 같다. 길 주변으로 다양하고 희귀한 열대식물들이 수없이 펼쳐져 있어 처음 보는 사람이라면 입이 딱 벌어질 정도로 장관을 이루고 있다. 그렇지만 식물을 캐거나 나무를 꺾은 흔적은 단 한 군데도 찾아볼 수가 없었다. '가져가는 것은 사진, 남기고 가는 것은 발자국뿐'이라는 문구가 가는 곳마다 눈에 띄었다. 순간 개발과 임산도로 건설로 잘리고 깎이는 것은 예삿일이요, 온통 쓰레기로 몸살을 앓는 우리나라 산들의 모습이 머리를 스쳐 지나갔다. 이미 난초과 식물들은 수난을 당하여 절멸된 종류도 있고 멸종위기에 처해 있는 종도 많지만, 앞으로는 몇 개체가 살아남아 있든 또는 흔하게 분포하는 종류라 할지라도 더 이상 훼손되지 않도록 아끼고 보호해야 할 필요가 있다.

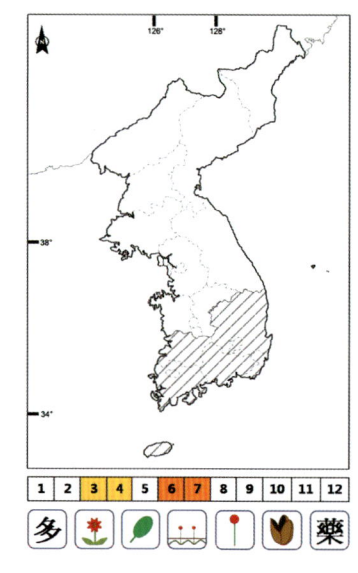

보춘화는 난초과 Orchidaceae에 속하는 늘 푸른 여러해살이풀로, 뿌리줄기는 짧지만 여러 개의 굵은 뿌리가 사방으로 뻗는다. 잎은 선 모양으로 여러 개가 모여 뭉쳐나고 길이 20~50cm, 폭 6~10mm로 가늘고 길며 끝은 뾰족하고 가장자리에는 작은 톱니가 있다. 꽃은 3~4월에 연한 황록색으로 피고, 꽃줄기는 10~25cm 정도로 곧추서며 몇 개의 막질로 된 잎으로 싸여 있다. 꽃은 3~4cm로 보통 1개가 달리는데 가끔 2~3개가 달리는 개체도 있으며, 잎 모양의 포엽苞葉은 피침 모양으로 길이는 3~4cm 정도다. 꽃받침조각은 3~3.5cm로 거꾸로 된 피침 모양이며 끝이 둔하고 약간 육질성이다. 가운데 꽃잎인 입술 모양의 순판脣瓣에는 흰색 바탕에 짙은 홍자색의 반점이 있고 안쪽은 울퉁불퉁하며 가운데는 홈이 있고 끝부분은 3개로 갈라진다. 열매는 6~7월에 익으며 곧추서고, 열매 줄기는 5cm 내외로 아래쪽으로 갈수록 가늘어진다.

산에 피는
동백나무? 산수유? 생강나무?

'우리 동네 뒷산에는 봄만 되면 산수유 꽃이 활짝 피는데 열매는 달리지 않더군요. 이상한 일이죠?!' 작년 여름방학에 과학교사 직무 연수 때에 만난 어느 중학교 선생님이 한 말이다. '뒷산에 산수유가 있고 꽃이 핀다……, 우리나라에도 산수유가 야생으로 자라나?' 산수유는 열매를 이용할 목적으로 중국에서 들여와 주로 남부 지방에서 재배하는 것으로 알고 있던 나로서는 이상한 일이 아닐 수 없었다. 그렇다면 그 선생님은 어떤 나무를 산수유라고 한 것일까? 바로 생강나무*Lindera obtusiloba*다. 두 종류는 잎보다 꽃이 먼저 피고 꽃 모양도 비슷하기 때문에 혼동하기 쉽다. 생강나무는 우리나라 전역에 고루 분포하고, 특히 강원도를 중심으로 한 중부 이북 지방에서 쉽게 만날 수 있는 흔한 나무다. 생강나무에서 풍기는 생강 향의 주된 성분은 게라닐아세테이트geranyl acetate와 L-펠란드렌L-phellandrene이라는 물질이다. 이런 향 때문에 야외 관찰을 할 때 생강나무는 꽤 인기가 있다. 힘들고 지칠 때 작은 가지 하나를 잘라 코앞에 대주면 모두가 깜짝 놀라는데, 생강나무의 천연

생강나무
1 전체 2 줄기
3 잎 4 꽃
5 열매

향이 요즘 한창 인기를 누리는 서양에서 들여온 허브 향기에 뒤지지 않을 만큼 독특하고 은은하기 때문이다.

생강나무는 한 소년의 순박한 사랑을 담은 김유정의 「동백꽃」이라는 단편소설 때문에 더 유명해진 나무다. 소설 속에서 노란 동백꽃으로 묘사한 꽃이 실은 생강나무의 꽃이다. 남쪽 지방에서 동백나무 열매로 기름을 짜서 머릿기름으로 이용했던 것처럼 강원도에서는 생강나무를 이용했으니 그렇게 불리거나 착각할 만하다. 이 때문에 소설 출간에 얽힌 웃지 못 할 일도 있었다. 내용이 아니라 책 제목이 바로 문제였던 것이다. 누구라도 '동백꽃'이라 하면 당연히 우리나라 남쪽 지방에 자라는 붉은색 꽃이 피는 나무를 생각하기 마련이다. 그래서인지 몇몇 출판사에서 책 표지에 붉은 동백꽃 사진을 넣어 출간한 것이다. 그 동백꽃이 생강나무 꽃이라고 바르게 쓰이기 시작한 것도 그리 오래 되지 않았다. 지방에서 사용하는 사투리 때문에 일어난 식물 이름 오류의 대표적인 사례다. 이런 일 때문인지 김유정이 살던 춘천 신동면 실레마을에는 생강나무를 많이 심어 놓아, 찾아오는 이들로 하여금 제대로 김유정의 동백꽃과 향을 맡아볼 수 있게 꾸며 놓았다고 한다.

속명 *Lindera*는 스웨덴의 식물학자 린더Johann Linder를 기념하기 위해 붙였으며, 종소명 *obtusiloba*는 갈라진 잎의 끝이 뭉툭하다는 뜻으로 잎의 모양을 표현한 것이다. 생강나무라는 우리 이름은 가지를 꺾거나 잎을 비볐을 때 생강 냄새가 나서 붙여진 것이다. 지방에 따라서는 '아귀나무', '동백나무', '아구사리', '개동백나무' 등으로 불리기도 한다. 생강나무와 달리 잎이 갈라지지 않는 것은 '둥근잎생강나무'라 하고, 잎이 5개로 갈라지는 것은 '고로쇠생강나무', 잎 뒷면에 명주실 같은 털이 많은 것은 '털생강나무'라고 하여 별도의 품종으로 다룬다.

그렇다면 김치에 넣어 먹는 생강과는 어떤 차이가 있을까? 생강은 외떡잎식물로 생강과Zingiberaceae에 속하는 초본식물이며, 땅속으로 길게 뻗은 땅속줄기를 먹는다. 열대아시아 원산으로 우리나라에는 자생하지 않고 주로 남쪽 지방에서 재배

1	2
3	4

꽃과 열매의 비교
1 생강나무 꽃　　2 산수유 꽃
3 생강나무 열매　4 산수유 열매

한다. 이름과 모양은 비슷하지만 생강나무, 산수유, 동백나무, 생강은 속한 과科가 전혀 다른 식물들이다.

　　생강나무의 어린잎과 싹을 그늘에 말려서 차로 달여 마시면 위를 건강하게 하고, 열 내림과 가래를 삭혀 주는 데 좋은 것으로 알려져 있다. 한방에서는 줄기 껍질을 삼첩풍三鉆風 또는 황매목黃梅木이라 부르는데, 그 속에는 정유 성분이 포함되어 있어 타박상으로 인한 어혈을 풀어 주고 아이를 낳은 후 몸이 붓거나 팔다리가 아픈 증상을 치료하는 데 효과가 있다고 한다.

어른들 말씀으로는 동백나무보다는 생강나무로 만든 머릿기름의 향이 훨씬 좋다고 한다. 동백나무가 없어 대신 사용한 것이 히트를 친 셈이다. 지금이야 머리카락을 위해 다양한 제품이 만들어져 상품으로 팔리고 있지만, 원래의 향을 느끼게 하기에는 한계가 있는 것 같다. 생강나무의 향은 입으로도 즐길 수 있다. 어린잎에 튀김옷을 살짝 입히고 기름에 튀겨 내어 먹어 보면 아삭아삭 씹는 맛과 즐거운 향을 만끽할 수 있다. 입맛 없는 봄에 상큼함을 느끼는 데 더할 나위 없는 음식이다.

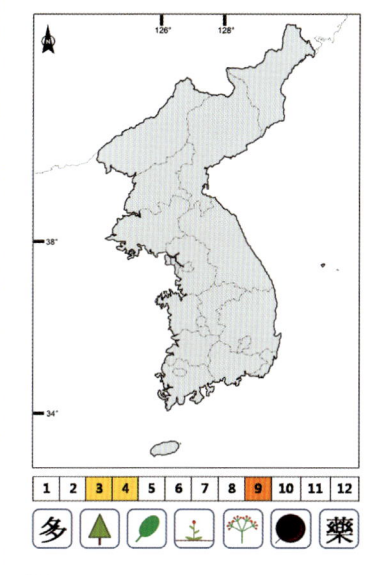

생강나무는 녹나무과 Lauraceae에 속하는 잎이 지는 작은키나무로, 높이는 2~4m 정도다. 잎은 어긋나고 계란 모양의 원형으로 1~2cm 정도의 잎자루가 있으며 길이 5~15cm, 폭 4~13cm이고 끝부분은 3갈래가끔 5갈래로 얕게 갈라진다. 갈라진 잎 모양을 보고 소주의 상표를 닮았다고 이야기하는 사람도 있고, 왕관이나 돛단배를 닮았다고 하는 사람도 있다. 꽃은 황색으로 암꽃과 수꽃이 따로 피며 꽃잎은 6개로 깊게 갈라져 없는 것처럼 보이고, 9개의 수술과 1개의 암술이 겉으로 노출되어 있다. 꽃의 특징만 본다면 꽃이 피는 시기가 3~4월이고, 노란색 꽃이 피며 우산 모양의 산형꽃차례繖形花序를 갖는다는 점이 산수유와 비슷하다. 그러나 생강나무는 작은 꽃자루가 2~4mm 정도로 짧은 데 비해 산수유는 6~10mm로 길어 차이가 있다. 생강나무의 열매는 둥글고 지름이 7~8mm이며 9월에 검은색으로 익는다.

잠 못 이루는 밤은 제비꽃과 함께

봄의 따뜻한 기운으로 나른해지면, 반가운 꽃 하나가 수줍은 얼굴을 들어 사람들을 반긴다. 봄에 꽃을 피우는 식물들의 꽃 색깔은 흰색이나 노란색이 많은 편인데 제비꽃 Viola mandshurica은 진한 보라색을 띤다. 튀어 보이고 싶은 모양이다. 그래서 '제비'라는 이름이 붙었나? 제비꽃은 낮은 산이나 길가의 한적한 곳이면 우리나라 어느 곳에서든 쉽게 볼 수 있으며, 약 40종의 제비꽃 종류가 우리나라에 분포하고 있다. 이들은 꽃 색깔에 따라 크게 노란색, 흰색, 보라색의 세 무리로 구분하기도 하며, 줄기가 있고 없고에 따라 나누기도 한다. 나는 제비꽃 종류를 대상으로 몇 년간 식물분류학적 연구를 시도했었다. 처음에는 이른 봄에 꽃이 피고 전국적으로 분포하므로 한 가지씩 찾아보는 재미도 있고, 또 봄이 시작되면 콧등에 바람이라도 쐬러 밖으로 나가고 싶은 충동을 충족시켜 주는 재미로 제비꽃에 대한 연구를 편하게만 생각했었다. 그러나 7년이나 지난 지금 머릿속에는 정리된 것은 없고 오히려 혼란만 가중시키는 결과를 얻었다. 오전에는 그래도 그럭저럭 종을 구분하는

제비꽃_ 전체(왼쪽), 꽃(가운데), 열매(오른쪽)

것 같은데 오후가 되면 각각의 개체에서 나타나는 형태적 변이 때문에 머릿속이 흐릿해지고 만다. 어떤 세미나에서 그동안 연구한 것들을 정리하여 발표했더니, 그 발표 자료에 대한 요구가 며칠이나 계속되었다. 나뿐만 아니라 적어도 제비꽃에 관심을 가지고 있는 사람들은 대개 혼란스러워했던 것을 느낄 수 있었다.

속명 'Viola'는 제비꽃의 영국 이름 'Violet'에 대한 라틴어로 보라색을 뜻하는 그리스어 'ion'에서 유래되었으며, 종소명 'mandshurica'는 만주 지역에 분포한다는 뜻이다. '제비꽃'이라는 우리 이름의 정확한 어원은 알려져 있지 않지만 강남 갔던 제비가 돌아올 때 꽃이 핀다고 해서 붙여졌다고 한다. 다른 이름으로는 '오랑캐꽃'이 있는데, 춘궁기에 오랑캐들이 찾아올 무렵 핀다고 해서 붙여졌다는 전설도 있고, 꿀샘이 들어 있는 거距라고 불리는 꽃뿔의 모양이 오랑캐의 머리 모양과 비슷하다 하여 그렇게 부른다는 이야기도 있다. 지방에서는 '병아리꽃', '장수꽃', '씨름꽃', '외나물' 등 여러 가지 이름으로 불리기도 한다. 제비꽃과 형태가 가

1	2	4
	3	
5	6	7

1 금강제비꽃 2 고깔제비꽃
3 남산제비꽃 4 노랑제비꽃
5 선제비꽃 6 알록제비꽃
7 왕제비꽃

1	2
3	4
5	6

1 잔털제비꽃　2 졸방제비꽃
3 콩제비꽃　4 큰졸방제비꽃
5 태백제비꽃　6 털제비꽃

장 비슷한 종류로는 흰제비꽃이 있는데 제비꽃에 비해 꽃이 흰색이고 꽃뿔의 길이가 2~3밀리미터로 짧으며 포엽이 꽃줄기의 중간 이하에 달려 차이가 있다. 제비꽃 가운데 비교적 흔하게 볼 수 있는 종류로는 남산제비꽃, 잔털제비꽃, 금강제비꽃, 태백제비꽃, 알록제비꽃, 털제비꽃 등이 있다. 이에 비해 왕제비꽃과 선제비꽃은 자생지와 개체 수의 감소로 멸종위기 야생식물 II등급으로 지정되어 보호받고 있으며, 이 종류들은 울릉도에 분포하는 큰졸방제비꽃과 함께 식물구계학적 특정식물종 IV~V등급으로도 지정되어 있다.

흔히 '팬지'라고 부르는 식물도 제비꽃의 한 종류인데, 북유럽이 원산지인 삼색제비꽃 V. tricolor이라는 종을 수백 가지가 넘는 원예 품종으로 개량한 것이다. 우리나라에서 봄철이면 화분에 심어 도로변에 진열하는 제비꽃 무리의 대부분이 바로 이 꽃이다. 팬지 대신 우리나라 자생 제비꽃으로 화분을 채우면 어떨까? 하는 아쉬움이 남는다. 제비꽃의 꽃말은 충실, 겸손, 사색 등인데 꽃 색깔에 따라서도 차이가 있어 흰색은 소박함, 보라색은 사랑, 노란색은 수줍음을 의미한다. 이처럼 여러 가지 의미를 포함하고 있어서인지 나폴레옹 1세는 결혼기념일에 왕비 조세핀에게 제비꽃 꽃다발을 보내어 사랑을 표현했다고 하며, 문학가는 '젊은 죽음'의 상징으로 "그녀오필리아를 땅 속에 매장하라. 그녀의 아름답고 더럽혀지지 않은 육체에서 제비꽃이 나올지도 모르므로……"햄릿 5막 1장라고 묘사하기도 했다.

쓰임새도 다양해서 고대 로마에서는 제비꽃을 목에 걸고 술을 마시면 취하지 않는다고 믿었으며, 여성들은 꽃으로 만든 염료로 눈 화장을 했다고 한다. 잎으로 만든 허브 차는 불면증에 효과가 있다고 알려져 있으며, 한방에서도 제비꽃의 지상부를 자화지정紫花地丁이라 하여 결핵균의 성장을 억제하고 해열, 소염 및 해독 작용에 사용하고 있다.

몇 년 전 이른 봄에 강원도 홍천의 가리산에 다녀온 적이 있다. 숨을 거칠게 몰아쉬며 정상부에 거의 도달했을 때, 비탈 가득 노랑제비꽃이 피어 있는 군락을 만

홍·정·윤·갤·러·리

제비꽃 *Viola mandshurica*

났다. 산 아래쪽부터 보이기 시작했던 보라색의 제비꽃, 도랑가에 피었던 흰색의 콩제비꽃, 연한 하늘색의 졸방제비꽃, 고깔 모양의 잎을 펼치고 수줍게 피어 있는 연분홍의 고깔제비꽃, 그리고 노랑제비꽃의 화려함까지 등산로 주변은 온통 제비꽃 밭이었다. 마치 제비꽃을 보러 나선 산행처럼 느껴졌다. 제비꽃이 만발하는 5월이면 하루가 다르게 푸르름은 더해만 가고 꽃의 화려함도 절정에 달한다. 가끔은 걸음을 멈추고 허리를 깊이 숙여 자연이 주는 아름다움을 만끽하는 여유를 가져 보는 것도 봄을 즐기는 한 방법이 아닐까 싶다.

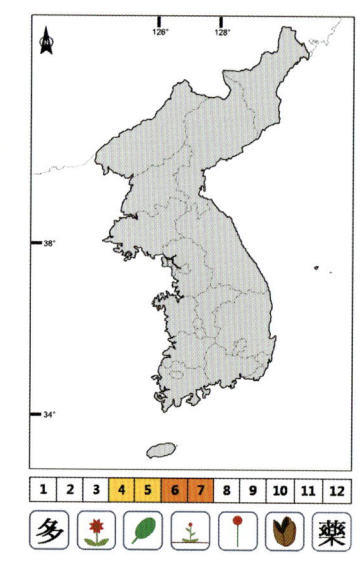

제비꽃은 제비꽃과 Violaceae에 속하는 여러해살이풀로, 뿌리줄기는 짧고 뿌리는 몇 개로 갈라지며 연한 황색이다. 잎은 뿌리에서 여러 개가 함께 나오며 피침 모양이고 길이 3~8cm, 폭 1~2.5cm로 끝은 뭉툭하고 가장자리에는 둔한 톱니가 있다. 잎자루는 잎의 중간 아랫부분에 막대기 모양으로 길게 나고 가장자리에는 날개 같은 잎 조직이 붙어 있어서 다 자라고 나면 잎 전체 모습이 모종삽이나 화살촉을 닮았다. 꽃은 4~5월에 짙은 자주색으로 피는데 잎 사이에서 나오는 5~20cm의 꽃자루 끝에 1개씩 달리며 중간에는 작은 잎 모양의 포엽이 있다. 꽃은 좌우대칭으로 꽃받침의 부속체는 반원형이고, 꽃의 좌우측 조각인 측판(側瓣)에는 털이 없으며, 가운데 조각인 입술 모양의 순판에는 흰색 또는 자주색 줄이 있다. 꽃뿔은 원통 모양으로 5~7mm 정도다. 열매는 성숙하면 껍질이 열리는 삭과로 넓은 타원 모양이며 길이는 10~15mm쯤이고 6~7월에 익으면 3조각으로 갈라진다. 씨는 진한 갈색으로 둥글며 길이는 1.6~1.8mm다.

이른 봄의 털북숭이 꽃다지

4월이 되어 봄이라고는 하지만 교정을 내려다보면 앙상한 가지와 핏기 없는 볏짚 색깔의 잔디만이 화단을 가득 채우고 있는 모습이 눈에 들어온다. 눈앞의 풍경은 삭막하기 그지없지만 방송에서는 연일 남쪽 지방의 활짝 핀 꽃 소식을 전한다. 동백꽃이 예년보다 일찍 피었다, 흰색의 목련 꽃이 환상적이다, 어느 지방에서 벚꽃은 언제쯤 볼 수 있다 등등. 나도 건물 밖으로 벗어나 본다. 정말로 삭막함뿐인지. 숲 안쪽에서 찾을 수 있는 것은 그리 많지 않다 하더라도 눈을 크게 뜨고 양지 쪽을 돌아보면 봄바람에 살랑거리며 멋진 자태를 뽐내고 있는 노란색 꽃이 눈에 들어온다. 꽃다지 *Draba nemorosa*다. 멋진 자태라고는 했지만 꽃의 지름이 5밀리미터도 되지 않는 볼품없이 작은 꽃이다. 그렇지만 겨울의 황량함을 접고 새롭게 올라온 산뜻함 때문에 내 눈에는 아름답게만 보인다. 4장의 꽃잎으로 꽃이 만들어져 위에서 보면 열십 자+ 모양처럼 보인다 하여 이렇게 생긴 꽃을 가지는 식물을 십자화과 Cruciferae라고 한다. 쉽게 볼 수 있는 무, 배추, 냉이 등이 대표적인 식물이다.

1	2	꽃다지
3	4	5

1 군락 2 전체
3 잎 4 꽃
5 열매

    꽃다지는 식물체 전체에 분포하는 성모星毛가 특징이다. 성모는 눈으로 보면 그 모양을 알 수 없지만 확대경이나 배율이 낮은 해부현미경으로 보면 털의 자루 끝에 5개로 갈라진 별 모양이 선명하다. 현미경처럼 작은 구조를 확대시켜 주는 기구가 없었더라면 생물학은 지금처럼 발달하지 못했을지도 모르겠다. 현미경은 1590년 얀센Zacharias Jansen이 발명하였는데, 1665년 후크Robert Hooke가 현미경으로 처음 세포를 관찰한 것을 시작으로 생물체를 구성하는 세포의 구조와 기능에 대한 연구가 활기를 띠게 되었다. 처음에는 빛의 가시광선을 이용해서 사물을 관찰하는 광학현미경이 대부분이었지만 요즘은 전자선을 이용하여 수천, 수만 배 이상으로 확대가 가능한 전자현미경이 개발되어 미세구조를 밝혀 줌으로써 아주 작은 특징으로 생물종을 나누거나 합치는 데 중요한 역할을 한다. 요즘 생물교과서에서 세포 단면도 내의 미토콘드리아, 엽록체, 소포체, 골지체 등의 모양과 위치, 그리고 상호 연관성을 정확하게 볼 수 있게 된 것도 모두 전자현미경 덕분이다. 털의 모양도 예외는 아니어서, 꽃다지처럼 별 모양으로 생긴 털이 있는가 하면 작은 막대 모양을 한 단모單毛, 털이나 돌기가 가지를 치는 복모複毛, 그리고 털끝에 분비샘이 발달하여 둥글게 변형된 돌기를 갖는 선모腺毛로 구분한다. 털의 특징도 다양하다. 견모絹毛라 하여 명주실처럼 부드럽고 긴 털, 방패 모양의 순형모楯形毛, 곧고 뻣뻣하며 뾰족한 형태인 강직모剛直毛, 그리고 밤송이 가시처럼 뾰족하여 찔리면 쐐기에 쏘인 것처럼 피부에 염증을 일으키는 자상모刺狀毛 등이 대표적이다. 줄기나 잎에 돋아 있는 쐐기풀의 투명한 자모를 보고 있노라면 섬뜩한 생각마저 들 때도 있다.

꽃다지의 속명 *Draba*는 맵다는 뜻을 가진 그리스어 'draba'에서 유래되었다고 하며, 종소명 *nemorosa*는 산림의 숲 속에 산다는 뜻인데 주로 경작지, 특히 밭이나 산림과 연결되어 있는 햇빛이 잘 드는 지역을 좋아하는 꽃다지의 자생지 특성과는 조금 차이가 있다. 꽃다지는 작은 꽃들이 다닥다닥 붙어 있다고 하여 붙여진 이름이라고도 하고, 코딱지 같이 작고 보잘것없는 노란색 꽃이 핀다고 하여 붙인 것이라고도 한다. '꽃따지', '코딱지나물'이라고도 부른다. 꽃다지에 비해 열매에 털이 없는 것은 '민꽃다지'라 하고, 함경북도의 관모봉에서 자라는 키가 작고 흰 꽃이 피는 것을 '산꽃다지', 줄기 밑부분에서부터 가지가 여러 개로 갈라지는 것은 '가지산꽃다지'라 하여 구분한다.

한방에서는 다닥냉이와 꽃다지의 씨를 정력자葶藶子라고 하여 가루를 내서 심장 쇠약, 얼굴과 눈이 부었을 때, 천식, 소변을 잘 보지 못하는 증상에 쓴다고 한다.

꽃다지의 어린순은 냉이와 더불어 나물로 먹는다. 냉이와는 속한 과科가 같고 대개 비슷한 장소에서 자라기 때문에 혼동할 염려가 있다. 다른 점은 꽃 색깔과 열매 모양으로 구별하는데, 냉이는 흰 꽃이 피고 역삼각형의 열매가 달리는 데 비해 꽃다지는 노란색 꽃이 피고 타원형의 열매가 달린다. 두 식물은 식물학적으로 그렇게 중요한 편은 아니다. 흔히 말하는 밭의 잡초에 불과하지만 밖에서는 어느 곳에서나 쉽게 만날 수 있는 종이기에 관심을 기울일 필요가 있다.

꽃다지는 하나하나만으로는 특별한 모양새가 없지만 여러 개체가 무리를 지어 자라기 때문에 활짝 핀 노란색의 꽃물결은 그럭저럭 봐줄 만하다. 제주도의 봄꽃이 유채 꽃이라면 육지의 유채 꽃은 전국에서 만날 수 있는 꽃다지가 아닐까 싶다.

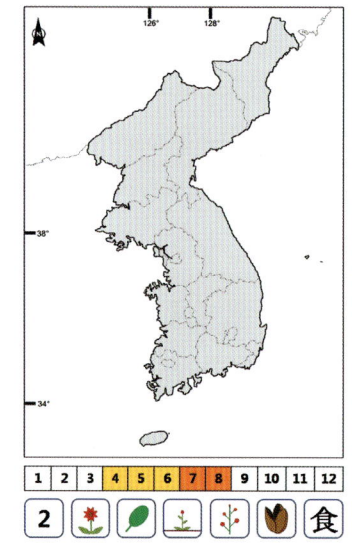

꽃다지는 십자화과Cruciferae에 속하는 두해살이풀로, 높이는 약 20cm 내외이며 줄기와 잎 전체에 별 모양의 털인 성모星毛가 푹신푹신할 정도로 많이 붙어 있다. 뿌리에서 올라온 잎根葉은 땅 표면에 붙어 자라고 모양은 주걱 모양의 긴 타원형으로 길이 2~4cm, 폭 8~15mm이고 밑부분은 좁아져 잎자루처럼 되며 가장자리에 톱니가 약간 있다. 뿌리에서 올라온 잎은 여러 개가 한꺼번에 뭉쳐나므로 하나씩 뽑아서 줄을 맞춰 놓으면 마치 꽃무늬 방석을 보는 듯 아름답다. 줄기에 달리는 잎莖葉은 어긋나 달리고 계란 모양의 긴 타원형으로 크기는 뿌리에서 올라온 잎과 비슷한데, 잎자루는 없고 가장자리에 드문드문 톱니가 있다. 4~6월에 피는 노란색 꽃은 줄기와 가지 끝에 송이처럼 달려 총상꽃차례를 만들고 작은 꽃줄기는 1~2cm다. 꽃받침조각은 타원 모양으로 길이가 1.5mm로 작으며, 4장의 꽃잎은 넓은 주걱 모양으로 길이는 3mm 정도다. 꽃 안쪽에는 1개의 암술과 6개의 수술이 있는데 4개는 길고 2개는 짧다. 열매는 7~8월에 익으며 타원 모양으로 편평하고 길이는 5~8mm이며 표면에 짧은 털이 많이 나 있다.

노루귀는 노루의 귀를 닮았다

　식물이 사람들의 이목을 끄는 방법은 참으로 여러 가지다. 커다란 나무는 웅장함으로 사람을 부르고, 아름다운 꽃은 그윽한 향기로 그 발길을 잡는다. 때로는 재미있게 생긴 생김새로 관심을 모으기도 하는데, 특히 동물의 모습과 비슷하다 하여 그 이름을 따서 붙여진 식물도 종종 있다. 예를 들어 식물도감에 실려 있는 노루와 연관된 식물만 해도 노루귀, 노루발풀, 노루오줌, 노루삼, 노루참나물 등이 있다.

　나는 식물에 대한 관심을 높이고 우리나라 식물 자원에 대한 중요성을 널리 알리기 위해 1년에 두 번 야외에서 식물 관찰회를 주관하고 있다. 이 관찰회 분위기는 학생들의 야외실습과는 사뭇 다르다. 참석하는 수강생들이 야생화나 우리 꽃에 관심을 갖고 계신 분들이기 때문이다. 물론 그 시기와 장소에 따라 참석 인원은 들쭉날쭉하지만 벌써 13회를 넘어섰으니 실패작은 아닌 듯싶다. 관찰회를 주관하다 보면 어떻게 설명해야 참석자들의 흥미를 돋을 수 있을지 난감할 때가 많다. 서먹함을 억누르고 농담을 섞어 가며 설명을 시작하면 관심이 있어서 그런지 이내 분위

| 1 | 2 | 노루귀 |
| 3 | | 1 전체 2 꽃 3 잎 |

기가 고조되곤 한다. '서당 개 3년이면 풍월을 읊는다'는 속담처럼 이젠 시작이 두렵지 않을뿐더러 설명하기 위해 앞으로 나서기만 하면 설명할 말들이 튀어나온다. 흔히 말하는 노하우가 생긴 셈이다. 처음에는 이랬다. '노루와 비슷한 이름을 가진 식물이 있는데, 예를 들면 노루삼, 노루발풀 등이지요.' 수강생들이 고개는 끄덕여 주지만 뭔가 부족한 느낌을 떨칠 수 없었다. 그랬던 내가 요즘은 '노루삼은 땅이 기름지고 노루가 쉴 만한 계곡을 끼고 있는 깊은 산에서 자라는데, 그 뿌리가 노루에게 많은 영양분을 공급해 주므로 사람에게 좋은 산삼이나 인삼에 비겨 노루가 좋아하는 삼이라는 뜻으로 '노루삼'이라 부르게 되었습니다. 또 비슷한 이름의 노루발풀은 잎의 맥이 노루의 발 무늬족문를 닮아서 붙여진 이름이라고 합니다.' 이렇게 하루 5~6시간을 설명하다 보면 목이 쉬어 버릴 때도 있다. 그래도 어쩌랴! 내가 좋

아서 하는 일인 것을······.

　　노루 이야기를 꺼낸 김에 작고 아담한 꽃이 피는 노루귀 Hepatica asiatica 이야기까지 해보기로 하자. 노루귀는 어린잎과 잎자루에 하얀 털이 복스럽게 나 있으며, 싹이 나올 때 약간 말려 있는 모양새가 마치 노루의 귀와 비슷하다 하여 붙여진 이름이다. 만약 '노루귀'라는 이름 대신에 노루와 같은 목目에 속하는 멧돼지, 사향노루, 고라니, 사슴, 산양 같은 동물에 비유했다면 어떠했을까? '멧돼지귀' 좀 웃겼을 것 같다. 한번은 노루귀 생체를 채집하기 위해 오대산엘 간 적이 있었다. 하필이면 가는 날이 장날이라고 봄철 산불 통제기간이어서 산에 오르는 것조차 불투명하였다. 일단 사정을 이야기하고 협조를 구할 생각에 무작정 매표소로 갔다. 그런데 말도 꺼내기 전에 산불 관리요원은 돌아갈 것을 권했고 그 속에서 한바탕 실랑이가 벌어졌다. 결국 대통령이 와도 올라갈 수 없다는 말에 꼬리를 내리는 수밖에 없었다. 차를 타고 돌아오는 길 주변으로 그때까지 남아 있던 얼음과 눈이 그나마 마음 가득한 열과 울분을 식혀 주는 듯했다. 얼마를 달렸을까 차창 밖으로 작은 계곡이 눈에 들어왔다. 노루귀가 있을 법한 장소였다. 차를 세우고 무작정 들어가 보기로 마음먹고 007작전을 수행하듯 주위를 살피며 계곡 속으로 들어갔다. 얼마를 갔을까. 계곡 주변 비탈면에 하얀 노루귀 꽃이 무리 지어 군락을 이루고 있었다. 꽃이 나를 반기는 듯해 기분이 풀어졌던 기억이 있다.

섬노루귀 잎과 열매

　　노루귀는 이른 봄에 눈을 헤치고 핀다 하여 '파설초破雪草'라 부르기도 하며, 잎 모양 때문에 '뾰족노루귀'라고도 한다. 노루귀와 비슷한 종으로는 새끼노루귀와 섬노루귀가 있는데 두 종 모두 우리나라 고유종이다. 새끼노루귀는 잎의 길이가 1~2센

새끼노루귀_ 전체(왼쪽), 잎(가운데), 꽃(오른쪽)

티미터, 폭이 2~4센티미터 정도로 작고 윗면에 흰 무늬가 있으며, 꽃은 잎과 같은 시기에 피고 꽃받침이 5개로 노루귀보다 적다. 또 제주도와 전라남도 지방에서만 자라는 것이 노루귀와 다르다. 섬노루귀는 잎의 길이와 폭이 각각 8센티미터와 15센티미터로 노루귀보다 크고, 자방에 털이 없으며, 꽃이 필 때까지 지난해의 잎이 남아 있다. 울릉도에만 분포하는 것이 노루귀와 다른 점이다.

속명 'Hepatica'는 간장肝腸이란 뜻의 라틴어 'hepaticus'에서 그 유래를 찾을 수 있는데 3개로 나눠진 잎이 간을 닮았다 하여 붙인 이름이고, 종소명 'asiatica'는 아시아 지역에만 분포한다는 뜻이다. 영어 이름도 학명과 유사한 'Asian Liverleaf'이다.

간을 닮은 노루귀는 간에 좋은 약이 될까? 그렇지는 않다. 한방에서 노루귀와 섬노루귀의 뿌리줄기는 장이세신獐耳細辛이라 하여 간보다는 근육과 뼈가 시리고 저린 증상, 피부 질환, 팔다리가 쑤시고 아픈 관절통에 주로 쓴다고 한다.

노루귀라는 우리 이름에는 짧은 전설이 하나 얽혀 있다. 옛날 한 청년이 산행을 하다가 포수에게 쫓기던 새끼 노루를 구해 안전하게 집으로 돌아가게 해 주었다. 새끼 노루로부터 이야기를 전해 들은 어미 노루는 청년을 찾아와 감사의 마음

홍·정·윤 갤·러·리

노루귀 *Hepatica asiatica*

을 전하며 특별한 선물을 하나 했다. 청년의 집 근처에 있는 햇빛이 잘 드는 명당자리를 알려 준 것이다. 세월이 흘러 청년의 부모님이 돌아가시자 그 자리에 묘를 썼는데, 그 후로 집안이 번창했다고 한다. 부모님 묘의 주변에는 노루귀 모양의 잎을 가진 식물이 자라 청년은 항상 노루 가족에게 감사하는 마음을 가지며 살았다고 한다.

노루귀는 꽃의 색깔과는 관계없이 대부분 무리를 지어 자란다. 또 개체에 따라서는 보라색, 흰색, 자주색 등 뚜렷하게 자기 색깔을 갖는 종류도 있지만 연하거나 진한 형태의 색깔 변이가 나타나는 것도 있다. 사람들은 일부러 다양한 색깔의 꽃을 만들기도 하는데 자생지에서 이렇게 여러 가지 색깔을 만날 수 있으니 감사할 따름이다. 꽃이 조금만 컸으면 하는 아쉬움이 없지는 않지만 바람에 흔들리는 꽃을 보고 있노라면 앙증맞은 귀여운 모습에 절로 미소를 짓게 된다.

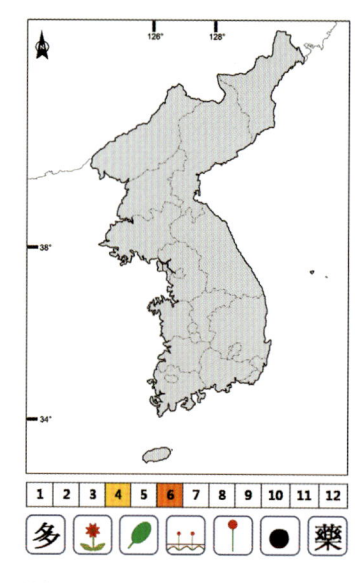

미나리아재비과 Ranunculaceae에 속하는 노루귀는 여러해살이풀로, 땅속줄기는 비스듬히 자라며 마디가 많고 마디마다 잔뿌리를 낸다. 잎자루가 긴 잎은 뿌리에서 여러 개가 나오고 심장 모양으로 위쪽에 흰색 무늬가 있는 것도 있으며 크게 3개로 갈라진다. 갈라진 조각은 넓은 계란 모양으로 끝이 뾰족하며 가장자리에 톱니는 없다. 꽃은 4월에 잎이 나오기 전 묵은 잎 사이에서 6~12cm 정도의 긴 꽃자루가 올라와 끝에 1개씩 달린다. 꽃의 색깔은 흰색, 보라색, 자주색 등으로 다양하여 학자에 따라서는 서로 다른 품종으로 나누기도 한다. 꽃을 보호하는 잎 모양의 총포總苞는 3개로 녹색이며 흰 털이 많고, 꽃잎처럼 생긴 꽃받침조각은 6~11개로 긴 타원형이며 길이는 1.2~1.4cm쯤이다. 수술과 암술은 여러 개가 있고 씨방에 털이 있다. 열매는 성숙하면 껍질이 말라 딱딱하게 되고 열리지 않는 수과로 6월에 익으며 표면에는 퍼진 털이 있다.

꽃말이 봄의 꽃마리

　산꼭대기에는 아직 하얀 눈이 그대로 쌓여 있는 곳도 있는데, 산 아래쪽 낮은 곳에서는 어떤 식물인지는 모르겠지만 봄소식이라도 전하려는 듯 움을 틔우는 모습이 마치 땅이 꿈틀대는 것처럼 보인다. 나무에 매달린 겨울눈은 잔뜩 물을 머금어 봄비라도 내린다면 누에가 알에서 깨어나듯 온통 녹색 옷으로 갈아입을 준비가 되어 있다. 그렇다고는 하더라도 가장 먼저 기지개를 켜고 세상 구경을 하는 친구는, 바로 하루 종일 햇빛이 잘 비치는 양지쪽에 자리 잡은 식물들이다. 양지바른 그곳은 겨우내 쌓여 있던 눈이 녹아 땅속으로 스며들어 생물들에게 겨울잠에서 깨어날 것을 재촉하기도 한다. 그뿐 만이 아니다. 지붕에 쌓였던 눈이 얼어 얼음이 되고 그 위에 다시 눈이 내려 한겨울을 함께 지낸 얼음덩어리도 봄 햇살에 서서히 녹기 시작한다.

　전에는 집 지붕을 주로 슬레이트로 만들었다. 젊은 사람들이야 슬레이트라는 말이 좀 생소하겠지만, 조금 연세가 있으신 분들은 충분히 기억할 수 있을 것 같다.

꽃마리_ 군락(위), 전체(가운데), 꽃(아래)

물론 그보다 더 세월을 거슬러 올라가면 볏짚을 새끼줄로 서로 연결하여 만든 이엉을 지붕 위로 올려서 아래쪽부터 둘러 위쪽까지 덮은 다음 맨 윗부분에 용마루지붕의 제일 높은 곳을 연결하는 1자형의 볏짚 구조물을 얹은 후 새끼줄로 사방을 둘러 묶어 고정시키는 초가지붕이 있었다. 그러나 새마을운동이란 이름 아래 지붕 개량을 밀어붙여 지금은 지방자치단체의 민속축제에서나 이엉 만들기와 이엉 얹기 체험의 형태로 그 명맥을 유지하고 있을 뿐이다. 그 초가지붕 대신 생겨난 새로운 지붕 구조물이 바로 슬레이트였다. 이 슬레이트는 시멘트와 석면의 비율을 85:15로 섞어서 반죽한 후 압착하여 만든 판으로, 길이 약 2미터, 폭 1.2미터로 옆에서 보면 S자 형태로 굴

꽃마리 종류_ 꽃마리(왼쪽), 참꽃마리(오른쪽)

곡이 져 있다. 내가 어릴 적에는 이 판 위에다 삼겹살을 구워 먹기도 했는데, 1급 발암물질인 석면이 함유되어 있다고 해서 다시 이를 벗겨 내기 위한 지붕 개량 사업이 벌어지기도 했다. 어쨌든 이 슬레이트 지붕의 파인 골을 따라 봄이면 물줄기가 어린아이 오줌줄기 같이 쉴 새 없이 흘러내렸다. 날이 덜 풀려 저녁이면 흘러내리던 물이 다시 얼어붙어 고드름이 되어 처마 밑에 매달렸다. 우린 고드름을 따서 칼싸움에 열중하거나, 음료수를 대신하여 갈증을 풀기도 했다.

그렇다면 이런 자원의 가장 큰 수혜자는 어떤 식물일까? 바로 처마 끝 양지쪽에 단골로 자리 잡는 꽃마리 *Trigonotis peduncularis*가 단연 으뜸이다. 지붕에서 내려오는 꿀맛 같은 물을 모두 차지할 수 있기 때문이다. 긴긴 겨울의 추위를 견뎌 내고 긴 꽃줄기를 내면서, 새로운 한 해를 맞이하여 올해는 좀 더 나은 삶이 아닐까 기대하는 듯하다. 볼품없이 작은 꽃에 활짝 펼쳐지지도 않는 꽃대를 가져 마치 눈치를 살피듯이 피어 올라가는 꽃의 모습은 한편으로 안쓰러워 보이기도 하지만 찬찬히

꽃받이

들여다보면 소박하고 아름다운 부분도 찾을 수 있다.

속명 *Trigonotis*는 그리스어로 삼각형을 의미하는 'trigonos'와 귀를 가리키는 'ous'의 합성어로 열매의 형태에서 유래된 듯하며, 종소명 *peduncularis*는 꽃자루를 뜻한다. 꽃마리라는 우리 이름은 꽃줄기가 말려 있는 모양을 보고 붙인 것 같다. 꽃마리 종류는 전 세계에 약 30종이 자라는데, 우리나라에는 꽃마리 외에 습기가 있는 곳에서 주로 자라며 줄기 전체가 땅으로 뻗어 자라는 참꽃마리, 몸 전체에 거센 털이 나 있는 거센털꽃마리, 줄기가 덩굴성 식물처럼 옆으로 자라는 덩굴꽃마리, 잎은 1~2센티미터로 작지만 꽃부리가 6~8밀리미터인 좀꽃마리 등 5종이 분포한다. 이름이 비슷한 것으로는 '꽃받이'가 있는데 이 식물은 지치과科의 '*Bothriospermum*' 속에 속하므로 전혀 다른 종류다. 꽃마리는 냉이가 자라는 곳에서 함께 자라서인지 지방에 따라서는 '잣냉이'라고 부르기도 한다.

민간에서 어린순은 나물로 이용하고 식물 전체는 감기에 쓴다. 한방에서는 꽃마리와 참꽃마리의 지상부를 부지채附地菜라 하여 소변을 자주 보는 증상에 쓰거나 어린아이가 이질에 걸렸을 때 즙을 내어 꿀에 타서 먹인다.

꽃마리의 꽃은 우리나라에 절로 나 자라는 식물 중 가장 작은 꽃이 피는 종류 중의 하나로 눈에 잘 띄지는 않지만 봄의 전령사로서 손색이 없다. 어떤 이는 꽃마리를 '작은 꽃의 천사'라고 표현하기도 했으며, 같은 시기에 꽃이 피고 지는 꽃다지와 봄맞이 꽃과 함께 봄을 알리는 식물 3종 세트라 부르기도 했다. 꽃마리 꽃을 보려면 허리를 굽혀 자세히 관찰해야 한다. 자신을 찾아주지 않는 외로움을 표현하려 꽃잎이 하늘빛을 닮았는지는 몰라도 앞으로는 쓸쓸해 하지 않는 반가운 얼굴이 되었으면 한다.

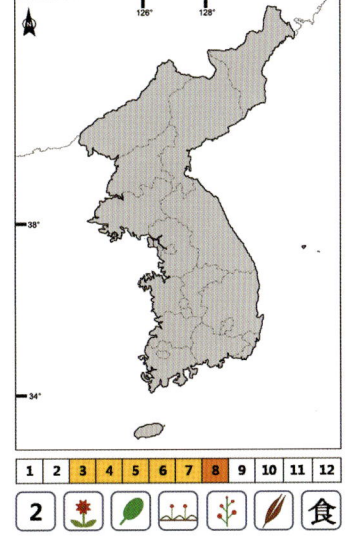

지치과 Boraginaceae에 속하는 꽃마리는 들이나 밭에서 흔하게 자라는 두해살이풀로, 높이는 10~20cm이고 줄기는 밑부분에서 여러 개로 갈라지며 전체에 짧은 털이 나 있다. 잎은 어긋나고 둥근 계란 모양으로 길이 1~3cm, 폭 6~10mm 정도로 가장자리는 밋밋하다. 줄기 아랫부분에 달리는 잎은 긴 잎자루를 갖지만 위로 갈수록 짧아져 없어지는데, 어린잎을 따서 손바닥으로 비벼 보면 풋풋한 오이 냄새를 맡을 수 있다. 꽃은 3~7월에 송이로 달리는 총상꽃차례를 만드는데 끝부분은 스프링이나 시계태엽처럼 말려 있어서 마치 꽃줄기 끝에 조그만 벌레가 붙어 있는 것처럼 보인다. 꽃은 꽃줄기의 아래쪽에서부터 위쪽으로 피어 나가는데 시간이 지나면 말려 있던 끝부분도 점차 풀려 나간다. 따라서 가장 먼저 꽃이 피었던 꽃줄기 아랫부분의 꽃은 져서 열매가 맺히고, 가운데 마디에는 활짝 핀 꽃이, 그리고 끝부분에는 막 생겨나 맺힌 꽃봉오리가 달려서 꽃이 열매로 되는 과정을 단계별로 하나의 꽃줄기에서도 볼 수 있다. 꽃은 연한 자주색이나 하늘색으로 꽃의 폭은 약 2mm로 작고 윗부분은 5개로 갈라지며 안쪽에는 비늘잎이 있다. 열매는 8월에 익는데 성숙하면 갈라져 분리되는 분열과 分裂果로 꽃받침에 싸여 있으며 위쪽은 볼록하게 튀어나와 있다.

우리의 벚꽃 왕벚나무

우리나라에서 벌어지는 봄꽃 축제 중 가장 대표적인 것을 꼽으라면 벚꽃 축제가 단연 으뜸일 것 같다. 진해, 군산 등 전국 38군데에서 벚꽃 축제가 열린다고 하니, 전국적으로 보면 벚나무 종류가 자라지 않는 곳이 없는 것 같다. 남쪽부터 시기별로 꽃이 피어 올라오는 모습을 볼 때면 봄이 점점 깊어지는 것을 느끼게 된다. 눈앞의 분홍빛 벚꽃은 주변에 있는 다른 나무들을 자극해 잎과 꽃을 피우도록 재촉하는 듯하다. 비단 우리나라에서만 요란하게 봄꽃을 맞이하는 건 아닌 것 같다. 각 나라마다 봄을 맞는 독특한 특징이 있다. 미국은 4월 중순이면 수도인 워싱턴DC의 중심가로 사람들이 모여들어 인산인해를 이룬다. 해마다 열리는 벚꽃 축제인 'Cherry blossom festival' 때문인데, 초·중등학교의 봄방학과 시기가 비슷해 가족 중심의 관광객이 많은 편이다. 그런데 한 가지 의문이 있다. 많고 많은 봄꽃 중에 하필이면 벚꽃 축제일까? 벚나무속 *Prunus*에 속하는 종은 전 세계적으로 약 430분류군이 절로 나 자라거나 수많은 원예품종들이 만들어져 가로수나 정원수로 이

왕벚나무
1 전체 2 줄기
3 잎   4 꽃
5 열매

용되고 있으므로 실은 크게 이상할 것도 없다.

그런데 워싱턴DC에서 벌어지는 벚꽃 축제는 우리나라와도 관계가 있다. 축제의 중심에 선 나무가 바로 왕벚나무 *P. yedoensis*이기 때문이다. 코벨Jon Carter Covell의 『한국문화탐구』에 이 나무에 대한 역사가 잘 설명되어 있다. 1912년 일본의 메이지 정부는 미국과 친선을 도모한다며 미국의 워싱턴DC에 수천 그루의 벚나무를 선물했다. 일본 아라가와 강변에서 수집한 이 벚나무들은 미국으로 간 지 얼마 되지 않아 벌레 피해를 받아 모두 죽었다. 몇 년 후 일본 도쿄 시에서는 죽은 벚나무를 대신하여 새로운 품종의 벚나무를 다시 보냈는데 그 나무들의 모본母本이 바로 우리나라 제주도산 왕벚나무였다. 이는 최근 여러 식물분류학자들의 연구로 확인된 사실이다. 대통령을 지낸 이승만 박사가 1920년대 중반 미국의 프린스턴 대학에 유학하고 있을 때 이 벚나무들이 늘어선 워싱턴DC 주변의 포토맥 강변길을 '일본벚꽃거리'라고 부르는 것에 대하여 '한국벚꽃거리'로 명칭을 수정해 달라고 공식적으로 제안했었다고 한다. 그 후 미국 정부는 '동양벚꽃거리'로 이름을 바꾸었고, 일본은 이에 대한 항의 표시로 일본의 유명한 식물학자를 총동원하여 왕벚나무 자생지를 찾으려 일본 전체를 샅샅이 뒤졌으나 실패했다. 그럼에도 워싱턴DC 시내의 벚꽃은 일본 벚나무인 '사쿠라'라고 불리고 있다. '재주는 곰이 부리고 돈은 되놈이 번다'는 속담처럼 우리 것에 대한 주체를 명확하게 하지 못해 제 이름을 잃게 된 것이다.

그렇다면 우리나라에는 왕벚나무 자생지가 있을까? 재배하는 개체들을 제외하면 왕벚나무가 자생하는 지역으로는 제주도 한라산과 전라남도 해남의 대둔산을 들 수 있는데 개체 수는 적다. 제주도 서귀포시 신례리와 제주시 봉개동의 왕벚나무 자생지는 각각 천연기념물 제156호와 제159호로 지정되어 있으며, 대둔산은 1965년에 내륙 지역으로는 처음 발견된 유일한 자생지로 천연기념물 제173호로 지정되어 있다. 대둔산 자생지는 대흥사로 가는 길 주변에 두 그루가 있는데 한 개체

꽃의 비교_ 왕벚나무(왼쪽), 산벚나무(오른쪽)

는 높이가 12미터, 둘레는 1.32미터이고, 다른 하나는 키가 8.7미터 정도이고 둘레는 87센티미터쯤인데 큰 개체는 몇 년 전에 고사하여 모형으로만 남아 있다. 울타리를 둘러 보호하고 있는 모습이 안쓰럽기는 하지만 여러 가지 의미를 담고 있으므로 잘 보존해야 한다.

속명 'Prunus'는 자두를 뜻하는 'plum'의 라틴어이며, 종소명 'yedoensis'는 일본의 도쿄를 뜻한다. 왕벚나무란 우리 이름은 커다란 꽃이 달리는 벚나무라는 뜻이다. 우리나라에서 볼 수 있는 벚나무속 식물은 약 22종류가 있는데, 이 중에는 친숙한 살구나무, 자두나무, 앵도나무, 복사나무 같은 과실수도 포함되어 있다. 왕벚나무는 형태적으로 무등산과 지리산 그리고 제주도에 분포하는 올벚나무와 가장 비슷하다. 올벚나무는 꽃턱花托이 계란 모양인 데 비해 왕벚나무는 원통 모양이어서 차이가 있다. 지방에 따라서는 '사꾸라', '사구라나무', '민벚나무', '제주벚나무', '큰꽃벚나무', '큰벚나무', '참벚나무'라고 부르기도 한다. 왕벚나무의 기원은 학자에 따라 의견 차이가 있는데 독립된 종으로 취급하거나, 산벚나무와 올벚나무의 잡종 또는 산개벚지나무에서 직접 분화된 것으로 추정하고 있다. 왕벚나무를 일본의 국화國花로 알고 있는 이들도 있는데, 일본은 국화가 없다. 단지, 많은 사람들이 벚꽃을 좋아하기 때문에 그렇게 알려져 있을 뿐이다.

한방에서는 왕벚나무, 벚나무, 산벚나무의 열매나 껍질을 야앵화野櫻花라 하여 약으로 쓰는데 천식과 홍역에 효과가 있다고 한다.

2007년 미국 메릴랜드 주의 락빌 시 남쪽에 있는 캔우드Kenwood라는 동네를 방문했었다. 크기가 사방 300미터 정도밖에 안 되는 작은 마을의 가로수가 모두 왕벚나무였다. 꽃이 피면 그 화려함은 말로 표현할 수 없을 정도로 아름다워 사람들을 끌어들이기에 충분한 매력이 있었으며 나도 그 거리를 걸었다. 우리 것이 제대로 대접받지 못하는 현실을 못내 아쉬워하면서 말이다. 새 봄에는 제주도에서 열리는 제주왕벚꽃축제Jeju cherry blossom festival에 가봐야겠다. 미국의 분위기와는 어떻게 다른지 궁금하기도 하고 기대도 된다.

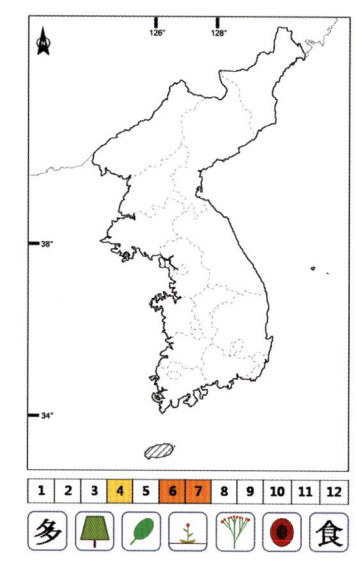

왕벚나무는 장미과 Rosaceae에 속하며 높이는 10m 이상 자라는 잎이 지는 큰키나무다. 줄기의 껍질 부분은 회갈색으로 평활하며, 어린 가지에는 털이 많다. 잎은 어긋나 달리며 길이 6~12cm, 폭 3~6cm로 계란 모양이나 넓은 타원 모양이고, 표면에는 털이 없지만 맥 윗부분이나 잎자루에는 털이 있으며 가장자리에는 예리한 겹 톱니가 있다. 꽃은 4월에 잎보다 먼저 피며 꽃자루의 길이가 거의 같은 크기로 자라 편평한 모양을 하는 산방꽃차례繖房花序를 만들고, 꽃자루에 털이 있다. 꽃잎은 5개로 타원형 또는 넓은 타원형인데 개화 초기에는 분홍색이 돌지만 활짝 피면 흰색으로 변한다. 꽃받침통과 암술대에는 털이 있고 씨방은 공 모양으로 볼록하다. 열매는 복숭아처럼 딱딱한 씨가 들어 있는 핵과核果로, 모양은 둥글며 길이는 7~8mm이고 6~7월에 붉은색에서 짙은 자주색으로 익는다.

고개 숙인 백발의 할미꽃

식물들은 제각각 좋아하는 환경을 찾아 살아가기 마련이다. 양지바른 묏등이나 산기슭에 가면 언제나 고개 숙여 겸손하게 피어 있는 분홍색 꽃이 있다. 이 꽃은 손가락 마디 1개 정도 크기로 털이 뽀송뽀송하게 나 복스러운 모습을 하고 있다. 할미꽃 *Pulsatilla koreana*이 그 주인공이다.

나는 할미꽃하면 떠오르는 기억이 하나 있다. 여름이 가까워지면 시골집 재래식 화장실에는 파리가 꼬이기 시작한다. 파리는 예쁘게 봐 주고 싶어도 그럴 수 없는 존재다. 귀찮기도 하고 사람이 사는 곳이면 어김없이 나타나는 유익하지 않은 곤충이기 때문이다. 백과사전에도 집파리, 금파리, 검정파리, 쉬파리 등 수많은 파리 종류들이 불결한 장소에서 집안으로 이리저리 옮겨 다니며 이질, 장티푸스, 콜레라, 아메바이질 등 소화기 전염병의 병원균이나 기생충 알, 바이러스 등을 옮기는 환경 위생해충으로 소개하고 있다. 파리는 완전변태를 하므로 알에서 애벌레와 번데기를 거쳐 어른벌레로 발육하게 되는데, 재래식 화장실에서 주로 보았던 것은

할미꽃_ 전체(왼쪽), 열매(가운데), 뿌리(오른쪽)

애벌레에 해당하는 구더기였다. 지금도 꿈틀꿈틀 이곳저곳을 기어다니던 광경이 눈에 선하다. 생각만으로도 온몸에 소름이 쫙 끼친다. 요즘처럼 농약이나 살충제가 흔한 때라면 간단하게 이 애벌레들을 없앨 수 있었을 테지만 그때는 그렇지 못했다. 매년 이놈들이 극성을 부릴 때가 되면 아버지께서는 숙제를 내주셨다. 일명 '화장실 구더기 퇴치작전'이다. 작전이라 하니 대단한 일이라도 벌이는 것 같지만 실은 연례행사로 특별할 것은 없다. 숙제가 주어지면 작은형과 함께 삽을 들고 뒷산으로 오른다. 뿌리에 독성이 있어서 살충제 역할을 하는 할미꽃 뿌리를 캐기 위해서다. 그때만 해도 할미꽃은 흔하게 볼 수 있어 뿌리를 한 소쿠리 캐는 것은 시간문제였다. 집으로 돌아온 후 뿌리를 돌멩이로 짓이겨 잘게 부순 다음 화장실에 던져놓으면 며칠 동안은 파리를 볼 수 없었다. 불과 몇 시간 만에 간단하게 끝낼 수 있는 숙제였다. 그런데 요즘은 사정이 좀 달라졌다. 얼마 전 공동 연구를 수행하는 다른 대학의 연구원이 도움을 청해 왔다. 할미꽃이 큰 군락을 이루고 있는 곳을 알려달라는 것이었는데, 곰곰이 생각해 봐도 그렇게 많은 할미꽃을 본 장소가 떠오르지 않았다. 최근 들어 할미꽃은 약용이나 관상용으로서의 가치가 올라가면서 자생지도 많이 없어졌고 개체 수도 줄어들었기 때문이다. 만약 나 어릴 적처럼 뿌리를 채취한다면 할미꽃은 곧 멸종위기 식물로 지정될 것이다.

속명 *Pulsatilla*는 '소리내다' 또는 '치다'는 뜻을 가진 라틴어 'pulso'의 축소형으로 종처럼 생긴 꽃의 모양에서 유래되었다고 하며, 종소명 *koreana*는 한국에서 자란다는 뜻이다. 할미꽃이란 우리 이름에는 슬픈 전설이 얽혀 있다. 옛날 어느 마을에 3명의 손녀를 데리고 사는 할머니가 있었다. 마을에서는 손녀들 간에 우애가 좋고 할머니에 대한 효심도 깊어 부러움을 사는 집이었다. 시집갈 나이가 되어 손녀들은 순서대로 혼인을 했는데 얼굴이 잘 생긴 첫째와 둘째는 넉넉한 집안으로 출가를 했지만, 그렇지 못한 막내는 가난한 사내를 만났다. 첫째와 둘째가 번갈아 가며 할머니를 모시는데 시간이 지나면서 손녀들의 구박이 심해졌다. 하는 수 없이 할머니는 막내 손녀에게로 갔다. 가난하지만 서로 아끼고 사랑하며 오순도순 사는 막내 손녀 부부는 할머니를 반갑게 맞아 주었고 극진히 모셨다. 그런데 너무 가난한 나머지 끼니를 걱정해야 하는 상황에 이르렀고 그 사실을 눈치챈 할머니는 '입이라도 하나 덜어 주자'는 생각으로 둘째 손녀네로 가려고 집을 나섰다. 때는 엄동설한이라 할머니는 멀리 가지 못하고 산중에 쓰러져 숨을 거두고 말았다. 막내 손녀 부부는 할머니를 찾아 헤맸지만 찾지 못한 채 이듬해 봄을 맞았다. 눈이 녹은 후에야 싸늘한 주검으로 변한 할머니를 찾을 수가 있었다. 슬픔에 빠진 막내 손녀 부부는 할머니를 돌아가신 곳 근처 햇볕이 잘 드는 곳에 묻어 드렸다. 얼마 후 그곳에서는 막내의 집 쪽을 향해 허리를 구부린 채 활짝 웃고 있는 붉은색 꽃이 피어났다. 마을 사람들은 이 꽃을 할머니의 넋이라 여겨 '할미꽃'이라 불렀다. 다른 의미로는 열매의 전체 모양이 할머니의 머리카락과 비슷하다고 하여 붙여진 이름이라고도 하며, 그런 이유 때문인지 한방에서는 '백두옹白頭翁'이라고 한다.

우리나라에 분포하는 할미꽃은 가는잎할미꽃, 분홍할미꽃, 노랑할미꽃, 산할미꽃, 동강할미꽃의 5종류다. 가는잎할미꽃은 갈라진 잎 조각이 좁고, 꽃받침조각

할미꽃 종류_ 할미꽃(왼쪽), 동강할미꽃(가운데), 분홍할미꽃(오른쪽)

안쪽이 검붉은 색을 띠며 제주도에만 분포하고, 분홍할미꽃은 전체가 작고 꽃은 옆을 향해 피며 꽃받침조각 안쪽은 연한 붉은색으로 북한 지방에서 자란다. 노랑할미꽃은 꽃이 노란색으로 피고, 산할미꽃은 잎에 털이 적고 3~5개의 작은 잎으로 갈라지며 함경북도에 분포하는 우리나라 고유종이다. 할미꽃 중에서도 귀하신 몸이 있다. 자연 경관이 뛰어나고 희귀 동식물이 자생한다는 정선의 동강 주변 돌이나 바위틈에서만 자라는 동강할미꽃 *P. tongkangensis*이 그 주인공이다. 해마다 4월이면 그곳에서는 동강할미꽃 축제가 열리는데 많은 사람들이 찾아와 바위틈에 아슬아슬하게 자라는 꽃을 찾아보곤 한다. 할미꽃과 가장 큰 차이점은 꽃줄기가 아래로 숙여지지 않고 옆이나 위를 향해 꽃이 피는 것으로, 바위틈에 붙어 있는 모습은 마치 정물화를 보는 것처럼 아름답다. 분홍할미꽃의 변종이나 독립된 종으로 다루기도 하며, 꽃의 길이와 색깔에 따라 긴동강할미꽃, 흰동강할미꽃, 분홍동강할미꽃, 겹동강할미꽃 등으로 세밀하게 나누기도 한다. 할미꽃은 '노고초 老姑草', '할미씨까비', '주리꽃', '고냉이쿨', '하라비고장'이라 부르기도 한다.

한방에서는 뿌리를 백두옹이라 하여 약용하는데 항균 및 진통 작용이 있다고

홍·정·윤 갤·러·리

할미꽃 *Pulsatilla koreana*

한다. 하지만 독성이 있기 때문에 사용할 때는 주의해야 한다.

    자주색 할미꽃의 화려한 꽃 색깔은 곱디곱지만 하늘하늘 바람에 흔들리는 흰색 열매와 보송한 흰 털이 나 있는 줄기는 할아버지 할머니를 생각나게 하는 훌륭한 특징인 것 같다.

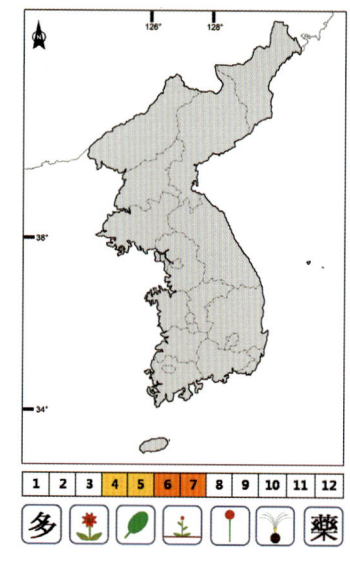

할미꽃은 미나리아재비과 Ranunculaceae에 속하며 건조한 양지쪽에서 자라는 여러해살이풀로, 뿌리는 땅속 깊이 들어가 마치 도라지 뿌리 같으며 윗부분에서 많은 잎이 나온다. 잎자루는 길고 흰색 털이 가득하여 만지면 푹신하게 느껴질 정도이지만 잎의 앞쪽에는 털이 없다. 잎은 미나리처럼 갈라지고 5개의 잎 조각은 길이 6~8mm 정도이며 끝이 둔하다. 꽃은 4~5월에 피고 꽃잎처럼 보이는 꽃받침조각은 6개로 길이 3.5cm, 폭 1~1.5cm이며 긴 타원 모양으로 바깥쪽에는 흰 털이 나 있지만 안쪽에는 없다. 꽃줄기의 가운데 윗부분에 붙어 있는 잎처럼 생긴 포엽은 3~4개로 갈라지고 흰 털이 있다. 열매는 6~7월에 익으며 씨방 1개에 1개의 종자만이 들어 있고 끝에 날개나 깃털이 달리는 수과로, 긴 계란처럼 생겼으며 길이는 5mm고 끝에 붙어 있는 4cm 정도의 암술대에는 명주실 같은 털이 나 있다.

늘 우리 곁에 머무르는 회양목

봄이 시작되었다 하더라도 기지개를 켜는 봄을 시샘이라도 하듯 눈과 비가 시도 때도 없이 내리는 해에는 작년에 보았던 목련이며 개나리를 만날 수 있을지 걱정이 앞선다. 그럼에도 온실이나 비닐하우스가 있는 시골로 가 보면 그 안에서는, 꽃을 피웠던 제비꽃 종류들이 열매를 맺은 지 오래고 벼룩나물과 별꽃 무리들은 하얀 꽃잎을 활짝 펴고 있다. 그러나 온실 밖의 상황은 고작해야 산수유가 노란색 꽃망울을 터트리려 준비하고 있고, 꽃다지나 냉이가 꽃을 피우지만 너무 작아서 봄을 만끽하기에는 좀 약한 느낌이다.

몇 년 전 매일 밤 11시가 되어야 학교를 끝마치는 아들 녀석을 데리러 다녔던 적이 있다. 11시가 가까워오면 학교 근처는 주차장으로 변해 버려서 좀 늦게 도착하는 날에는 학교에서 꽤 떨어진 골목에 주차를 해야 하므로 매일 서둘러 집을 나서곤 했다. 주차도 신경이 쓰였지만 늦게까지 공부하고 오는 아들 녀석과 오늘은 무슨 이야기를 할까 생각하는 시간을 갖는 즐거움을 나 스스로 즐겼던 것 같다. 아

회양목_ 전체(왼쪽), 꽃(가운데), 열매(오른쪽)

이가 나올 시간이 되면 차에서 나와 잘 보이는 곳에 서 있어 버릇을 했더니 근처에서 보이지 않으면 당황하는 기색이 역력했다. 요즘은 유치원생도 가지고 다닌다는 그 흔한 휴대전화도 필요 없다고 안 들고 다니는 순진한 아이니 매일 만나던 자리에 없으면 얼마나 놀라겠는가. 그날도 비슷한 시간에 차에서 나와 학교 정문 맞은편에 있는 큰 빌딩 앞의 조그만 화단이 있는 곳에서 아이를 기다렸다. 그날따라 아이가 쉬이 나오질 않았다. 근처를 서성거리는데 좋은 향기가 맡아졌다. 늦은 시간이라 오가는 사람도 없고 차 밖에서 아이를 기다리는 사람도 나 혼자뿐이므로 그 향기의 출처를 유추하기가 쉽지 않았다. 하루 종일 쌓인 스트레스며 피곤함을 잊기에 충분한 향이었지만 어두운 길이라 그 주인공을 찾아내기가 어려웠다. 눈에 보이는 식물이라고는 화단 경계용으로 심어 놓은 회양목과 안쪽에 서 있는 철쭉류, 그리고 앞으로 화단을 메울 몇몇 초본식물의 흔적이 전부였다. 아, 문제의 향기는 회양목의 것이었다. 언제 피었는지 모를 꽃에서 강한 향기가 그 늦은 밤까지 퍼져 나가고 있었던 것이다. 거의 매일 밤 같은 시간에 그곳을 지키고 있었건만 활짝 피어 있는 회양목 꽃을 알아차리지 못했었다. 나의 무심함도 문제지만 과연 내가 식물을 전공하는 사람이 맞는건가 하는 자책 비슷한 감정이 잠깐 들었다. 아이가 나와서 그 이야기를 했더니 그게 뭐 그리 대단한 일이냐고 시큰둥하면서 학교에서 있었던 제일로 화제를 돌려 버렸다. 회양목에 대한 여운을 좀 더 간직하고 싶었는데……. 어쨌든 그날 몇 분 동안에 있었던 한밤중의 꽃향기 사건은 그렇게 끝이 나고 말았다.

회양목 Buxus koreana은 화단 조경이나 울타리용으로 많이 심어 전국 어디에서나 쉽게 볼 수 있지만, 야생하는 회양목 군락을 보기는 그리 쉽지가 않다. 회양목은 석회암 지대를 대표하는 지표식물이기 때문에 독특한 환경을 찾아가야만 관찰이 가능하기 때문이다. 우리 주변에서 흔하게 볼 수 있는 민들레나 고들빼기를 보는 것과는 다르다. 물론 정선이나 영월, 태백 등 우리나라 주요 석회암 지역에 가면 근처의 산에서 진달래만큼이나 많은 개체를 만날 수 있다. 그것도 키가 1미터 내외의 작은 것부터 7미터 정도에 이르는 큰 것까지, 화단에서 매일 보아 왔던 30~40센티미터가량의 원예용 회양목과는 확연히 차이가 나는 개체들이다. 물론 화단의 회양목은 매년 가지치기를 하기 때문에 크지 못하는 것도 있지만 말이다.

속명 'Buxus'는 상자를 의미하는 라틴어 'puxas'에서 유래되었으며, 종소명인 'koreana'는 우리나라에 분포한다는 뜻이다. 영어 이름도 'box tree'인데, 이 회양목속에 속하는 나무들을 이용해 작은 상자를 만들었기 때문이란다. 회양목은 한자로 줄기의 속 부분이 누런색을 띤다고 해서 황양목黃楊木으로 쓰는데 우리 이름은 이 단어에서 기원되었다고 한다. 회양목에 비해 잎이 좁은 피침형인 것은 '긴잎회양목', 잎이 넓은 타원형이나 원형에 가까우며 아래쪽에 드물게 털이 있는 것은 '섬회양목'으로 세밀하게 나누기도 한다. 지방에서는 '도장나무', '회양나무', '고양나무'라고도 부른다. 경기도 여주군 세종대왕 유적관리소의 효종대왕릉 재실 안에 있는 회양목은 천연기념물제459호로 지정되어 보호받고 있다.

성장 속도가 느려서 어른 손 한 뼘만큼 자라려면 300년 이상이 걸린다. 성장이 느린 만큼 목재는 조밀하고 단단하여 도장, 지팡이, 조각 재료, 목관악기나 현악기의 줄받이, 장기 알 등으로 사용되는 고급 목재에 속한다. 한방에서는 회양목 종류의 씨와 뿌리를 황양목黃楊木이라 하는데, 씨는 통증이나 타박상에 효과가 있고 뿌리는 근육과 골격의 통증과 충혈된 눈을 치료하는 데 쓴다. 회양목으로 만든 목침은 잡귀를 쫓아 준다는 속설이 민간에 전한다.

회양목은 환경 조건에 상관없이 어느 곳에서나 쉽게 잘 자라는 특징이 있다. 그래서 꽃말이 '극기와 냉정'이 아닌가 싶다. 이른 봄의 대표 향기라고 해도 과언이 아닐 정도로 매력이 있는 회양목 꽃은 찾아오는 벌의 숫자가 봄 식물 중에 단연 최고다. 날씨가 시샘을 하지만 그래도 시기와 순서, 장소에 따라 생물들은 봄을 향해 조금씩 앞으로 나아가고 있다.

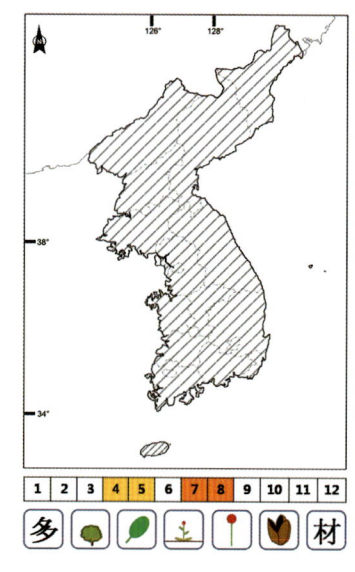

회양목은 회양목과 Buxaceae에 속하는 늘푸른작은키나무 또는 떨기나무로, 작은 가지는 녹색이고 네모지며 털이 있다. 잎은 뻣뻣하며 줄기에 마주나 달리고 타원 또는 계란을 거꾸로 놓은 모양으로 길이는 12~17mm다. 작은 잎자루가 있고 털이 있으며, 잎의 가장자리는 뒤로 말리듯 젖혀지고 앞면은 녹색이지만 뒷면은 황록색을 띤다. 꽃은 4~5월에 피는데 암꽃과 수꽃이 몇 개씩 한 군데에 달리며 대부분 가운데 부분에 암꽃이 있다. 수꽃에는 1~4개의 수술과 씨방의 흔적이 있으며, 꽃잎은 없고 황색의 꽃밥이 달리므로 노란색 꽃이 핀 것처럼 보인다. 암꽃에는 3개의 암술머리가 있는 삼각형의 씨방이 있다. 열매는 튀는 열매, 즉 삭과로 모양은 계란처럼 생겼으며 윗부분은 뿔처럼 생긴 3개의 돌기가 있고, 7~8월에 갈색으로 익으며 안에는 검은색 씨가 들어 있다.

전국을 어우르는 개나리

봄이 시작되면 사람들 마음도 싱숭생숭해진다. 남쪽에서는 봄꽃이라고 불리는 매화나 벚꽃이 이미 흐드러지고, 우리 주변에도 목련과 살구꽃 향기가 바람에 실려 와 사람들을 밖으로 나오라고 유혹한다. 따뜻한 아랫목을 그리워하던 한두 달 전과는 전혀 다르다. 금방이라도 꽃이 튀어나올 것만 같은 겨울눈冬芽은 살짝만 건드려 주면 뽀얀 속살을 드러낼 준비를 하고 있다. 봄비라도 내려 준다면 깊어가는 봄을 몸소 느낄 수 있을 정도로 이곳저곳에서 꿈틀거리는 생물들의 기지개를 볼 수 있다. 해마다 이런 모습들을 사진에 담기 위해 시간만 나면 건물 밖으로 나서지만 늘 생각했던 것보다는 많은 것을 얻지 못한다. 사진기의 문제가 아니라 일단 피어나기 시작한 봄의 때를 맞추어 벌어지는 식물들의 몸부림을 모두 다 담아 낼 수 없기 때문이다. 어떤 분은 마음에 드는 사진 한 장을 얻기 위해 몇 시간씩 식물 앞에서 기다리기도 한다. 꽃망울이 열리는 순간을 포착하기 위해서인데, 그나마 낮 시간이면 다행이지만 밤이 되어 빛이 부족해지면 그동안 기다린 것이 수포로 돌아가

개나리_ 전체(왼쪽), 줄기(가운데), 꽃(오른쪽)

 기도 한다. 어쩔 수 없이 1년을 다시 기다릴 수밖에 없다. 고진감래라 했으니 좋은 사진을 얻기 위해서는 다음해에도 똑같은 짓을 반복할 수밖에…….

 흰색과 연분홍이 흔한 봄의 색깔이라면 노란색은 모두를 어우르는 분위기가 있다. 개나리꽃이라면 그 분위기를 이해시킬 수 있을까? 동요 속 봄나들이에서는 노란 병아리 떼가 노란 개나리를 입에 물고 갔다. 가사를 흥얼거리다 보면 머릿속에는 노란색 옷을 입은 병아리들이 종종걸음으로 어미를 따라 줄지어 가는 모습이 그려진다. 노란색이 가장 잘 어우러진 모습이다. 그런데 주변에서 흔히 볼 수 있어서인지는 몰라도 개나리_Forsythia koreana_는 중요한 식물로 인정받지 못하고 있는 것 같다. 명색이 우리나라 고유종 식물임에도 불구하고 말이다.

 속명 '_Forsythia_'는 영국의 원예학자인 포시스_William A. Forsyth_를 기념하기 위해 붙인 이름이며, 종소명 '_koreana_'는 한국에서 자란다는 뜻이다. 우리 이름에 '나리'라는 단어가 들어간 것은 백합과_Liliaceae_의 나리처럼 꽃이 아름답다는 표현이지만 어두에 '개'라는 말이 붙어 있으니 나리꽃보다는 못하다는 뜻이다. 우리나라에 분포하는 개나리 종류는 만리화, 산개나리, 장수만리화 등 4종류인데 모두 우리나라 고유종으로 식물학적으로 매우 중요한 식물들이다. 전국에 식재하는 개나리를 제외한 나머지 종류는 분포도 극히 제한적이다. 만리화는 강원도의 금강산과 설악산, 그리고 황해도의 구월산에 나고, 산개나리는 경기도의 관악산, 화산, 북한산에 분포하여 '북한산개나리'라고도 불리며, 장수만리화는 황해도의 장수산에만 분포한다. 따라서 몇몇 지역을 제외하면 산에서 개나리 종류를 만날 수 있는 확률은 아주 낮다. 개나리와 형태적으로 가장 유사한 종류는 산개나리인데, 줄기가 곧게 서고 잎 뒤에는 털이 있으며 암술은 수술보다 길고 열매를 잘 맺는 것이 차이가 난다. 개나리는 '가을개나리', '개나리나무', '신리화辛夷花', '어사리', '서리개나리', '개나리꽃나무' 등으로도 불린다.

한방에서는 개나리 대신 산개나리의 열매를 '연교連翹'라 하여 약으로 쓰는데 항균, 항염증, 지혈, 해열, 이뇨 작용을 한다고 한다. 한약 재료상에서 판매하는 연교를 개나리의 열매라고 주장하는 사람들이 간혹 있는데, 이는 잘못된 것으로 한방에서 개나리나 만리화의 열매는 약으로 사용하지 않는다고 한다.

개나리는 진달래나 목련처럼 잎보다 꽃이 먼저 핀다. 대부분의 식물은 햇빛의 양에 영향을 받아 꽃을 피우는데 개나리는 온도에 영향을 받는다. 지난해에 만들어진 꽃눈은 봄에 꽃을 피우기 위해 겨울 동안 깊은 잠을 자다가 봄이 되어 기온이 일정

잎의 비교_ 개나리(위), 만리화(아래)

온도 이상으로 오르면 분화하여 꽃이 핀다. 만약 겨울이라 하더라도 온도가 높은 날이 계속되면 꽃눈의 성장을 촉진하는 식물호르몬이 분비되어 때 이른 꽃을 피운다. 이른 봄에 일찍 꽃이 피는 특징 때문인지 서울시와 경기도를 포함한 전국의 40여 개 시군에서 상징 꽃으로 지정하고 있으며, 우리 국민들이 좋아하는 꽃 중의 하나로 꼽히고 있다. 서양에서도 황금종으로 번역되는 'golden bell'이라 부르는데 나름대로의 특징을 잘 나타낸 이름인 것 같다. 내 연구실 창밖으로 보이는 화단 가장자리에 개나리가 한가득 심어져 있다. 해마다 노란 꽃이 장관을 이루는데 꽃이 피어 있는 며칠 동안은 기분 좋은 아침을 맞게 된다. 개나리의 꽃말 '희망'처럼 매일 아침 선물을 받는 기분이다.

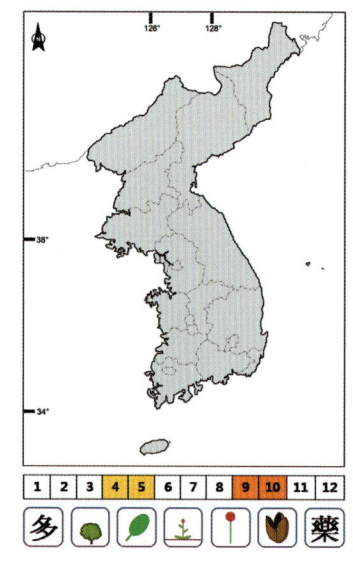

개나리는 물푸레나무과 Oleaceae에 속하는 잎이 지는 떨기나무로, 높이는 2m 내외이다. 가지 끝이 밑으로 처지며 가지는 성숙할수록 녹색에서 회갈색으로 변한다. 삽목이 쉽게 되므로 지난해에 나왔던 가지를 이른 봄에 잘라 땅에 꽂아 놓으면 쉽게 뿌리를 내려 새 개체를 얻을 수 있다. 잎은 마주나고 피침형 또는 계란을 닮은 긴 타원형으로, 길이 4~10cm, 폭 1.7~3cm 정도로 양끝이 뾰족하며 잎의 중앙부 위쪽에만 톱니가 있는 것이 대부분이다. 잎자루는 약 1~2cm다. 꽃은 4~5월에 노란색으로 피고 1~3개씩 5~6mm의 작은 꽃자루에 달린다. 꽃받침과 꽃잎은 4개로 갈라지며 수술은 2개가 나고 암술은 1개인데, 수꽃과 암꽃에 따라 수술과 암술의 길이가 달라진다. 즉, 개나리는 수꽃과 암꽃이 따로 피므로 수정이 어려워 한 개체에 여러 개의 꽃이 달리는 데도 열매를 맺는 확률은 매우 낮다. 열매는 9~10월에 익는데, 성숙하면 껍질이 열리는 튀는 열매인 삭과이지만 대부분은 열매를 맺지 못한다.

천하를 호령한 장수의 상징인 주목

　살아서 천년, 죽어서 천년이라는 장수의 상징 주목 *Taxus cuspidata*은 나무로서 어느 곳 하나 흠잡을 곳이 없는 완벽한 모습을 하고 있다. 성장 속도가 아주 느려서 100여 년을 키워도 키는 고작 10미터를 넘지 못하고 줄기도 20~30센티미터 정도 밖에 굵어지지 않는다. 이러니 얼마나 오랜 시간 동안을 자라 지금의 아름드리 줄기로 남았을까를 생각하면, 그 앞에 섰을 때 주눅이 드는 느낌은 당연한 일인지도 모른다. 주목은 산 정상부에서는 산허리를 품에 거느리고 천하를 호령하는 지킴이 역할을 하고, 화단이나 정원에서는 그곳을 보호하는 장승 노릇을 한다. 세찬 비바람에 오랜 시련의 시간을 보냈을 텐데 사람들에게는 늘 아름다운 모습만을 보여 준다. 실은 심술도 만만치 않다. 멋있는 모습을 함부로 뵈 주기 싫어서인지 웬만한 야산에서는 찾아볼 수 없고 설악산, 점봉산, 지리산, 소백산 등 1,000미터 이상 되는 높은 산에서만 자라니 말이다. 그래도 '주목'이란 이름을 가졌으니 어느 곳에 있든 사람들로서는 지켜봐 주어야 할 것이다.

1	2	주목
3		1 전체 2 줄기
4		3 꽃 4 열매

    주목은 특이하게도 나무의 생김새가 높은 곳에서 자라는 것과 낮은 곳에서 자라는 것이 다르다. 높은 곳에서는 비바람에 시달려서인지 줄기가 뒤틀리고 길게 뻗지 못하면서 나무의 폭이 넓은 형태로 자라지만, 화단 등에 심어져 있는 주목은 여느 목본식물과 별반 차이가 없어 보인다. 줄기는 아담하고 가지를 치며 적당한 높이로 자란다고 표현할 수밖에 없다. 왜 이런 차이가 생길까? 높은 곳에서 자라는 개체는 씨가 발아하여 오랫동안 성장한 것이고 화단 등에 심는 개체는 꺾꽂이를 해서 키운 것이어서 모양에 차이가 있다고 한다. 이러한 개체들을 만들기 위해 산 정상

부에 있는 주목의 오래된 가지는 모두 잘려 나간 흔적을 갖고 있다. 소백산 정상부에 있는 주목 집단 자생지에 갔던 적이 있다. 사람의 출입을 막기 위해 자생지를 둘러싸고 있던 울타리가 아직 눈에 선하다. 그 주목 숲 사이에서 흘러나오는 얼음물처럼 차가운 샘물의 맛 또한 기억하고 있다. 지금이야 그 울타리 안으로 들어가면 법을 위반하는 것이 되지만, 예전에는 꺾꽂이가 잘 되고 비싸게 팔 수 있다는 것을 아는 사람들이 돈벌이를 목적으로 나무를 훼손하는 일이 부지기수였다. 가지를 꺾어가는 일이 없었더라면 지금보다 훨씬 더 멋진 모습이지 않았을까 생각해 본다.

속명 '*Taxus*'는 주목을 뜻하는 그리스 이름 'taxos'에서 유래했는데 활이란 뜻을 가진다고 하고, 종소명 '*cuspidata*'는 잎이나 가지의 끝 부분이 갑자기 뾰족해진다는 뜻으로 잎의 끝 부분 모양을 표현한 것이다. 주목朱木이란 우리 이름은 줄기의 나이테 부분 중 만들어진 지 오래되어 건조하고 짙은 색깔을 띠는 심재 부분이 유난히 붉은색을 띠어 붙여졌다고 한다. 주목과 형태적으로 비슷한 종류로는 잎의 넓이가 3~4.5밀리미터로 넓은 회솔나무가 있는데, 주로 우리나라 중부 이북 지역과 울릉도에서 자란다. 또 원줄기가 옆으로 뻗으며 자라는 설악눈주목, 줄기 밑 부분에 많은 가지를 치는 눈주목으로 세밀하게 나누기도 한다. 주목은 '적목', '경복', '노가리나무'라고 부르기도 한다.

줄기는 나무의 결이 곱고 단단하여 그릇과 연장을 만들거나 건축재로 쓰이고, 열매는 식용한다. 한방에서는 주목과 눈주목의 가지와 잎을 자삼紫杉이라 하여, 혈당을 내리고 몸의 붓기를 가라앉히며 생리통 같은 통증을 완화시키는 데 쓴다고 한다. 한동안은 주목에서 '택솔taxol'이란 물질을 추출하여 항암제로 사용하기도 했다. 택솔은 아메리카인디언들이 염증 치료약으로 사용하는 것을 보고, 미국 연구진이 항암 효과가 있음을 밝힌 물질인데, 독성이 강하여 많은 양을 섭취하면 심장마비나 위장염을 일으키는 부작용이 확인되어 지금은 거의 사용하지 않는다. 주목은 분재의 훌륭한 재료가 되기도 한다. 제주도의 어느 기관에서 소장하고 있는 주목

분재는 전 세계에서 가장 오래된 것으로 수령을 950년쯤으로 추정하는데 그 가치를 50억 원으로 평가는 하지만 실은 '부르는 게 값'이라고 한다.

주목은 새들에게 맛있는 음식을 제공하면서 종자를 산포하는 기발한 전략을 가지고 있다. 종자를 싸고 있는 종자 옷의 달콤한 즙액은 새들에게 좋은 먹이지만, 소화가 되지 않고 배설되는 종자는 새로운 땅에서 다시 생명을 얻게 되어 주목을 널리 퍼뜨릴 수 있다. 상부상조하는 셈이다. 열매의 종자 옷 부분을 먹어 보면 좀 덜 단 포도를 먹는 느낌이라 기분이 좋다. 주목은 식물로서의 희귀성과 약용하면서 많은 수난을 당하기도 했지만 지금은 대부분 산림청이 관리하고 있다. 태백산 주목 군락지에서 보호받고 있는 300년 이상 된 주목만 하더라도 3,928그루나 된다고 하니, 다른 지역 개체들까지 모두 합치면 몇 만 그루는 족히 될 것으로 생각된다. 나무 하나하나에 걸려 있는 식별용 목걸이가 하루빨리 벗겨질 수 있기를 기대해 본다.

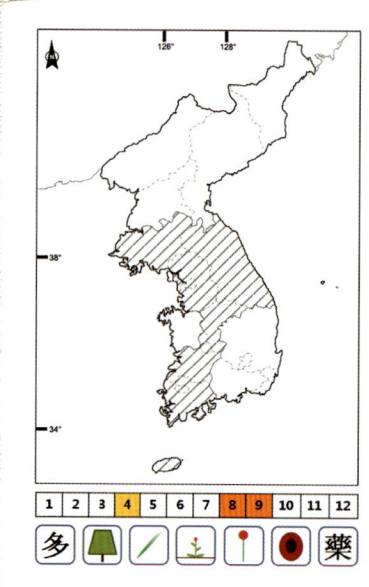

주목은 주목과 Taxaceae에 속하는 늘푸른큰키나무로, 우리나라에 자라는 겉씨식물을 구성하는 중요한 수종 중의 하나다. 높이는 20m 정도로 높게 자라고 지름은 1m에 달하며 겉껍질은 적갈색으로 얇게 갈라진다. 어린 가지는 녹색이지만 2년이 지난 가지는 연한 갈색이고 3년이 지난 가지는 회갈색을 띠므로 구별이 가능하다. 잎은 바늘잎으로 선형이며 가지에 나선 모양으로 붙고 길이 1.5~2cm, 폭 3mm 정도로 가늘다. 잎의 표면은 짙은 녹색인데 뒷면에는 2줄의 연한 황색 줄이 있고 2~3년이 지나면 떨어진다. 꽃은 4월에 암수 꽃이 따로 피는데 수꽃은 6개의 비늘조각으로 싸이고 8~10개의 수술과 8개의 꽃밥이 있으며, 암꽃은 10개의 비늘조각에 싸여 있다. 열매는 8~9월에 익는데, 모양은 둥글고 컵 모양의 붉은색 종자 옷, 즉 종의種衣 안에 앵두 씨처럼 생긴 종자가 들어 있다.

홍·정·윤·갤·러·리

주목 *Taxus cuspidata*

민들레와 서양민들레는 친하지 않다

　　많고 많은 식물 중에 분포가 특이하거나 개체 수가 적은 종류들은 후한 대접을 받기 마련이다. 환경과 관련된 국가기관에서는 이들의 중요성을 평가하여 희귀식물이나 멸종위기 식물로 지정하기도 한다. 또 이 식물들을 훼손하면 처벌할 수 있도록 「야생동식물보호법」 같은 법적 근거도 마련해 놓았다. 소중한 자원을 보호하고 지켜 내기 위한 방법 중의 하나다. 이와는 달리 어느 곳에서나 흔하게 볼 수 있는 종도 있다. 어떤 사람은 눈에 밟히고 발로 차이는 것이 식물인데 무슨 연구가 필요하냐고 말하기도 한다. 이는 눈에 보이는 겉모습과 현미경으로 확대하거나 해부와 같이 세밀한 관찰을 통해 얻은 결과에는 많은 차이가 있다는 사실을 몰라서 하는 이야기다. 겉보기보다 식물의 세계는 오묘하고 신비롭기 그지없다. 아주 쉽게 만날 수 있는 종류 중 대표 종을 하나만 고르라면 단연 민들레dandelion를 꼽을 수 있다. 삼척동자도 알 만큼 우리나라에서는 어느 곳에나 흔하게 분포하는 식물로, 끈질긴 생명력 덕분에 지금의 넓은 분포 역을 가졌다. 실제로 민들레의 뿌리는 몇

민들레(위)와 흰민들레(아래)

개로 잘라 심어도 재생이 가능하다고 한다. 식물계의 불가사리라고 해도 지나친 말이 아니다. 그런데 문제는 우리가 도로변이나 화단 등에서 쉽게 접하는 종류는 대

서양민들레_ 전체(왼쪽), 씨(오른쪽)

부분 우리나라 토종 민들레*Taraxacum platycarpum*가 아니고 외국에서 귀화한 서양민들레*Taraxacum officinale*라는 점이다. 서양민들레는 유럽이 원산지로 우리나라에는 개항1876년 이후 1921년 이전에 들어온 것으로 추정되며, 지금은 전국으로 퍼져 어디서나 흔하게 볼 수 있는 대표적인 봄 식물이 되었다.

속명 '*Taraxacum*'은 쓴맛이 난다는 아랍어 'tharakhchakon'을 변형시킨 것이라는 의견도 있고, 페르시아의 쓴맛이 나는 풀 이름인 'talkh chakok'에서 유래된 중세기 라틴 이름이라는 주장도 있다. 종소명 '*platycarpum*'은 열매가 크고 편평하다는 뜻이고, 서양민들레의 '*officinale*'는 약효가 있다는 의미다. 민들레와 비슷한 종류로는 꽃이 흰색인 흰민들레, 키가 15센티미터쯤으로 작고 총포 조각에 털이 없으며 바깥쪽 조각은 검푸른 색을 띠는 좀민들레, 그리고 갈라진 잎 가장자리 조각이 밑으로 처지고 총포 바깥에 뾰족한 뿔 같은 돌기가 있는 산민들레가 있다. 민들레와 서양민들레는 각각 '안질방이'와 '양민들레'라고 불리기도 한다.

한방에서는 민들레, 산민들레, 흰민들레, 서양민들레의 지상부를 포공영蒲公英

이라 하여 약용하는데, 특히 이뇨나 간 기능 보호작용이 뛰어난 것으로 알려져 있다. 강원도의 한 지방자치단체에서는 민들레를 재배하여 여러 가지 기능성 건강식품으로 개발하여 판매함으로써 높은 수익을 올리고 있어 효자 식물로 인정받고 있다. 민들레 종류의 잎, 꽃줄기 또는 뿌리에 흠집을 내면 흰 즙액이 나오는데 맛을 보면 쓴맛이 난다. 이 물질은 상추나 씀바귀, 고들빼기에 들어 있는 성분과 비슷하며, 위장을 튼튼하게 하고 소화를 돕는다고 한다. 이런 맛 때문인지 원산지인 유럽에서는 서양민들레의 잎을 샐러드에 사용하고 뉴질랜드에서는 뿌리를 커피 대용으로 마시기도 한다.

민들레를 소재로 한 「민들레 홀씨되어」라는 노래가 있는데 문학적 감성을 빼고 식물학자로서 이야기하면 이 노래의 가사와 제목에는 과학적 오류가 숨어 있다. '홀씨'라고 하면 고사리나 쇠뜨기, 속새처럼 포자로 번식하는 식물이 가지는 번식 기관으로, 꽃이 피는 식물의 씨에 해당한다. 민들레는 국화과에 속하는 쌍떡잎식물로 가장 진화한 특징을 가지므로 포자, 즉 홀씨와는 거리가 멀다. 민들레 꽃이 지고 난 후 하얗고 동그랗게 생겨 바람에 날리는 솜뭉치처럼 생긴 것은 홀씨가 아니라 열매 뭉치다. 흰 털이 매달려 있는 끝을 자세히 살펴보면 씨가 한 개씩 매달려 있다. 바람이 불면 이들은 한 개씩 분리되어 이곳저곳으로 날아가게 되는데 흰 털이 조절하는 방향과 바람의 세기에 따라 씨의 산포 거리가 결정된다. 눈에 보이지도 않는 포자나 수정을 위해 물이 필요한 양치식물 종류의 생식 방법과는 달리 뚜렷한 씨를 만들어 내는 종자식물은 더 진화하고 발달한 체계 때문에 현재 지구상의 최고 식물이 된 것이다. 따라서 씨라는 뜻으로 포자, 즉 홀씨를 민들레에 사용해서는 안 된다.

민들레는 서양민들레와의 경쟁에서 이기지 못하여 그 분포지가 좁아져 도시화가 덜된 산림 지역이나 계곡 근처에서 볼 수 있다. 무리를 지어 흐드러지게 군락을 이룬 것이 아닌 듬성듬성 자리를 잡아 겨우 명맥만 유지하는 것처럼 보일 때가 많다. 자연의 질서가 약육강식으로 정리된다고는 하지만 토종 식물이 외래종이나 귀화식물에 밀려 개체 수와 자생지가 줄어드는 것을 볼 때마다 아쉬움이 크다. 민들레도 조만간 서양민들레와의 경쟁에서 이겨 주위에서 전처럼 쉽게 만나 볼 수 있게 되기를 희망해 본다.

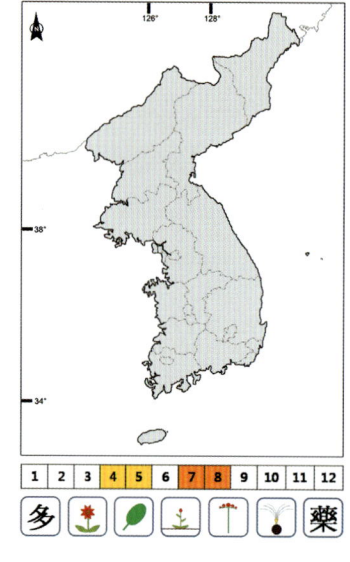

민들레와 서양민들레는 국화과 Compositae에 속하는 여러해살이풀로, 뿌리는 땅속으로 곧게 뻗어 내려가 비바람에도 흔들림 없이 지상부를 지탱해 주어 일편단심의 상징이 되었다. 잎은 구두주걱 모양의 긴 타원형으로 가장자리는 깊게 갈라지며 갈라진 조각은 삼각형으로 끝이 뾰족하고 이빨 모양의 거친 톱니가 있다. 잎은 뿌리 위에 여러 개가 한꺼번에 착생하며 옆으로 퍼진다. 줄기처럼 길게 올라온 꽃줄기花莖는 속이 비어 있고 거미줄 모양의 털이 있으며 길이는 15~30cm 정도다. 꽃은 4~5월에 피고 긴 꽃대 끝에 여러 개가 함께 모여 커다란 집단화를 만들어 마치 국화꽃을 축소해 놓은 것처럼 보인다. 꽃을 받치고 있는 작은 잎 모양의 총포는 종 모양으로, 토종 민들레는 가장 바깥쪽의 포苞 조각이 꽃잎과 같은 방향으로 붙어 있지만 서양민들레는 조각이 뒤로 말려 있어 차이가 있다. 두 종류를 구별하는 가장 중요한 특징이다. 꽃은 황색이며 혓바닥 모양의 설상화로 꽃잎 끝 부분은 5개로 갈라지며 수술은 5개다. 열매는 성숙해도 껍질이 열리지 않고 딱딱해지며 씨가 1개만 들어 있는 수과로, 7~8월에 익으며 사각뿔 모양이다. 씨 표면에는 가시처럼 뾰족한 돌기가 있고, 끝에는 씨 길이의 2~3배쯤 되는 긴 실 모양의 자루가 있으며 끝에는 6mm 정도의 관모冠毛라 불리는 흰색 털이 있다.

활짝 핀 노란 얼굴의 양지꽃

햇볕이 내리쬐는 지대가 낮은 곳이면 우리나라 어디에서나 볼 수 있는 흔한 식물이 있다. 양지쪽에서 쉽게 만날 수 있는 식물은 여러 종이 있겠지만 꼭 집어 한 가지만을 선택하라면 단연 양지꽃 *Potentilla fragarioides* var. *major*이다. 이른 봄부터 꽃이 피기 시작해 초여름까지 계속해서 꽃줄기가 올라와 많은 꽃을 볼 수 있기 때문이다. 이 식물의 이름까지 정확히 알고 있는 사람은 적을지 몰라도 생김새를 본다면 '아, 이 꽃!' 이라고 알아볼 사람은 꽤 있을 것 같다. 우리나라 식물 중에는 양지쪽을 좋아하는 것이 몇 종류 더 있는데, 양지고사리, 양지사초, 양지제비꽃, 양지흰꼬리사초 등이다. 이 중 양지사초를 뺀 나머지는 지방에서 부르는 방언들이다. 상대적으로 그늘을 좋아해서 이름 붙여진 종류들도 있다. 그늘꽃이란 식물은 없지만 그늘고사리나 그늘송이풀처럼 어두에 '그늘'이 붙은 이름이 15종류나 되며, '음지'라는 단어가 들어간 음지꿩의다리와 음지를 뜻하는 '응달'이 들어간 이름도 4종류나 된다. 양지든 음지든 각 식물의 자생지 환경을 간접적으로 알 수 있는 중요한

양지꽃_ 전체(왼쪽), 꽃과 잎(오른쪽)

정보를 제공하는 이름이다.

 내게는 양지꽃에 얽힌 재미있는 경험이 하나 있는데, 몇 년 전 아마추어 동호인들을 이끌고 야생화 관찰회를 할 때였다. 산속 임도를 따라 야외 관찰을 진행하고 있었는데, 어떤 분이 설명을 할 때마다 자꾸 끼어들었다. 회원이 여럿 있었으나 만류할 분위기도 아니고 자칫 기분을 상하게 할 것 같아 모르는 척하는 분위기였다. 그래도 진행을 하는 입장에서는 모양새도 좋지 않고 솔직히 기분도 좋지 않았다. 그분은 동호회를 하기 전부터 개인적으로 들꽃에 관심이 많아 사진을 찍거나 관찰 행사가 있으면 만사를 제쳐 놓고 참여하는, 말 그대로 식물 마니아라고 들었다. 그러다 보니 어지간한 식물의 이름 정도는 알고 있지만 좀 더 체계적인 공부를 하고 싶어 참여했다고 한다. 시간이 지날수록 그분의 참견은 더 심해졌고 이곳저곳에서 웅성웅성 거리는 소리도 들렸다. 생각다 못해 그분을 골탕 먹여 보려고 습지처럼 약간의 물기가 있는 곳에 피어 있는 양지꽃을 가리키며 "어떤 식물이냐"고 질문을 했다. 그랬더니 잠시의 망설임도 없이 바로 "뱀딸기요"라고 대답했다. 그랬더니 주위에 있던 수강생들이 킥킥거리며 웃기 시작했다. 모든 것을 아는 것처럼 설레발을 떨더니 아마추어인 자신들도 거의 다 아는 양지꽃을 몰랐기 때문이었을 것이다. 나도 겉으로 표현할 수는 없었지만 속으로는 얼마나 고소했는지 모른다. 그 이후로 그분은 참견을 하지 않았으며 그 덕에 난 편안히 설명할 수 있었다. 흔하지만 자세히 살피지 않고 대충 훑어보는 습관 때문에 당한 낭패였다. 이왕 말이 나왔으니 뱀딸기와 양지꽃은 어떤 차이가 있는지 살펴보면, 두 종 모두 장미과에 속하지만 뱀딸기는 뱀딸기속 Duchesnea으로 속 자체는 다

양지꽃(위)과 뱀딸기(아래)

르다. 형태적으로도 잎자루에 작은 잎이 3장씩만 달리고, 줄기는 옆으로 뻗으며 마디에서 뿌리를 내리고, 열매는 둥글며 지름이 1센티미터 정도로 커서 양지꽃과는 차이가 있다.

    속명 'Potentilla'는 '강력하다'는 뜻을 가진 라틴어 'potens'의 축소형으로, P. anserina라는 식물의 강한 약효 때문에 붙여졌다 하고, 종소명 'fragarioides'는 딸기속 Fragaria과 비슷하다는 의미이며 'major'는 크다는 뜻이 있다. 학명의 뜻을 약간 의역하거나 우리 이름을 감안해 보면 길가의 양지쪽에 사는 딸기처럼 생기고 큰 꽃이 피는 강인한 인상의 식물로 해석할 수 있다. 지방에서는 '소시랑개비', '큰소시랑개비'라고도 부른다. 우리나라에 분포하는 양지꽃속 식물은 약 21분류군 정도로 많으며, 양지꽃과 형태적으로 유사한 종류로는 물가에 자라고 줄기가 1미

1	2
3	4

1 돌양지꽃 2 물양지꽃
3 민눈양지꽃 4 세잎양지꽃

터까지 길게 자라는 물양지꽃, 키는 작지만 산지의 바위틈에서 꿋꿋하고 강인하게 자라는 돌양지꽃, 울릉도에 분포하는 특산식물 섬양지꽃, 잎 표면을 제외한 전체가 흰색 털로 덮여 있는 솜양지꽃, 잎을 구성하는 소엽의 수가 13~19개로 많은 눈양지꽃, 백두산의 높은 지역에서 자라는 은양지꽃, 한라산 700미터 이상의 고산 지대에서 자라는 제주양지꽃, 잎이 3장으로만 구성된 세잎양지꽃 등이 있다. 나름대로 분포 장소나 형태적 특징 때문에 붙여진 이름들이라 기억하기는 쉽다.

봄철 어린순은 식용하고, 한방에서는 전체 포기를 치자연雉子筵, 뿌리를 치자연근雉子筵根이라 하여 위장의 소화력을 높이고, 지혈, 월경 과다, 폐결핵으로 인한 토혈 증상을 완화시키는 약재로 사용한다.

홍·정·윤·갤·러·리

양지꽃 *Potentilla fragarioides* var. *major*

양지꽃은 이름에 뭔가 밝고 희망적인 뜻이 숨어 있는 것 같아 볼 때마다 기분이 좋다. 길가의 양지쪽에 피어 있는 꽃을 보면 항상 환하게 웃으면서 지나가는 사람들을 반겨 주고 길도 안내해 주는 친절한 도우미처럼 느껴진다.

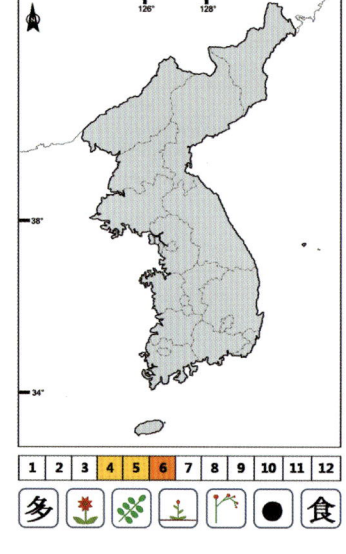

양지꽃은 장미과 Rosaceae에 속하는 여러해살이풀로, 몸 전체에는 긴 털이 많이 나 있다. 잎은 여러 개가 나와 사방으로 비스듬히 퍼져 땅 위를 기어가는 것처럼 보이며 높이는 5~30cm 정도다. 잎은 3~9개의 작은 잎으로 구성된 복엽複葉으로 위쪽으로 갈수록 커져 가장 끝에 달리는 잎은 길이 1.5~5cm, 폭 1~3cm로 크고 타원 모양이며 가장자리에는 이빨 모양의 톱니가 있다. 잎자루 아래쪽에 달리는 작은 잎 조각인 턱잎은 타원형으로 가장자리는 밋밋하다. 꽃은 4~5월에 황색으로 피며 지름은 1.5~2cm로 크고 수술과 암술은 많으며 꽃잎은 5장이다. 꽃은 꽃줄기의 가운데 부분에 있는 것이 먼저 핀 다음 주변의 꽃들이 연속해서 피는 취산꽃차례聚繖花序로 달린다. 햇빛이 강한 날에는 꽃에 빛이 반사되어 눈이 부실 정도다. 꽃잎은 5장이고 거꾸로 된 계란 모양인데 거의 원형에 가깝고 끝은 오목하게 들어가며, 꽃받침조각은 둥근 피침 모양이다. 열매는 6월에 성숙하는데 익어도 껍질이 터지지 않고 딱딱한 껍질에 1개씩 씨가 들어 있는 수과로, 모양은 계란형이며 길이는 1mm 정도로 작고 표면에는 가느다란 주름이 있다.

봄의 전령사, 봄맞이

　　입춘이 지나고 겨울을 잊을 때가 되면 춘분이다. 대략 3월의 3~4주차가 되는 것 같은데 이 정도면 본격적인 봄맞이 준비를 할 때로, 농부들은 논과 밭을 일구며 한해 농사를 준비한다. 가끔 시골집에 걸려 있는 아버지의 전용 달력을 들여다볼 때가 있다. 조금은 엉성해 보이지만 그곳에는 작년에 이루어졌던 모든 농사 기록들이 깨알처럼 적혀 있다. 밭을 갈은 날, 논을 삶은 날, 못자리를 만든 날, 옥수수 씨를 심은 날 등등. 작년의 기록은 올해 농사의 견본이 된다. 어쨌든 올해도 풍작을 기원한다. 우리나라 식물 중에도 봄을 알리는 전령 역할을 하는 종류가 있다. 냉이나 별꽃, 꽃다지 같은 것이 봄 식물의 대명사처럼 생각되지만 '봄'이라는 단어가 처음부터 등장하는 식물로는 마디풀과 Polygonaceae에 속하는 봄여뀌, 국화과 Compositae에 속하는 봄망초, 용담과 Gentianaceae에 속하는 봄구슬붕이, 그리고 앵초과 Primulaceae의 봄맞이 등이다. 이 중에서도 봄맞이 *Androsace umbellata*는 봄이라는 단어와 연관된 가장 좋은 이름을 가진 것 같다. 그렇지만 이른 봄에 꽃이 피고 덩치가 작아서

봄맞이_ 전체(왼쪽), 잎(가운데), 꽃(오른쪽)

무심코 지나치기 쉬운 식물 중의 하나다.

속명 'Androsace'는 그리스의 플리니Pliny가 사용한 어떤 식물의 이름으로 수술을 뜻하는 'andros'와 방패라는 의미의 'sakos'의 합성어라고 하는데, 잎이 땅바닥에 퍼져서 나기 때문에 붙여진 이름이 아닌가 싶다. 종소명 'umbellata'는 꽃이 산형꽃차례로 달린다는 의미로, 꽃이 달려 있는 모습이 마치 우산을 펼쳐 놓은 것처럼 보인다는 뜻이다. 봄맞이라는 우리 이름은 봄에 일찍이 꽃을 피워 봄을 맞이하는 꽃이라는 뜻에서 붙여졌다. 잎이 작고 둥글게 생겼다고 '동전초'라고도 하며, 땅바닥에 매화 같은 흰색의 작은 꽃잎을 뿌려 놓은 것 같다 하여 '점지매'라고도 부른다. 우리나라에서 자라는 봄맞이꽃속의 식물은 모두 6종이 있다. 백두산의 높은 지대에 나며 줄기가 많이 갈라지고 잎이 마디에 돌려나는 고산봄맞이, 설악산과 금강산에 자라며 털이 없고 잎은 신장 모양으로 둥글고 3~5개의 규칙적인 톱니를 가지는 금강봄맞이, 잎과 꽃받침이 쐐기 모양이나 피침형이고 털이 없어 구별되는 애기봄맞이, 북부 지방에서 자라며 잎이 피침형 또는 선상 피침형으로 좁고 꽃대가 많이 나며 전체에 털이 많은 명천봄맞이, 그리고 식물체 전체에 선모腺毛가 분포하는 이삭봄맞이 등이다.

한방에서는 봄맞이의 지상부를 후롱초喉嚨草라 하여 두통이나 치통을 낫게 하고 타박상이나 종기를 제거하는 데에 사용한다고 한다. 어린잎은 나물로 먹기도 하지만, 꽃이 아름다워 공예품의 대상이 되기도 하고 시를 짓는 소재가 되기도 한다. 살아 있는 생화를 좋아하는 사람이 있는가 하면 요즘은 생화와 거의 구별이 안 될 만큼 섬세하게 만들어진 조화가 있어 인기를 끌고 있다. 오래가지 못하는 생화 대신 관리만 잘하면 평생을 두고 볼 수

금강봄맞이

도 있으니까 말이다. 최근에는 누름꽃이라고 불리는 압화押花도 있다. 꽃이나 잎이 예쁜 식물을 잘 눌러 말려서 액자에 넣어 감상하거나 편지지나 카드 등에 붙이는 것이다. 덩치가 크거나 구조가 복잡한 식물은 만들기가 쉽지 않겠지만 봄맞이처럼 아담하고 단순해 보이는 식물은 나름 운치가 있다. 수목원이나 시민을 위한 문화센터에서 누름꽃 강좌는 인기 있는 프로그램이라고 한다.

언젠가 누름꽃을 만들어 보기 위해 잘 생긴 봄맞이 몇 개체를 신문지 사이에 넣어 두었다가 그 사실조차 까맣게 잊어버린 적이 있다. 식물체를 말리고 난 후에도 잎이나 꽃의 색깔을 제대로 보려면 하루에 한 번 정도는 신문지 사이의 습기를 제거하기 위해 간지를 갈아 주어야 하는데, 몇 달이 지나 아차 싶은 생각에 열어 보니 그래도 제 모양으로 남아 있었다. 여러 번 여닫는 것보다는 신문을 여러 겹으로 싸서 열지 않고 오랫동안 보관하는 것이 더 낫겠다는 생각을 그때 했다. 조그만 액자에 잘 마른 봄맞이 한 개체를 집어넣고 솜을 넣어 고정한 후 액자를 완성했더니 훌륭한 작품이 되었다. 누구에게 줄까 고민하다가 평소 잘 따르고 성실하게 일하는 후배에게 생일 선물로 주었다. 너무 만족해 하는 모습이 지금도 선하다. 얼마 후 그

는 나에게 커다란 그림을 선물했다. 그림 그리기가 취미였던 그 친구는 나의 작은 선물이 너무나 감동적이어서 답례를 해야겠다고 마음먹고 그렸다고 한다. 그림에는 늘 푸른 소나무가 한가득 들어 있었다. 수십 년 전의 일이었지만 그 그림은 지금도 우리 집 거실 벽을 차지하고 있다. 봄맞이 때문에 생긴 고마운 일이다.

'백옥 같은 하얀 얼굴을 하늘이여 아실런지요. 외로움에 가냘픈 꽃줄기가 혼신의 힘을 다하여 얼굴을 받치고 있지요. 수줍음이 있으면 고개라도 숙이련만…. 오늘도 임 오시기를 기다리다가 쓸쓸히 하루가 다 지나갑니다' 봄맞이를 생각하는 지금의 느낌이다.

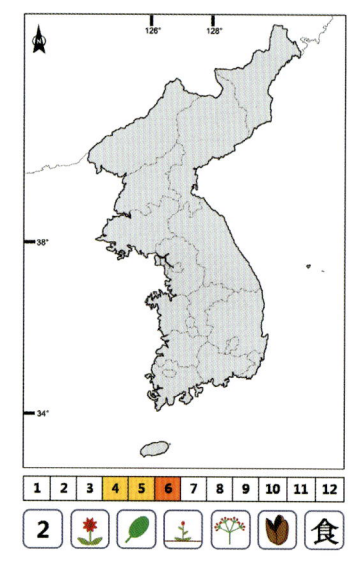

봄맞이는 앵초과 Primulaceae에 속하며 전국에 분포하는 두해살이풀로, 전체에 털이 나 있다. 잎은 뿌리에서 직접 올라와 여러 개가 방석처럼 뭉쳐나고 반원 또는 주걱 모양이며 길이와 폭은 각각 4~15mm 정도다. 잎 가장자리에는 삼각형처럼 생긴 둔한 톱니가 있고, 잎자루는 7~20mm이며 현미경으로 보면 여러 개의 세포로 된 다세포 털이 있다. 꽃은 4~5월에 흰색으로 피고, 3~10cm 정도 되는 긴 꽃줄기가 한 포기에 1~25개씩 나는데 그 끝 부분에는 4~10개씩의 꽃이 1~4cm의 작은 꽃자루에 달려 전체적으로는 우산 모양을 만든다. 작은 꽃자루가 모여 나는 윗부분에는 보호 역할을 하는 포엽이 있는데 길이는 4~7mm로 계란 모양이거나 피침형이다. 꽃은 통 모양으로 짧고 끝은 5개로 갈라지며 꽃잎 각각은 4~5mm로 작고 긴 타원형이다. 꽃받침은 밑부분까지 5개로 깊게 갈라져 별 모양으로 퍼지며 각각의 조각은 계란 모양으로 꽃이 지고 난 뒤에 더 커진다. 열매는 성숙하면 껍질이 터지는 삭과로, 모양은 동그랗고 6월쯤 익는데 익으면 끝이 5개로 갈라진다.

오이 냄새가 나는 고광나무

'동북산매화東北山梅花'라는 식물이 있다. 중국에서 부르는 이름이지만 '매화'라는 단어가 들어가니 봄과 연관이 있을 것 같고, '산'이라는 단어가 있으니 집안이나 화단에 심어진 관상용 식물은 아닌 것 같다. 산에 피는 아름다운 매화라고 생각하면 될 것 같다. 우리나라에도 그럴듯한 산속 매화가 있다. 화려하지는 않지만 약간 습하거나 얕은 산속 계곡 주변에서 쉽게 볼 수 있는 고광나무 *Philadelphus schrenckii*가 그것이다. 봄철에 꽃과 나비나 벌을 한꺼번에 만나려면 고광나무를 찾으면 된다. 은은하게 풍겨 나오는 꽃향기는 등산로를 따라 숲 속을 지나가는 나그네의 피로를 씻어 주는 향긋한 향수가 되고, 벌이나 나비에게는 새봄 첫 번째로 꿀을 딸 수 있는 고마운 나무다. 고광나무의 흰 꽃은 티 한 점 없이 깨끗한 마음을 보는 듯 순수하다. 요즘처럼 사회가 혼란스럽고 기본 질서가 무너져 버린 세상을 살아가는 현대인에게 꼭 필요한 꽃이라는 생각이 든다.

기본 질서 이야기가 나왔으니 말인데, 요즘 젊은이들은 예의범절에 대해 한번

고광나무

쯤 곰곰이 생각해 보았으면 좋겠다. 학교 안에서 벌어지는 일만 해도 지적해 주고 싶은 것이 얼마나 많은지 모르겠다. 이들이 교문을 나서 사회의 일원이 된다면 그 속에서의 무질서는 또 얼마나 가중이 될지 걱정이 앞선다. 한번은 우편물을 부치려고 학교 우체국 문을 밀고 들어 서려는 순간 뒤에 있던 학생이 내가 열고 선 문 안으로 냉큼 들어가 버렸다. 순식간에 벌어진 일이라 황당해 하며 서 있는데 뒤따르던 학생도 제 친구를 따라 내가 잡고 선 문을 통과하려고 했다. 기가 막혀 그 학생의 얼굴을 쳐다보니까 그제야 미안한지 먼저 들어가란다. 문을 잡은 손이 부끄러워 이왕이면 학생을 먼저 들여보내는 것이 옳은 것 같아 그렇게 했지만 기분이 개운치 않았다. 출입문을 드나들 때나 앞지르기할 때 'after you'나 'excuse me'를 연발하는 서양 사람들과는 대조적인 모습이다. 공부를 잘하는 것도 중요하지만 사람들이 어울려 생활하는데 기본적으로 지켜져야 할 예의범절의 중요성에 대해서도 생각해 보는 계기가 되었으면 하는 바람이다. 그렇다고 너무 실망할 필요는 없다. 열 번 중 한두 번은 마음을 헤아려 주는 친구들도 있으므로, 문을 열고 뒤에 오는 사람에게 손잡이를 넘겨 주기 위해 기다리는 아주 짧은 시간과, 그 기다림에 고마움을 표현하는 한마디로 하루 종일 기분이 좋다. 칭찬의 말은 아무리해도 아깝지가 않은 것 같다. 나 어릴 적 초등학교 교장선생님은 친구들끼리 이야기를 하다가 욕이나 상스러운 단어가 튀어나오면 그 학생을 불러다가 입을 벌리게 했다. 평소 그런 말을 하는 사람의 입과 마음속은 검은색이라 말씀하시곤 해서 정말 그런지를 확인하려 입안을 들여다보시려는 것이다. 잔뜩 긴장해서 입을 벌리고 있는 친구의 입안을 들여다 보시고는 "입과 마음속은 깨끗한 흰색인데 그렇게 나쁜 말이 어디에서 나왔을까? 마음이 깨끗하니 앞으로는 그런 말을 입에 담지 말라"고 말씀하시며 우리를 돌려보내 주셨다. 지금 생각하면 아주 탁월한 교수법이었던 것 같다. 이 자리에 서니 더욱 더 존경스러울 뿐이다. 이렇듯 흰색이 주는 의미는 깨끗하고 맑음의 최고라 생각된다.

고광나무_ 꽃(위), 잎(가운데), 열매(아래)

흰 꽃이 아름다운 고광나무는 꽃이 예뻐서인지 학명에 특별한 의미를 담지 않고 모두 사람 이름에서 기원했다. 속명 'Philadelphus'는 이집트의 왕 필라델프스Philadelphus를 기념하기 위해 붙인 것이고, 종소명 'schrenckii'도 슈렝크Schrenck라는 사람의 이름에서 유래되었다. 고광나무라는 우리 이름은 자생지에서 보여 주는 고풍스러운 모습의 꽃과 잎이 주변의 다른 식물에 비해 강하게 튀는 인상을 주므로 옛스럽지만 빛이 나는 나무라는 의미 같다. 잎을 자르면 오이 냄새가 난다고 하여 '오이순'이라고도 하고, 지방에서는 전체에 털이 많다고 '털고광나무' 또는 '쇠영꽃나무'라고도 부른다. 고광나무속은 전 세계적으로는 70여 분류군이 자라는데 그중 우리나라에는 약 10종류가 분포한다. 잎에 털이 있고 없고 또는 암술대에 붙어 있는 털의 모양 등이 종을 구별하는 데 유용한 특징으로 이용된다. 고광나무와 형태적으로 비슷한 종류로는 엷은잎고광나무와 섬고광나무가 있다. 엷은잎고광나무는 고광나무에 비해 잎이 얇고 암술대 아래쪽에 털이 없는 것으로 구별하며, 섬고광나무는 2년 된 가지의 껍질이 벗겨지지 않고 잎 뒤와 잎자루에 털이 많은 차이로 구분한다.

홍·정·윤·갤·러·리

고광나무 *Philadelphus schrenckii*

고광나무의 뿌리는 약용하는데 주로 염증이 심한 치질과 허리나 등이 결리는 데 효과가 있다고 한다. 지방에서는 강아지 등 집에서 키우는 애완동물이 고광나무의 잎이나 꽃을 먹으면 건강에 나쁘다고 구전되는 곳도 있다.

특별한 보호를 요구하거나 희귀하지도 않은 그저 평범한 식물인 고광나무는 우리나라 전국의 산야에 고르게 분포하므로 쉽게 만날 수도 있다. 고광나무가 자라는 곳이면 버드나무나 생강나무 같은 친구들도 볼 수 있다. 고광나무의 흰 꽃과 이들이 어우러진 모습을 상상해 보면 머릿속에 한 폭의 산수화가 그려져 생각만 해도 기분이 좋아진다.

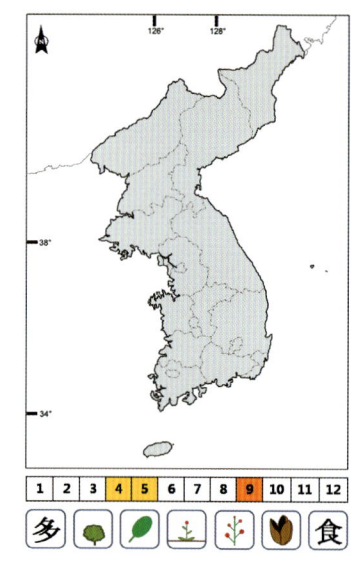

고광나무는 범의귀과 Saxifragaceae에 속하는 잎이 지는 떨기나무로, 높이는 2~4m 정도며 잔가지에는 털이 약간 있고 2년째 되는 가지는 회색빛을 띠며 껍질이 벗겨진다. 잎은 마주나고 계란 모양으로 길이 7~13cm, 폭 4~7cm 정도로 양 끝은 뾰족하고 가장자리의 톱니는 명확하지 않으며 뒷면은 연한 녹색으로 맥 위에 털이 있다. 꽃은 4~5월에 흰색으로 피고 가지 끝이나 잎겨드랑이에 5~7개의 꽃이 송이처럼 달려 총상꽃차례를 이룬다. 꽃의 지름은 3~3.5cm 정도로 크고 은은한 향기가 있으며 작은 꽃자루는 0.6~1.3cm로 꽃받침통과 더불어 털이 있다. 꽃잎은 4장이고 각각의 꽃잎은 둥글어 계란을 거꾸로 놓은 모양이며, 안쪽에는 여러 개의 수술과 4개의 암술대가 있는데 암술머리는 깊게 갈라지고 아랫부분에는 털이 있다. 열매는 익으면 껍질이 터지며 튀는 열매인 삭과로, 9월에 성숙한다. 열매의 모양은 계란처럼 생겼으며 끝은 뾰족하고 길이 6~9mm, 폭 4~5mm다. 꽃줄기의 중간 윗부분에 달리는 열매에는 꽃받침 잎이 끝까지 달려 있다.

노란 산수화 한 자락을 그리는 피나물

식물 이름에 '피'라는 글자가 들어가면 왠지 모르게 거부감이 든다. 별사초, 은방울꽃, 금낭화, 각시붓꽃처럼 예쁜 이름도 많은데 하필이면 섬뜩한 '피'라는 단어를 붙인 것일까? 식물도감을 찾아보니 '피'자로 시작되는 우리나라 야생식물만 해도 피, 피나무, 피나물, 피막이, 피뿌리풀, 피사초 등 6종류나 된다. 그런데 이름에 '피'자가 붙여진 데에는 다 이유가 있다. 식물체에서 분비되는 '피'와 비슷한 물질을 기준 삼아 과科가 나누어지기 때문이다. 일반적으로 식물에서 분비되는 물질들은 조직 내 분비관에서 나오는데, 소나무의 송진, 고무나무의 고무, 씀바귀나 고들빼기의 유즙乳汁 같은 것이 이에 해당된다. 이번 이야기의 주인공 피나물 *Hylomecon vernalis*도 바로 이런 식물이다. 피나물은 양귀비과에 속하는 다년생 초본식물인데, 학자에 따라서 같은 과로 다루기도 하는 현호색과Fumariaceae와는 줄기에서 붉은색의 유액이 분비되는지의 여부로 나누고 있다. 물론 뿌리와 꽃의 특징은 많이 다르다.

속명 *Hylomecon*은 그리스어의 숲을 뜻하는 'hylo'와 양귀비를 의미하는

피나물_ 군락(왼쪽), 전체(가운데), 꽃(오른쪽)

'mecon'의 합성어로 숲 속에서 자라는 양귀비라는 뜻이며, 종소명 'vernalis'는 봄에 볼 수 있다는 의미이다. 학명에서 알 수 있듯이 피나물의 노란색 꽃은 겨우내 삭막했던 우리 머릿속을 맑게 해 주는 데 부족함이 없을 정도로 아름답다. 우리 이름에 피를 의미하는 단어가 들어가 있어서 아쉬움은 있지만 말이다. 피나물과 형태가 비슷한 종류로는 지리산 이남에서 자라는 우리나라 특산식물인 매미꽃 *H. hylomeconoides*이 있다. 매미꽃은 피나물에 비해 줄기에서 분비되는 유액이 진한 붉은색이고, 줄기가 없으며, 꽃줄기는 뿌리에서 여러 개가 뭉쳐 자라므로 매미꽃속 *Coreanomecon*이라는 새로운 속屬으로 구분하기도 한다. 지방에서는 피나물을 '봄매미꽃', '노랑매미꽃'이라고도 한다.

어린순을 나물로 먹기도 하는데 뿌리와 줄기에는 알칼로이드 성분이 들어 있어 독성이 있으므로 주의해야 한다. 그럼에도 꼭 먹어 보고 싶다면 어린순을 삶은 뒤 찬물에 담가 하룻밤 정도 우려 낸 뒤에 먹도록 한다. 그나마 너무 많이 먹거나 생으로 먹으면 입에 마비가 오고 심할 때는 구토와 복통을 일으킬 수 있으므로 주의해야 한다. 한방에서는 뿌리를 하청화근荷靑花根이라고 하여 관절염과 타박상, 심한 운동으로 인한 무기력증에 효능이 있다고 한다.

경기도의 어느 산으로 조사하러 갔다가 노란색 피나물 꽃에 입이 딱 벌어질 정도로 놀랬던 적이 있다. 피나물 군락지는 우리나라 중부 이북 지역의 계곡과 습지 주변에서 흔하게 접할 수 있는데 그날은 좀 달랐다. 5월 초의 어느 목요일로 기억하는데 계곡을 따라 등산로가 나 있어서 흐르는 물소리를 들으며 봄꽃들을 관찰하기에 아주 좋았다. 주말이면 사진기를 들고 온 사람들밖에 보이지 않을 정도로 야생화에 관한 한 '천국'이라는 표현을 써도 될 만큼 수많은 종류의 들꽃들이 군락을 이루고 있다. 이 봄이 지나가면 다시 1년을 기다려야만 볼 수 있는 풍경이므로 놓치면 너무 아쉬운 시기가 바로 이때다. 그곳에는 회리바람꽃, 꿩의바람꽃, 얼레지, 복수초, 미치광이풀, 연복초, 현호색을 포함하여 털제비꽃, 남산제비꽃, 둥근털제비꽃과 같은

매미꽃

다양한 제비꽃들이 자리를 잡고 있는 등 '봄' 하면 떠오르는 식물들이 각자의 화려한 모습을 자랑하며 산자락을 점령하고 있었다. 일부러 심는다고 해도 그런 모습을 조성하기 어려울 것 같다. 이곳저곳 작은 지류들을 들락거리며 식물들을 관찰하고 있는데, 전에는 본 적이 없는 큰 군락이 눈앞에 넓게 펼쳐졌다. 큼지막하고 선명한 노란색 꽃이어서 압도 당하는 기분이 들 정도였다. 피나물 군락은 작은 지류 한곳을 30여 미터나 채우고 있었다. 가끔 조그만 군락지는 본 적이 있어도 이렇게 큰 군락을 만난 것은 처음이었다. 들뜬 기분에 사진을 찍고 표본도 만들면서 바쁘게 움직이는데 불쑥 '이 풍경을 그림으로 그리면 좋겠다.' 하는 마음이 들었다. 막 솟아오르는 나무의 새싹들과 어우러져 노란색을 빛내고 있는 한 폭의 그림이 머릿속에 그려졌다. 그림에는 문외한이지만 눈앞에 펼쳐져 있는 모습을 담아 놓고 싶은 마음

이 굴뚝같았다. 그림 그리기를 좋아하는 아내를 데려오면 좋겠다는 생각이 들었다. 그림도 그리고 아내에게 점수도 따고……. 집으로 돌아와 낮에 본 풍광을 이야기하며 그림을 그리면 좋겠다고 했더니 당장 가자는 것을 간신히 진정시키고 주말에 가기로 약속을 했다. 주말이래야 하루만 참으면 되니까 그렇게 수습이 되었다. 문제는 날씨였다. 금요일 오후부터 날이 흐려지더니 토요일에는 비에 황사까지 겹쳐서 길을 나설 수가 없었다. 그로부터 벌써 5년이 지났지만 아직 그곳의 피나물 군락은 그림이 되지 못했다. 그때처럼 여러 군락이 한꺼번에 꽃을 만개한 해가 그후로는 없었기 때문이다. 언젠가는 꼭 그리겠다는 희망을 버리지 않은 채 올해가 바로 그때이기를 기대하며 또 찾아가 볼 요량이다.

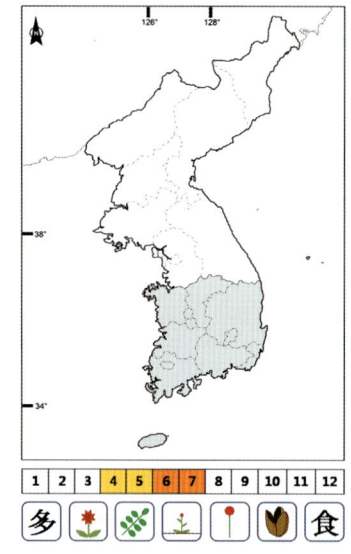

피나물은 양귀비과 Papaveraceae에 속하는 여러해살이풀로, 높이는 30cm 정도로 아담하며 다세포성 털이 있고 줄기를 자르면 붉은색 유액乳液이 나온다. 이 유액을 손으로 비벼 보면 붉은색 즙액이 마르면서 손가락에 붉게 물이 들고 맛을 보면 약간 쓴맛이 난다. 뿌리줄기는 짧지만 굵고 옆으로 자라며 많은 뿌리가 나온다. 뿌리에서 나온 잎은 길이 1.5~5cm, 폭 1.2~3cm로 긴 잎자루가 있고 빗살처럼 5~7개로 갈라지는데, 갈라진 잎은 계란 모양이며 가장자리에는 깊고 불규칙한 톱니가 있다. 줄기에 달리는 잎은 어긋나 달리며 뿌리에서 나온 잎과 비슷하지만 잎자루는 짧다. 꽃은 4~5월에 피는데 원줄기 끝에서 나오는 1~3개의 꽃대에 1개씩 달린다. 꽃받침은 2장으로 계란 모양이며 길이는 1.6cm이고 일찍 떨어진다. 노란색 꽃잎은 4장으로 십자 형태로 달리며 계란 모양이고 길이는 2.5cm 정도로 윤기가 있다. 수술은 여러 개로 노란색이어서 넓은 꽃잎 위에 바늘을 꽂아 놓은 것처럼 보이고, 암술은 하나다. 열매는 6~7월에 익고 성숙하면 껍질이 열리는 삭과로, 모양은 작은 콩꼬투리처럼 생겼는데 길이 3~5cm, 폭 3mm 정도로 가늘고 길며 안쪽에 많은 종자가 들어 있다.

산 위에 하늘정원을 꾸미는 얼레지

　　턱까지 차오르는 숨을 헐떡이며 산을 오르다 보면 '내가 왜 이 고생을 사서 하는지 모르겠다'는 후회가 밀려들기도 한다. 작년에 학생들을 데리고 식물분류학 야외실습을 간 적이 있다. 짧은 시간에 많은 것을 보여 주고 싶은 욕심에 상세한 설명은 뒤로 미룬 채 발걸음을 재촉했다. 일단 시작한 산행은 정상까지 갔다 내려와야 직성이 풀리는 성격인데, 설명이 길어지면 해가 지고 나서야 숙소로 돌아오게 되기 때문이었다. 결국 계획과는 다르게 야외실습이 아니라 등산을 위한 산행이 되어 버렸다. '내려갈 산을 왜 올라가는지 모르겠다'는 푸념 어린 학생들의 목소리도 들려왔다. 이쯤 되면 학생들에게는 산행이 그저 괴로운 일이 되어 버린다. 식물에 관심이 있다면 산행을 즐기면 좋으련만, 해가 가면 갈수록 그 숫자가 줄어드는 것 같다. 그러더니 어느 사이 채집여행은 즐거운 여행이 아닌 괴로운 여행의 대명사가 되어 버리고 말았다. 그나마 시간이 지나고 나면 그때가 좋았다는 말을 하는 때가 온다. 그 때문에 약간의 불평은 감내하고 만다. 요즘 학생들은 모든 조건이 좋아졌다. 신

얼레지 군락

체 조건뿐만 아니라 공부할 수 있는 여건도 내가 공부할 때와는 천양지차다. 그러고 보니 학창 시절 식물채집을 나가면 지도교수께서 '내가 공부할 때는 밤을 밝혀가며 공부했는데 요즘 젊은 친구들은 그렇지 않은 것 같다' 등등의 말씀을 하시곤 했는데……. 그때는 이해 못했던 것을 지금 학생들을 보면서 공감하는 것을 보면 자연이 순환하듯 인생도 돌고 도는 것인가.

산행으로 힘이 들 때는 주변에 볼 것이라도 많으면 그나마 피곤함이 줄어드는 느낌이다. 산 아래에서 흔하게 보이던 식물들이 줄어들고 새로운 식물들이 불쑥불쑥 나타나면 이미 꽤 높이 올라온 셈이다. 이쯤 되면 작다라도 좀 특별한 것이 반겨 주면 좋겠다는 생각이 든다. 해발 1,000미터 가까이 가면 산행의 힘듦을 말끔하게 씻어 주는 아름다운 식물이 보인다. 그것도 하나가 아니라 큰 군락을 이루어 숲 속 꽃밭의 장관을 펼쳐 놓는다. 얼레지 *Erythronium japonicum*가 그 주인공으로, 이른 봄 고산 지대에는 아직 새싹이 돋아나지 않아 황량하기만 한데 가냘프지만 커다란 꽃송이를 꽃줄기 끝에 내달아 매력을 한껏 뽐낸다. 멧돼지란 놈이 허기진 배를 채우기 위해 땅속 깊은 곳 얼레지의 비늘줄기를 찾아 파헤쳐 놓은 흔적도 보인다. 마치 밭을 갈아엎어 놓은 것처럼 요란하다. 시기를 잘 맞추면 숲 속 비탈 전체를 뒤덮고 있는 엄청난 규모의 군락을 만나는 행운을 누릴 수도 있다. 그 속에 앉아 있노라면 신선이 부럽지 않을 정도로 행복해진다. 수줍은 듯 살포시 고개를 숙이고 있는 개체가 있는가 하

얼레지_ 전체(위), 꽃(가운데), 열매(아래)

면 자기를 봐 달라는 듯이 고개를 들고 피어 있는 것도 있다. 꽃잎은 머리카락을 뒤

흰얼레지

로 빗어 동여맨 듯 단정한 모습으로 대부분 가족끼리 모여 자란다.

속명 '*Erythronium*'은 붉은색을 뜻하는 그리스어 'erythros'에서 유래되었으며, 종소명 '*japonicum*'은 일본에 분포한다는 뜻이다. 붉은색 꽃의 화려함이 학명으로 잘 표현된 종류다. 그런데 우리 이름 얼레지는 잎에 얼룩이 진다고 해서 붙였다는데 순수한 우리말이라고는 하나 아쉬움이 좀 있다. 지방에서는 '얼네지', '가재무릇'이라고도 하는데, 과실의 모양 때문인지 영국이나 미국에서는 'an Adder's Tongue Lily' 또는 'a Dogtooth'라고 부른다. 얼레지와 달리 꽃이 흰색으로 피는 흰얼레지는 별도의 품종으로 보고되어 있다. 얼레지 씨에는 개미의 애벌레와 비슷한 냄새를 가진 엘라이오솜Elaiosome이란 물질이 들어 있어서 씨가 땅에 떨어지면 개미가 씨를 옮겨 퍼트린다.

나는 한동안 얼레지를 유명한 원로가수를 일컫는 '엘레지의 여왕'의 엘레지와 같은 뜻으로 알고 있었다. 솔직히 말하면 이 글을 쓰기 전까지 그랬다. 꽃이 너무 아름답고 특이하게 생겼으므로 그 목소리의 아름다움을 표현하기 위해서 이름을 빌려 쓴 것이라 여겼다. 그런데 알고 보니 두 단어는 전혀 다른 의미를 가졌다. 얼레지는 식물의 이름이고, 엘레지는 프랑스어 'elegie'의 우리식 표기다. 외국어라 '엘러지'나 '엘리제'로 발음하기도 하는데, 비가悲歌 또는 애가哀歌로 번역된다. 그 가수가 부른 노래의 곡조나 가사가 너무 애절하여 붙여진 이름이라고 한다. 하마터면 예쁜 꽃의 모습이 슬픔을 의미하는 식물이 될 뻔했다.

홍·정·윤 갤·러·리

얼레지 *Erythronium japonicum*

얼레지는 예로부터 비늘줄기와 잎을 식용하는 산나물로 유명하다. 특히 흰색의 비늘줄기에는 녹말이 풍부하여 '얼레지가루'라는 상품이 나올 정도로 널리 이용된다. 한방에서는 비늘줄기를 차전엽산자고車前葉山慈菇라 하여 변비 치료에 쓴다. 얼레지의 잎과 비늘줄기는 식용하기 때문에 이른 봄이면 수난을 당하기 마련이다. 산나물을 재료로 하는 식당에서는 얼레지가 기본 반찬에 속한다. 잎을 쌈으로 먹거나 절이거나 삶아서 묵나물로 이용하기 때문에 계절에 상관없이 사용하므로 수난의 강도가 높아질 수밖에 없다. 얼레지의 씨가 발아해서 잎을 내고 꽃이 피려면 적어도 7~8년은 기다려야 하는데, 그래도 봄나물이 우선이 되어야 하는 것인지 잘 모르겠다.

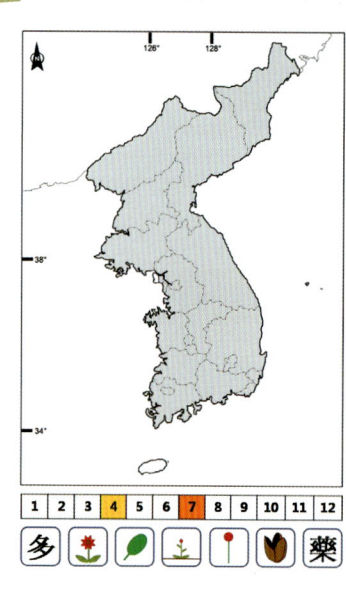

얼레지는 백합과Liliaceae에 속하는 여러해살이풀로, 제주도를 제외한 우리나라 전역의 깊은 산에서 자란다. 비늘줄기인 인경은 피침 모양으로 길이 6cm, 폭 1cm 정도로 길쭉하고 땅속 30cm 정도 깊이에 있다. 잎은 2장이 꽃대 아래쪽에 나며 길이 6~12cm, 폭 2.5~5cm로 타원이나 긴 타원형이다. 잎은 두툼하고 잎자루가 있으며 가장자리는 밋밋한데 약간 주름이 지는 것도 있다. 잎의 색깔은 옅은 녹색으로 대부분 진보라색의 얼룩무늬가 있다. 꽃은 4월에 피며 꽃줄기는 10~20cm 정도로 길고 끝부분에 1개의 꽃이 달린다. 꽃잎은 6장으로 붉은 보라색이며 길이 5~6cm, 폭 4~10mm로 피침 모양이다. 꽃이 피면 꽃잎은 뒤로 완전히 말리는데 안쪽 아랫부분에는 W자 모양의 얼룩무늬가 있으며 그 밑에 꿀샘이 있다. 수술은 6개로 길이가 서로 다르며 꽃밥은 자주색이고 1개의 암술과 더불어 앞쪽으로 돌출되어 있다. 열매는 성숙하면 껍질이 벌어지는 삭과로, 7월에 익으며 모양은 3개의 모서리가 있는 넓은 타원형 또는 원형으로 안쪽에 주황색 씨가 들어 있다.

봄기운을 타고 내리는
하얀 별을 닮은 모데미풀

흰 눈이 내려앉은 세상은 어느 곳에서 보아도 깨끗함을 연상시킨다. 이런 날, 날씨라도 조금만 따뜻하다면 창밖은 눈사람을 만드는 이들과 데이트를 즐기는 연인, 사진기를 들이대고 오랫동안 묵혀 놓았던 함박웃음을 짓는 사람들로 붐빈다. 모두에게 즐거운 시간이다. 시간이 조금 더 흐르면 아지랑이와 더불어 새로운 세상이 열리는데, 그 주인공들은 대부분 녹색을 띠는 식물이다. 계곡의 얼음이 녹아 싱그러운 물소리를 내며 흐르면 우리를 반기는 아름다운 꽃들이 고개를 내민다. 나는 그 아름다운 광경을 보기 위하여 지난 몇 년 동안 한 해도 빠지지 않고 5월 5일에는 소백산을 오른다.

작은 백두산이란 뜻의 소백산은 해발 1,439미터이며 우리나라 12대 명산 가운데 한 곳이다. 계절마다 색다른 모습을 연출하는 아름다운 경관은 등산객을 끌어모으기에 충분하며, 특히 겨울 눈꽃은 자타가 공인하는 최고의 풍경이다. 그렇지만 죽령, 천동, 희방사, 어의곡 등 계곡이나 능선을 따라 만들어진 등산로들은 걸음을

1	2	모데미풀
3		1 군락　　2 꽃 3 총포엽과 열매

옮길 때마다 숨을 몰아쉬어야 할 만큼 녹록하지 않다. 가쁜 숨을 몰아쉬며 몇 시간 걷다 보면 산등성이를 따라 철쭉 군락을 만나게 되고, 정상이 가까워지면 주목도 모습을 드러낸다. 비로봉 정상이 한눈에 들어오는 위치에 서면 주목이 무리 지어 서 있는 사이로 하얗게 목을 내민 꽃들이 보인다. 봄의 전령사로 손색이 없는 모데미풀 *Megaleranthis saniculifolia*이다. 주로 깊은 산 낮은 곳의 계곡에서 자라는 식물로, 대부분 군락을 이루며 사는데 그 하얗고 맑은 풍경은 장관이라는 말 외에 달리 표현할 길이 없다. 마치 아무것도 없는 흙바닥에 하얀 꽃송이를 뿌려 놓은 것처럼 경사진 비탈면을 가득 채우고 있다. 하늘에서 내려온 별들이 쉬고 있는 것처럼 말이다. 계곡 주변에 있어야 할 이 식물이 해발 1,000미터가 넘는 산꼭대기까지 올라와 있는 것도 이상할뿐더러 이렇게 많은 개체가 한꺼번에 살고 있다는 것도 신기하다.

그래도 이 광경을 보고 있으면 그동안 힘들고 어려웠던 일들을 잠시나마 잊을 수 있다. 이런 매력에 끌려 해마다 그곳을 찾게 되는 것 같다.

속명 'Megaleranthis'는 크다는 의미의 'megas'와 전체적인 형태가 너도바람꽃속 Eranthis을 닮았다고 하여 만들어진 합성어이며, 종소명 'saniculifolia'는 참반디속 Sanicula 식물의 잎처럼 생겼다는 의미로 총포의 모양을 설명하고 있다. 모데미풀이란 우리 이름에는 재미있는 일화가 하나 있다. 우리나라 식물에 관심이 많은 일본인 식물학자 오위 Ohwi가 지리산에서 자라는 사초과 식물을 수집하고, 희귀식물을 관찰하기 위하여 지리산을 올랐다. 하루 종일 이곳저곳을 찾아다녀도 소문만큼 눈길을 끄는 식물을 만나지 못해 크게 낙담을 했다. 오후가 되어 식물을 찾아보는 재미도 잃고 몸도 피곤하여 잠시 물가에 앉아 피로를 달랬다. 잠시 후 오위는 앞에 있던 초본식물 몇 가닥을 잡고 일어서려는데 그의 몸무게를 이기지 못한 풀이 뜯겨지고 말았다. 손가락 사이에 낀 풀을 털려고 손바닥을 펼쳤는데, 눈에 익숙하지 않은 식물 줄기가 놓여 있었다. 이상하게 여긴 그는 그 초본식물을 표본으로 만들어 일본으로 가져가 정밀하게 분석한 결과, 금매화속 Trollius과 비슷하다는 결론을 얻었으나 금매화 종류와는 달리 줄기에 꽃이 1개씩 달리고 꽃 바로 밑에 하나의 총포엽總苞葉만 달리는 차이가 있어 1935년에 우리나라 특산속 식물로 발표했다. 이름도 전라북도 남원시 운봉면 모데미골에서 처음 발견했다고 해서 모데미풀이라고 지었다. 우연한 기회에 전 세계에서 한국에만 있는 식물의 이름을 짓게 되는 영광을 얻은 셈이다. 그 후에 점봉산, 소백산, 한라산, 태백산, 광덕산 등에서도 자생하는 것이 확인되었다. 분포하는 개체 수로 보면 그 수가 많지만 특산속이라는 희귀성 때문에 환경부가 특정식물종 II등급 및 국외 반출 승인대상 식물, 그리고 산림청은 보존우선 식물 종으로 지정했다. 지방에서는 '운봉금매화', '금매화아재비'라고도 불린다.

꽃이 아름다워 관상용으로 적당하지만, 대부분의 미나리아재비과 식물들이 그렇듯이 뿌리와 줄기에 독성이 있다. 한방에서는 뿌리를 중풍이나 황달 등에 쓴다고 한다.

　몇 년 전 강원도 점봉산의 한 계곡을 따라 모데미풀의 분포 양상을 조사한 적이 있다. 산 중턱부터 자리를 잡기 시작한 개체들은 계곡 주변 물길을 따라 연속적으로 분포하고 있었다. 바위틈이나 물길이 직선으로 나 있는 곳에서는 찾기가 어려웠던 반면, 물길이 굽거나 편평한 지역에는 많은 개체가 자라고 있었다. 그 주변으로는 복수초, 현호색, 노루귀, 한계령풀 등 같은 시기에 꽃을 피우는 종들이 함께 어우러져 있었다. 이들은 겨우 기지개를 켜는 다른 식물들과는 달리 봄이 오는 길을 앞장서 친절하게 안내해 주는 부지런한 식물이다.

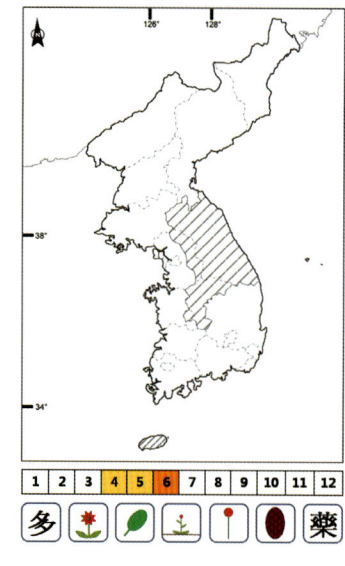

모데미풀은 미나리아재비과 Ranunculaceae에 속하는 여러해살이풀로, 높이가 10~20cm 정도로 매우 작다. 뿌리에서 올라온 근엽은 긴 잎자루 끝에서 3개로 갈라지며 가장자리는 다시 톱니 모양으로 갈라진다. 한 뼘쯤 되는 줄기가 자라면 잎처럼 생긴 총포 위로 1cm가량의 꽃자루가 만들어지고 끝에는 5장의 꽃잎과 꽃받침이 방사상으로 달린다. 꽃은 4~5월에 피고 한가운데 노란색 수술이 여러 개 있어 흰색의 꽃받침과 조화를 이룬다. 꽃의 크기는 자생지에 따라 차이가 있는데 소백산 지역의 개체는 지름이 약 2cm 정도로 크지만 태기산에 자라는 것은 1.5cm 정도로 작고 꽃잎의 폭도 좁다. 줄기에 달리는 잎은 없으며 잎의 형태로는 줄기 윗부분에 있는 총포가 전부다. 총포는 꽃을 에워싸듯이 동그랗게 늘어서고 모양은 근엽과 마찬가지로 끝 부분이 여러 개로 갈라진다. 열매는 6월에 익으며 쪽꼬투리라고도 하는 골돌과 蓇葖果로, 각각의 조각을 옆에서 보면 복어의 배처럼 밑부분이 볼록하다. 열매는 성숙하면 윗부분이 터지면서 검은색 종자가 튀어나가 흩어져 퍼진다.

혼자 있어 외로운 홀아비바람꽃

얼음이 녹아내린 계곡의 한가운데서 흘러내리는 물소리가 반갑기만 하다. 봄 기지개를 켜며 땅속에 움츠렸던 새싹들이 앞을 다투어 세상 구경을 하려고 한다. 나뭇가지를 잘라 보면 뿌리를 통해 올라온 물이, 마치 샘물의 솟구치는 물줄기처럼 흘러 넘친다. 한살이를 시작하는 준비는 이렇게 소리 없이 바쁘고 고되게 이어진다. 산속의 계곡에서 아직 녹색을 찾아보기가 힘들 때에도 흘러내리는 물을 머금고 바위틈에서 자라는 이끼류는 생동감이 넘쳐 보인다. 이 무렵 이곳에는 흰색 꽃망울을 터트릴 홀아비바람꽃*Anemone koraiensis*이 기다리고 있다. 봄 계곡과 싱그런 연두색, 그리고 흰색의 꽃잎이 어우러진 풍경은 상상만으로도 기분이 좋아진다. 개인적으로 난 이 식물의 이름이 마음에 들지 않는다. '홀아비'나 '바람'이라는 단어가 주는 이미지가 썩 좋지 않은 때문이다. 예로부터 '홀아비는 이가 서 말, 과부는 은이 서 말'이라고 하지 않았던가. 내가 식물분류학자이기는 하지만 식물의 이름을 마음대로 바꿀 수는 없는 일이니 이름에 쓰인 단어들의 의미를 바꾸어 재해석하기로

홀아비바람꽃

마음먹었다. 즉, '홀아비'는 혼자 지내는 사람이라는 뜻이므로 홀로 제일 먼저 봄을 알리는 전령사라는 의미로, '바람꽃'은 봄바람을 상큼하게 맞아 주는 바람의 친구로 재해석하니 홀아비바람꽃이란 이름이 친근감 있게 다가온다.

몇 년 전 경기도와 강원도의 경계에 있는 광덕산을 오른 적이 있었다. 그곳에는 아주 특별한 한국 특산의 모데미풀이 자라고 있어서, 이른 봄이면 사진작가들이 한꺼번에 몰려 계곡 주변에는 일부러 샛길을 낸 것처럼 여러 개의 길이 생겨나곤 했다. 매년 그곳을 찾았던 터라 별 생각 없이 그 계곡으로 들어섰는데 30분이 지나고 한 시간을 찾아 헤매도 모데미풀을 찾을 수가 없었다. '사진작가들이 사진을 찍으면서 훼손한 것일까?', '야생동물들이 헤쳐 버린 것일까?', '그도 아니면 약초꾼들이 몽땅 캐간 것은 아닐까?' 말 그대로 머릿속은 별의별 추측과 추론으로 정리되지 않은 채 혼란스러운 채 시간이 꽤 흘렀다. 급한 마음에 걸음을 재촉해 상류 쪽으로 올라가면 갈수록 모데미풀 대신 홀아비바람꽃과 현호색 종류만 군락을 이루고

1	2
3	

홀아비바람꽃
1 군락   2 열매
3 근엽

있었다. 마치 순백색의 홀아비바람꽃과 청색의 현호색이 계곡 전체를 덮어 버린 것처럼 말이다. 비슷한 환경을 좋아하는 회리바람꽃도 가끔 눈에 띄었지만, 홀아비바람꽃과 현호색 두 종이 차지하고 있는 면적에 비하면 사막에서 바늘을 찾는 격이었다. 그럼에도 캔버스를 세워 놓으면 그 풍경이 그대로 절로 담겨질 듯한 아름다운 풍광이었다. 얼마를 더 올라가니 앞쪽에서 인기척이 들려왔다. 아니나 다를까 들꽃을 찍는 사진작가가 그곳에 있었다. 인사를 주고받으며 이곳을 찾아온 목적을 이야기했더니 "모데미풀은 여기가 아니고 다음 계곡입니다"라고 웃으며 말해 주었다. 몇 년 동안을 꾸준히 찾았던 곳임에도 계곡을 잘못 찾아들어 가다니……. 결국 계곡 하나 차이로 전혀 엉뚱한 풍경만 구경한 꼴이 되었다. 돌이켜 생각해 보면 다른 계곡을 따라 오르던 몇 시간 동안 내 눈을 통해 머릿속에 새로 담긴 풍경은 고스란

회리바람꽃

히 남아 있으므로 착각 덕분에 행복한 경험과 새로운 탐방로를 개척한 셈이다. 그 후로는 광덕산에 가면 두 계곡을 모두 들른다. 그곳의 홀아비바람꽃과 현호색의 야생 군락이 앞으로도 영원히 훼손되지 않기를 기도하면서. 특히 홀아비바람꽃은 우리나라 고유의 특산종이므로 보존해야 할 가치가 더 크다.

속명 'Anemone'는 지중해에 나는 아네모네의 그리스 이름으로 '바람의 딸'이란 의미이고, 종소명 'koraiensis'는 우리나라에서 자란다는 뜻이다. 홀아비바람꽃이라는 우리 이름은 혼자 올라오는 꽃자루의 특징을 따서 붙여졌다. 지방에서는 '홀애비바람꽃', '호래비바람꽃', '좀바람꽃', '홀바람꽃' 이라고도 부른다. 우리나라에 분포하는 바람꽃속 식물은 약 13종류로 알려져 있는데 중국 원산인 '대상화'를 제외한 12종의 이름에는 모두 바람꽃이란 단어가 붙어 있다. 홀아비바람꽃과 가장 모양이 비슷한 종은 '쌍동바람꽃' 인데, 이름에서 알 수 있듯이 꽃대가 2개씩 달려 구별이 된다.

홀아비바람꽃에 얽힌 슬픈 사연도 전한다. 옛날 어떤 마을에 서로를 아끼고 사랑하며 행복하게 살아가는 젊은 부부가 있었다. 이들은 아기를 갖고 싶었지만 몇 년이 지나도록 기쁜 소식이 없었다. 아내는 자기 때문이라 생각해 크게 상심한 나머지 깊은 병을 얻게 되었다. 자신의 죽음을 예감한 아내는 남편에게 미안한 감정을 전하며 적적할 때 가슴에 품고 자라며 저고리 한 벌을 꺼내 주었다. 그러면서 재혼을 하게 된다면 그 저고리는 자신의 무덤 옆에 묻어 달라고 부탁하고는 저세상으로 떠났다. 홀로 남은 남편은 죽은 아내를 보듯 저고리를 귀히 여기며 살았다. 얼마

홍·정·윤·갤·러·리

홀아비바람꽃 *Anemone koraiensis*

후 남편은 한 마을에 사는 젊은 처자가 자신을 짝사랑한다는 사실을 알게 되었지만 죽은 아내 생각에 그 사랑을 받아들이지 못했다. 그러나 시간이 지나고 주변 사람들이 적극적으로 나서 결국 그 처자와 결혼하게 되었다. 남편은 죽은 아내에게 미안한 마음을 전하며 저고리를 무덤 옆에다 잘 묻어 주었다. 다음해 봄이 되자 그 자리에서 하얗고 가냘픈 꽃이 피어났다. 마을 사람들은 이 꽃을 죽은 아내의 넋이라 여기며 홀아비바람꽃이라 불렀다고 한다.

홀아비바람꽃은 우리나라 북부 지방의 깊은 산 계곡 습지에 자라는데 혹 만나게 된다면 운이 좋은 날일 것이다. 꼭꼭 숨어 지내기 때문에 사람들 눈에 쉽게 띄지 않으며, 계곡과 잘 어우러진 자생지에서만 만날 수 있기 때문이다. 계곡의 맑은 물과 소리, 그 옆의 하얀 꽃송이가 봄바람에 하늘거리며 우리를 오라고 손짓하고 있다.

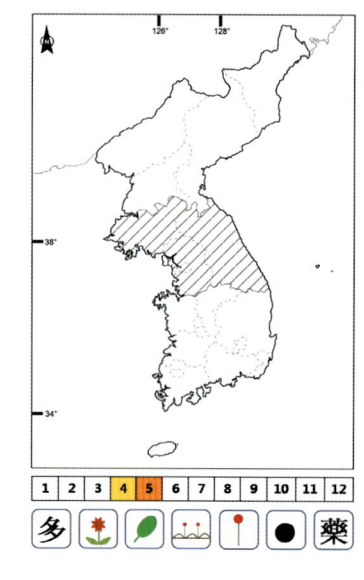

홀아비바람꽃은 미나리아재비과 Ranunculaceae에 속하는 여러해살이풀로, 뿌리는 굵고 윗부분에는 인편鱗片이라 부르는 비늘조각 형태의 부속물이 있다. 뿌리에서 나오는 손바닥 모양의 잎은 1~2개가 달리는데 대부분 5개로 깊게 갈라지며, 길이 2cm, 폭 4cm 정도로 긴 잎자루를 갖는다. 꽃은 4월에 피고 1개씩 올라오는 꽃줄기 끝에 달리는 단정꽃차례單頂花序를 이루며 흰색 꽃의 지름은 1.2cm쯤이다. 잎 모양의 총포는 3개로 갈라지고 꽃줄기 윗부분에 달린다. 꽃잎은 없으며 꽃잎처럼 생긴 꽃받침 잎은 5개로 길고 계란을 거꾸로 세운 모양이지만 끝은 뾰족하다. 수술은 여러 개이며 꽃밥은 타원형이고 길이는 1mm 정도로 황색이다. 암술머리는 계란 모양이고 씨방에는 털이 있다. 열매는 성숙해도 껍질이 열리지 않고 씨방 1개에 1개의 씨만 들어 있는 수과로, 5월에 익으며 타원형으로 편평하다.

이름 뒤에 숨은 아름다움이 있는
깽깽이풀

식물의 이름을 꽃이나 잎의 모양만 보고 쉽게 연상할 수 있다면 얼마나 좋을까? 식물도감을 찾아보면 가지가 세 번 갈라지고 각각의 가지에 3장의 잎이 달리는 삼지구엽초, 줄기나 잎에서 생강 냄새가 나는 생강나무, 잎이 노루의 귀를 닮은 노루귀, 줄기나 가지를 태우면 재의 색깔이 노란색이라고 해서 붙여진 노린재나무처럼 각각의 특색을 알 수 있는 종들이 눈에 띈다. 이와는 반대로 이름과 모양이 전혀 연결되지 않는 식물도 많다. 이런 종류들의 이름을 척척 알아낼 수 있다는 것이 분류학을 공부하는 매력 중의 하나가 아닐까 싶다. 아주 흔하게 볼 수 있거나 식물의 특징과 잘 맞아떨어지는 이름이라면 별 문제가 없겠지만 기억하려고 무던히 애를 써도 잘 외워지지 않는 종류도 있다. 내 경우에는 수업이나 특강을 하다가 이런 문제에 부딪혀 당황했던 적이 한두 번이 아니었다. 한번은 야외에서 특강을 진행했다. 20~30여 명의 일반인을 대상으로 하는 강의였으나 수강생 대부분이 식물에 대해 어느 정도 지식을 갖춘, 아마추어 수준을 넘어선 분들이었다. 이 정도 되면 앞에

깽깽이풀

서 설명하는 선생의 입장이라도 조금은 부담이 되기 마련이다. 그래서 꾀라고 낸 것이 가능한 한 흔하지 않은 식물을 강의 대상으로 삼아야겠다고 마음먹었다. 문제는 생소한 종류만 설명하다 보니 강의를 시작한 지 얼마되지 않아서부터 이름이 기억나지 않는 종이 늘어나기 시작했다. 입으로는 무엇인가를 설명하면서도 머릿속에서는 빙글빙글 도는 이름을 끄집어내려고 애를 쓰고 있었다. 결국 그날 수업은 수강생과 선생이 모두 만족하지 못한 채 끝나 버리고 말아 아쉬움이 오래 남았다. 지금도 채집이 없는 겨울을 보내고 식물들이 올라오는 3~4월이 되면 아주 중요한 한두 가지 특징에 의해 종을 나누는 기준을 잊어버려 헤매곤 하는 종들이 있다. 이런 종류들의 이름은 매년 복습을 해도 평생 머릿속에 새겨 놓지 못할 것 같다.

지금부터 만날 식물의 이름도 만만치가 않다. 바로 깽깽이풀*Jeffersonia dubia*로, 얼핏 들으면 강아지 이름 같기도 하고 어찌 들으면 강아지의 울음소리 같기도 하

깽깽이풀
1 꽃   2 잎
3 열매

다. 이름이 특이한 것에 비해 꽃이 핀 모습을 보면 '저렇게 아름다운 꽃에 왜 하필이면 이런 이름이 붙여졌을까' 하는 의구심이 들 정도다. 가벼운 듯한 이름과는 달리 점차 절로 나 자라는 자생지 면적과 개체 수가 줄어들고 있어 환경부는 멸종위기 야생식물 II급으로 지정해 보호하고 있다. 식물학적으로도 매우 귀한 식물이다.

속명 '*Jeffersonia*'는 미국의 제3대 대통령인 제퍼슨Thomas Jefferson을 기념하기 위해 붙여졌다고 하며, '*dubia*'는 의심스럽다는 뜻을 가지고 있다. 우리 이름의 유래는 아직 밝혀진 것이 없지만 '깽깽이'의 사전적 의미가 고음으로 높이 올라가

매자나무

한계령풀

는 전통 악기를 낮춰 부르는 말인 것을 감안하면, 꽃이 피는 시기가 4~5월로 시골에서는 모내기 준비 등으로 한창 바쁠 때 한가롭게 꽃을 피운다는 의미에서 붙여진 것은 아닐까 하는 속설이 있다. 쉽게 볼 수 있는 식물은 아닌데도 깽깽이풀이 자라는 자생지 근방에는 또 다른 군락지가 존재하는 경우가 많다. 이는 개미와 깽깽이풀 종자와의 관계 때문으로, 개미가 깽깽이풀 종자 표면에 있는 꿀샘밀선을 찾아 모여들었다가 꿀과 함께 종자를 물고 돌아다니다가 부근에 떨어뜨린 것이 시간이 지나 발아되어 새로운 군락지를 이루게 된 것이다. 종자 표면에 털이나 갈고리 같은 부속물이 없어 바람이나 동물의 도움을 받기에 불리하므로 꿀샘으로 개미를 유인하는 산포 방법을 개발해 냈을 것이다. 참으로 지혜로운 식물이다.

우리나라에서 자라는 매자나무과科 식물은 약 10종류인데, 이 중 5종의 매자나무와 뿔남천 종류 외에 나머지는 초본식물이다. 또 매자나무속 *Berberis*에 속하지 않는 나머지 5종은 각기 속屬도 다르다. 매자나무, 섬매발톱나무, 연밥매자나무 등은 우리나라 특산식물이며, 한계령풀은 깽깽이풀과 더불어 멸종위기 식물 II등급 및 식물구계학적 특정 식물종 V등급으로 지정되어 있다. 같은 과인데 이렇게 다양한 종류가 분포하는 것도 우리나라 식물 중에서는 드문 일이다.

한방에서는 조황련朝黃蓮, 황련, 산련풀, 선황련鮮黃連 등으로 불리는데, 특히 뿌리는 열을 내리고 항염증작용과 위를 튼튼하게 해 준다고 한다.

깽깽이풀의 꽃을 보면 화분에 옮겨 심고 싶은 충동을 느낀다. 큼지막한 꽃들이 마치 먹이를 물고 오는 어미 제비를 기다리는 새끼 제비들처럼 하늘을 향해 올망졸망 고개를 내밀고 누군가를 기다리고 있다. 꽃이 지고 나면 봄바람에 흔들리는 동그란 잎들이 서로 부딪치며 도란도란 이야기를 주고받는 것 같아 잎을 보는 재미 또한 쏠쏠하다. 이름과 모습이 잘 연결되지는 않지만 귀한 몸으로 대접받고 있는 만큼 기억해 두면 좋을 것 같다.

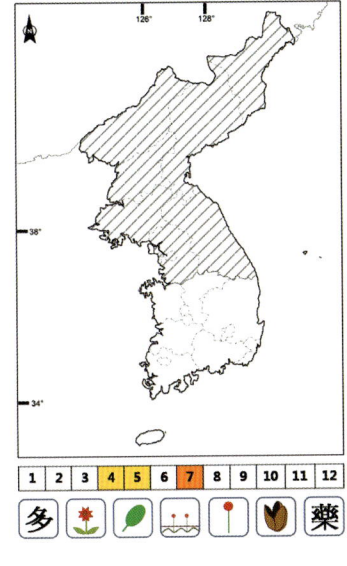

깽깽이풀은 매자나무과 Berberidaceae에 속하는 여러해살이풀로, 원줄기는 없고 뿌리줄기는 짧으며 많은 잔뿌리가 나온다. 긴 잎자루를 갖는 여러 개의 잎이 모여 달리고, 잎은 동그란 심장 모양으로 길이 5~9cm, 폭 7~10cm이며 잎 표면에는 각피와 왁스 층이 발달해 있어 비가 내려도 연꽃잎처럼 물에 젖지 않는다. 잎의 끝 부분은 약하게 파여 있고 가장자리는 물결 모양이다. 꽃은 4~5월에 홍자색으로 잎보다 먼저 피며 지름은 약 2cm로 꽃줄기 1개에 하나씩 달리는데 그 꽃을 보고 있으면 황홀경에 빠질 정도로 아름답다. 꽃잎은 6~8개로 계란을 거꾸로 놓은 모양이며 안쪽에는 8개의 수술과 1개의 암술이 있고, 꽃받침조각은 4개로 피침형이다. 열매는 성숙하면 배봉선을 따라 열리는 삭과로, 7월에 익으며 넓은 타원 모양으로 끝은 새의 부리처럼 길다. 종자는 검은색이며 타원형이다.

나그네의 풍성한 향기를 간직한 산돌배

수확의 계절 가을이 깊어 가면 나무나 풀들은 제각기 아름다운 열매를 매달고 서 있다. 조그만 꼬투리에 싸여 있어 씨의 모양을 여간해서 볼 수 없는 것이 있는가 하면 사과나 배처럼 주렁주렁 멋을 뽐내는 종류들도 있다. 과실수가 공통적으로 갖는 최고의 모습이라면 바로 이런 풍요로움을 느낄 수 있는 가을의 정경일 것이다. 이른 봄 요란하게 꽃을 피운 사과나무와 배나무는 화사한 모습을 포기하고 꽃의 일부분을 잘라 내는 고통을 감수해야 한다. 그래야 나머지 1~2송이 꽃들이 가을의 풍요를 위해 열심히 커 나간다. 그 과정에서 빛 고운 과일 색과 새들의 침입을 막기 위해 종이 봉지의 도움을 받기도 하고 가지가 부러지지 않도록 버팀목의 도움도 받는다. 이렇게 사람들의 알뜰한 가꿈을 받는 종류가 있는가 하면 비슷한 종류인데도 환영을 받지 못하는 나무들도 있다.

산돌배*Pyrus ussuriensis*는 주렁주렁 매달린 열매만 보면 과수원의 배나무나 사과나무와 다를 바 없지만, 열매가 열기 전에는 그저 평범한 나무처럼 보여 사람들의 관심을 끌지 못한다. 그러나 나에게 이 산돌배는 아주 특별한 의미가 있는데, 1년에 한두 번은 꼭 만나러 가는 몇 그루가 있기 때문이다. 해마다 봄가을로 산림의 웅장함과 식물 자원의 풍부함에 매료되어 찾아가는 곳이 태백의 대덕산이다. 생태계 보전 지역으로 지정되어 있는 것만 보아도 그곳의 자연환경이 얼마나 좋은지 짐작할 수 있다. 몇 년 전 교육대학원생의 학위논문 조사 장소로 처음 인연을 맺었다. 처음에는 그저 산골에 있는 좀 높은 산이겠거니 했는데 산행을 하면 할수록 대덕산만의 매력에 빠져들게 되었다. 사람을 유혹하는 듯한 분홍색 꽃의 솔나리, 우산만 한 크기를 가진 개병풍의 잎, 모양이 예쁜 골고사리, 향긋한 한약방 냄새를 풍기는 고본, 산등성이에 한가득 피어 있는 잔대와 일월비비추 등이 매년 내 발걸음을 그리로 향하게 한다. 여기에 즐거움을 하나 더 얹어 주는 것은, 바로 산 정상의 7부 능선 바로 아래에 일렬로 늘어서서 나를 기다려 주는 산돌배다. 아주 크지도 작지도 않은 아담한 높이여서 열매를 보거나 잎을 관찰하는 데 전혀 불편함이 없다. 또 숲 속이 아니라 초지 가장자리에 자리 잡고 있어서 마치 그곳을 지키는 파수꾼 같은 느낌마저 든다. 꽃과 나무가 늘 풍성한 그곳은 방문할 때마다 내게 최고의 즐거움을 베풀어 준다.

학명 'Pyrus'는 배나무의 라틴어 이름으로 'Pirus'라고도 표기하며, 종소명 'ussuriensis'는 시베리아의 우수리 지방을 뜻한다. 산에 있는 배나무를 생각한다면 산돌배라는 우리 이름은 쉽게 이해할 수 있을 것 같다. 산돌배의 변이종으로는 잎 뒤에 작은 털이 있는 털산돌배, 새로운 가지는 물론 잎자루와 열매자루에 털이 있는 남해배나무, 꽃이 큰 문배 등이 있다. 형태가 비슷한 종류로는 돌배나무가 있는데 주로 중부 이남 지역에서 자라며, 한 마디에 꽃이 5~10개씩 달려 산돌배보다 많이 달리고 꽃받침조각은 계란 모양으로 털이 있는 것이 다르다. 돌배나무는 배나무의 접을 붙이는 데 대목으로 사용하기도 하는데 실은 과수로 재배하는 대부분의 배나무가 돌배나무의 개량종이라 해도 과언이 아니다. 산돌배는 '산돌배나무', '돌

1	2	산돌배
3	4	1 전체 2 줄기 3 잎 4 꽃

배'라고도 한다.

    한방에서 열매는 문배나 돌배나무의 열매와 함께 산리山梨라고 하여 약용하는데, 상처의 독성물질을 제거해 주고 근육에 쌓인 어혈을 푸는 데 유용하다고 한다. 요즘 상품으로 만들어져 판매되는 과실주 중에 산돌배 같이 야생에서 자란 배나무 종류의 열매로 만든 것이 인기가 좋다고 한다. 이들 열매 속에 들어 있는 말산, 시트르산, 과당 등이 은근히 배어 나와 향기와 당분이 적절하게 조화를 이룬 맛좋은 술을 만들어 내기 때문이다. 이런 과실주 중에 널리 알려진 문배주는 문배의 열매를 이용해 만든 것으로 생각하기 쉬운데 사실은 아무 상관이 없다. 단지 빚어 놓은 술의 향이 문배의 과실 향과 비슷하다고 해서 붙여진 이름이다. 문배주는 여러 가지를 첨가하지 않고 조와 수수에 누룩만을 넣어 만든 증류주다. 알코올 함량이 약 40도로 높고 주로 북쪽 지방 사람들이 즐겨 마시던 향토 술이었다. 맨 처음에는 대동강 근처의 석회암 지대를 흐르는 물로 술을 담갔다고 전해진다. 술을 담아 1년 이상 숙성시켜야 제대로 된 향이 나며 오래 묵을수록 깊은 맛이 더해진

산돌배 열매

다고 한다. 고려시대에 조상 대대로 내려오던 비법으로 문배주를 빚어 태조 왕건에게 진상한 사람이 있었는데 훌륭한 술맛에 매우 흡족한 왕이 벼슬을 주어 고마움을 표했다는 이야기도 전한다. 이런 유명세 때문인지 문배주는 2000년과 2007년 남북정상회담 때에 공식 만찬주로 선정되기도 했으며 현재 무형문화재 제86호로 지정되어 있기도 하다.

　작년 가을 오대산에 갔다가 숲 속에 산돌배 열매가 땅바닥 가득 떨어져 있는 것을 본 적이 있다. 얼마나 잘 익었는지 바닥은 마치 은행나무 열매가 떨어져 있는

것처럼 연한 노란색으로 장관을 이루었다. 등산로와 인접해 있는데도 그때까지 남아 있는 것이 신기할 정도였다. 열매가 떨어져 있는 것을 어떻게 알았는지 후각이 발달한 멧돼지가 다녀간 흔적이 있고 토끼의 배설물도 눈에 띄었다. 맛을 보았더니 아주 달콤했는데 맛도 맛이지만 열매에서 풍기는 그윽한 향기가 바람을 타고 콧속으로 흘러들어 하루 종일 기분이 좋았다.

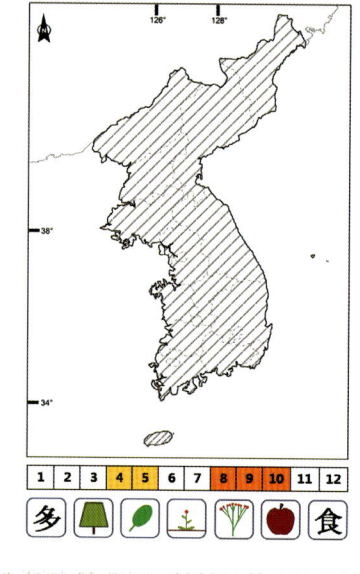

산돌배는 장미과 Rosaceae에 속하는 잎이 지는 큰키나무로, 높이는 10~15m 정도로 크며 새로 나온 가지는 갈색이 도는데 털이 없어 매끈하다. 잎은 어긋나며 원형 또는 타원형으로 길이 5~10cm, 폭 3~4cm다. 잎 끝은 뾰족해지고 가장자리는 침이나 바늘같이 뾰족한 톱니가 있으며 잎자루는 2~5cm로 길다. 꽃은 4~5월에 흰색으로 피며 지름은 3~3.5cm로 가지 끝에 4~5개가 모여 나는데 꽃자루의 높이가 비슷해 편평하게 보이는 산방꽃차례를 만든다. 꽃받침조각은 긴 피침형으로 가장자리에 톱니가 있다. 꽃잎은 5개로 각각은 타원형이며 끝이 오목하게 파이고, 안쪽에는 5개의 암술과 20개 정도의 수술이 있다. 열매는 사과나 배처럼 씨방과 꽃턱화탁이 변해서 만들어진 이과梨果로, 모양은 둥글고 지름은 3~4cm로 작은 배 크기 정도이며 8~10월에 황색으로 익는다.

홍·정·윤·갤·러·리

산돌배 *Pyrus ussuriensis*

곰취와 닮은꼴인 동의나물

봄비가 촉촉이 내린다. 땅 속의 식물 뿌리들이 에너지를 얻을 수 있는 좋은 기회다. 이제 겨울을 보낸 나뭇가지들은 잔뜩 물을 머금고 부풀어 오를 것이고 조금 더 지나면 화려한 꽃 색깔을 드러내며 싱그러운 봄이 올 것이다. 봄이 되면 아무래도 실내보다는 바깥 생활이 더 많아진다. 더불어 산에 오르는 인구도 늘어난다. 산은 가슴 속의 찌든 겨울 때를 긴 호흡으로 말끔하게 몰아내고 싱그러운 봄기운을 받아들일 수 있는 곳이기 때문이다. 산과 들에 식물들이 싹을 틔우고 꽃을 피우는 이른 봄부터 채식을 많이 하는 우리나라 밥상은 풍성해진다. 산나물 반찬으로 입맛을 돋우는 사람이 많은 탓에 벌써부터 방송에서는 냉이며 달래 등 봄나물 광고가 한창이다. 나물은 직접 손으로 뜯어야 제 맛이 아닌가? 그런 이유에서인지 봄이면 봄나물 캐는 행사와 여행 상품까지 다양하다. 실은 정말 먹을 수 있는 나물을 뜯어 오는지 걱정이 되기는 한다. 1년에 한두 번은 직접 채취한 산나물이나 버섯을 먹고 큰일을 당했다는 뉴스를 접하기 때문이다. '선무당이 사람 잡는다'는 속담이 있다.

1	2	동의나물
3		1 군락　2 전체 3 꽃

비슷하게 생긴 식물을 제대로 구별하지 못하여 나물이 아닌 독성이 있는 식물을 먹게 되면 탈이 날 수밖에 없다. 이런 실수를 할 만한 식물이 바로 곰취 *Ligularia fischeri* 와 동의나물 *Caltha palustris* 이다. 평소에 산행을 즐기시는 동료 교수 몇 분이 계신다. 주말이면 집 근처 산을 찾아 출석부에 도장이라도 찍듯이 매주 산을 오르신다. 이른바 토요일에 떠나는 해탈 산행이다. 산행 덕분인지는 몰라도 연세가 좀 있으신데도 아주 건강해 보이신다. 때는 여기저기에서 산나물 소식이 들려오고 등산로 근처 산길에는 봄나물을 파는 할머니들이 나와 앉을 무렵이었다. 등산로 입구쯤에서 한 분이 "우리도 산행만 할 것이 아니라 산나물이라도 좀 뜯어서 저녁에 쌈이라도 싸먹어 보자."는 의견을 내놓았다. 서로를 믿은 선생님들은 예전에 알았던 산나물

에 대한 기억과 조금 전 산길을 지나며 보았던 할머니들의 나물 바구니 속 나물들을 하나둘 기억해 냈다. 얼마를 갔을까……, 한 분이 "산나물이다"라고 소리쳤다. 이름은 정확하게 모르지만 직접 산나물을 채취하게 되었다는 반가움에 즐거워하며 일행은 모두 그곳으로 달려갔다. 나물 뜯는 재미에 등산로를 잃어버린 것도 몰랐을 정도였단다. 그래서 산나물을 처음 발견한 습지를 따라 위쪽으로 올라갔는데 해발고도가 조금씩 높아질 뿐 산나물은 지천으로 깔려 있었다. 점심때가 되었을 무렵 일행의 배낭은 절반 이상이 나물로 가득 차게 되었고 그 기분에 도시락을 맛있게 먹을 수 있었다. 하산할 때도 환경이 비슷해서인지 산의 반대쪽 입구에 도착했을 때는 배낭에 나물이 가득했다. 일행이 내려온 곳은 좀 외딴곳으로 버스가 자주 다니지 않아서 차 시간을 물어 보려고 근처 인가에 들렸더니 주인 할머니께서 친절하게 알려 주셨다. 워낙 외지 사람들을 쉬이 볼 수 없는 곳이어서 그런지 밖에까지 쫓아 나오시며 '뭐하는 사람들이냐', '이곳에 와 본 적은 있느냐'며 말을 걸었다. 할머니의 관심에 응대해 드리느라 '그저 산을 좋아하는 사람들'이라 대답하고는 산에 오르다 나물 캔 이야기를 말씀드렸다. '산나물 구경을 하자'는 할머니 말씀에 자신 있게 배낭을 열어 보여 드렸더니 할머니 표정이 굳어지셨다. "이거 곰취 아닌가요?" 한 분이 물었더니 할머니는 어처구니가 없다는 듯 쓴웃음을 지으시며 "이건 동이나물이란 풀로 못 먹는 나물이지. 먹으면 배탈이 나서 하루 종일 화장실 신세를 져야 한다."고 말씀하셨다. 결국 하루 종일 신나게 뜯은 곰취가 실은 독초였던 것이다. 결국 쓰레기통에 버리고 말았지만, 점심에 쌈을 싸먹지 않은 것이 천만다행이었다.

곰취와 동의나물이 그렇게 비슷할까? 곰취가 친근한 느낌이 들어 쉽게 알아볼 수 있을 것 같지만, 두 종류를 나란히 놓고 구별하라면 쉽지 않다. 곰취는 국화과에 속하고 동의나물은 미나리아재비과에 속하므로, 족보를 따져 보아도 가계가 전혀 다르다.

꽃과 잎의 비교_ 동의나물(위), 곰취(아래)

    동의나물의 특징은 학명에도 잘 나타나는데 속명 'Caltha'는 라틴어로 '잔'을 뜻하는 'calathos'에서 유래했으며, 종소명 'palustris'는 작은 연못이라는 의미로 동의나물이 사는 곳을 간접적으로 나타내 준다. 잎 모양이 비슷한 곰취는 잎이 콩팥을 닮은 심장 모양으로 밑부분이 약간 넓고, 꽃은 가을에 피며 통 모양과 혓바닥 모양의 꽃들이 모여 꽃줄기 끝에 달린다. 잎 뒷면은 얇은 막이 있어 반들반들하고 잘라 내면 산채 향이 강하게 나며, 주로 깊은 산속의 그늘진 곳 주변에 자란다. 두 종류의 가장 큰 차이점은 잎에서 향기가 나는지 여부와, 물이 흐르는 계곡가에 자라는지 그늘진 곳에 자라는지, 그리고 잎의 두께와 윤기의 정도, 꽃의 모양 등이다. 동의나물은 '동이나물'이라고도 부른다.

한방에서는 지상부와 뿌리를 마제초馬蹄草라 하여 주로 골절상을 입은 피부에 붙이거나, 치질 치료를 위해 물에 넣고 달여서 복용한다.

동의나물과 곰취처럼 생김새만으로 구분이 어려운 봄나물 중에는 원추리와 여로, 산마늘과 박새, 우산나물과 삿갓나물 등도 있다. 구별이 어렵다면 차라리 삶아서 독성을 없앤 다음 묵나물로 이용하는 것도 하나의 방법일 수 있다. 어쨌거나 봄나물을 즐기려는 마음이 앞서가더라도 어렵게 겨울을 넘기고 나온 새싹들을 예쁘게 볼 수 있는 만족감만으로 봄나물을 대신하면 어떨까?

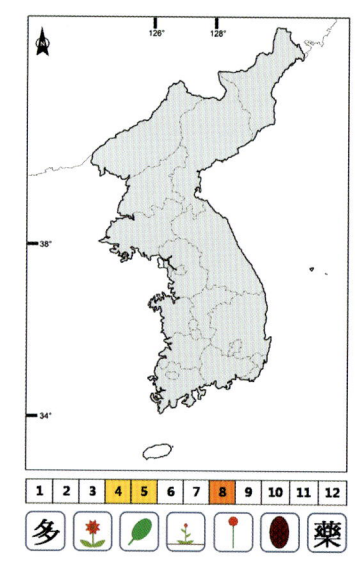

동의나물은 미나리아재비과 Ranunculaceae에 속하는 여러해살이풀로, 산속 습지에서 주로 자라며 높이는 약 50cm다. 뿌리에서 여러 개의 줄기가 나오며, 뿌리에서 나오는 근엽은 여러 개가 모여 총생한다. 근엽 각각은 콩팥 모양으로 길이와 폭이 5~10cm 정도로 원형에 가깝고 털은 없으며 잎자루가 있고 가장자리에는 둔한 톱니가 난다. 줄기에 달린 잎은 근엽과 모양은 비슷하지만 잎자루가 없다. 꽃은 노란색으로 4~5월에 피고 줄기 끝에 2개씩 달리는데 꽃잎은 없고 꽃잎처럼 보이는 꽃받침이 5~6장 있는데 타원형이며 길이는 11~18mm 정도다. 열매는 8월에 익으며 쪽꼬투리처럼 생긴 골돌과 蓇葖果로, 4~16개가 달리는데 끝에는 암술대가 남아 있어 새의 짧은 부리처럼 보인다.

미스김라일락의 사촌, 수수꽃다리

산과 들에 푸르름이 더해 가면 식물들은 좋은 빛과 따스함에 그들의 아름다움을 한껏 뽐낸다. 초여름이면 진한 향기를 뿜어내고 아름다운 꽃을 피워 지나는 이들의 발걸음을 멈추게 하는 나무 중의 하나가 수수꽃다리 $Syringa\ oblata\ var.\ dilatata$ 다. 보통 '라일락'이라고 해야 귀에 익을 것이다. 라일락서양수수꽃다리은 조선 말엽, 서양에서 원예용으로 들여온 것이고, 수수꽃다리는 원래 우리나라에 분포하는 고유종이다. 남쪽 지방에서는 볼 수 없고 황해도, 평안남도, 함경북도와 같은 북쪽 지방의 석회암 지대를 좋아하는 식물이다. 사실 이 두 종은 매우 비슷하게 생겨 구별이 모호할 정도다. 전문가들은 잎의 형태, 꽃밥의 색, 그리고 나무껍질 색깔 등으로 구별한다.

학생들과 함께 야외실습 도중에 이 두 종을 설명하기 위해 학교 화단에 심어져 있는 라일락 앞에 섰다. 향기와 유래 등에 대한 설명을 마치고 잎을 한 장 따서 앞에 있는 학생에게 씹어 보라고 권했다. 꽃향기가 좋으니 잎에서도 그윽한 향이

수수꽃다리

날 것이라 생각했는지 덥석 입에 넣고 씹더니 이내 울상이 되어 버렸다. 라일락 잎에는 강한 쓴맛을 내는 시린진syringin이란 물질이 들어 있어서 씹을수록 쓴맛이 더해진다. '첫사랑에 실패했을 때의 쓸쓸함과 라일락 잎의 쓴맛 중 어느 것이 더 강하냐'고 물었더니 '라일락 잎이 더 쓰다'고 대답해 한바탕 웃음바다가 되었다.

속명 'Syringa'는 고광나무속의 작은 가지로 만든 피리의 그리스 이름 'syrinx'에서 유래되었다고 하며, 종소명 'oblata'는 원형에 가깝지만 위아래가 약간 늘어지는 모양이고 변종소명 'dilatata'는 넓다는 뜻으로 잎의 특징을 설

수수꽃다리 꽃

명한 것 같다. 수수꽃다리라는 우리 이름은 꽃무리가 달리는 형상이 마치 잡곡으로 재배하는 수수의 꽃과 비슷하다 하여 붙여졌다. '개똥나무', '넓은잎정향나무'라고도 불린다. 한방에서는 잎을 정향엽丁香葉이라 하여 피부염과 여름철 이질에 사용하는 것으로 알려져 있다. 수수꽃다리와 같은 속에 속하는 비슷한 종류로는 개회나무, 꽃개회나무, 정향나무 등이 있다. 옛날에는 종간 분류가 명확하지 않아 이들을 하나로 묶어 정향나무라고 했는데, 이는 중국의 영향을 받은 것으로 추측된다. 중국에서는 이러한 종류의 나무 이름에 사천정향, 홍정향처럼 어미에 '정향丁香'이라 붙이는데, 이 식물의 모양과 꽃이 '고무래 정丁' 자와 비슷해서 또는 향기가 짙은 꽃임을 강조하기 위함이란다. 1960년대에 세계적으로 유행했으며 우리나라에도 알려진 「베사메무초」라는 노래에서도 사랑하는 연인을 리라 꽃라일락 꽃에 비유하

꽃의 비교
1 수수꽃다리 2 개회나무
3 꽃개회나무 4 미스김라일락

며 사랑의 기쁨을 노래했으며, 톨스토이의 명작 『부활』에도 이 꽃을 아름답게 묘사한 부분이 있는 것을 보면 정향나무 종류가 얼마나 아름다운지를 알 수 있다. 외국에서도 수수꽃다리속 식물은 원예종으로 큰 인기를 끌고 있는데 그중 단연 선두에 선 것은 '미스김라일락'이다. 꽃봉오리가 맺힐 때는 진한 보라색을 띠고 봉오리가 열리면서는 라벤더색이 되었다가 만개하면 흰색으로 변하며, 진한 향기를 낸다. 가격은 다른 것보다 2배나 비싼데도 꽃이 아름답고 향기가 좋아 공급이 수요를 따르지 못한다고 한다. 이름에서 알 수 있듯이 이 식물은 우리나라와 깊은 인연이 있다. 1947년 미국 군정청 소속의 '미더'라는 사람이 북한산 백운대에서 털개회나무 정향나무라는 의견도 있음 의 종자를 가져가 육종에 성공해 원예종을 만들고는 자신을 도와

홍·정·윤 갤·러·리

수수꽃다리 *Syringa oblata* var. *dilatata*

주던 한국인 비서의 성을 따서 '미스김라일락'이라 이름붙였다고 한다. 미스김라일락은 높이가 1.8~2.7미터까지 자라며 꽃줄기는 10~15센티미터이고, 잎은 약 8센티미터로 크고 향이 뛰어나다. 라일락뿐만 아니라 지금도 수많은 우리 식물종이 외국으로 반출었다가 개량되어 역수입되면서 비싼 로열티를 지불하는 경우가 있으니 정말이지 안타까운 일이 아닐 수 없다. 자색 꽃이 피는 라일락의 꽃말은 '첫사랑의 감동과 우애'고, 흰색 꽃은 '아름다운 인연'이다. 우리나라에는 라일락으로만 꾸민 공원이나 숲길이 없지만, 영국이나 프랑스에서는 이런 공원들이 젊은 연인들에게 인기 있는 데이트 장소라고 한다. 또 사랑하는 사람에게 보내는 꽃으로도 단연 최고라고 한다. 수수꽃다리가 필 때쯤이면 한국판 라일락 숲으로 가 보자. 꽃개회나무가 화려한 산 정상부나, 계곡과 어우러져 진한 향을 내며 개회나무가 서 있고 주변으로 다람쥐가 뛰노는 그곳으로······.

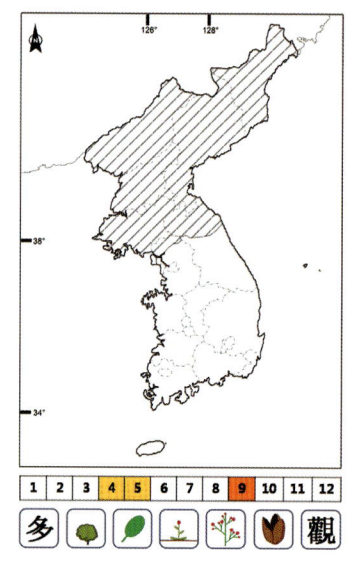

수수꽃다리는 물푸레나무과 Oleaceae에 속하는 잎이 지는 떨기나무로, 높이는 2~3m 정도이며 어린 가지는 회갈색으로 털이 없다. 잎은 마주나고 넓은 계란 모양이며 길이 4.5~12cm, 폭 4~8cm다. 잎 끝은 뾰족하고 밑부분은 얕은 심장 모양이며 가장자리는 밋밋하고 2~2.5cm의 잎자루가 있다. 꽃은 연한 자주색으로 4~5월에 피고 작년에 나왔던 가지 끝에 고깔 모양의 원추꽃차례圓錐花序로 달린다. 작은 꽃자루는 2mm 정도고 꽃받침과 꽃잎은 각각 4개로 갈라지며, 수술은 2개로 꽃잎 위쪽에 달리고 암술머리는 2개로 깊게 갈라진다. 열매는 익으면 껍질이 열리는 삭과로, 9월에 성숙하는데 모양은 끝이 뾰족한 타원형이고 길이는 9~15mm다.

이루지 못한 사랑의 그리움, 목련

　추운 겨울이 지나가고 봄소식이 들리기 시작하면 왠지 모를 들뜬 마음 때문에 일이 손에 잡히지 않을 때가 있다. 시골에서는 암소 누렁이가 밭을 일구며 한해 농사일을 시작하고, 싱그러운 봄 향기는 입맛을 돋우어 준다. 도시에서도 겨우내 쌓였던 도심의 먼지를 털어 내느라 소방차가 동원되고 각급 학교에서는 봄맞이 대청소로 분주하다. 내가 학교 다닐 적에는 친구와 유리창을 사이에 두고 마주 서서 입김을 호호 불어가며 닦았는데, 요즘은 용역회사에 의뢰한다니 이 또한 격세지감을 느낀다. 봄은 엄밀한 의미에서 한 해가 시작되는 때이므로 주변 환경도 하루하루 빠르게 달라진다. 나무에 돋는 새순이나 땅을 뚫고 올라오는 새싹들을 보고 있노라면 신기할 따름이다. 불과 얼마 전까지 쌓여 있던 흰 눈이 녹아내린 대지에는 그새 연둣빛으로 새로 단장을 한다.

　이렇게 빠른 변화 속에서도 여전히 흰색을 고집하는 나무가 있다. 아마도 봄에 피는 꽃 중 가장 큰 꽃을 피우는 꽃나무로 생각되는데, 그 주인공은 바로 목련

목련
1 전체 2 줄기
3 꽃   4 열매

*Magnolia kobus*이다. 목련의 꽃말은 '자연에의 사랑'이라 하는데, 가곡이나 유행가에 등장하는 이미지는 사뭇 달라 유행가에서는 헤어진 연인에 대한 연민과 아쉬움을 달래고 있다. 목련 꽃을 자세히 들여다보면 큰 꽃 뭉치가 옛 사랑을 그리워하는 것 같기도 하다. 그런가 하면 가곡에서는 목련 꽃의 아름다움과 함께 추위를 떨치고 핀 강인한 생명력을 잘 표현하고 있다. 같은 식물을 보면서 느끼는 감정이 참 천차만별이란 생각을 들게 한다.

속명 *Magnolia*는 프랑스 몽펠리에 대학의 식물학 박사 피에르 마뇰Pierre Magnol의 이름에서 유래되었으며, 종소명 *kobus*는 '주먹'이란 뜻으로 꽃의 모양

1	2
3	4

꽃의 비교
1 목련 2 백목련
3 자목련 4 자주목련

을 표현한 것이라 하기도 하고, 백목련의 일본 이름인 고부시辛夷, こぶし에서 유래되었다고도 한다. 우리 이름은 木蓮이라는 한자 그대로 '나무에 피는 연꽃'이라 하여 붙여졌다. 목련은 절로 나 자라는 것은 제주도에만 분포하는데 남쪽 지방에서는 관상용으로 식재하기도 한다. 비슷한 종류 중 산목련이라고도 불리는 함박꽃나무는 우리나라 전국의 계곡에서 볼 수 있다. 이외에 도심지, 학교, 공원의 관상수나 화단에서 볼 수 있는 목련은 대부분 일본, 중국, 북아메리카 등 외국에서 들여와 관상용으로 재배하는 종류들로, 적어도 우리나라 고유종은 아니다. 자목련은 중국 원산으

로 꽃이 자색이나 진한 자색이고 꽃잎은 곧추서서 절반 정도만 열린다. 백목련은 중국 원산으로 6장의 꽃잎과 3장의 꽃받침 모양과 색깔이 비슷해서 목련과는 차이가 있다. 백목련 가운데 꽃잎 안쪽은 흰색이고 바깥쪽은 자색을 띠는 것은 자주목련이라 하여 변종으로 취급한다. 북아메리카가 원산인 태산목은 늘푸른큰키나무로, 잎이 두껍고 빳빳하며 꽃과 잎이 목련보다 크다. 또 일본 원산의 일본목련은 잎이 20~40센티미터로 크고 열매의 길이도 20센티미터 이상으로 길며, 꽃은 연한 누른빛이 도는 흰색이어서 목련과는 차이가 난다. 목련은 난초처럼 아름다운 나무라 하여 '목란木蘭'이라 부르기도 하고, 봄이 오는 것을 알려 준다 하여 '영춘화迎春花'라고 하는데, 자목련은 봄이 가는 것을 알려 준다고 '망춘화亡春花'라는 반대 의미의 이름으로도 불린다.

목련의 이름에 얽힌 사연이 하나 전하는데, 옛날 옥황상제의 딸이 바다의 신을 사랑했지만 결국 사랑을 이루지 못하고 죽었단다. 옥황상제는 그런 딸을 가엾게 여겨 딸이 죽은 자리에 꽃을 피워 넋을 달랬는데, 그 꽃이 바로 목련이다. 그런데 해마다 바다의 신이 있는 북쪽을 향해 꽃을 피워 '북향화'라 불리기도 한다. 목련은 정말 북쪽 방향으로 꽃을 피울까? 목련은 꽃잎이 떨어지면 바로 다음해에 나올 꽃눈을 준비하는데, 이 꽃눈은 보호기관인 포엽에 둘러싸여 있게 된다. 포엽의 껍질은 햇빛을 받는 방향에 따라 성숙 정도가 다른데 햇빛을 많이 받는 표피의 남쪽 부분이 북쪽보다 활발하게 분열이 일어나 더 견고해진다. 겨울을 지내고 다음해 봄이 되어 꽃눈의 분화가 시작되면 껍질이 얇은 북쪽 방향의 포엽 부분이 먼저 열리면서 안쪽의 하얀 속살꽃잎을 내보이므로 목련 꽃이 북쪽을 향해 피는 것처럼 보인다. 물론 식물호르몬이나 효소들의 작용이 가장 큰 영향을 미치겠지만 말이다.

학문적으로는 목련속 식물은 가장 원시적인 속씨식물피자식물로 분류해야 한다는 주장도 있다. 이렇게 아름다운 꽃들이 속해 있는 무리가 가장 원시적인 특징을 가지고 있다니 그 아름다움은 오랜 진화의 시간을 지내온 완숙미라 해야 하겠다.

목련 종류들의 꽃은 활짝 피었을 때는 향기와 아름다움이 배가 되지만 꽃이 질 때는 지저분하다는 말이 나올 정도로 초라하게 떨어진다. 활짝 핀 꽃에 봄비라도 내린 날이면 더욱더 그렇다. 아무리 봄꽃의 대부라 하더라도 시간의 흐름에는 어쩔 도리가 없는 것 같다.

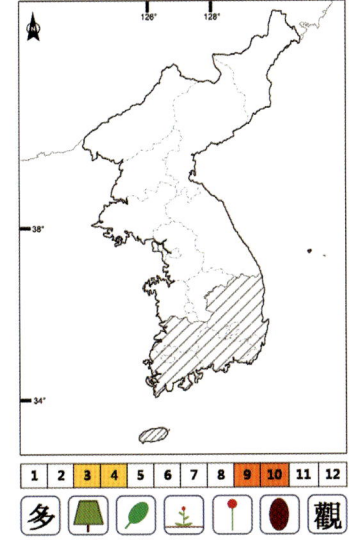

목련은 목련과 Magnoliaceae에 속하는 잎이 지는 큰키나무로, 높이는 5~10m이며 털이 없고 가지를 꺾으면 향기가 난다. 잎이 될 눈에는 털이 없지만 꽃이 될 눈의 보호 잎인 포엽에는 털이 많아 잎과 꽃이 될 눈을 쉽게 구별할 수 있다. 잎은 거꾸로 선 계란처럼 생겼으며 넓은데, 길이 5~15cm, 폭 3~6cm로 끝이 급하게 뾰족해지고 밑은 넓은 쐐기 모양이다. 어릴 때는 잎 뒷면에 흰 털이 있으나 점점 없어지며 잎자루는 1~2cm 정도다. 꽃은 잎이 나오기 전인 3~4월에 먼저 피며 지름은 10cm 내외다. 꽃잎은 6~9개로 긴 타원 모양이며 대부분 흰색이지만 아래쪽은 연한 붉은색이고 향기가 있으며 안쪽에 30~40개의 수술이 있다. 꽃받침조각은 3개로 선형이며 길이는 1.5cm로 짧고 일찍 떨어진다. 열매는 9~10월에 익고 원통형으로 곧거나 약간 굽으며 길이는 5~7cm다. 씨는 타원형이고 껍질은 붉은색이다.

행복을 약속해 주는 은방울꽃

봄이 되면 황폐했던 숲 속에도 변화가 생긴다. 더불어 그 안에 사는 생물들의 움직임은 우리가 알아차리지 못하는 사이에 빠른 속도로 바뀌어 간다. 가끔 지나가 버린 겨울이 되돌아온 듯 심술을 부려 하얀 눈이 쌓일 때도 있지만 땅속에서 올라오는 새싹들의 힘은 우리의 상상을 초월할 정도로 강력하다. 마치 우후죽순을 보는 것 같다. 나무는 잎을 떨어뜨리기는 해도 힘겹게 겨울 나는 모습을 직접 볼 수 있어 그 존재를 느낄 수 있지만 초본식물들은 입장이 좀 다르다. 한해살이풀은 접어 두더라도 여러해살이풀도 대개 땅속에 뿌리만 살아 있으므로 자세히 살피지 않으면 어떤 종류가 땅속에 있는 것인지 구분하기가 어렵다. 그래도 희망은 있다. 하나씩 떨어져 있지 않고 여러 개체가 함께 모여 사는 종류는 그나마 구분이 좀 쉽기 때문이다. 이른 봄 산기슭 양지쪽에 습기 없는 마른 땅에서 만나는 은방울꽃 *Convallaria keiskei*이 바로 이런 식물의 대표 주자라 할 수 있다. 은방울꽃은 방울꽃, 방울비짜루, 방울새란 들처럼 이름만 듣고도 꽃 모양을 쉽게 상상할 수 있는 아름다운 식물

1	2	은방울꽃
3	4	1 군락 2 전체 3 꽃 4 뿌리

이다. 실제로 흰색의 동그란 방울 같은 꽃이 서로 제멋을 뽐내듯이 앞다투어 피어난다. 은방울꽃 역시 또 다른 봄의 전령사다.

    속명 '*Convallaria*'는 골짜기를 뜻하는 라틴어 'convallis'와 백합이라는 의미의 'leirion'의 합성어로 산골짜기에 사는 백합이란 뜻으로 꽃의 아름다움을 표현한 것이고, 종소명 '*keiskei*'는 일본인 식물학자의 이름에서 따왔다. 은방울꽃의 아름다움은 학명에도 잘 나타나 있지만, 우리 이름도 꽃줄기에 매달리는 흰 꽃의 모습을 은방울에 비유해 꽃의 모습을 잘 나타낼 뿐 아니라 예쁘기까지 하다. 지방에서는 '초롱꽃', '비비추'라 불리기도 한다.

한방에서는 지상부를 영란鈴蘭이라 하여 약으로 사용하는데, 심장을 강하게 하고 이뇨작용을 하며 혈액 순환을 개선하는 효과가 있다고 한다. 가끔 은방울꽃의 잎을 식용하는 경우가 있는데 독성이 강하므로 주의해야 한다.

옛날 그리스의 한 마을에 '센트레오나아드'라는 젊은이가 살았다. 운동으로 달련된 건장한 체격과 남자다운 외모에 두려움을 모르는 용기까지 가지고 있어서 동네 처녀들의 흠모를 한 몸에 받았다. 당시 그 지역에는 남자가 성인이 되면 성주의 명령에 따라 무술을 연마하고 사회성을 익히기 위해 몇 년 동안 여러 나라를 돌아다니며 여행하는 관습이 있었다. 센트레오나아드도 예외는 아니어서 여행을 떠나야 할 때가 되었다. 그에게는 '마이야'라는 약혼녀가 있었는데, 함께 떠날 수 없으니 안타깝게도 잠시 작별을 할 수밖에 없었다. 3년쯤 무술도 익히고 새로운 문명을 접하며 여러 나라를 돌아다닌 후 드디어 집으로 돌아가게 되었다. 그리운 마이야를 하루라도 빨리 만나려 걸음을 재촉하던 센트레오나아드는 그만 산 속에서 길을 잃고 말았다. 당황한 그는 길을 찾아 이곳저곳을 헤매 다녔으나 길은 찾지 못하고 입에서 불을 뿜어내어 상대를 태워 죽이는 화룡火龍의 습격을 받게 되었다. 며칠 동안 이어진 긴 싸움 끝에 몇 미터나 되는 화룡을 죽이기는 했으나 센트레오나아드도 깊은 상처를 입었다. 간신히 칼에 의지하여 상처도 씻고 목도 축이려고 물을 찾아 헤맸지만 끝내 발견하지 못했다. 상처의 피가 멈추지 않고 계속 흘러내려 자신의 죽음이 임박했음을 직감한 센트레오나아드는, 정신이 흐려지면서도 그동안 기다려준 마이야에게 고마운 마음과 함께 자신의 부富와 명예를 상속해 줄 것을 숲 속의 요정에게 부탁하고 서서히 죽어갔다. 그 순간 이상한 일이 벌어졌다. 그의 상처에서 흐르던 피가 한 방울씩 맑고 투명하며 향기 좋은 은방울꽃으로 변해 갔다. 숲 속의 요정이 젊고 용감한 센트레오나아드의 죽음을 슬퍼하여 꽃으로 변하게 한 것이다.

홍·정·윤갤·러·리

은방울꽃 *Convallaria keiskei*

은방울꽃의 꽃말은 '틀림없이 행복해집니다'로, 유럽에서는 5월 1일을 은방울꽃의 날로 정해 서로 꽃다발을 주며 행복을 나눈다고 한다. 또 꽃피는 시기와 모양을 보고 '5월의 작은 종', '천국의 계단'이라고도 부른다니 이 세상에서 가장 아름다운 의미를 품은 식물이 아닐까 싶다. 은방울꽃은 얼핏 보면 조화처럼 보이기도 한다. 그만큼 예쁘다는 뜻이다. 꽃이 아름다워서인지는 몰라도 어린이들을 위한 종이접기 책에 은방울꽃 접는 방법이 소개되어 있다. 그 뿐만이 아니다. 조그만 쇠꼬챙이로 꽃을 살짝 때려 보면 맑고 투명한 울림소리가 나올 것 같다. 이른 아침에 잠에서 깨어 창문을 열었을 때 들려오는 고향집의 새소리처럼 말이다. 꽃줄기에 대롱대롱 매달려 있는 꽃의 모습은 약간 위태로워 보일 때도 있지만 주변을 에워싸고 있는 잎들이 이들을 잘 보호해 주고 있다. 꽃과 잎의 멋진 조화다.

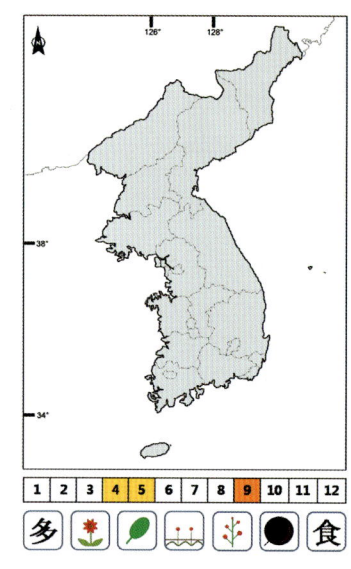

은방울꽃은 백합과Liliaceae에 속하는 여러해살이풀로, 전체에 털이 없으며 땅속줄기地下莖가 옆으로 길게 뻗고 마디마디에서 새순이 나와 여러 개체를 한꺼번에 볼 수 있다. 한두 포기를 화단에 심어 놓으면 불과 몇 년 안에 은방울꽃만 심어 놓은 화단으로 바뀌게 될 만큼 번식력이 좋다. 잎은 2~3개씩 나는데 아래쪽 잎은 위쪽에 달리는 잎의 아래쪽 잎집, 즉 엽초葉鞘 부분을 감싸며, 길이 10~18cm, 폭 3~7cm로 계란처럼 긴 타원형으로 생겼다. 잎 끝은 뾰족하고 가장자리에는 톱니가 없으며 뒷면은 연한 녹색으로 흰빛이 돈다. 꽃줄기는 곧게 자라고 높이는 20~35cm 정도며 아래쪽은 흰색 막질로 된 잎집으로 싸여 있다. 꽃은 4~5월에 흰색으로 피고 7~10mm 정도의 작은 꽃줄기 끝에 아래를 향해 달리는데, 꽃줄기 1개에 약 5~10개의 꽃이 송이처럼 총상꽃차례를 만든다. 넓은 종 모양의 꽃은 지름이 약 1cm고 끝은 6개로 갈라져 뒤로 말린다. 수술은 6개이고 암술은 1개이며 끝은 세 갈래로 갈라진다. 열매는 수분이 많은 포도나 꽈리 같은 장과로, 둥글고 지름은 6mm 정도인데 9월에 익으면 붉은색을 띤다.

쓰임새가 많아 행복한 미치광이풀

　며칠 전 딸아이가 학교 숙제라면서 "우리나라에 살고 있는 식물 중 봄에 볼 수 있는 가장 흔한 종류는 어떤 것이 있느냐?"고 느닷없이 물었다. 머릿속에서는 꽤 많은 종이 떠올랐지만 막상 이것저것이라고 이야기해 주려니 마땅히 추천해 줄 만한 것이 없었다. 곧 피어날 개나리, 진달래, 철쭉, 꽃다지, 냉이, 산수유 등등. 봄을 반기며 나오는 식물들이 무궁무진한데도 말이다. 식물에 관심이 많을 독자 여러분은 나와 똑같은 질문을 받는다면 어떤 대답을 하시겠습니까? 우리나라에는 4,000여 종의 식물이 자라고 있다. 물론 북한에서 자라는 종도 포함된 통계인데, 북한 자료는 오래된 것이어서 정확한 정보라 할 수는 없지만 지금까지 집계된 결과는 그렇다. 말이 4,000종이지 식물도감의 뒷부분에 있는 찾아보기만 읽으려 들어도 한나절은 족히 걸릴 것이다. 분류학을 전공한 사람 입장에서야 그 이름들이 그럭저럭 익숙하지만 초보자들에게는 얄미울 정도로 머리에 와 닿질 않는다. 대학 시절 식물분류학실험 시험은 한 학기 동안 야외실습을 통해 배운 식물을 표본으로 만들어 출제

미치광이풀

하고 그중 20여 종의 이름을 맞추는 것과 식물의 국명을 제시하면 학명을, 학명을 제시하면 국명을 쓰는 방식으로 진행되었다. 신문지 사이에 들어 있는 식물 표본의 이름을 맞추는데 주어진 시간은 고작 30초, 표본을 뒤집어 볼 여유도 없이 '다음'이라는 교수님의 외침에 따라 20명의 학생은 일제히 시계 방향으로 이동하여 다음 식물을 보곤 했다. 지금 생각해 보면 아주 재미있는 테스트 방법인데, 그때는 왜 그리도 어렵게만 느껴졌는지……. 특히 식물의 학명을 맞추는 시험이 어려웠다. 영어가 아닌 라틴어이기 때문에 읽는 것조차 어려웠고 뜻을 헤아리기는 더더욱 쉽지 않았다. 시험문제로 출제된 것이 무궁화, 벼, 감자, 배추, 진달래 같은 흔히 보아 왔던 식물인데도 말이다. 그래도 이런 시험의 경험이 오랫동안 머릿속에 생생하게 남는다. 표본 시험문제로 출제되었던 식물 중 아직까지 기억하고 있는 것이 있다. 아마 이 식물을 알아 두면 적어도 내가 딸아이에게 받았던 질문에 한 가지 식물 이름은 단번에 대답할 수 있는 것 같다. 바로 가지과 Solanaceae에 속하는 미치광이풀 *Scopolia japonica*이다. 이름만 들어도 심상치 않다. '미친다'는 표현은 우리의 정서상 썩 좋은 의미는 아니기 때문이다.

미치광이풀
1 군락　2 어린 순
3 꽃　4 덜 익은 열매
5 낙엽　6 근경

속명 'Scopolia'는 오스트리아의 식물학자 스코폴리J.A. Scopoli를 기념하기 위해 붙여졌다고 하며, 종소명 'japonica'는 일본에 산다는 뜻이다. 학명으로만 보면 미치광이풀이란 이름을 가질 특별한 이유는 없어 보인다. 문제는 식물체, 특히 뿌리에 들어 있는 알칼로이드 성분인 히오시아민hyoscyamine과 스코폴라민scopolamine이라는 신경 흥분물질 때문이다. 이 성분은 부교감신경 억제제로 시력을 잃게 하거나 변비, 갈증, 경련 등을 일으킬 수 있다. 때문에 예전에는 범죄를 자백하게 할 때에 이용했다고도 한다. 정말인지는 모르겠지만 소가 이 풀을 뜯어 먹으면 미친 듯이 날뛴다고 한다. 이런 강한 독성 때문인지 지방에서는 '미친풀', '광대작약', '독뿌리풀', '안질풀' 등으로 부르기도 한다. 왜 이런 무서운 이름이 붙여졌는지 이제는 알 것 같다. 다양한 형태의 미치광이풀은 경기도와 강원도의 경계 지역에 있는 광덕산에 많은 것으로 보고되어 있다. 특히 변이종으로 꽃이 황색이고 5개의 꽃받침조각 중 1개가 특히 크게 자라는 노랑미치광이풀은 아름다움 그 자체다.

독성이 많으나 한방에서는 약재로 이용하는데, 땅속줄기는 동낭탕東莨菪, 잎은 낭탕엽莨菪葉이라 하여 위장과 관련된 여러 가지 질환이나 진통제로 쓰인다. 잎이나 뿌리는 맹독성이라 중독 증상을 일으킬 수도 있어서 약으로 사용할 때는 반드시 전문의의 지시에 따라야 한다.

미치광이풀은 이른 봄 작은 닭다리 모양으로 노란 새싹이 소복하게 올라오는데 광합성이 본격적으로 시작되면 잎과 줄기가 녹색으로 변한다. 주로 계곡의 습지나 바위틈 사이 등에 분포하므로 비슷한 환경에서 자라는 가래나무, 물푸레나무, 고로쇠나무, 당단풍나무, 까치박달 같은 나무 종류와 십자고사리, 관중, 눈빛승마, 홀아비바람꽃, 벌깨덩굴 같은 초본식물 등과 함께 식물 사회를 구성한다. 약용하기 때문에 한동안 개체 수가 감소하기도 했으나 비교적 번식 속도가 빠르고 수입 약재의 증가로 요즘은 깊은 산의 골짜기에서는 흔히 볼 수 있어 그나마 다행이다. 땅속으로 번식하여 절로 만들어진 군락에 꽃이 무리지어 피어 있는 모습은 강한 독을 품고 있는 땅속줄기와는 달리 덜 풀린 추위 때문에 빨갛게 달아오른 어린아이의 볼 같이 수수하다 못해 앙증맞기까지 하다. 이름은 특이하나 호감은 가지 않는 식물이지만, 쓰임새가 많은 식물로서 한두 가지쯤은 알아 두면 좋을 우리 식물이다.

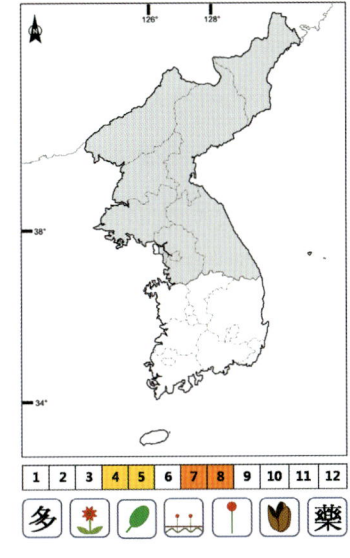

미치광이풀은 가지과 Solanaceae에 속하는 여러해살이풀로, 줄기의 높이는 30~60cm 정도며 능각이 없고 털이 없어 밋밋하다. 뿌리줄기는 옆으로 길게 뻗어 생강처럼 자라는데 중간중간 마디가 있으며 어른 손가락만 한 굵기로 커진다. 잎은 줄기에 어긋나 달리는데 대부분 가지가 갈라지는 중간부에 모여 달린다. 긴 계란 모양의 잎은 길이 10~14cm, 폭 3~7cm 정도로 작은 잎자루가 있고, 가장자리에 톱니는 없지만 줄기 아랫부분에 달리는 잎에는 1~2개의 톱니가 있는 것도 있다. 꽃은 4~5월에 깔때기 형태의 종 모양으로 피고 색깔은 짙은 자색이며, 수술은 5개로 꽃가루가 붙어 있는 수술머리 부분은 노란색이어서 꽃잎과 더불어 아주 조화롭다. 꽃줄기는 약 1~2cm로 가늘고 연약하여 땅 쪽을 향해 늘어지는데 여기에 꽃이 하나씩 달린다. 꽃받침은 5개로 피침 모양이며 불규칙하게 갈라진다. 열매는 성숙하면 껍질이 찢어져 벌어지는 삭과로, 7~8월에 익으며 지름은 1cm 정도로 안쪽에는 둥글고 작은 씨가 여러 개 들어 있다.

사뿐히 즈려밟고 가시옵소서, 진달래와 철쭉

'봄' 하면 떠오르는 것들을 나열해 보면 나른한 춘곤증, 살랑살랑 봄바람과 설레는 여자들의 마음, 분홍빛 진달래와 철쭉, 노란 개나리꽃 등이 꼽힌다. 봄이면 뒷동산에 올라가 진달래*Rhododendron mucronulatum* 한 아름을 꺾어 들고 신이 나서 콧노래를 부르며 집으로 향했던 어린 시절이 그립다. 오죽하면 '진달래 먹고 물장구 치고……'라는 유행가 가사도 나왔을까! 그만큼 진달래는 우리와 친숙하다는 이야기일 것이다. 노랫말에서처럼 진달래는 먹을 수 있다 하여 '참꽃'이라고도 불린다. 찹쌀 반죽에 꽃잎을 얹어 지져 내면 '화전花煎'이고, 꽃잎은 화채에 띄우고, 술을 담그면 '두견주' 또는 '백일주'가 된다. 한방에서는 두견화杜鵑花 또는 영산홍迎山紅이라 하여 약용한다. 두견화라는 이름에는 중국 촉나라의 망제가 나라가 패망한 뒤 죽어 두견새가 되어 봄이면 피눈물을 흘리며 날아다녔는데, 그 눈물이 떨어진 곳에 꽃이 피어난 것이 진달래였기에 두견화라 이름 붙였다는 전설이 전한다. 이외에도 삼국유사의 「헌화가」나 김소월의 「진달래꽃」처럼 노래 가사나 시의 소재

홍·정·윤갤·러·리

진달래 *Rhododendron mucronulatum*

1			진달래
2	3	4	1 전체 2 줄기 3 잎　 4 열매

로 자주 사용되었는데, 그 내용을 가만히 음미해 보면 흔한 식물이지만 기쁨보다는 슬픔을 표현하기에 더 적절한 것 같다.

　꽃이 피는 시기와 생김새가 진달래와 비슷한 식물로는 철쭉 *R. schlippenbachii*이

1		철쭉
	1 전체	2 줄기
2 3 4	3 잎과 꽃	4 열매

있는데, 이 꽃은 독성이 있어 먹지 못하여 일부 지방에서는 참꽃에 비겨 '개꽃'이라 부른다. 철쭉은 식물분류학적으로도 중요한 식물이다. 우리나라 식물은 1854년 독일의 탐험가 슐리펜바흐Schlippenbach가 우리나라 동해안의 해안선을 측정하러

181
겨울부터 봄까지

꽃의 비교_ 진달래(왼쪽), 흰진달래(오른쪽)

팔라스 호Palace를 타고 왔다가 버드나무과Salicaceae 식물을 포함한 50여 종을 채집해서 노틀담 대학의 미퀠Miquel에게 보내 「Prolusio florae Japonica I-III 1865~1867」라는 제목으로 발표함으로써 처음 외국에 소개되었다. 이때 소개된 대표적인 식물이 철쭉으로, 우리나라 식물 가운데 외국에 소개된 최초의 식물로 기록되어 있어 그 의미가 남다르다.

진달래와 철쭉의 속명인 'Rhododendron'은 그리스어로 장미를 뜻하는 'rhodon'과 수목을 의미하는 'dendron'의 합성어로 붉은색 꽃이 피는 나무라는 의미다. 진달래의 종소명 'mucronulatum'은 잎의 끝 부분이 약간 튀어 나온 미철두微凸頭형을 표현한 것이며, 철쭉의 종소명 'schlippenbachii'는 우리 철쭉의 채집자인 슐리펜바흐의 이름을 따서 붙였다. 진달래라는 우리 이름은 먹을 수 있는 진짜 꽃이 피는 나무라는 뜻이고, 철쭉은 꽃이 너무 아름다워 가던 길을 멈추게 할 정도라 하여 중국에서 산척촉山擲燭이라 불렀는데 이 척촉이 텩툑, 텩튜, 텰듁, 철듁으로 변하여 지금의 이름을 갖게 되었다고 한다.

진달래는 꽃의 색깔과 형태적 특징에 따라 흰 꽃이 피는 흰진달래, 가지와 잎

철쭉(왼쪽), 산철쭉(가운데), 흰철쭉(오른쪽)

에 털이 많이 나 있는 털진달래, 잎이 넓은 왕진달래, 잎 표면에 광택이 있고 양면에 돌기가 있는 반들진달래 등으로 세밀하게 나눈다. 이에 비해 철쭉은 흰 꽃이 피는 흰철쭉, 겹꽃이 피는 겹산철쭉으로 구분한다. 철쭉 종류 가운데 자주 혼동하는 종은 산철쭉이다. 산기슭의 물가에 주로 자라므로 지방에서는 '수달래'라고도 불리는 종류다. 산철쭉은 철쭉과 유사하지만 잎은 진달래와 비슷한 긴 타원 모양이며 잎 뒷면과 잎자루에 갈색 털이 많고, 꽃이 홍자색으로 진한 것이 차이가 난다. 철쭉 종류는 특히 황철쭉, 영산홍과 같은 원예용 품종이 많이 만들어져 화단이나 조경수로 인기가 높은데 여러 가지 다양한 이름으로 붙여져서 식물을 동정하는 데 어려움을 겪기도 한다. 철쭉은 진달래와 형태적으로 매우 유사하여 10명 중 5명은 구분하지 못한다. 그러나 몇 가지 특징만 알아 두면 쉽게 구별할 수 있다. 즉, 잎은 진달래가 피침형인 데 비해 철쭉은 거꾸로 선 계란 모양이며, 꽃은 진달래가 잎보다 먼저 피고 꽃잎 안쪽의 반점이 희미하지만 철쭉은 잎과 꽃이 같은 시기에 피고 꽃잎 안쪽에 적자색 반점이 뚜렷하며 꽃받침 부근에 끈적끈적한 점액물질이 있다. 꽃말은 진달래가 '절제'이고, 철쭉은 '정열'이다. 그래서 진달래 축제는 없어도 철쭉제는 있는 모양이다.

    진달래와 철쭉은 꽃 모양이나 자라는 곳은 비슷해도 느낌은 전혀 다르다. 그러나 꽃에 대한 추억을 떠올릴 때 이 두 식물을 첫 번째로 꼽게 된다. 김소월의 「진달래꽃」을 외워 가지 않아 선생님께 혼이 났던 기억과 함께…….

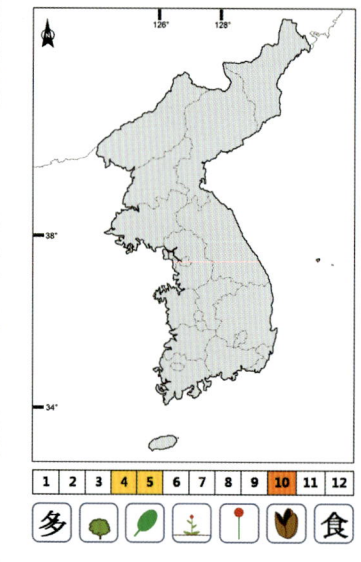

진달래과 Ericaceae에 속하는 진달래는 잎이 지는 떨기나무로, 높이는 2~3m고 작은 가지는 연한 갈색이 돈다. 잎은 어긋나고 좁은 타원형 또는 피침형이며 길이 4~7cm, 폭 1.5~2.5cm로 양끝이 뾰족하고 가장자리에는 톱니가 없다. 잎에는 비늘조각 같은 인편이 있고 잎자루는 6~10mm 정도다. 꽃은 4~5월에 잎보다 먼저 피고 가지 끝 주변에 있는 눈에서 1개씩 나와 2~5개가 모여 달린다. 꽃은 넓은 깔때기 모양으로 지름은 4~5cm이며 연한 홍색이다. 수술은 10개로 수술대에는 털이 있으며, 암술대는 수술보다 길다. 열매는 익으면 배봉선을 따라 껍질이 열리는 삭과로, 10월에 성숙하며 원통 모양으로 윗부분이 갈라져 종자가 나온다.
이에 비해 철쭉은 잎이 거꾸로 된 계란 모양이며 꽃잎 안쪽에는 붉은색 반점이 뚜렷하고 꽃받침 근처에 끈적거리는 점액물이 있어 진달래와 구별된다.

친한 친구 같은
소나무와 금강소나무

　　소나무 *Pinus densiflora* 이야기를 하려고 이것저것 준비하다 보니 문득 애국가 가사가 생각난다. "남산 위에 저 소나무 철갑을 두른 듯, 바람서리 불변함은 우리 기상 일세" 요즘이야 애국가를 2~4절은 고사하고 1절도 불러볼 기회가 그리 흔치 않지만, 내가 학교 다닐 적에만 해도 가사를 4절까지 외워 시험을 보기도 했다. 오후 5시 정각이면 학교나 관공서에서 태극기 강하식이 진행되어 사람들은 가던 길을 멈추고 가슴에 손을 얹어 경의를 표시해야 했으며, 아침에 등교할 때는 교문을 들어서면서 태극기를 보며 잠깐 멈춰 경례를 하고 지나가야 했다. 이런 일도 있었다. 극장에서 영화가 시작되기 전 애국가가 나오고 이어서 대한뉴스가 몇 분 동안 진행되었다. 이젠 추억 속 다시 보는 프로그램으로나 볼 수 있게 되었지만. 애국가에는 나라꽃 무궁화와 소나무가 등장하는데, 그중 소나무는 2절에서 쉬이 변하지 않는 우리 민족의 기상을 표현하고 있다. 애국가에 등장하기 때문은 아니겠지만 대한민국 사람이면 갓난아이를 제외하고는 대부분 소나무가 어떤 나무인지 알고 있

1	2	소나무
3		1 전체　2 줄기
4		3 잎　4 꽃(암꽃)
5		5 열매

1	2	잎의 비교	
3		1 섬잣나무	2 소나무
4		3 곰솔	4 잣나무
5		5 리기다소나무	

다. 선비의 지조, 꿋꿋한 절개, 불로장수 등이 소나무가 가지는 이미지다.

속명 'Pinus'는 켈트어의 산을 뜻하는 'pin'에서 유래되었다고 하며, 종소명 'densiflora'는 꽃이 조밀하게 달린다는 뜻으로 꽃 부분을 표현한 이름 같다. 우리나라 전국에 분포하며, 지방에서는 '솔', '솔나무', '암솔', '육송', '적송' 등으로 불리기도 한다. 우리 이름 소나무는 솔松과 나무木가 만나 솔나무로 불리다가 소나무로 변하게 되었다고 한다. 소나무 종류 가운데 줄기 밑부분에서 가지를 많이 치는 것은 '반송', 줄기가 곧게 자라는 것은 '금강소나무'라 하여 구분하는데, 특히 금강소나무는 좋은 목재로 유명해진 종류다. 소나무를 아담하다고 표현한다면 금강소나무는 '시원하다'고 해야 제격일 듯하다. 이는 학명에서도 엿볼 수 있는데, 금강소나무의 품종소명 'erecta'는 '곧추선다', '직립한다'라는 뜻이다. 소나무에 비해서 줄기에 가지가 별로 없고 키도 훨씬 크기 때문에 붙여진 것이다. 금강소나무는 일본의 우에끼Uyeki라는 식물학자가 금강산에서 채집한 표본을 기초로 하여 처음 명명하였으며, 주로 강원도와 경상북도 북부 지방의 산간 지역에서 볼 수 있다. 금강산에 다녀온 사람들은 구룡연과 만물상, 그리고 해금강 주변 산림 지역에 우점하고 있는 큰 소나무들을 보았을 텐데 그것이 바로 금강소나

금강소나무

무다. 특히 온정리에서 구룡연으로 올라가는 길목의 신계천 골짜기에 형성된 아름드리 금강소나무 숲은 북한이 천연기념물제416호로 지정해 보존하는 곳이다. 예전에는 이곳 소나무 숲이 너무나 울창해 하늘을 가려 보이지 않았다고 하며, 지금도 수령 200년쯤 되는 금강소나무 8,000여 그루가 6제곱킬로미터600헥타르에 걸쳐 넓은 군락을 형성하고 있다. 금강소나무는 '강송'이라고도 하며 예로부터 '춘양목'과 더불어 훌륭한 가구재로 손꼽혔다. '춘양목'은 경상북도 춘양에서 생산된 금강소나무로, 나뭇결이 곱고 부드러우며 켜고 나서도 굽거나 트지 않는 특징이 있다. 안쪽은 붉은빛이 돌아 다듬고 나면 윤기가 흐르는 등 최고의 목질로 인정받고 있다. 조선시대에는 궁궐의 황장목黃腸木으로 사용되어 일반인의 벌목을 금하는 황장금표가 남아 있는 지역도 있다. 그런 곳에 가면 잘 가꾸어진 소나무 숲을 한눈에 볼 수 있다.

한방에서는 소나무, 곰솔, 반송의 새 가지에 생긴 마디를 송절松節, 잎은 송엽松葉, 송진은 송향松香, 꽃은 송화松花라 하여 약으로 쓴다. 송절은 사지 마비나 관절염에 효과가 있고, 송엽은 관절염이나 습진, 송향은 가려움증이나 통증 제거, 그리고 송화는 어지럼증이나 이질의 치료에 사용한다. 어디 이뿐이랴! 소나무의 수꽃을 계속 씹으면 껌이 만들어졌던 기억도 있고, 추석 때면 봄에 받아 놓았던 소나무의 꽃가루송화가루로 다식을 만들었으며, 송편을 찔 때는 솔잎을 함께 넣어 그 향을 즐기기도 했다. 정월대보름에는 빈 깡통에 구멍을 뚫고 가장자리를 철사 줄로 묶은 다음 관솔소나무 가지를 잘라 송진이 엉겨 붙어 불이 잘 붙는 나뭇가지을 가득 채우고 아랫마을 친구들과 쥐불놀이를 했던 추억도 있다.

소나무는 자생지 근처에 다른 식물들이 접근하지 못하도록 다른 종의 성장에는 해로운 성장 억제물질을 분비하는 타감작용을 함으로써 세력을 유지하기도 한다. 소나무와 금강소나무는 비슷한 종류의 겉씨식물들과 쉽게 구별할 수 있다. 소나무와 반송, 금강소나무, 방크스소나무, 구주소나무, 곰솔 등은 잎이 2개씩 모여 달리는 데 비해 잣나무, 섬잣나무, 스트로브잣나무, 눈잣나무 같은 잣나무 종류는 5개씩, 리기다소나무, 테에다소나무, 백송 등은 3개씩 달려 차이가 있다. 줄기도 소나무 종류는 적색을 띠는 데 비하여 잣나무 종류나 리기다소나무 종류는 짙은 갈색을 보여 구별된다. 바늘잎을 가졌다고 모두 소나무는 아니다.

　소나무는 주변에서 흔하게 만날 수 있어서인지 친근하게 느껴진다. 우리 몸을 기댈 수 있는 튼튼한 줄기를 가졌고, 쉴 수 있는 그늘도 만들어 준다. 애국가의 가사에서처럼 우리 민족의 변하지 않는 기상을 위하여 언제 어느 곳에서든 항상 든든한 버팀목이 되어 주길 고대한다.

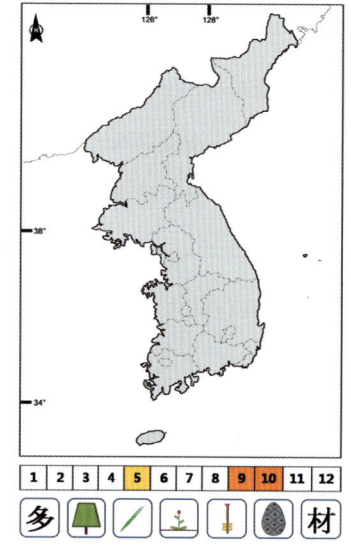

소나무는 소나무과 Pinaceae에 속하는 늘푸른 큰키나무로, 높이는 35m까지 자라고 지름도 1.8m 정도여서 어른이 두 팔로 감싸 안을 정도로 굵게 자란다. 줄기의 껍질은 적갈색이지만 아랫부분은 진한 적색이며, 겨울눈은 적갈색이다. 잎은 2개의 바늘잎이 모여 비늘조각 같은 아린芽鱗이라는 보호조직에 싸여 있고 2년 정도가 지나면 떨어진다. 잎은 길이 8~10cm, 폭 1.5mm로 횡단면은 반원 모양이다. 꽃은 5월에 피며 한 그루에 수꽃과 암꽃이 따로 달린다. 수꽃은 타원형으로 황색이고 새로 난 가지 밑부분에 나며, 암꽃은 계란 모양으로 자색이고 새로 난 가지 끝에 달리는데 마치 작은 솔방울처럼 보인다. 솔방울로 불리는 열매는 구과毬果로, 계란 모양의 원뿔형이고 길이 4.5cm, 폭 3cm 정도로 황갈색이다. 구과의 껍질처럼 보이는 실편實片이라 불리는 조각은 열매 1개당 70~100개로 구성되며, 그 다음해 9~10월에 성숙한다. 씨는 타원형으로 진한 갈색이고 날개가 있어 실편이 열리고 바람이 불어 씨가 밖으로 방출되면 동그란 원을 그리며 바닥으로 떨어진다. 금강소나무는 소나무와 매우 유사하지만 줄기가 곧게 자라는 점이 다르다.

해맑은 순수함으로 구애하는,
꿩을 닮은 꿩의바람꽃

꿩고비, 꿩고사리, 꿩의다리, 꿩의다리아재비, 꿩의밥, 꿩의비름, 꿩의바람꽃 등은 우리나라에 분포하는 식물 중 이름에 '꿩'이란 단어가 들어간 종들이다. 이 중에는 '꿩의밥'처럼 이름만으로 꿩의 먹이가 되는 꽃이나 열매를 가지고 있다는 것을 알 수 있는 종도 있지만 꿩의바람꽃Anemone raddeana처럼 전혀 뜻을 헤아릴 수 없는 종류도 있다. 일반적으로 바람꽃이라 불리는 종들은 대부분 꽃집에서 아네모네로 불리는 것이다. 물론 꽃집에서 판매하는 아네모네는 꿩의바람꽃이나 바람꽃처럼 우리나라 숲에 절로 나 자란 것이 아니라 지중해 연안에서 들여와 관상용으로 재배하는 식물이다. 어쨌든 바람꽃속에 포함된 종류를 통틀어 바람꽃이라 표현하는데 꽃의 아름다움을 잘 반영하고 있는 것만은 틀림없다.

얼마 전 사진첩을 정리하다가 끼워 놓고는 잊어버렸던 꿩의바람꽃 사진을 여러 장 찾았다. 지난 2006년 치악산 자연 자원조사를 할 때 계곡 주변에서 찍은 것이었다. 계곡물과 꿩의바람꽃의 흰색 꽃이 어우러져 있던 모습이 무척 보기 좋아 기

1	2
3	4

꿩의바람꽃
1 전체 2 꽃
3 근엽 4 열매

억에 인상 깊게 남아 있었다. 그중 마음에 드는 몇 장을 골라 아내에게 주었다. "내가 보기에는 너무 예쁜 꽃이니 그림으로 그려 달라"는 주문과 함께였다. 평소 그림 그리기를 좋아하는 아내는 느닷없는 이런 부탁들을 무척이나 반겼다. 내가 식물에 대한 책을 쓰게 되면 자신이 그린 그림을 실었으면 좋겠다는 희망을 밝히면서 말이다. 물론 그림 솜씨가 뛰어나서라기보다는 부부가 함께할 수 있는 일이 있었으면 하는 바람이 더 크다. 뜻이 있고 좋은 일이라 의견을 모은 뒤 처음으로 그린 식물이 꿩의바람꽃이라 우리로서는 남다른 의미가 있다.

속명 'Anemone'는 지중해가 원산지인 아네모네의 그리스 이름으로 '바람의 딸'이란 뜻인데, 우리 이름이 '바람꽃'이 된 것도 이런 이유 때문인 것 같다. '꿩'이란 단어가 붙은 것은 아마도 꽃이 활짝 피기 전 꽃봉오리가 땅 쪽을 향하고 있는 모양이, 마치 봄나들이를 나온 꿩의 가족들이 목을 길게 빼고 먹이를 찾는 모습과 닮아서 붙여진 듯하다. 종소명 'raddeana'는 시베리아 식물연구가인 라데Radde를 기념하여 붙인 것으로 영문 이름도 'Radde Anemone'라고 한다. 꽃말이 '비밀스러운 사랑', '덧없는 사랑', '사랑의 괴로움'이라 그런지 노랫말이나 시 등에 임을 사모하는 애절함이나 슬픈 이미지로 이용되기도 한다. 우리나라에 분포하는 바람꽃 종류는 약 13종인데 한라산 꼭대기에서만 자라는 세바람꽃을 제외하면 대부분 중부 이북 지역의 숲 속에서 만날 수 있다. 다만 꿩의바람꽃만큼은 우리나라 전역에 폭넓게 분포한다. 이 중 9종류는 환경부의 '식물구계학적 특정식물종'으로 지정되어 있다. 세바람꽃은 V등급,

들바람꽃(위), 홀아비바람꽃(가운데), 회리바람꽃(아래)

국화바람꽃·홀아비바람꽃·회리바람꽃·바람꽃·쌍동바람꽃은 IV등급, 들바람꽃은 III등급, 외대바람꽃은 II등급, 꿩의바람꽃은 I등급에 각각 포함되어 있어 바람꽃 종류들이 식물학적으로 가치가 높다는 것을 보여 주고 있다. 꿩의바람꽃과 가장 모습이 비슷한 종류로는 국화바람꽃이

너도바람꽃_ 꽃(왼쪽), 열매(오른쪽)

있는데, 꿩의바람꽃보다 잎이 가늘게 갈라지고 줄기에 털이 없는 것으로 구별한다.

이름이 비슷한 식물로는 너도바람꽃, 변산바람꽃과 최근에 발표된 풍도바람 꽃이라는 종류가 있다. 바람꽃이라는 단어가 이름에 붙었으니 꿩의바람꽃과 유사할 것으로 생각되지만 사실 3종류는 너도바람꽃속 *Eranthis*에 속하는 전혀 다른 식물이다. 꽃피는 모습이나 잎이 갈라지는 모양이 비슷해 붙여진 이름이다. 두 속의 가장 큰 차이는 바람꽃속 식물은 씨방에 밑씨, 즉 수정하기 전의 미성숙한 종자가 1개이고 열매는 해바라기처럼 생긴 수과인 데 비해, 너도바람꽃속은 씨방에 밑씨가 2개 또는 그 이상이고 열매는 작약처럼 생긴 쪽꼬투리 형태의 골돌과다. 너도바람꽃은 산지의 약간 음지쪽에 나며 강원도, 경기도, 충청북도, 경상북도에 분포하고, 변산바람꽃은 경기도와 전라북도의 내변산 지역에서 주로 자라는데 해마다 새로운 자생지가 밝혀지고 있다. 풍도바람꽃은 경기도의 풍도에서만 자라는 종류로 변산바람꽃과 비슷하지만 꽃잎이 넓은 깔때기 모양으로 V자 형태이고 잎과 포엽이 긴 것이 차이가 난다.

한방에서는 꿩의바람꽃, 숲바람꽃, 바람꽃, 너도바람꽃의 뿌리줄기를 죽절향부竹節香附라 하여, 풍으로 인한 사지 마비와 요통에 사용하거나 종기와 외상 환부

홍·정·윤갤·러·리

꿩의바람꽃 *Anemone raddeana*

에 생체를 찧어 붙이면 효과가 있다고 한다.

꿩의바람꽃은 주로 습한 지역의 물 가장자리에서 자라며 봄 산행에서 볼 수 있는 대표적인 식물이다. 힘든 산행 끝에 꽃을 활짝 피워 해맑은 웃음으로 반겨 주는 꿩의바람꽃 군락이라도 만나면 그 즐거움은 더할 나위없다. 또 쉴 만한 물가를 찾아 앉았을 때에는 조용히 벗이 되어 주는 존재이기도 하다.

꿩의바람꽃은 미나리아재비과Ranunculaceae에 속하는 여러해살이풀로, 뿌리줄기는 육질로 굵고 길이는 1.5~3cm 정도로 방추형이며 옆으로 자라고 끝 부분에는 막질의 비늘조각이 몇 개씩 있다. 줄기는 10~30cm로 가지를 치지 않으며 털이 나 있다. 뿌리에서 올라온 잎은 꽃이 지고 나면 더 크게 자라서 길이 4~15cm의 긴 잎자루 끝에 다시 3개의 작은 잎자루가 갈라져 있고 그 끝에 각각 3장씩의 잎이 달린다. 줄기 윗부분에 달리는 잎 모양의 총포엽은 3개로 짧은 잎자루가 있다. 작은 잎 조각은 긴 타원 모양이며 길이 1.5~3.5cm, 폭 0.5~1.5cm다. 그 끝은 뭉툭하며 윗부분에는 불규칙하고 둔한 톱니가 있으며 세 부분으로 깊게 갈라진다. 꽃은 4월경에 흰색으로 피고 지름은 3~4cm며, 꽃자루는 2~3cm로 끝부분에 1개씩 달린다. 꽃잎처럼 보이는 꽃받침조각은 흰색으로 8~13장이 나며, 긴 타원 모양으로 끝은 둔하고 길이는 2cm쯤 된다. 수술과 암술은 여러 개가 함께 달리는데 꽃밥은 길이가 1cm 정도로 타원형이며, 암술대의 끝은 휘어져 있다. 열매는 성숙해도 껍질이 열리지 않고 안쪽에 씨가 1개만 들어 있는 수과로, 5월에 익으며 끝에는 암술대가 꼬리처럼 달려 있다.

이름과 모양이 딱 맞아떨어지는
삼지구엽초

어떤 생물이든 몸에 좋다는 소문이 돌면 희귀성에 관계없이 멸종에 가깝도록 포획하거나 남획하는 나쁜 습성이 있다. 건강에 관한 한 특히 우리나라 사람들이 좀 유난한 것 같다. 그리 흔하던 개구리를 인공으로 증식시켜서 자연으로 되돌려 보내는 일이 연구 과제로 진행되는 지경에 이르렀으니 말이다. 나는 집에서 1킬로미터쯤 떨어져 있는 중학교를 다녔는데 학교로 가는 지름길이 논과 밭 사이에 나 있는, 지금으로 말하자면 농로였다. 넓지 않은 길이라 야간 자율학습을 마치고 늦게 돌아올 때에는 손전등이 없으면 곤란할 정도였다. 한여름에 그 길을 걷노라면 개구리들이 귀가 따갑게 울곤 했다. 귀가가 늦어 밤이 깊어 돌아올 때면 개구리들은 논에서 나와 길가에 나란히 늘어서서 잠잘 준비를 하고 있었다. 손전등으로 바닥을 비추면 주먹만 한 떡먹지 아주 큰 개구리를 가리키는 강원도 사투리가 머리를 조아리며 졸고 있는 주위로, 한 가족으로 보이는 개구리들이 서로 몸을 비비며 잠을 청하고 있었다. 불빛을 비추기가 미안할 정도로 개구리가 많았다. 시간이 흘러 내가 대학

1	2	삼지구엽초
3		1 군락 2 잎
		3 꽃

다닐 때까지만 해도 여전히 개구리는 많았다. 전공 수업 중에 일반생물학 실험과 비교해부학을 수강하면 반드시 한 주는 개구리 해부와 골격을 맞추는 실험이 진행되었다. 실험 시간이 되면 뜰채를 들고 가까운 논으로 실험 재료인 개구리를 찾아 나섰는데, 멀리 가지 않고 학교 근처에서도 충분히 잡을 수 있을 만큼 많았다. 요즘은 학교 근처는 고사하고 시골엘 가 보아도 그렇게 많은 실험용 개구리를 잡을 수 없다. 결국 실험 재료로 사용하는 개구리를 구매해야 하는데 한 마리에 1만 5,000원이라고 하니 그 비용이 만만치가 않다. 토종 개구리는 엄두도 못 내고 주로 생태계 위해동물로 지정되어 있는 황소개구리를 사용하는 데도 말이다. 그만큼 개구리

의 개체 수가 줄었다는 이야기다. 농작물의 수확량을 높이기 위해 농약을 지나치게 사용하고, 몸보신을 위해 겨울잠을 자는 개구리를 마구 잡아들인 데 원인이 있을 것 같다. '소 잃고 외양간을 고치는 격'이지만 요즘은 식용하기 위해 겨울잠을 자는 개구리를 잡는 것은 물론 같이 먹어도 처벌 대상이 된다. 법의 힘을 빌려 개체수를 유지해 보자는 서글픈 현실이다.

식물 중에도 이러한 수모를 당한 종이 여럿 있다. 대표적인 식물이 바로 삼지구엽초 *Epimedium koreanum*다. 『삼재도회三才圖會』라는 중국 명나라 때 편찬된 책을 보면 삼지구엽초는 식물 전체가 대단한 강장제이자 강정제라고 기술되어 있다. 옛날 중국의 서천 지방에 양을 치는 노인이 있었는데, 이 노인이 키우는 양 중에는 100여 마리의 암양을 혼자서 상대하는 숫양이 있었다. 이 숫양은 많은 암양을 상대해서 기운이 빠졌다가도 뒷산에만 올라갔다 오면 다시 원기가 왕성해졌다. 이를 이상히 여긴 노인이 뒷산을 오르는 숫양을 따라가 보았더니 어떤 식물을 뜯어먹고 있었다. 숫양의 원기를 회복시켜 주는 풀일지도 모른다는 생각에 노인도 그 풀을 뜯어먹었더니, 바로 온몸에 힘이 솟아오르는 것을 느꼈다. 들고 올랐던 지팡이를 던져 버리고 뛰어서 산을 내려왔다고 한다. 이 노인은 그 후 새장가를 들어 아들까지 보았다고 한다. 이런 이유 때문인지 우리나라에서도 삼지구엽초가 자라는 장소가 알려지면 얼마 지나지 않아 쥐도 새도 모르게 없어져 버리곤 한다.

우리나라에 분포하는 삼지구엽초속은 1종뿐이며, 속명 '*Epimedium*'은 그리스 지명 메디아에서 유래된 '*Epimedion*'에서 따온 것이고, 종소명 '*koreanum*'은 한국에서 자란다는 뜻이다. 학명의 의미로는 그 어디에도 몸에 좋은 성분이 들어 있다거나 숫양과 관련된 표현은 없다. 삼지구엽초라는 우리 이름은 원줄기가 가지를 3개씩 치고 각각의 가지는 잎을 3장씩 내서 잎이 모두 9개가 되는 모습을 잘 나타내고 있다. '당신을 붙잡고 놓지 않겠습니다'라는 꽃말을 가진 삼지구엽초는 주로 경기도 이북 지역에 자라며 땅속줄기가 옆으로 잘 뻗어 여러 개의 줄기가 올

잎의 비교_ 삼지구엽초(위), 꿩의다리(가운데), 노루오줌(아래)

라오고, 종자에 꿀샘이 있어 개미가 부지런히 옮겨 주므로 종자를 널리 퍼트리는 산포 전략은 괜찮은 편이다. 그러나 약용식물로서의 명성 때문에 개체 수가 급격하게 줄고 있다.

한방에서는 잎과 뿌리를 음양곽淫羊藿이라 하여 정액 분비를 촉진시키고, 혈압을 낮추며 동맥의 혈액 순환을 원활하게 하고, 혈당을 낮추며, 고지혈증을 완화시키거나 신체 면역 기능을 촉진시키는 데 쓴다. 이런 약효 때문에 덩달아서 수난을 당하는 식물까지 생겨났다. 꿩의다리와 노루오줌 등이 삼지구엽초로 오인되어 같은 용도로 사용되고 있다. 이들은 속한 과科도 다를 뿐만 아니라 잘 살펴보면 형태적으로도 차이가 있는데 가지가 3개로 갈라지고 잎이 9장 달린다는 이유만으로 수난을 당하고 있다. 3종류를 구별하는 가장 큰 특징은 꿩의다리는 잎 가장자리에 가시 같은 털이 없고, 노루오줌은 줄기에 긴 갈색 털이 있으며 잎 가장자리도 겹 톱니나 일반적인 톱니의 형태를 하고 있어서 삼지구엽초와는 차이가 있다. 남쪽 지방에서는 노루오줌의 어린순을, 설악산 근처에서는 꿩의다리를 삼지구엽초로 잘못 팔고 있는 것을 본 적이 있다. 심지어 어떤 곳에서는 삼지구엽초와 꿩의다리를 같이 놓고 파는 경우도 있었으며, 두 종류를 섞어서 포장해 놓은 것을 본 적도 있다. 노루오줌은 약간의 독성이 있어서 걱정도 된다. 모르는 것이 약이라고는 하지만 제대로 알아 제대로 쓰면 더 큰 효과를 볼 수도 있을 것이다.

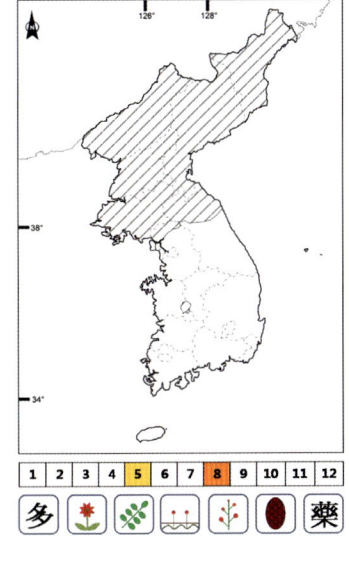

삼지구엽초는 매자나무과 Berberidaceae에 속하는 여러해살이풀로, 높이는 30cm 정도다. 뿌리줄기는 옆으로 뻗고 잔뿌리가 많으며 줄기 아래쪽은 비늘조각 같은 부속물로 싸여 있다. 뿌리에서 올라온 잎은 잎자루가 길고, 원줄기에 달리는 잎은 1~2개가 어긋나 달리는데 원줄기에서 갈라진 3개의 가지에 3장씩 달려 9장의 잎을 갖게 된다. 잎은 계란 모양으로 길이 5~13cm, 폭 1.5~7cm며 끝은 뾰족하지만 아래쪽은 심장 모양이고 가장자리에는 바늘 같이 뾰족한 톱니가 있다. 꽃은 5월에 황백색으로 아래를 향해 피는데, 여러 개의 꽃이 모여 총상꽃차례를 이룬다. 꽃받침조각은 8개로 바깥쪽의 4장은 크기가 작고 불규칙하며 일찍 떨어지는데, 안쪽의 4장은 크고 규칙적이며 끝까지 남는다. 꽃잎은 4장으로 끝 부분에는 배의 닻처럼 생긴 긴 부리가 있다. 열매는 쪽진 꼬투리처럼 달리는 골돌과로, 양끝이 뾰족한 원기둥처럼 생긴 방추형이며 길이는 1~1.3cm 정도고 8월에 성숙하면 2조각으로 갈라진다.

수줍은 아름다움을 간직한 족도리풀

　　꽃은 줄기나 가지 끝에 매달려 피는 것이 많다. 길게 늘어진 꽃차례에 여러 개의 꽃들이 화려함을 뽐내며 경쟁하듯이 매달려 있는 모습은 사랑스럽기 그지없다. 꽃을 이루는 꽃잎이나 수술, 암술 등이 제각기 들쭉날쭉하게 나와 있는 오밀조밀한 모습을 보고 있노라면 조물주의 세심한 손놀림에 절로 감탄하게 된다. 이렇게 쉬이 사람들 눈을 사로잡는 꽃을 가진 식물이 있는가 하면 자신의 최고 아름다운 모습을 잘못 만난 조상 탓에 밖으로 드러내지 못하는 꽃도 있다. 수줍어서 고개를 들지 못하는 정도가 아니라 아예 땅속으로 들어갈 듯이 굽어 있는 모습은 안타까움을 자아내기까지 한다. 족도리풀 *Asarum sieboldii*이 그런 모습을 한 대표적인 식물이라 할 수 있다. 언젠가 친구와 산을 오르다가 족도리풀을 발견하고는 친구에게 마술을 부려 보겠다며 잎을 젖혀 땅바닥 근처에 숨어 있는 꽃을 보여 주었더니, 친구는 "어쩌면 이렇게 아름다운 꽃이 그 속에 들어 있냐"며 마냥 신기해 했다. 친구는 바로 자리를 뜨지 못하고 꽃을 감상하며 사진을 찍은 뒤에야 산행을 계속했다. 그날의 화제는 단연 족도리풀이었음은 두말할 것도 없다. 평소 식물에 전혀 관심이 없었던 그 친구는 족도리풀의 모습이 마냥 신기했던 모양이다. 그 일이 있은 후 친구는 산에 오를 때마다 들꽃을 관심 있게 보아 이젠 어지간한 종류는 꿰뚫는 전문가가 되었다. 식물 공부를 하기 위해 구입한 도감만 5권이나 된단다. 족도리풀 덕분에 아마추어 식물분류학자가 한 명 탄생한 셈이다.

족도리풀의 생김새는 사진을 어떻게 찍느냐에 따라 달라진다. 그런 까닭에 족도리풀 자생지에서 사진 찍기 좋은 개체를 만나면 그 근처에는 사람들이 엎드렸던 흔적이 남아 있기 마련이다. 꽃을 찍으려면 엎드릴 수밖에 없기 때문이다. 어느 유명한 사진작가가 사진을 잘 찍으려면 무조건 엎드리라고 조언해 준 적이 있다. 꽃을 보기 위해 자세를 낮추는 것은 단지 사진을 찍기 위함만이 아니라 자연을 보는 마음이라고 했다. 맞는 말이다. 요즘처럼 세계 곳곳에서 기후 변화에 따른 자연재해가 일어나는 것도

족도리풀_ 전체(위), 꽃(아래)

어찌 보면 거대한 자연의 힘이 우리 인간을 무릎 꿇리는 것 같아 씁쓸한 기분이 전혀 없지는 않지만 현실이 그러한 것을 어쩔 수 없다. 이런 현상들의 원인이 대개 사람으로부터 시작되었다는 점을 각성하고 속 깊은 반성으로 이어져 재해를 줄이는 방법을 찾는 수밖에.

속명 'Asarum'은 그리스어로 없다는 뜻을 가진 'a'와 장식裝飾을 의미하는

잎의 비교_ 족도리풀(왼쪽), 개족도리풀(오른쪽)

'saroein'의 합성어라고도 하고, 가지가 갈라지지 않는다는 뜻의 'asaron'에서 유래되었다고도 한다. 종소명 '*sieboldii*'는 일본 식물을 주로 연구한 네덜란드의 분류학자 지볼드Philipp Franz von Siebold의 업적을 기리기 위해 붙여졌다. 형태가 비슷한 종류로는 개족도리풀이 있는데 족도리풀에 비해 한라산과 완도 등 주로 남쪽 지방에서 자라며 잎이 두껍고 표면에 흰색 무늬가 있어 구별이 된다. 최근에는 족도리풀 종류의 꽃 색깔 변이품이나 잎에 무늬의 존재 여부, 형태 등에 따라 새로운 종이나 변종과 품종이 20여 종류나 명명되어 야생 상태에서도 환경에 따른 변이가 매우 심하게 나타나고 있음을 알 수 있다. 이름에 '족도리'라는 단어가 붙었으니 틀림없이 식물의 어느 부분인가는 족도리를 닮았을 것이다. 바로 잎 아래 낙엽 속에 파묻혀 있는 꽃의 모양이 족도리와 비슷하다. 그런데 국어사전을 찾아보면 '족도리'라는 단어를 찾을 수가 없다. 옛날 혼인식에서 여자들이 머리에 쓰던 관冠을 가리키는 단어는 '족두리'가 맞다. 아마 발음하기가 불편하여 쉬운 음으로 달리 부르게 된 것 같다. 음나무를 엄나무로 부르는 것처럼 말이다.

　한방에서는 족도리풀과 개족도리풀의 잎과 뿌리를 세신細辛이라 하여 약재로 사용한다. 특히 축농증과 가래 제거에 탁월한 효과가 있으며 두통을 없애는 데도

홍·정·윤·갤·러·리

족도리풀 *Asarum sieboldii*

사용한다. 뿌리를 우려낸 물로 양치질을 하면 입안의 염증을 가라앉히고 구취를 제거하는 데 좋다고 한다. 지방에서는 1만 가지 병을 고친다고 해서 '만병초'라 부르기도 한다. 애호랑나비도 그 효능을 아는지 족도리풀에만 산란하는 것으로 유명하다. 알에서 깨어난 애호랑나비 애벌레들은 그 잎을 갉아먹고 자란다. 족도리풀을 채취해 한약 건재상에 내다 팔려면 뿌리만 있으면 안 되고 반드시 잎이 붙어 있어야 한다고 한다. 가느다란 수염뿌리를 갖는 종들이 많아 이를 구별하기 위해 생긴 오래된 관행이라 한다.

족도리풀은 얼핏보면 단순히 2장의 잎으로 된 초본식물로만 보이지만 자세히 들여다보면 많은 것이 숨겨져 있다. 그렇다고 요란하게 몸치장을 해서 화려한 모습을 자랑하는 것도 아니고, 사람들의 손길이 닿지 않는 그들만의 장소에 비밀을 숨기고 피어 있다.

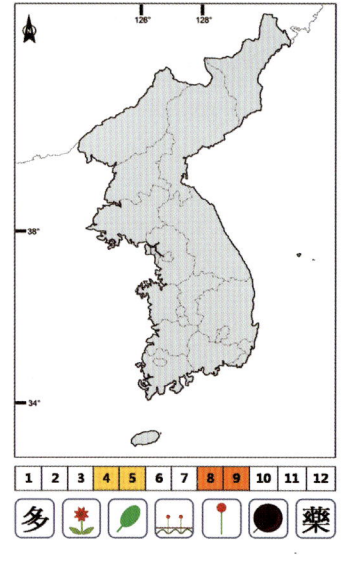

족도리풀은 쥐방울덩굴과 Aristolochiaceae에 속하는 여러해살이풀로, 주로 산지의 나무 그늘에 자란다. 뿌리는 수염처럼 길고, 뿌리줄기는 짧고 마디가 있으며 질긴데 씹으면 매운 맛이 난다. 심장형 또는 콩팥처럼 생긴 심장 모양의 잎은 짧은 줄기 끝에 2장씩 달리는데 길이는 5~10cm로 표면은 녹색이고 털이 없지만 맥 위에는 잔털이 있고 가장자리는 밋밋하다. 잎 뒷면의 맥은 붉은색으로 뚜렷하여 마치 혈관을 보는 듯하고, 잎자루는 자줏빛이 돌며 길이는 6~8.5cm 정도다. 꽃은 4~5월에 잎이 돋기 시작할 때에 잎 사이로 1개씩 피는데 지름은 10~15mm로 짙은 홍자색이다. 꽃잎처럼 생긴 꽃받침은 짧은 종 모양이고 안쪽에는 줄이 있으며 윗부분은 3개로 갈라져 뒤쪽으로 말려 전체적으로는 족두리 모양을 하고 있다. 암술대는 6개이며 12개의 수술은 2줄로 배열된다. 열매는 포도처럼 수분이 많은 장과 형태로 8~9월에 익으며 안쪽에는 씨가 20개 정도 들어 있다.

거듭거듭 이어나가는 모습을 닮은 층층나무

매년 5월 중순쯤 내 연구실 창문을 열면 바로 앞에 있는 흰색 꽃다발이 눈에 들어온다. 하얀색 꽃잎이 녹색 잎과 더불어 보기 좋은 조화를 이룬다. 한 송이씩 피는 다른 꽃들과는 달리 무리지어 핀 꽃들의 모습은 우애가 좋아 보이기까지 한다. 전체적인 자태는 또 어떠한가. 가지도 층층이, 꽃도 층층이 달려 마치 조경사가 일부러 꾸며 놓은 것처럼 똑같은 높이를 유지한다. 바로 층층나무 *Cornus controversa*다. 산을 오르다가 계곡이 있는 곳이면 쉽게 만날 수 있는 층층나무는 물이 흐르는 곳을 좋아하는 습성이 있다. 때문에 가래나무나 고로쇠나무와는 둘도 없는 친구로, 이들과 함께 기꺼이 계곡을 지키는 파수꾼이 되어 준다.

지난 4월 중순의 어느 날, 점심식사를 마치고 커피를 뽑으러 항상 들르는 자판기 쪽으로 가고 있었다. 화단에는 노랗게 핀 산수유 꽃과 분홍색의 진달래꽃이 한창이고, 바닥에서는 꽃다지, 냉이, 제비꽃 같이 쉽게 볼 수 있는 봄풀들이 우리를 반갑게 맞아 주었다. "꽃들이 피고 지는 모습을 보다 보면 봄이 깊어 간다는 것을

1			층층나무
			1 전체 2 줄기
2	3	4	3 잎 4 꽃

느낀다"는 동료 교수와 이야기를 주고받으며 걷는데 뭔가 이상했다. 하늘은 구름 한 점 없이 맑은 데 어디에선가 빗방울이 떨어졌다. 여우비도 아니고 규칙적으로

정확하게 한 방울씩 떨어졌다. 마치 돌 틈의 낙숫물처럼 말이다. 근처에 서 있는 나무라고는 아직 잎 한 장 내어 달지 못해 앙상한 가지를 그대로 드러내고 서 있는 것들뿐이었다. 그럼에도 바닥은 흥건하게 젖어 있었다. '도대체 어디에서 떨어지는 물이지?' 의아한 마음에 물방울이 떨어지는 곳을 올려다보니 구멍 난 파이프에서 물이 배어 나오듯 홈집 난 층층나무의 가지에서 수액이 나와 떨어지고 있었다. 물을 얼마나 끌어올리기에 저렇게 많은 물을 밖으로 내보내는 것일까? 단풍나무 종류 중에 고로쇠나무가 수액을 내서 사람들이 약으로 이용하는 것은 알고 있었어도 층층나무가 수액을 내는 것은 처음 보는 광경이었다. 수액이 떨어지는 상처 난 가지를 휘어잡아 얼른 동여매 주고 싶은 충동을 느꼈다. 뿌리가 어렵게 흡수하고 줄기가 힘들여 끌어올린 물을 이렇게 쉽게 흘려 내버리다니 어처구니가 없었다. 그로부터 며칠이 지난 뒤에 연구실 창문으로 층층나무를 살펴보니 여전히 상처 난 줄기에서는 수액이 떨어지고 있었다. 어느새 그 자리에는 수액이 줄기를 타고 흐르다가 말라붙어 마치 황색의 나방 집 같은 구조물이 만들어져 있었다. 냄새를 맡아 보니 비릿한 것이 좋은 느낌은 아니었다. 층층나무의 수액이 붉다고 하는 이들도 있는데 손바닥에 받아 보면 물처럼 투명하고 맑다. 호기심에 슬쩍 혀를 대 보았더니 고로쇠나무 수액보다 단맛이 덜하고 약간의 떫은맛과 특이한 향이 있다. 만약 이 나무가 계곡 주변에 살고 있다가 저리 상처가 났다면 어쩌면 수액이 폭포처럼 쏟아져 내렸을지도 모를 일이다. 신기한 것은 저리도 많은 물을 헛되이 소비하는데 옆의 작은 가지에서는 연두색 잎이 꿈틀거리며 나오고 있었다. 겨울눈을 싸고 있던 비늘 같은 막들이 벗겨지면서 안에서 잎 조각과 꽃눈 들이 너무나도 성성하게 밀고 나오고 있었다. '시작이 반'이라 하더니 머지않아 무성한 잎과 흰 꽃을 볼 수 있을 것 같았다.

　　속명 '*Cornus*'는 뿔이란 의미의 라틴어 'cornu'에서 유래되었는데, 뿔처럼 재질이 단단하다는 뜻에서 붙여졌다. 종소명 '*controversa*'는 의심스럽다는 뜻을

잎과 열매의 비교_ 층층나무(위), 말채나무(가운데), 곰의말채나무(아래)

가지고 있는데, 아마도 잘 정리된 가지의 모양을 보고 사람 손을 탄 것이 아닌지 의심이 가서 붙인 것 같다. 층층나무라는 우리 이름도 가지와 꽃이 가지치기를 막 끝내 잘 다듬어진 듯 층층으로 보인다 해서 붙여졌다고 한다. '물깨금나무', '꺼그렁나무'라고도 하며 정원수 등으로 심는다. 우리나라에서 자라는 층층나무속 식물로는 북한 지방에 주로 분포하는 흰말채나무와 풀산딸나무, 전국 어디에서나 볼 수 있는 층층나무와 말채나무, 중부 이남에서 주로 자라는 산딸나무와 곰의말채나무가 있다. 그 외 중국 원산으로 각지에서 재배하는 산수유 등 7종류가 있다. 층층나무와 형태적으로 가장 비슷한 종으로는 말채나무와 곰의말채나무가 있다. 두 나무 모두 잎은 마주나고, 곰의말채나무는 잎의 맥이 6~10쌍으로 층층나무보다 많으며 말채나무는 4~5쌍으로 적어 차이가 난다.

한방에서 층층나무의 가지와 줄기의 껍질을 등대수燈臺樹라 하여 종기와 신경통이나 관절염 등의 통증을 완화시키는 데 사용한다. 또 껍질에는 타닌tannin 성분이 많이 함유되어 있다고 한다.

연구실 창문 너머로 보이는 층층나무는 20여 년 전 처음 보았던 어린 나무가 아니라 이제는 내 방을 든든하게 지켜 주는 건장한 버팀나무가 되었다. 키도 훤칠해져서 2층 창문 높이까지 이르고, 넓게 퍼진 가지와 잎은 알맞게 펼쳐져 있다. 봄이면 예쁜 잎을 보여 주고 향긋한 꽃향기는 연구실을 가득 채운다. 여름에는 시원한 그늘을 만들어 주고, 가을이면 멋진 낙엽과 열매를 남긴다. 또한 가지 위에 쌓인 눈꽃은 겨울에 빼놓을 수 없는 정취 있는 풍경이다. 항상 반가운 친구처럼, 매년 건강하고 멋진 모습을 오랫동안 볼 수 있기를 바란다.

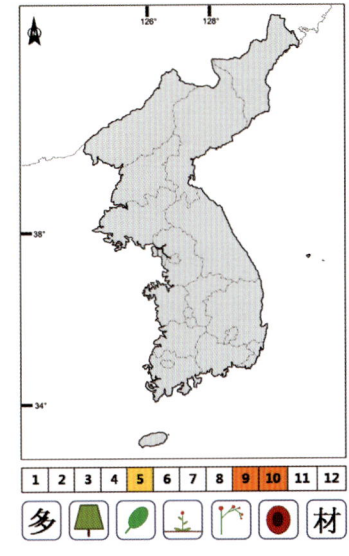

층층나무는 층층나무과 Cornaceae에 속하는 잎이 지는 큰키나무로, 크게 자라는 것은 20m에 달하며 줄기의 껍질은 세로로 얕게 홈이 지면서 터진다. 가지는 계단처럼 마디에서 돌려나서 수평으로 퍼지고, 붉은색을 띠며 윤기가 나고 통기조직인 흰색의 껍질눈皮目이 분포한다. 잎은 어긋나고 길이 5~12cm, 폭 3~8cm 정도로 넓은 계란 모양 또는 넓은 타원형으로 끝은 뾰족하고 밑부분은 둥글며 가장자리는 물결 모양으로 약간 굴곡이 진다. 잎의 앞면은 녹색이지만 뒷면은 흰색을 띠고 잔털이 있으며 맥은 5~8쌍이다. 잎자루는 3~5cm로 붉은빛이 돌고 털이 있지만 자랄수록 점차 없어진다. 꽃은 5월에 흰색으로 피는데 가지 끝에 취산꽃차례로 달린다. 꽃받침 통과 4장의 꽃잎에는 털이 있고, 꽃잎은 좁고 긴 타원 모양으로 길이 5mm, 폭 1.5mm 정도며 수평으로 퍼진다. 꽃잎 안쪽에는 4개의 수술과 1개의 암술이 위쪽으로 돌출되어 있고 꽃밥은 J자 모양으로 달린다. 열매는 복숭아나 살구 같은 핵과로, 모양이 둥글며 지름은 6~7mm 정도로 9~10월에 검은색으로 익는데 즙액이 많아서 새들이 즐겨 먹는다.

우리네 삶을 함께하는 친구 같은 느티나무

　시골 마을을 지나가다 보면 마을 입구 한 쪽에 커다란 나무가 서 있고, 그 밑에는 누군가 내다 펴 놓은 평상이 있어서 어르신들이 옹기종기 모여 앉아 한적하게 부채를 부치며 더위를 식히는 모습을 쉽게 볼 수 있다. 키가 작고 덩치마저 작다면 무심코 지나치겠지만, 나무의 거대한 위용에 끌려 가까이 가면 범접할 수 없는 나무의 위엄에 지레 겁을 먹고 만다. 밑에서 위로 올려다보면 한 아름 감싸 안고도 남을 만큼 집채만 한 크기의 가지와 잎 들이 나를 내려다보고 서 있다. 그 주인공은 바로 느티나무 Zelkova serrata다. 모르긴 몰라도 전국 어느 곳에서나 흔하게 볼 수 있으면서 보호수나 노거수로 지정된 나무 가운데 그 수가 가장 많은 것이 느티나무일 것 같다. 최근 통계를 보니 우리나라에서 노거수로 지정된 느티나무는 모두 1,939주나 되며 이 중 천연기념물로 지정된 것만 해도 전국적으로 16건에 이른다. 이 나무들의 나이는 300~1,000년 정도 되고 높이는 14~34미터, 둘레는 4.3~10.3미터로 우람하며 수관의 폭도 14~29미터 정도로 넓다. 우리나라에서 가장 키가 큰 느

|1| |느티나무|
2	3	1 전체 2 줄기
4	5	3 잎 4 꽃
		5 열매

티나무는 전라남도 담양군 대전면에 있는 것으로 높이가 34미터에 달하며, 둘레는 경상북도 영주시 안정면에서 자라는 나무가 제일 커서 가슴높이 둘레가 10.3미터,

지름은 3.28미터나 된다. 어른 몇 명이 함께 손을 잡고 안아야 될 만큼 크다.

초등학교 때에 어머니 심부름으로 자주 외갓집을 드나들었다. 외갓집은 아주 시골이어서 버스를 타고 꼬불꼬불한 길을 지나가야 했으며, 버스를 내려서도 30여 분은 더 걸어 들어가는 촌이었다. 심부름은 주로 갓 잡은 싱싱한 물고기를 가져다 드리는 것이었다. 외할아버지께서 민물에서 잡은 물고기 매운탕을 좋아하셨기 때문이다. 집 앞 개천은 한여름 장마철이 지나면 시뻘건 흙탕물이 깨끗해지는 때가 있다. 이때는 피라미를 잡기 쉬워서 물고기를 많이 잡았고, 외갓집 방문도 주로 이 무렵에 이루어졌다. 잘 익은 된장 한 숟가락을 퍼서 그릇에 담고 기름집에서 얻어온 깻묵을 잘 섞으면 사람이 먹어도 될 만큼 구수하고 맛있는 미끼가 된다. 이렇게 미끼를 만들어 유리로 된 어항을 갖고 집 앞으로 흐르는 금계천에 도착하면, 제일 먼저 물고기가 많을 것 같은 곳을 찾아 '어항담'이라고 하는 돌담을 쌓는다. 담을 쌓고 하얀 모래가 나올 때까지 바닥을 잘 긁어낸 후 맛있게 만든 미끼를 어항의 꽁무니에 붙여 담 밑의 물속에 넣어 놓는다. 어항은 항상 2개 정도를 준비했다. 그 이유는 보통 어항을 설치하고는 20분 정도 있다가 건져 올리는데 다른 어항을 준비해서 설치하는 데 10분쯤 걸리니까 새 어항을 놓고 10여 분은 여유도 즐기고 좀 더 좋은 자리를 탐색하는 시간도 가질 수 있기 때문이다. 시간이 지나 어항을 들어 올리면 깜짝 놀랄 일이 벌어져 있곤 했다. 어항 속에 아이 손바닥만 한 피라미들이 가득 들어 있었던 것이다. 일일이 세지는 않았지만 족히 20마리는 넘었던 것 같다. 긴 장마 뒤끝이면 매번 물고기를 많이 잡을 수가 있어서 집으로 돌아오는 길은 물고기 바구니도 가득, 내 발걸음에 행복도 가득 했다. 어린 마음에도 어머니께 칭찬받을 일과 좋아하실 외할아버지 생각에 뿌듯해 했던 기분이 지금도 고스란히 느껴지는 듯하다. 집으로 돌아오면 어머니는 바로 외갓집에 다녀오라고 하셨다. 물고기가 든 냄비를 하얀 보자기에 싸 들고 버스에 앉아 있노라면, 하루 종일 물속에서 물고기와 벌인 싸움으로 노곤해져서는 얼마 지나지 않아 코까지 골며 곯아떨어지기 일쑤였다. 비포장 길을 달려 '말구리 고개'를 넘어 커다란 느티나무가 서 있는 곳에서 내려야 하는데, 행여라도 지나칠까 봐 자다 깨기를 수없이 반복했었다. 차에서 내리면 느티나무는 늘 나를 반겨 주었다. 잠시 그 그늘에 앉아 시원한 바람을 맞으며 정신을 차리기도 했다. 외갓집에 물고기를 전해 드리고는 차 시간을 맞추기 위해 되짚어 느티나무가 있는 곳으로 달려오곤 했다.

청곡 말구리 고개의 느티나무

내 친구였던 느티나무는 아직 살아 있을 뿐 아니라 강원도 횡성군의 보호수제6910호로 지정되어 있다. 그곳을 지날 때마다 옛날 생각이 떠올라 절로 웃음을 짓게 된다. 이 느티나무에는 옛날부터 큰 구렁이 한 마리가 살고 있다고 동네 어르신들은 말씀하신다. 그런데 이 구렁이는 눈에 띄지 않는 것이 좋단다. 구렁이가 마을 사람들 눈에 띄면 그해는 흉년이 들거나 마을에 좋지 않은 큰일이 일어나기 때문이라고 한다. 한국전쟁이 나던 해 6월에는 낮에 구렁이를 목격한 사람도 있고, 저녁밥을 먹고 나무 그늘에서 쉬고 있는데 구렁이가 나무에서 떨어져서 앉았던 사람들이 혼비백산하기도 했다. 그로부터 며칠 지나지 않아 전쟁이 일어났다고 한다. 다행히 그 후로는 한번도 구렁이가 눈에 띄지 않았다고 한다.

속명 'Zelkova'는 러시아 남서부 지역의 코카서스에서 자라는 같은 속의 *Zelkova carpinifolia*의 지방명 'Zelkoua'에서 유래되었으며, 종소명 '*serrata*'는 톱니가 있다는 뜻을 가지고 있어 잎 가장자리를 표현한 것 같다. 느티나무의 어원은 눌/눈黃이 홰/회槐와 나무木를 만나 누튀나모, 느틔나모를 거쳐 느티나무로 변화되어 왔다고 한다. 느티나무와 형태적으로 비슷한 종류로는 속리산에 자라는 둥글고 넓은 타원 모양의 잎을 가지는 '둥근잎느티나무'와 강원도 삼척과 통천 그리고 경상남도 함양과 통영에서 자라는 잎이 피침형 또는 넓은 피침형인 '긴잎느티나무'가 있는데 학자에 따라서는 모두 느티나무로 취급하기도 한다. 느티나무는 옛날 고서에도 등장하는데 한자로 괴목槐木, 규목槻木, 거목欅木 등으로 쓰여 있다.

한방에서는 느티나무의 잎을 계유鷄油라 하여 잘 낫지 않는 종기를 치료하는 데 쓴다. 느티나무를 마을의 당산나무로 모시며 해마다 제사를 지내기도 하고, 정월 대보름이면 동아줄을 매어 줄다리기나 그네타기를 하면서 마을의 안녕과 행운을 빌어 왔다. 도시화된 지역에서도 느티나무는 훌륭한 가로수, 공원수 또는 정원수로 인기가 있다. 여름철 무더위를 식혀줄 수 있는 그늘과 가을철 밟을 수 있는 낙엽을 제공해 주는 전천후 식물이기 때문이다.

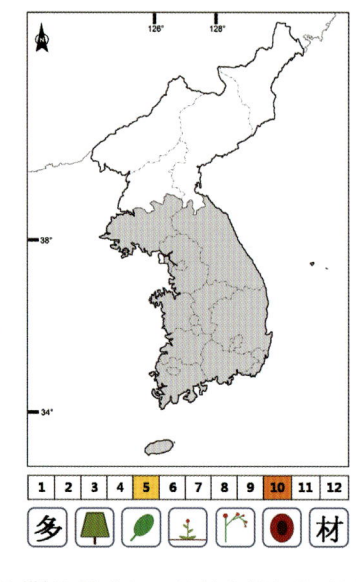

느티나무는 느릅나무과 Ulmaceae에 속하고 황해도 이남 지역에서 자라는 잎이 지는 큰키나무다. 줄기는 굵은 가지가 갈라지고, 껍질 부분은 회색이 도는 붉은 갈색으로 시간이 지나면 비늘처럼 떨어지며, 새로 나온 가지는 가늘고 잔털이 있다. 잎은 어긋나며 긴 타원형 또는 계란 모양으로 길이 2~13cm, 폭 1~5cm이고, 만져 보면 거칠거칠하다. 잎 가장자리에는 이빨 모양의 큰 톱니가 규칙적으로 있고 8~14쌍의 맥이 있으며, 잎자루는 1~2cm쯤 된다. 꽃은 5월에 수꽃과 암꽃이 따로 피는데 수꽃은 새 가지 끝 부분에 모여 달리며 안쪽에는 4~6개의 수술이 있고, 암꽃은 새 가지 윗부분에 1개씩 달린다. 지름이 4mm 정도인 열매는 핵과로 10월에 익으며, 눌린 공 모양扁球形으로 딱딱하고 뒷면에 능선이 있다.

꽃도 보고 잎도 보고
도랑 치고 가재 잡는 귀룽나무

창 너머로 산들거리는 봄바람에 흔들리는 나뭇잎들이 멋지게 느껴지는 봄이다. 온통 짙푸른 녹색을 띠는 잎들은 생동감이 넘쳐 보인다. 잎사귀는 움이 트기 시작한 지 불과 며칠만이면 잎을 활짝 열어젖힌다. 시간의 흐름에 따른 식물들의 반응이다. 그런가 하면 그사이 꽃은 피었다 지고 잎이 나는 것이 있고, 꽃 피울 준비를 하기 위해 열심히 잎에서 에너지를 만드는 것이 있는 등 식물의 성질도 가지각색이다. 잎과 꽃이 거의 동시에 피는 종류가 있다면 어떨까? 꽃도 보고 잎도 보니, 도랑치고 가재 잡는 격으로 일석이조의 효과가 있다. 어디 그뿐이랴. 꽃에서 나는 향기까지 좋다면 비단 위에 꽃을 더한다는 금상첨화가 아니겠는가. 이런 성격을 가지는 대표적인 식물이 귀룽나무 *Prunus padus*다. 귀룽나무는 가지를 꺾으면 냄새가 나고, 포도송이처럼 다발로 뭉쳐 피는 꽃들은 더 진한 향기를 가졌다. 바람에 흔들리는 꽃줄기의 모습도 봐 줄 만하다. 꽃이 활짝 피었을 때 나무 밑으로 가면 마치 벌집에라도 들어온 듯 윙윙거리는 벌 소리를 들을 수 있다. 벌은 꽃향기에 취해서

귀룽나무

인지 아니면 꿀을 따는 데 바빠서인지는 몰라도 사람이 제 근처까지 다가가도 도망칠 생각을 하지 않는다. 흔들리는 꽃줄기마다 앉아 마치 그네를 타듯이 꽃줄기와 함께 노니는 모습이 아름답기 그지없다.

우리 학교에서 근무하시다가 정년 퇴임하신 교수님께서 며칠 전에 내 연구실을 다녀가셨다. 오랜만이라 얼굴이라도 뵈었으면 싶었는데, 강의를 끝내고 왔더니 이미 다녀가신 후였다. 퇴임하신 지 20여 년이 되어 가니 벌써 팔순이 넘어 외모는 영락없는 할아버지시지만, 목소리만큼은 젊은 사람 못지않게 우렁차신 것을 기억하고 있다. 무슨 일로 다녀가셨는지 궁금해 하는데 아니나 다를까 책상 위에 숙제 거리를 놔두고 가셨다. 흰 비닐봉투에 담긴 물건은 나무젓가락만 한 길이로 잘린 나뭇가지 한 묶음이었다. '이걸 어떻게 하라는 말씀인가?' 고민하고 있는데 학과 조교가 들어와 선생님의 말씀을 전했다. 선생님께서는 '절대로 이 나뭇가지가 어

1	2	3	귀룽나무
4			1 전체 2 줄기 3 열매 4 꽃

떤 식물인지 모른다고 하지 말 것'을 당부하셨다고 한다. 바꾸어 말하면 '꼭 정확한 식물명을 알려 달라'는 말씀으로 '필요하면 우리나라에서 가장 유명한 식물분

류학자를 찾아가 자문을 받아서라도 확인해 달라'고 부탁하셨다고 한다. 선생님께서 이리 간곡하게 말씀하신 것을 보면 아주 중요한 일에 관련된 식물일 것이란 생각이 들어 신중해야겠다고 마음을 먹었다. 식물을 확인하려고 나뭇가지를 꺼내 각 마디에 붙어서 막 올라오고 있는 작은 잎과 꽃줄기의 모습을 살펴보니, 고민할 것도 없이 귀룽나무의 새 가지였다. 나무껍질에서 은은하게 풍기는 향기와 꼬리처럼 늘어지는 꽃줄기의 모습이 영락없었다. 걱정이 조금 덜어졌다. 식물도감을 찾아 기재문을 읽고 이런저런 특징을 비교하고 있는데, 선생님께서 전화를 하셨다. 선생님께서는 식물 이름을 알고 싶은 이유를 말씀해 주셨다. 선생님 친구 중에 벌을 치는 분이 계신데 꽃이 많이 피는 5~6월이면 벌통 주변으로 벌이 너무 많이 모여들어 꿀을 확인하거나 벌통을 관리하기가 힘들 정도라고 한다. 그런데 희한하게도 벌통 주변에 선 나뭇가지를 하나 꺾어 벌이 모여 있는 주변에서 부채를 부치듯 흔들어 주면 벌들의 행동이 아주 얌전해진다고 한다. 우연한 기회에 얻게 된 지식인데, '과연 이 나무가 어떤 나무이고 어떤 성분 때문에 벌들이 그렇게 맥을 못 추는 것'인지 알고 싶어 하신다는 내용이었다. 앞에서 설명한 대로라면 벌과 귀룽나무는 별로 관련이 없어 보인다. 오히려 꿀을 따기 위해 벌들이 좋아하는 나무 중의 하나가 된다. 아직 정확히 그 이유를 알아내지 못했지만, 아마도 나뭇가지에서 나는 냄새 때문인 것 같다. 그 향이 벌들의 접근을 막는 유효 성분으로 작용하는 것이 아닐까 추측이 된다.

속명 'Prunus'는 자두를 뜻하는 'plum'의 라틴명이고, 종소명 'padus'는 그리스 이름에서 온 것이다. 속명이 의미하듯 귀룽나무와 같은 속에 속하는 종으로는 복사나무, 자두나무, 앵도나무, 살구나무, 벚나무 등 이름만 들어도 쉽게 알 수 있는 것들이 포함되어 있다. 귀룽나무라는 우리 이름은 구룡목九龍木에서 유래되었다고 하며 '귀롱나무', '귀롱목', '구름나무'라고도 부른다. 비슷한 종으로는 잔가지와 작은 꽃자루에 갈색 털이 있고 없고에 따라 구별되는 흰털귀룽나무와 털귀룽

홍·정·윤·갤·러·리

귀룽나무 *Prunus padus*

나무가 있고, 작은 꽃자루의 길이가 0.5~2센티미터인 서울귀룽나무, 잎 뒷면이 흰색을 띠는 흰귀룽나무, 잎 뒷면에 갈색 잔털이 있는 차빛귀룽나무는 변종으로 다룬다.

귀룽나무는 주로 정원수로 심는데, 어린순은 먹기도 한다. 한방에서는 열매를 앵액櫻額이라 하며, 위의 기능을 강화시켜 설사를 멈추게 하고 소화력을 높인다 하여 복통과 이질에 쓴다. 나무껍질에는 타닌 성분이 있고, 잎이나 새싹에는 정유물질이 포함되어 있다고 한다. 귀룽나무는 지리산 이북의 깊은 산 계곡 주변이나 물가에서 쉽게 만날 수 있다. 무르익어 가는 봄, 활짝 핀 귀룽나무 아래 계곡에 두 발을 담그고 잠시 휴식을 취하는 것도 봄을 즐기는 한 가지 방법인 것 같다.

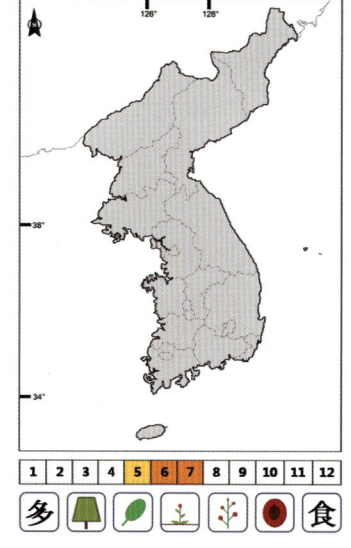

귀룽나무는 장미과 Rosaceae에 속하는 잎이 지는 큰키나무로, 높이는 15m 정도로 크게 자란다. 잎은 타원 모양으로 넓고 길이는 6~12cm며, 앞면은 녹색이지만 뒷면은 흰빛을 띠는 녹색으로 잎의 맥 사이에는 털이 있고 가장자리에는 작은 톱니가 있다. 잎자루는 1~1.5cm로 털은 없지만 벚나무의 잎자루에서처럼 꿀샘이 있다. 이런 특징은 꽃이 지고 난 후에도 어떤 나무인지를 알아보는 중요한 특징이어서 분류하는 데 요긴하게 이용된다. 꽃은 5월에 흰색으로 피고 지름은 1~1.5cm 정도며 10~15cm의 긴 꽃 축에 작은 잎자루를 가진 꽃이 분지하지 않고 송이처럼 달려 총상꽃차례를 만든다. 꽃은 새로 난 가지의 윗부분에 달리고 잎이 아래쪽에 나기 때문에 꽃차례와 잎이 따로 달리는 일반적인 식물과는 조금 차이가 있다. 꽃잎과 꽃받침은 5개고, 열매는 복숭아처럼 생긴 핵과로 둥글며 6~7월에 검은색으로 익는다.

진짜를 찾기가 쉽지 않은 단풍나무

　단풍의 계절이 되면 푸르렀던 산이 노란색과 붉은색으로 바뀌어 간다. 이른 봄 새싹의 푸름이 좋았다면 가을산은 단풍으로 화려하기가 이를 때 없다. 이 무렵이면 관광회사들이 바빠진다. 아침 일찍부터 어디로들 떠나는지, 우리 집 앞 공터에는 하루도 빠짐없이 버스가 여러 대 늘어서서 단풍놀이 가는 사람들을 기다린다. 본격적인 단풍철이 되면 방송이나 신문 등에서 앞다투어 단풍 좋은 곳을 추천하기도 하고, 주말 저녁이면 어느 산을 몇 천 명이 다녀갔으며 그 여파로 교통 체증이 발생하고 있다는 뉴스를 전하는 등 요란을 떤다. 어떤 방송에서는 단풍이 물들어가는 이동 경로를 일기예보처럼 지도에 그려 설명하는 것을 본 적도 있다. 이런 정보를 접할 때마다 한번쯤은 나도 단풍놀이 대열에 함께하고 싶은 충동을 느낄 때도 있다. 바쁜 일을 잠시 접어 두고 산길을 걸으며 아름다운 빛깔의 단풍을 하루 종일 보고 돌아온다면 지금보다도 훨씬 일의 능률이 올라갈 것이라 생각된다. 그런데 이쯤에서 '식물은 왜 단풍이 드는 것일까?' 하는 질문을 받고 바로 대답할 수 있는 사

1	2	단풍나무
3		1 전체　2 꽃 3 열매

람은 그리 많지 않을 것 같다. 식물의 잎이 물드는 과정이 과학적이기 때문일지도 모른다. 식물은 광합성을 하여 에너지를 만들어 내는데 이 과정에서 중요한 역할을 하는 것이 바로 태양빛이다. 이 빛을 흡수하는데 엽록소chlorophyll와 카로티노이드

carotenoid라는 색소가 중요하다. 이들은 380~780나노미터의 가시광선 안의 빛을 흡수하는 성질을 가지고 있다. 엽록소의 한 종류인 엽록소 a와 b는 모두 가시광선의 적색과 청자색 파장대에서 강하게 빛을 흡수하는 반면 녹색이나 황록색은 약하게 흡수하므로, 엽록소에 의해 흡수되지 않는 파장의 빛은 반사되어 식물의 잎이 녹색으로 보이는 것이다. 가을이 되면 엽록소가 파괴되는데 이때 적황색을 띠는 카로티노이드계 색소가 가시광선의 청색 파장대 빛을 강하게 흡수하고 화려한 적색이나 황색은 반사하여 나뭇잎들이 울긋불긋 단풍이 드는 것이다.

가을 단풍의 절정은 뭐니뭐니해도 붉은색 계통의 단풍나무 *Acer palmatum*다. 이름과 계절이 딱 맞아 떨어진다. 그럼에도 단풍나무가 어떤 종류의 나무인지를 정확히 아는 사람은 드문 것 같다. 그저 잎이 몇 개로 갈라지고 날개 달린 2개의 종자가 붙어서 삿갓 모양을 하고 있는 것은 모두 단풍나무로 불리기 때문이다. 그래도 우리나라에 분포하는 단풍나무 종류들은 대부분 잎이 마주나고 긴 잎자루를 가지며, 꽃은 꽃자루의 길이가 거의 같은 산방꽃차례를 이루고 꽃받침이 5개라는 공통점이 있다. 화단이나 뜰에 원예수종으로 들여와 관상용으로 심어진 종류들을 제외하면 우리나라의 산야에서 절로 나 자라는 단풍나무는 약 20종 정도다. 이들은 잎이 하나의 잎몸으로 된 단엽인지 아니면 여러 개로 구성된 복엽인지에 따라 2종류로 구별되는데, 복엽은 '복자기'라고도 불리는 '나도박달'과 '복장나무' 2종뿐이고 나머지는 모두 단엽에 속한다. 나도박달은 복장나무에 비해 잎에 톱니가 없거나 2~3개가 드물게 있고 잎자루와 열매에 털이 있어 구별된다. 우리나라에 비교적 흔하게 분포하며 단엽이고 잎이 갈라지는 개수에 의해 쉽게 구별되는 종류를 몇 가지 설명해 보면, 먼저 전국적으로 분포하며 해발고도가 가장 낮은 습지에서 주로 자라는 신나무를 들 수 있다. 신나무는 잎이 3개로 갈라지며 가장자리에 톱니가 있고 표면은 윤기가 난다. 잎의 길이는 4~8센티미터이고 잎자루는 1~4센티미터 정도다. 나무의 수액을 약용하는 것으로 잘 알려진 고로쇠나무는 잎이 5개로 갈라지고 가장

1	2	잎과 열매의 비교
3	4	1 신나무 2 고로쇠나무
		3 당단풍나무 4 섬단풍나무

자리는 톱니가 없거나 작은 톱니 1~2개가 드물게 나 있다. 잎은 7~15센티미터로 크고 잎자루도 4~12센티미터로 길다. 산림의 계곡 근처에서 주로 자라는데, 이른 봄 수액을 채취하기 위해 가지를 잘라 보면 물이 흘러내릴 정도로 조직 내부에 물을 많이 가지고 있다. 단풍나무는 7개드물게 5개로 갈라지지만 제주도를 비롯한 남쪽 지방에서 주로 자라므로 강원도 인근에서는 찾아볼 수 없다. 잎은 5~6센티미터로

갈라지며 그 끝은 뾰족해지고 가장자리에는 겹 톱니가 있다. 잎자루는 붉은색을 띠며 길이는 3~5센티미터다. 또 우리나라 산림 지역에서 가장 쉽게 만날 수 있는 당단풍나무는 특히 중부 이북 지방에서 흔하게 볼 수 있으며, 신갈나무 숲의 아교목층_{높이가 2~8미터 정도인 숲}

단풍나무 잎과 잎자루

층을 구성하는 우점종으로 알려져 있다. 잎은 9개드물게 11개로 갈라지고 가장자리에는 톱니가 있으며 길이는 6~10센티미터이고, 잎자루는 4~5센티미터다. 잎이 11~13개로 갈라지는 섬단풍나무는 전라남도, 제주, 경상북도 지역의 섬에 주로 분포하는 우리나라 특산종이다. 지금까지 설명한 단엽을 가지는 5종을 확실하게 기억해 두면 웬만한 단풍나무는 구별할 수 있으리라 생각된다. 또한 단풍나무 종류의 잎은 단풍 시기가 지나도 떨어지지 않고 나뭇가지에 오래 붙어 버티는 것으로도 유명하다. 잎자루 밑부분이 겨울눈을 보호하기 위해 배불뚝이처럼 튀어나와 감싸고 있기 때문이다. 뛰어난 보호 전략이 아닐 수 없다.

속명 'Acer'는 라틴어로 '갈라진다'는 뜻이며, 종소명 'palmatum'도 손바닥 모양처럼 생겼다는 뜻을 가지고 있어 잎의 모양이 잘 표현된 이름이다. 단풍나무라는 우리 이름도 '단풍이 드는 나무'란 뜻이다. 지방에서는 '산단풍나무', '내장단풍', '붉은단풍나무', '색단풍나무', '모미지나무'라고 부르기도 한다.

한방에서는 뿌리껍질과 가지를 계조축鷄爪槭이라 하는데, 무릎 관절염을 비롯해 소염 및 해독 작용에 효과가 있다고 한다. 최근 해독작용이 뛰어나다고 해서 유명세를 타고 있는 '벌나무' 또는 '산청목'이라고도 불리는 산겨릅나무 역시 단풍나무과에 속한다. 또한 캐나다 국기에 그려져 있는 단풍나무는 설탕단풍sugar maple의 잎으로, 이 나무는 캐나다의 국가 나무國木다.

어릴 적 가을이면 나무에서 떨어진 고운 단풍잎을 몇 장 주위 책갈피에 끼워 넣어 두었다가 크리스마스 카드 안쪽에 붙이고는 그 위에 시 같은 것을 적어 보낸 기억이 있다. 지금이야 예쁘게 만들어 파는 카드가 즐비하지만 그때는 보내는 사람의 정성이 담뿍 담긴 카드나 선물이 최고였다. 그때의 향수 때문인지 나는 요즘도 가을이면 예쁘게 물든 단풍 가지를 잘라 식탁 유리 안에 넣어 놓고 보곤 한다. 어렸을 때만큼 기분은 나지 않지만 그 느낌만은 여전하다.

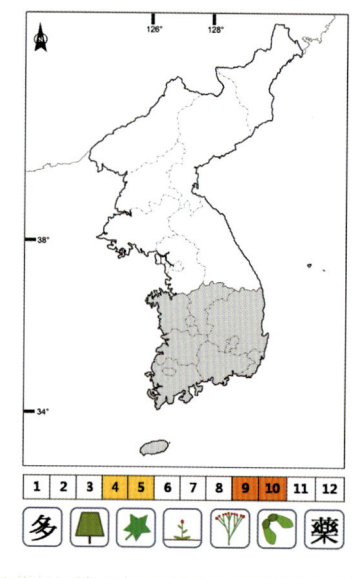

단풍나무는 단풍나무과Aceraceae에 속하는 잎이 지는 큰키나무로, 높이는 10m에 달하며 새로 나온 작은 가지는 붉은 갈색을 띤다. 잎은 마주나고 손바닥 모양으로 7개로 깊게 갈라지며, 갈라진 각각의 조각은 넓은 피침 모양으로 길이는 5~6cm고 끝은 점차 뾰족해지며 가장자리에는 겹 톱니가 있다. 잎자루는 붉은색이 나고 길이는 3~5cm 정도다. 꽃은 4~5월에 피는데, 수꽃 또는 암술과 수술이 함께 들어 있는 양성화兩性花가 섞여 달린다. 꽃은 가지 끝에 꽃자루의 끝이 거의 같은 높이로 자라는 산방꽃차례를 만들며 4~5월에 붉은색으로 핀다. 꽃잎은 흔적처럼 5개가 남아 있거나 없고, 꽃받침 조각은 5개, 수술은 8개다. 열매는 익어도 껍질이 열리지 않고 날개가 달려 있는 시과翅果로 9~10월에 성숙하며 대부분 2개의 씨가 붙어 나고 전체적으로는 'ㅅ' 자처럼 보이며 날개는 긴타원 모양이다.

손때 묻지 않은 수려함을 간직한 개느삼

얼마 전에는 우리나라 고유특산식물인 개느삼*Echinosophora koreensis*의 자생지를 조사하러 대학원생과 학부 학생들을 데리고 양구 지역을 다녀왔다. 대학원생들이야 식물을 보는 눈이 학부생들과는 조금 다르므로 처음 보는 종류가 아니면 그리 놀라지 않는다는 것을 알고 있었지만, 학부 학생들도 관심 있게 보지 않아서인지 찾으려는 식물을 만나도 그 순간의 기쁨을 제대로 모르는 것 같았다. 대학원생으로서 선생님을 따라 식물조사를 다닐 때 희귀하거나 특이한 식물을 발견하면 선생님은 우리들을 그 앞에 불러 세워 놓고는 거수경례를 하도록 시켰다. 새로운 것을 발견하거나 원하는 것을 찾았을 때의 기쁨은, 하루 종일 험한 등산로를 올라 어렵게 도착한 산 정상에서 맛보는 짜릿한 기분에 비유할 수 있을 것 같다. 세계 최고봉을 몇 개째 등반했느니, 이번 등반은 세계 최초라느니 하는 치사로 그들을 축하하는 마음이나 등반가들이 죽을 각오로 산을 오르는 이유를 조금은 알 것 같았다. 지난해 중국의 싼칭산三清山을 방문했었다. 잘 닦여진 등산로와 케이블카를 이용해 자

1		개느삼
		1 군락　2 전체
2	3	3 열매

연 훼손을 최소화하는 대신 많은 관광객들이 오를 수 있도록 설계되었으며, 중국에서 7번째로 유네스코의 세계자연유산으로 지정된 곳이다. 산 전체의 느낌은 우리나라 설악산의 공룡능선과 비슷하여 기암괴석이 웅장하게 병풍처럼 산을 둘러싸고 있다. 우리 일행은 멋있는 풍광을 감상하면서 등반을 시작했는데 내 머릿속에는 온통 그 무렵 공부하던 제비꽃 종류와 전공 분류군인 초롱꽃과 식물에 대한 생각으

로 가득 차 있었다. 물론 국립공원 안에서는 식물을 채집하거나 채취할 수 없도록 법으로 엄격히 규정해 놓고 있다. 그럼에도 눈에 보이는 것은 흔하든 희귀하든지 간에 하나씩 뽑아 가방에 넣었다. 등반을 마치고 숙소로 돌아와 정리해 보았더니 생각보다 꽤 괜찮은 수집이었다. 그렇지만 규정을 어기는 일이라 눈치를 보며 신중하게 채집한 탓에 쌘칭산의 아름다운 모습은 남아 있는 것이 없었다. 직업은 어쩔 수가 없는가 보다. 눈에 보이는 식물을 그냥 지나칠 수 없으니 말이다. 잘 들여다보면 어느 곳에서나 이것저것 나를 반기는 것은 항상 있게 마련인데 어느 사이 무심해져 버린 사람들에게 서운한 마음 때문에 이야기가 잠깐 옆으로 비켜났었다.

    이야기를 다시 개느삼 자생지로 되돌리면, 개느삼은 우리나라에 분포하는 몇 안 되는 특산속 식물의 하나로 남한에서는 강원도 양구 지방을 중심으로 분포하는 희귀식물로 알려져 있다. 요즘은 식물을 분류하는 데도 DNA를 이용하거나 전자현미경 등을 사용해서 몇 만 배 이상으로 확대하여 나타나는 특징 등을 잡아낸다. 이러한 결과에 의하면 개느삼은 우리나라 고유종으로서 의미가 없으므로 분류학적 위치를 재조명해야 한다는 학자들도 있어 그 결론에 대한 의견은 분분하다. 그래도 형태적 특징이나 분포가 특별하므로 일단 그 논쟁은 뒤로 미루기로 한다. 개느삼은 5월에 꽃이 피는데 이 시기를 놓치면 한 해를 기다려야 꽃을 볼 수 있기 때문에 여간 바쁘게 움직이지 않으면 안 된다. 물론 산야에 절로 나 자라는 야생화들의 일반적인 특성이지만 특히 귀한 희귀식물의 꽃을 보려면 좀 더 신경을 써야 한다. 우리는 조사를 시작한 지 얼마 지나서야 뽀족이 올라와 있는 몇 개체의 개느삼을 발견했다. 무심코 지나쳐 버린 것을 다시 꼼꼼히 확인하는 과정에서 겨우 찾아냈다. 땀을 훔치며 조금 더 산등성이를 따라 올라가다 우르르 몰려 앉아 노랗게 피어 있는 개느삼 무리를 만나는 순간, 우리는 황홀감에 빠져 감탄사를 내지를 수밖에 없었다. 이 기분 좋은 분위기에 찬물을 끼얹은 소리가 들려 왔다. "이렇게 지천으로 많은데 이 식물이 정말 전 세계에서 우리나라에만 분포하는 특산속 식물이 맞나요?

잎의 비교_ 개느삼(왼쪽), 고삼(오른쪽)

이런 식물은 우리 동네에서도 많이 봤는데……. 별것도 아닌 것 같아요."라는 어느 학부 학생의 말이었다. 꽃이 활짝 핀 개체들 주변으로는 이미 꽃가루받이受粉를 끝내고 시들어가는 초라한 모습의 개체가 있는데다, 잎 모양이 아까시나무를 닮아 흔한 식물로 느껴졌던 모양이다. 그 학생을 이해시키기 위해 20여 분이나 개느삼의 식물분류학적 위치와 그 중요성 그리고 특징까지 차근차근 상세하게 설명해 주어야 했다.

개느삼은 함경북도 북청에서 처음 채집되어 고삼속 Sophora의 한 종으로 세상에 발표되었는데, 고삼속 식물에 비해 키가 작고, 황금색 꽃이 피며, 땅속줄기로 번식을 하고, 열매에 돌기가 있는 특징 때문에 'Echinosophora'라는 새로운 이름을 얻었다. 그것은 고슴도치를 연상하게 하는 그리스어 'echinos'와 콩과 식물 중 Sophora속의 합성어로, 고삼속과 비슷하지만 열매 표면에는 가시처럼 생긴 뾰족한 돌기가 있다는 뜻이다. 종소명은 물론 우리나라에서만 자란다는 'koreensis'다. 개느삼이라는 우리 이름은 고삼의 방언인 느삼과 비슷한 식물이라는 뜻에서 붙여졌다고 하며 '개너삼', '개능함', '개미풀', '느삼나무'라고도 부른다. 씨보다는 땅속줄기로 번식하므로 무리를 지어 자라는데, 땅속줄기 하나를 잡아당겨 보면 그 길이는 10미터가 넘을 만큼 아주 길다.

한방에서는 고삼과 개느삼의 뿌리를 함께 고삼苦蔘이라 하여, 황달, 피부 가려움증, 천식, 항종양작용에 사용하는 것으로 알려져 있다.

좀 특이하거나 먹을거리의 재료가 되는 동식물들은 흔히 'ㅇㅇ축제'라고 하여 사람들이 모여 즐긴다. 산천어 축제, 곰취 축제, 산수유 축제, 산나물 축제, 억새꽃 큰잔치 등이 그렇다. 그런데 아직까지 개느삼 축제는 없다. 식물학자로서는 아주 다행한 일이다. 사람 손을 타지 않으니 그대로 그곳에 머물 수 있기 때문이다. 우리나라 고유 식물의 중요성은 아무리 강조해도 지나침이 없다.

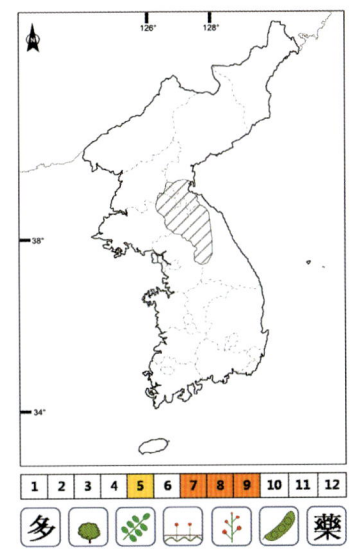

개느삼은 콩과 Leguminosae에 속하는 잎이 지는 떨기나무로, 높이는 1m 정도까지 자라기도 하나 대부분은 30~50cm 내외로 작고 가지에는 털이 있으며 연한 갈색을 띤다. 잎은 어긋나고 13~27개의 작은 잎이 모여 나는데 각각은 타원 모양이고 길이 1.5~2.0cm, 폭 8~10mm다. 잎의 양쪽 끝은 둔하고 톱니가 없으며 뒷면에는 흰 털이 있고 작은 잎자루와 중앙 맥 위에도 털이 많다. 꽃은 5월에 피고 새로 나온 가지 끝에 분지하지 않는 작은 꽃자루를 갖는 몇 개의 꽃이 꽃줄기 축에 송이처럼 달리는 총상꽃차례를 만든다. 꽃받침은 5개로 갈라지며 뒤쪽의 2개는 작고 가운데 것은 뒤로 젖혀진다. 꽃은 나비 모양으로 세 부분으로 구성되는데, 꽃의 가장 윗부분에 위치하여 전체를 아우르는 기판旗瓣은 둥글고 뒤로 젖혀지며, 중간 양쪽에 있는 익판翼瓣은 칼처럼 생겼고, 가장 아랫부분에 있는 용골판龍骨瓣도 작은 칼 모양을 하고 있다. 열매는 꼬투리 모양의 협과莢果로 7~9월에 익으며 길이는 5~7cm 정도고 겉에는 돌기가 있다. 씨는 연한 검은색으로 타원 모양이며 열매 1개에 6~7개씩 들어 있다.

함박웃음 가득한 함박꽃나무

존경하는 은사님 중에 웃으실 때면 늘 큰소리를 내며 얼굴 가득 함박웃음을 짓는 분이 계신다. 늘 즐거운 입담이 함께 어우러지니 선생님 곁에 있으면 슬프거나 외로운 표정을 지을 시간이 없다. 아내에게서 '웃는 연습 좀 하라'는 조언을 듣는 지경인 나로서는 솔직히 부러울 뿐이다. 어느 회사가 '함박웃음'을 간판으로 내세우며 판촉에 열을 올릴 때 처음에는 좀 생소하고 어색했지만 보면 볼수록, 들으면 들을수록 친근감이 느껴지는 것을 부인할 수 없다. 웃음으로 병을 치료하는 방법이 소개되기도 했다. 무작정 소리 내어 웃는 것이 전부인데 짧은 시간에 효과를 볼 수 있어서 많은 사람에게 호응을 받고 있단다. '웃음치료사', '웃음전도사' 같은 이름으로 불리는 사람들이 전문직으로 자리 잡은 지도 이미 오래 되었다. 내가 회원으로 가입한 모임 중에 'Fun마중물회'가 있다. '마중물'이야 물 펌프를 위해 꼭 필요한 한 바가지의 물이므로 구성원 한 사람 한 사람이 사회에 꼭 필요한 사람이 되자는 뜻이 숨어 있지만, 앞에 'Fun'을 붙인 의도는 좀 색다르다. 하루하루를 한

함박꽃나무

1	2
3	4

함박꽃나무
1 줄기   2 잎
3 꽃   4 열매

치의 여유도 없이 계획된 일과 속에서 생활하다 보면 스트레스와 중압감을 느끼게 되고 이런 시간이 오래 지속되면 자신도 모르는 사이 병을 얻을 수도 있다. 흔히 사람들이 '태어나는 시간은 순서가 있지만 저승으로 가는 데는 순서가 없다'고 말을 하는데 실은 이 말도 힘든 현대 사회의 삶을 빗대고 있는지도 모르겠다. 그래서 그런 빠듯한 생활에서 좀 벗어나 웃을 수 있는 기회를 만들어 보자는 목적을 갖고 붙인 이름이다. 회원으로는 자신의 가게를 운영하는 사람, 학교 선생, 보험 관련 일을 하는 사람, 웃음치료사 등 다양한 사람들이 모였다. 이렇게 여러 직종에 종사하는 사람들이 아무런 연고도 없이 어떻게 뭉칠 수 있었을까? 공통 요소이자 공감대는 웃음이었다. 처음 모임을 추진위원회 형식으로 시작할 때는 일단 회원들이 모이면 30여 분씩 웃는 것부터 시작했다. 모임을 갖는 식당에서는 이상한 사람들이 모인 집단이라고 백안시하고 가끔은 듣기 싫은 소리까지 들었으며 이상한 소문이 나기도 했다. 그래도 모여서 한바탕 웃고 나면 속이 시원해지고 그동안 쌓였던 스트레스를 싹 날려 버릴 수 있어서 모임이 있는 날이면 웃는 시간이 아주 소중했다. 처음 가입한 신입회원도 함께 손을 잡고 웃다 보면 쉬이 친구가 되어 버렸다. 그러다보니 해마다 회원 수가 늘어가고 있다. 이렇듯 웃음은 많은 사람들에게 기쁨과 즐거운 안식을 주는 특효약이다. 독자 여러분에게도 웃음을 권한다. 문 닫힌 사무실에 혼자 앉아 앞의 벽이나 창가를 보며 혼자 웃다 보면 가슴속 나쁜 욕심들을 모두 밖으로 내보낼 수 있다. 적어도 하루에 한두 번은 혼자서라도 웃는 습관을 들이면 좋겠다.

나무 중에도 함박웃음처럼 환하게 꽃을 피우는 것이 있다. 모습 그대로 이름이 붙여진 함박꽃나무 *Magnolia sieboldii*다. 함박꽃나무는 사람들과 친근한 목련과 비슷해서인지는 몰라도 학명을 모두 식물학자의 이름에서 따왔다. 속명 '*Magnolia*'는 프랑스 몽펠리에 대학의 식물학 교수 마뇰 Pierre Magnol을 기념하기 위해 붙여졌고, 종소명 '*sieboldii*'는 일본 식물을 주로 연구한 네덜란드의 분류학자 지볼드 Philipp Franz von Siebold를 기리기 위해 붙였다. 함박꽃나무라는 우리 이름은 산에서 피는 목련이 함박웃음을 짓는 것처럼 화려한 꽃을 피운다고 해서 붙여진 것 같으며, 지방에서는 '함백이꽃', '힌뛰함박꽃', '산목련', '목란'이라고 부르기도 한다. 함박꽃나무에 비해 잎에 반점이 있는 것은 '얼룩함박꽃나무'라 하고, 꽃잎이 12장 이상이어서 겹꽃처럼 보이는 개체는 '겹함박꽃나무'라 하여 품종 등급을 준다. 함박꽃나무는 북한과도 연관이 깊다. 북한에서는 이 나무를 '목란'이라 부르는데 대접은 거의 국화國花급이다. 북한의 국화는 '진달래'였는데, 김일성이 함박꽃나무의 꽃을 보고 너무나 감탄하여 국화를 바꾸라고 한 데서 그리 되었다고 한다. 아름다

꽃과 열매의 비교_ 함박꽃나무(위), 백목련(아래)

움은 누구에게나 똑같이 느껴지는 모양이다. 우리나라에서 흔히 볼 수 있는 목련속 *Magnolia* 식물은 크게 6종류가 있는데 목련과 함박꽃나무를 제외하면 나머지는 원예용으로 심어서 키우는 종류다. 그렇다면 이른 봄 주변에서 가장 흔하게 볼 수 있는 백목련과 함박꽃나무는 어떻게 다를까? 사실 잎이나 꽃이 없으면 두 종류를 구별하기가 쉽지 않다. 백목련은 함박꽃나무에 비해 꽃이 앞쪽이나 위를 향해 피고, 잎보다 꽃이 먼저 피며 잎의 앞면과 뒷면에 털이 있어서 구별이 된다. 꽃집에서 사온 목련이 잎이 먼저 난다면 백목련이 아닐 수 있다. 그래서 백목련은 꽃이나 잎이

홍·정·윤 갤·러·리

함박꽃나무 *Magnolia sieboldii*

있는 시기에 묘목을 사는 것이 적당하다.

한방에서는 함박꽃나무의 꽃을 천녀목란天女木蘭이라 부르며 약으로 사용하는데, 폐렴으로 인한 기침을 가라앉히고, 가래에 피가 섞여 나오는 증상을 치료하며, 종기를 낫게 한다고 한다. 민간에서는 뿌리를 진통제나 이뇨제로 사용하고, 종자의 껍질은 산초나무나 초피나무의 종자와 비슷한 향이 있어서 향신료로 쓰기도 한다.

'웃는 낯에 침 못 뱉는다'는 속담처럼 웃음은 정말로 좋은 표현법임에 틀림없다. 우리의 삶도 항상 웃을 수 있는 날로만 가득 찬다면 얼마나 좋을까? 함박꽃나무의 함박웃음처럼 말이다.

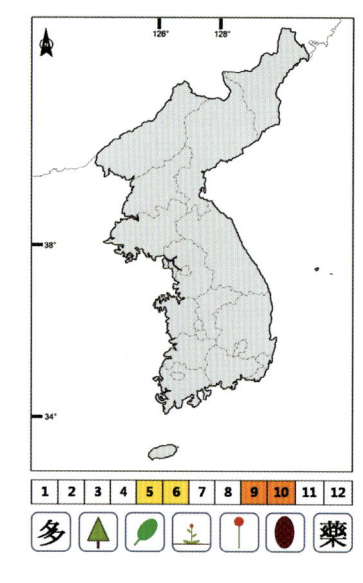

함박꽃나무는 목련과 Magnoliaceae에 속하는 높이 4~8m의 잎이 지는 작은키나무로, 줄기는 회백색이고 어린 가지와 겨울눈에 털이 많이 나 있다. 잎은 어긋나 달리며, 타원 모양 또는 계란을 거꾸로 놓은 모양으로 길이 6~15cm, 폭 5~10cm 정도다. 잎 가장자리는 밋밋하고 앞면에는 털이 없지만 뒷면 맥 위에는 털이 나 있으며, 잎자루는 1~2cm로 길다. 꽃은 5~6월에 흰색으로 피는데 지름이 7~10cm로 어린아이 주먹 크기만 하며 대부분 아래쪽을 향해 핀다. 꽃은 6~9장의 타원형 꽃잎으로 되어 있고, 수술대와 꽃밥은 붉은색을 띠며, 꽃자루는 3~7cm로 길고 털이 나 있다. 열매는 목련처럼 쪽꼬투리 형태로 달리는 골돌과로 계란 모양이며, 타원형의 붉은색 종자는 9~10월에 열매가 성숙하면 터져 나와 열매의 겉껍질에 매달린다.

봄맛을 간직한 냉이

　　재래시장에서는 백화점이나 대형 할인점처럼 다양한 상품들이 잘 정리되어 있지는 않지만 사람 사는 정을 느낄 수 있다. 물건마다 찍혀 있는 바코드에 매여야 하는 현실보다는 '덤'이 오가는 여유가 있어 좋다. 그래서인지 내 친구 중에는 물건의 질보다는 사람들의 생동감 넘치는 삶을 느끼려 일부러 시장을 찾는 이도 있다. 한 모퉁이에서 작은 소쿠리에 담긴 나물을 열심히 다듬는 할머니는 물건의 값을 모두 합쳐야 고작 만 원이 될까 말까 한 상품을 하루 종일 정성껏 다듬으며 팔고 있다. 이런 정겨움 때문인지 재래시장에서 사온 재료로 만든 음식은 유난히 맛나게 느껴진다. 봄철 입맛을 돋워 주는 봄나물의 대표 주자는 단연 냉이 *Capsella bursa-pastoris*다. 그런데 같은 냉이라고 해도 슈퍼마켓에서 사온 어른 손 한 뼘 길이의 냉이는 어떤 요리를 해도 맛이 별로 없다. 뿌리는 아무리 씹어도 입 안에서 맴돌고 잎에서는 봄 향기를 느낄 수 없다. 자세히 들여다보면 냉이, 황새냉이, 싸리냉이, 다닥냉이 등 냉이 종류란 종류는 다 섞여 있다. 이 냉이들도 모두 어린순을 나물로 먹

냉이
1 군락 2 전체
3 잎   4 꽃과 열매

기는 하지만 냉이 외의 다른 종들은 서로 다른 속屬에 속하므로 혈통이 다른 종류들이다. 이외에도 '냉이'라는 이름이 붙는 식물의 종류가 우리나라에서 자라는 것만도 20여 가지가 더 있는데 이들도 냉이와는 가계家系가 다르다. 그렇다면 시장 한 귀퉁이에서 할머니가 다듬어 파는 냉이는 어떨까? 새들새들 늘어져 피죽도 못 먹고 자란 듯 작고 보잘 것 없지만 냉이의 참맛을 아는 할머니께서 직접 밭에서 캐어 왔을 것이므로 된장국을 끓이면 구수하고 향긋한 봄 향기가 퍼질 것이다.

냉이는 두해살이 식물이므로 첫해에 올라온 줄기가 죽고 나면 뿌리에 붙어 있는 잎은 눈과 추위에 맞서 한 겨울을 살아 내야 한다. 잎이 땅바닥에 거의 붙어 열의 손실을 최소화하고 뿌리로 전달되는 냉기를 막아 주는 잎을 가진 착생식물이 대부분 그러하듯이 생존하기 위한 전략은 다른 식물보다 발달되어 있다. 파릇한 잎 위로 눈이 내리면 담장이나 처마 밑에 있는 개체들은 하얀 눈을 덮어쓴 채 긴 겨울을 난다. 그래도 밭 한가운데 덩그러니 남겨진 개체보다는 고드름에서 떨어지는 물방울이라도 춥고 지친 뿌리를 축여 주니 다행이다. 겨울에 눈이 많이 내리면 그 다음해는 풍년이라고 했던가. 지루한 겨울이 지나고 겨우내 쌓였던 눈이 녹아내리면 동생 손을 끌고 질척거리는 길을 따라 봄을 맞으러 나서 냉이랑 달래를 캤던 기억이 또렷하다. 달래는 주로 묏등이나 묘를 둘러싸고 있는 잔디에서 찾을 수 있어서 신발이나 옷을 더럽힐 염려가 없지만, 냉이는 밭 한가운데나 그 주변으로 가야 캘 수 있어서 흙투성이가 되는 것을 피할 수 없었다. 땅속은 얼어 아직 한겨울이지만 표면은 녹아 마치 흙으로 만든 죽으로 덮여 있는 것이 봄을 맞는 밭이기 때문이다. 그래서 그날은 나물을 하고도 어머니께 혼이 났던 기억이 새삼스럽다. 어찌되었든 진흙 밭 위로 겨울을 이겨낸 냉이가 머리를 내밀고 있었다. 호미질이 서툰 나는 질척한 흙이 사방으로 튀어 옷은 물론 얼굴까지 온통 흙으로 뒤범벅이 되고서야 겨우 냉이 한 뿌리를 얻을 수 있었다. 처마 밑에 난 냉이를 캐는 일은 더 재미있다. 냉이를 캐려고 지붕 끝 아래에 앉으면 눈이 녹아내린 물이 한 방울씩 머리로 떨어진다.

가계가 다른 냉이 종류_ 나도냉이(왼쪽), 는쟁이냉이(가운데), 다닥냉이(오른쪽)

나물 캔다고 분주하게 돌아다닌 탓에 땀방울이 맺힌 머릿속으로 찬 물방울이 떨어지면 김이 모락모락 피어올랐다. 한 소쿠리 가득 냉이를 캐어 담아 집으로 돌아올 때면 가슴 한 구석이 뿌듯해지곤 했다. 저녁 밥상에 올랐던 맛있는 냉이 된장찌개와 나물 캐러 다녔던 그 재미는 지금도 잊혀지지 않고 생생하다.

속명 '*Capsella*'는 주머니를 닮은 열매 모양을 나타내는 라틴어 'capsa'에서 유래되었으며, 종소명 '*bursa-pastoris*'는 '목동의 지갑'이라는 뜻이다. 학명을 짓는 데 주머니나 지갑처럼 납작하게 생긴 열매 모양이 중요한 특징으로 작용한 것이다. 그래서인지 영어 이름도 'shepherd's purse'이다. 우리 이름 '냉이'의 어원은 '나이那耳'가 '낭이'를 거쳐 '냉이'로 변화했다고 한다. 지방에서는 '나생이',

미나리냉이(왼쪽), 싸리냉이(가운데), 황새냉이(오른쪽)

'내생이', '나숭게'라고도 한다.

한방에서는 냉이와 나도냉이의 뿌리와 지상부를 제채薺菜라 하여 지사나 이뇨, 그리고 지혈 작용을 하는 데 사용하며, 홍역을 예방하는 데도 효력이 있는 것으로 알려져 있다. 민간에서는 예로부터 냉이를 많이 먹으면 눈이 좋아진다 하여 봄이 되면 제일 먼저 냉잇국을 끓여 먹었다. 그 외에 냉이 꽃을 따다가 이불 밑에 넣고 자면 그 해에는 벼룩이 방으로 들어오지 못하며, 삼월 삼짇날 냉이를 캐다가 화장실 근처에 두면 구더기가 생기지 않는다는 민간요법도 전한다. 냉이는 요리법도 다양하다. 된장찌개에 넣어 끓이는 평범한 방법부터 시작하여 콩가루를 무쳐 탕으로 끓이거나, 끓는 물에 살짝 데쳐 된장이나 간장에 조물조물 무쳐 먹는 것 등 무궁무진하다. 또 냉이는 다른 음식 재료와도 잘 어울리는 훌륭한 봄나물이다. 강원도 춘천에서 유명한 닭갈비는 닭고기와 고구마, 흰떡, 양배추, 파 등을 양념장에 무쳐 볶아 먹는 음식인데, 봄철이면 냉이를 썰어 넣어 향과 맛을 더하는 가게도 있다. 냉이를 넣으면 닭갈비가 고급스럽게 느껴진다. 볕 좋은 봄날, 하루 날을 잡아 가족과 함께 밭으로 나가 직접 냉이를 캐 본다면 색다른 봄맞이 재미를 느낄 수 있을 것이다.

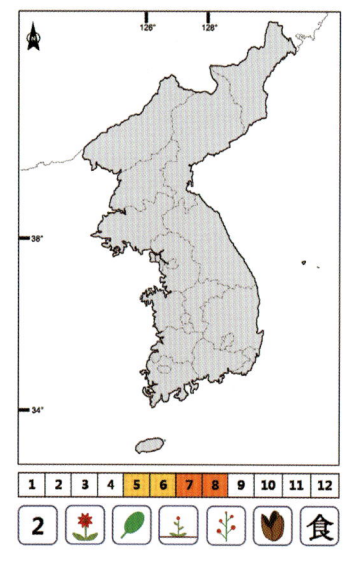

십자화과 Cruciferae에 속하는 냉이는 두해살이풀로, 높이는 10~50cm 정도고 전체에 털이 있으며 가지를 많이 친다. 뿌리는 흰색이며 땅속으로 곧게 내린다. 뿌리에서 올라온 잎은 방석처럼 땅 표면을 덮으며 가장자리는 민들레 잎처럼 깊게 갈라진다. 줄기에 달리는 잎은 어긋나며 피침 모양이고 아랫부분은 귀처럼 늘어져 원줄기를 반쯤 감싼다. 꽃은 5~6월에 피고 원줄기 끝에 흰 꽃이 작은 꽃자루에 매달려 송이처럼 달리는 총상꽃차례를 만든다. 꽃잎은 4장으로 각각은 긴 타원 모양이며 안쪽에는 4개의 수술과 1개의 암술이 있다. 열매는 7~8월에 익고 2개의 방으로 된 튀는 열매, 즉 삭과이지만 칸막이에 해당하는 격벽이 있으며 편평한 역삼각형 모양이다. 열매 윗부분은 V자로 약하게 들어가 있어 심장 모양처럼 보이며 길이 6~7mm, 폭 5~6mm 정도다. 씨는 열매 1개당 20~25개가 들어 있고 각각의 씨는 계란을 거꾸로 세워 놓은 모양이며 길이는 0.8mm다.

야생의 사랑초,
괭이밥과 큰괭이밥

경제적으로 풍요로워진 요즘은 어린이나 청소년들이 배고픔을 느끼는 경우가 많지 않을 것 같다. 대형 할인점은 기본이고, 집 근처 슈퍼마켓에만 가도 없는 게 없으니 그야말로 돈만 내면 언제든 먹고 싶은 것을 먹을 수 있게 되었다. 한창 클 나이인 아들 녀석은 가끔 엄청나게 음식을 먹어댈 때가 있다. 그런 모습에 아직도 적응이 잘 안 돼서 볼 때마다 놀란다. 도대체 저렇게 많은 음식이 어디로 다 들어가는지 고개가 절레절레 흔들어진다. 내가 국민학교 지금의 초등학교를 다닐 때 아버지께 이런 말씀을 들었던 기억이 있다. "우리 어렸을 적에는 간식은 고사하고 먹을 게 없어 보리개떡이면 감지덕지고 밀기울로 죽을 끓여 먹기도 했는데, 특히 봄에는 그나마도 먹기 힘들었다." 말 그대로 먹고 살기가 팍팍했던 아버지 세대와, 풍요를 넘어 과소비를 하면서도 전혀 의식하지 못하는 아들 세대의 중간에 끼인 나로서는 두 세대를 모두 이해한다. 그럼에도 지금의 상황보다는 아버지 말씀이 머릿속에 깊이 남아 있다. 아마도 나 역시 어린 시절 배고팠던 기억이 있기 때문인지도 모르겠다.

목이 마르거나 출출함을 느낄 때면 꽈리 열매를 따 먹었고, '시경'이라 불렀던 수영과 '고양이시금치'라고 했던 괭이밥 Oxalis corniculata의 잎사귀를 뜯어먹던 추억이 아직 생생하다. 대문 밖을 나서기만 하면 이것저것 먹을 수 있는 것이 지천이었다. 깨끗하게 씻어 먹는 것이 다 무슨 말인가. 그저 줄기 하나 꺾어 손으로 쓱쓱 문지르거나 손바닥에 내리쳐 흙이나 먼지를 털어 내면 그만이었다. 화학 농약을 많이 사용하지 않던 시절이므로 경작지 오염이 비교적 적어 가능했던 일이다. 요즘처럼 국토 대부분이 오염물질에 노출되어 있어서, 반찬 재료로 채소를 한 가지 사더라도 특정 상표를 구매해야 안심되는 것과는 아주 대조적이다. 도시는 물론이고 시골 장터에서 만나는 물건들도 몇몇 가지를 제외하면 출처가 분명하지 않은 것이 많아서 불안하기는 매한가지다. '고양이시금치'라 불렀던 괭이밥 종류는 주로 깊은 산의 계곡이나 집 근처 돌담 주변에서 자라므로 쉽게 눈에 띄었다. 입에 넣고 씹으면 시큼한 맛이 나서 침이 왈칵 쏟아져 갈증을 잠시 없애는 데는 더없이 적격이었다. 그런 기억 때문에 요즘도 산길을 걷다가 괭이밥이 있으면 잎을 따서 입에 넣어 보곤 한다. 한번은 가족과 함께 집 근처 산을 오르는데 괭이밥이 눈에 들어왔다. 나처럼 식물을 전공하는 사람이야 이것저것 볼 게 많으니 천천히 주변을 살피며 오르지만, 다른 식구들은 그저 앞만 보며 정상을 향해 열심히 오를 뿐 주변을 한번 돌아볼 여유조차 내지 않았다. 잠깐 쉴 때에 뜯어온 괭이밥을 내밀며 아들 녀석에게 먹어 보라고 했더니, 망설이며 선뜻 입에 넣지 않고 버티다가 몇 번을 재촉했더니 겨우 먹는 시늉을 했다. 그런데 신맛이 별로였던지 이내 뱉어 버리고 만다. 그 모습을 지켜보던 딸내미가 '잎이 맛있어 보이니 먹어 보겠다'며 자청하고 나섰다. 잎을 몇 개 주었더니 아무 거리낌 없이 사각사각 소리까지 내며 맛있게 먹었다. "아주 시지도, 달지도 않은 게 입안을 개운하게 해주는 것 같다"며 말이다. 괭이밥의 맛을 제대로 느낄 줄 아는 미각을 가진 것 같아 흐뭇했다.

괭이밥은 작고 꽃도 화려하지 않아 보여 줄 것이 적다면, 비슷한 종류 중 큰괭

1	2	**큰괭이밥**
3	4	1 전체 2 꽃 3 잎 4 열매

이밥 O. obtriangulata은 칼로 잘라낸 듯한 잎 끝의 모양이나 깔때기 모양의 꽃이 예뻐서 관상용으로도 가치가 있다. 큰괭이밥의 땅속줄기 끝에는 비늘잎이 많이 붙어 있고, 잎은 긴 잎자루 끝에 3장이 달리며 성숙하면 옆으로 퍼진다. 잎 각각은 거꾸로 된 삼각형으로 길이 3센티미터, 폭 4~6센티미터로 가장자리의 중간 부분이 얕게 파여 있다. 3장의 잎 중 가운데 잎을 따내면 나머지 2장의 잎이 붙어 있는 모습이 마치 나비가 날개를 펴고 앉아 있는 것 같아서 아름답다. 꽃은 흰색으로 잎 사이에서 10~20센티미터 정도의 긴 꽃줄기가 나와 끝에 1개씩 달리고 꽃 바로 아랫부분에는 포엽이 달려 있다. 꽃받침은 5개로 갈라지고 각각의 조각은 긴 타원 모양으로

괭이밥 종류_ 괭이밥(왼쪽), 선괭이밥(가운데), 자주괭이밥(오른쪽)

털이 있으며, 꽃잎은 5장으로 안쪽에 자주색 줄이 있고 수술은 10개다. 열매는 삭과로 원기둥처럼 길쭉한 계란 모양으로 총알처럼 생겼으며, 각각의 방에는 4~5개의 씨가 들어 있다.

괭이밥의 속명 'Oxalis'는 신맛이 난다는 의미의 그리스어 'oxys'에서 유래되었는데, 이들 종류의 식물체에는 옥살산수산 蓚酸이 들어 있어 신맛이 난다. 종소명 'corniculata'는 작은 뿔처럼 생겼다는 뜻으로 열매의 모양을 표현한 것이다. 큰괭이밥의 종소명 'obtriangulata'은 거꾸로 된 삼각형倒三角形이란 뜻으로 잎의 모양을 나타낸다. 우리 이름 '괭이밥'은 육식을 즐기는 고양이가 배탈이 났을 때 먹는 풀이라 하여 이런 이름이 붙여졌다고 한다. 잎이나 줄기에서 나는 신맛이 소화를 돕는 것 같다. 야생에서 볼 수 있는 괭이밥 종류로는 괭이밥과 큰괭이밥 외에 크기가 작고 열매의 방마다 1~2개의 씨가 들어 있는 애기괭이밥과, 줄기가 옆으로 기고 마디에서 뿌리가 내리는 괭이밥에 비해 줄기가 똑바로 서고 꽃이 1~3개씩만 달리는 선괭이밥이 있다. 또 꽃집에서 만날 수 있는 '사랑초'라고 불리는 자주괭이밥도 같은 종류에 속한다.

괭이밥은 전체를 식용할 수 있는데, 민간에서는 벌레나 독충에 물렸을 때 해독제로 사용한다. 한방에서는 괭이밥 종류의 지상부를 초장초酢漿草라 하여 설사나 이질, 황달, 인후염 등에 쓰며, 타박상이나 데었을 때 찧어서 환부에 부치면 치료 효과가 빠르다.

　　'자주괭이밥'이 꽃집의 사랑초라면 야생의 사랑초는 '괭이밥'이나 '큰괭이밥' 같은 종류다. 돌 틈을 비집고 올라와 서로를 마주보는 잎사귀와 꽃들이 막 사랑을 시작하는 연인들처럼 싱그럽고 예쁘다. 특히 수줍은 듯 고개 숙인 큰괭이밥 꽃의 안쪽에 있는 연한 자주색 줄은 마치 붉게 홍조를 띤 소녀의 얼굴을 닮았다. 한번쯤은 보듬어 주고 싶을 정도로 귀엽고 앙증맞다.

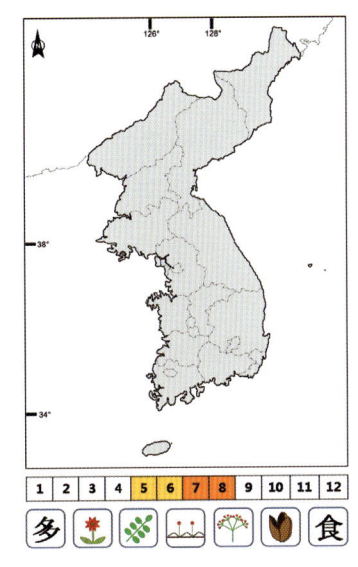

괭이밥은 괭이밥과 Oxalidaceae에 속하는 여러해살이풀로, 줄기는 땅으로 뻗거나 비스듬히 자라고 가지가 많이 갈라지며 높이는 10~30cm다. 잎은 어긋나고 긴 잎자루 끝에 3장씩 작은 잎이 달리는데 햇빛이 없을 때는 오므라든다. 잎은 거꾸로 된 삼각형으로 길이와 폭이 각각 1~2.5cm고, 가장자리와 잎 뒷면에 털이 나 있다. 꽃은 봄부터 가을까지 오랜 기간 동안 피는데 주로 5~6월에 많다. 꽃의 지름은 8mm 내외로 황색이고, 긴 꽃자루 끝에 1~8개가 우산 모양으로 달리는 산형꽃차례를 만든다. 꽃줄기에 달리는 잎 모양의 포엽은 선형 또는 피침형이고, 꽃잎과 꽃받침조각은 각각 5개이며 수술은 10개다. 열매는 성숙하면 껍질이 열개하는 삭과로, 7~8월에 익고 길이는 15~25mm며 원기둥 모양이다. 씨는 렌즈 모양이며 양쪽 가장자리는 주름이 진다.

늦가을이 담긴 식물, 노박덩굴

가을이 무르익고 단풍이 절정에 이를 무렵 꽃집에 가 보면 화려한 빛깔을 자랑하는 꽃보다는 열매나 줄기를 볼 수 있는 식물들의 비중이 높다. 쇠코뚜레처럼 동그랗게 만들어진 싸리나 물푸레나무 가지가 벽에 걸려 있고, 잔바람에 흔들리는 갈대나 억새의 꽃줄기가 가을의 스산함을 더해 준다. 이런 가을 분위기는 대형 할인점에서 먼저 내주기도 한다. 가을을 맞아 곧 다가올 겨울의 추위를 준비하는 코너를 연출할 때 단골로 등장하는 것이 바로 이런 재료들이기 때문이다. 지난 가을에 거실 분위기를 바꿔 보자는 아내의 말에 장식할 만한 것이 있나 가족 나들이를 겸해 아이들을 데리고 할인 매장에 갔던 적이 있다. 무뚝뚝하고 장식품 같은 것엔 다소 무심한 우리 남자들과는 달리 아내와 딸은 신이 나서 매장을 이리저리 돌아다니며 꼼꼼하게 물건들을 살폈다. 하지만 마땅한 것을 찾지 못해서 매장을 몇 군데 옮겨 가며 오후 내내 발품을 팔았지만 소득은 전혀 없었다. 그때부터 이곳저곳을 돌아다니며 쇼핑하는 것을 즐기지 않는 남자들과 결과물이 없어 실망한 여자들 사

1	2	노박덩굴
3	4	1 전체 2 꽃과 잎
		3 미성숙 열매 4 성숙한 열매

이에는 냉랭한 기운마저 감돌았다. 소득 없이 지칠 대로 지쳐서 집으로 돌아오는데 우리 가족의 눈을 확 휘어잡는 길가 꽃집이 있었다. 가게 외향은 다른 집과 별다른 차이가 없는데 가게 안을 장식해 놓은 재료들이 우리가 하루 종일 찾아다녔던 바로 그런 분위기의 것들이었다. 순간 식구들은 동시에 '스톱'을 외쳤다. 실제로 꽃집 안으로 들어가 보니 차에서 봤던 것보다 훨씬 더 다양한 소품이 진열되어 있었다. 그중에서도 천장 가까이에 매달려 있던 노랗고 붉은 색이 어우러진 열매를 매단 나뭇가지가 돋보였다. 벽걸이 장식용으로 더 없이 멋들어져 보였다. 바로 노박덩굴

*Celastrus orbiculatus*라는 식물의 열매였다. 열매가 성숙하기 전에는 잎과 같은 녹색을 띠므로 두드러지지 않지만 가을이 되어 낙엽이 질 무렵이면 노란색으로 익는다. 잘 익은 열매는 껍질이 터지면서 안쪽에 있던 붉은색 씨 옷種衣을 드러내 노랗고 붉게 보인다. 잎이 지고 난 늦가을이 되어서야 제대로 된 제 모습을 보여 주는 것이다. 우리 가족은 모두 노박덩굴 열매가 달린 가지를 구입하는 데 동의했다. 하루 종일 쌓였던 피로와 기다림이 한순간에 해소되는 것 같았다. 비록 한 종류에 불과했지만 말이다. 우리나라에서 절로 나 자라는 식물을 들여다보면 이렇게 아름다움을 간직한 종류들이 많다. 우리가 그 아름다움을 보지 못하는 것은 단지 관심이 부족하기 때문일 뿐이다.

속명 '*Celastrus*'는 어떤 늘푸른나무의 고대 그리스 이름을 빌려온 것으로 'celas'는 늦가을이란 뜻이라고 한다. 늦은 가을에 가장 아름다운 모습을 보여 준다는 말일 것이다. 종소명 '*orbiculatus*'는 원형 또는 원형에 가깝다는 뜻으로 잎의 모양을 표현한 것이다. 노박덩굴이라는 우리 이름은 길가를 의미하는 노방路傍의 덩굴에서 유래되었다. 햇빛을 좋아해서 길가 쪽으로 줄기가 자라 나오기 때문에 붙여진 이름이다. 노박덩굴과 형태가 비슷한 종류 중 씨가 황색 종의種衣에 싸여 있는 것은 노랑노박덩굴, 줄기에 껍질눈皮目이 뚜렷하며 잎이 두껍고 광택이 나며 잎 표면의 맥이 오목하게 들어가는 것은 해변노박덩굴, 잎 뒷면 맥 위에 기둥 모양의 돌기는 있으나 털이 없는 것은 개노박덩굴, 그리고 잎의 길이와 폭이 각각 10센티미터 정도로 크고 모양은 원형으로 얇으며 잎자루의 길이가 2.1센티미터 정도인 것은 얇은잎노박덩굴이라 하여 변종으로 다루고 있다. 노박덩굴은 지방에 따라 '노방패너울', '노랑꽃나무', '노파위나무', '노박따위나무', '노팡개더울'이라고 달리 부르기도 한다.

어린잎은 나물로 먹고, 줄기와 가지의 껍질에서는 섬유를 뽑을 수 있어서 노끈, 밧줄 등을 만드는 재료로 사용하기도 한다. 민간에서 열매는 여성의 생리통 치

홍·정·윤·갤·러·리

노박덩굴 *Celastrus orbiculatus*

료에 특효가 있으며, 뿌리와 줄기는 진정 및 혈압 강하 작용이 있어서 동맥경화와 중풍 예방에 효과가 있다고 전한다. 한방에서는 줄기를 남사등南蛇藤이라 하여 통증이나 마비, 이질을 치료하는 데 쓴다. 다양한 증상에 효과가 있다고 해도 지나친 복용은 절대 금물이다. 알칼로이드 성분이 약간 들어 있어서 위장에 탈이 날 수 있다.

노박덩굴은 가을철 결실의 의미로 적당한 나무인 것 같다. 마치 한 해 동안 농사일로 구슬땀을 흘린 보람을 화려한 색깔로 표현하는 것 같기 때문이다. 나뭇가지에 매달린 열매가 아버지 이마에 흐르는 굵은 땀방울과 겹쳐진다.

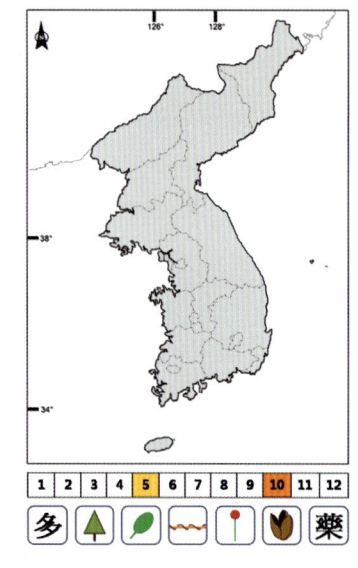

노박덩굴은 노박덩굴과 Celastraceae에 속하는 잎이 지는 덩굴성 작은키나무로, 길이는 8m에 달하며 가지는 갈색 또는 회갈색을 띤다. 잎은 어긋나며 타원형에서 원형까지 다양하고, 잎자루는 1~2.5cm 정도로 길다. 잎 가장자리에는 안쪽으로 굽은 톱니가 있으며, 잎 끝은 갑자기 뾰족해지고 밑부분은 둥글며 털이 없어 매끈하다. 꽃은 5월에 피는데 수꽃과 암꽃이 따로 달리거나 한 그루에 같이 달린다. 수꽃은 수술대가 긴 5개의 수술과 퇴화한 1개의 작은 암술이 있는 꽃이 1~10개씩 연녹색으로 피고, 암꽃은 1~3개가 모여서 피는데 1개의 암술과 퇴화한 5개의 짧은 수술이 있다. 꽃잎과 꽃받침은 각각 5개로 구성되어 있고, 꽃줄기는 잎겨드랑이에서 나오며 작은 꽃자루의 길이는 3~5mm로 짧다. 열매는 둥글고 지름은 8mm 정도며 노란색으로 익어 10월쯤에 성숙하면 3개로 갈라지면서 뒤로 말려 씨를 감싸고 있던 황적색의 종자 옷, 즉 종의種衣의 속살이 드러나 열매 껍질의 노란색과 어우러져 멋진 모습을 연출한다.

잡초라고 불려 슬픈 뚝새풀

모심기를 준비하는 시골 풍경은 정겨운 모습으로 뇌리에 남아 있다. 그런데 요즘은 일손을 도울 젊은 손이 상대적으로 부족한 농촌의 생활이 그다지 즐거워 보이지는 않는다. 그래도 누런 암소를 앞세워 논을 갈면서 '워워' 갈무리하는 어르신의 목소리에는 풍년을 기원하는 희망이 숨겨져 있다. 아지랑이 아른거리는 봄 햇살을 업은 채 이마에 땀방울이 맺힌 줄도 모르고 열심인 늙은 농부의 모습에서 가을날 맞을 풍년을 읽는다. 봄날 논과 밭에는 이런 정겨움이 곳곳에 숨어 있다. 모심기를 하기 전 재빨리 제 모습을 드러내는 식물들이 있다. 모를 심기 위해 논을 삶을 때에 가차 없이 희생을 당하지만, 끈질긴 생명력으로 다시 살아나곤 하는 식물이다. 뚝새풀*Alopecurus aequalis* var. *amurensis*이란 녀석인데, 어쩌면 모내기의 최대 피해자일지도 모르겠다. 요즘 젊은 사람들은 들어본 적이 없을지도 모르는 '논을 삶는다'는 표현은, 모내기 전 과정으로 겨울을 지내는 동안이나 봄이 되어 새로 올라온 잡초를 없애기 위해 논바닥을 갈아엎고 물을 댄 후 모를 심기 위해 논을 평탄하게

뚝새풀_ 전체(왼쪽), 꽃(오른쪽)

고르는 일을 말한다. 지금이야 농기계가 해주지만 내가 어렸을 적에는 소를 앞세워 논을 삶았다. 가끔은 소가 심술을 부려 논바닥을 치며 튕긴 흙탕물과 진흙이 소를 모는 할아버지 얼굴로 날아들기도 했다. 시간이 지날수록 할아버지 얼굴은 흙투성이가 되어 가고, 그 모습을 지켜보던 우리는 멋모르고 깔깔대며 즐거워했던 기억이 선명하다. 이제는 그 어디에서도 할아버지도, 논을 삶는 모습도 찾아볼 수가 없다.

그때 논을 삶기 전의 논바닥을 살펴보면 몽당연필 크기만 한 볼품없는 풀이 꽃 뭉치를 달고 논 한가득 나 있었다. 바로 뚝새풀이다. 그나마 논을 벗어난 곳에 자리 잡은 개체들은 살아남을 수 있지만, 논바닥의 난 것들은 모조리 수장되고 만다. 내가 중학교 때까지만 해도 농번기에는 학교에서 단체로 근처 마을로 모심기 봉사활동을 나갔다. 지금은 영양이 좋아 중학생들도 체격이 커서 성인으로 보일 만

뚝새풀 군락

큼 큰 친구들이 많지만, 우리 때만 해도 체격도 왜소하고 초등학생 티를 겨우 벗은 정도였다. 그럼에도 집에서는 소 먹이는 꼴도 베고, 외양간 정리도 도맡아 하는 등 작은 농사꾼 노릇을 톡톡히 했었다. 요즘의 허우대만 멀쩡한 젊은이들과는 비교가 안 될 정도로 말이다. 실은 모내기 봉사를 가면 모심기보다는 우리 고향에서는 '제누리'라고도 하는 새참이나 점심 얻어먹을 욕심이 컸다. 만약 새참이 늦어지기라도 하면 반항의 표시로 묶어 놓은 모를 한 뭉치씩 발뒤꿈치로 눌러 논바닥에 파묻곤 했다. 못줄을 잡아 주시던 아저씨들이 이를 눈치채고는 그 화답으로 못줄을 옮기면서 한 번씩 튕겨 우리들 얼굴을 흙범벅으로 만들어 놓으셨다. 햇빛으로 까맣게 그을린 얼굴에 흙까지 튄 모습을 서로 쳐다보며 흰 이를 드러내고 한바탕 웃어 젖혔던 기억이 어제 일처럼 또렷하다. 그렇게 한바탕 웃음으로 피곤함까지 날려 보냈다. 모심기가 지루해질 즈음이면 이곳저곳에서 종아리에 붙은 거머리를 떼어 내느라 한바탕 소란이 벌어졌으며, 그중에는 피를 본 친구들도 가끔 있었다. 화학비료를 사용하면서 거머리가 살 수 없는 환경이 되어 지금은 오히려 거머리 있는 논을 찾기가 하늘의 별따기만큼 어려운 것이 현실이고 보니 안타깝기 그지없다. 또 이런 일도 있었다. 모내기를 하러 미리 삶아 놓은 논에 들어서면 죽을 쑤어 놓은 듯 물렁물렁한 흙이 밟혔는데, 가끔 물 위로 머리를 내밀고 있는 막대기처럼 생긴 것이 보였다. 바로 뚝새풀의 꽃대였다. 아니면 맨발로 잘 삶아진 논을 휘저어가며 밟으면 뭔가 뭉쳐 있는 느낌이 들어 꺼내 보면, 작년에 뿌려 놓은 지푸라기 뭉치인데 대개 뚝새풀이 같이 딸려 나왔다. 그 지푸라기 뭉치를 논두렁에 던져 놓으면 어느 사이 새로운 환경에 적응해서 자신의 세력을 키워 군락을 이루어 놓고는 했다. 모심는 철만 되면 그때의 즐거웠던 추억과 함께 뚝새풀에 대한 기억이 생생하게 되살아난다.

속명 '*Alopecurus*'는 여우를 뜻하는 그리스어 'Alopex'와 꼬리를 의미하는 'oura'의 합성어로, 꽃이 달려 있는 전체 모습이 여우의 꼬리처럼 굵다고 해서 붙여진 것이다. 종소명 '*aequalis*'는 같은 모양과 크기를 갖는다는 뜻으로 크기가 비슷한 여러 개의 꽃이 모여 있는 것을 말하고, 변종소명 '*amurensis*'는 아무르 지방에 분포한다는 뜻이다. 뚝새풀이란 우리 이름은 아마도 논둑에서 자라는 새와 모양이 비슷한 풀이란 뜻 같다. 형태가 비슷한 종으로는 큰뚝새풀과 털뚝새풀, 그리고 일본과 북미에서 귀화한 쥐꼬리뚝새풀 등이 있다. 지방에서는 '둑새풀', '독개풀', '독새풀', '산독새풀', '독새', '독새기', '개풀' 등 다양하게 불린다.

보통 소의 먹이로 먹이는데 꽃이 핀 것은 소가 먹지 않는다고 한다. 한방에서는 지상부를 간맥낭看麥娘이라 하여 몸의 붓기를 내리거나 어린 아이의 수두나 복통, 설사에 약으로 사용한다. 뱀에 물렸을 때 씨를 짓이겨 붙이면 독을 제거하는 것으로 알려져 있다.

뚝새풀은 독특하거나 특별한 특징은 없지만, 논이나 밭을 생각하면 항상 떠오를 만큼 흔한 잡초로 인식되어 있다. 생존력만큼은 그 어느 종보다도 강하다는 뜻이다. 돌봐 주는 사람 하나 없어도 그저 때가 되면 꽃이 피었다가 이내 지고 말지만, 조용함 속에서도 꿋꿋하게 다음해를 준비한다. 농사를 짓는 농부의 입장에서는 도움 될 것이 하나 없는, 오히려 방해가 되는 식물일지언정 식물분류학자의 입장에서 보면 인내忍耐의 상징으로 여겨지는 존재다.

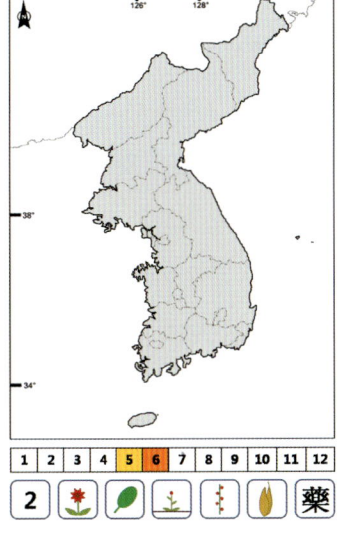

뚝새풀은 벼과 Gramineae에 속하며 논밭 등에서 흔히 자라는 한해살이 또는 두해살이풀로, 높이는 20~40cm 정도 자란다. 줄기에 털은 없으며, 뿌리에서 여러 개의 줄기가 올라온다. 잎은 편평하고 길이 5~15cm, 폭 1.5~5cm로 백색이 도는 녹색이고 가장자리는 밋밋하다. 꽃은 5월에 피고, 꽃줄기는 3~8cm, 폭 3~5mm로 연한 녹색이며 가지에는 털이 조금 있다. 꽃잎은 없으며 밖으로 돌출된 3개의 수술과 1개의 암술은 마치 벌레가 알을 낳아 놓은 것처럼 보인다. 꽃의 보호기관 역할을 하는 포영苞穎은 계란을 거꾸로 놓은 모양이며 3개의 맥이 있는데 가운데 맥에는 털이 나 있다. 까끄라기, 즉 까락은 한 개의 꽃을 감싸고 있는 호영護穎의 뒤쪽 아랫부분에 달리고 길이는 2.5~3.5mm로 밖으로 약간 돌출되어 있다. 꽃이 피어 있는 기간은 고작해야 일주일 이내라고 하니 다른 벼과 식물에 비해서는 아주 짧은 편이다. 열매는 6월에 성숙한다.

잎, 꽃, 열매의 아름다운 삼중주, 마가목

대부분의 사람들이 연애를 할 때는 음식의 맛보다는 분위기 좋은 곳을 찾아다닌다. 그래서인지 맛과는 상관없이 그렇게 많은 식당들이 꾸준히 영업을 지속할 수 있는 것인지도 모르겠다. 그런데 결혼을 하고 나이가 들면서는 분위기보다는 값이 싸고 푸짐하게 먹을 수 있는 집을 선호하게 된다. 또 이런 성향과는 별도로 음식 맛 자체를 즐기는 사람도 점점 늘어나고 있다. 그중에는 전국의 맛집을 찾아다니며 음식을 즐기고 그 맛을 평가하여 글을 써서 인터넷에 올리거나 책으로 만든 사람도 여럿 있다. 이렇게 많은 이들의 관심을 모으는 맛집은 음식뿐만 아니라 후식도 특별하다. 후식은 입안을 개운하게 하고 속을 편안하게 하는 안정제 같은 역할을 한다고 생각하는데, 대부분의 식당은 커피나 녹차 정도여서 그 역할을 충분히 하지 못한다는 느낌이 들 때가 있다. 편안하고 한국적인 후식은 없을까? 언젠가 한정식으로 소문난 집에서 맛있게 식사를 하고 후식을 기다리는데 종업원이 다가와 물었다. '우리 집에는 둥굴레와 마가목 차가 있는데, 어떤 것으로 하시겠습니까? 흔한

1	2	마가목
3		1 전체 2 줄기
4		3 잎 4 꽃
5		5 열매

마가목 꽃

둥굴레 차 맛은 익히 알고 있겠지만, 마가목 차는 도대체 어떤 맛일까? 궁금해 하는 사람도 많을 것이다. 손님 중에는 마가목이 나무인지 풀인지는 고사하고 식물인지 동물의 일부인지조차 정확히 알지 못하는 사람이 있을 테니 '마가목이 무엇이냐'고 되묻거나 편한 둥굴레 차를 선택하게 될 것이다. 마가목 차는 약간 매운 듯하지만 맛이 좋고 입 안에 감도는 은은한 향이 오랫동안 지속되는 차로, 아는 사람들 사이에서는 인기 있는 차 중의 하나다. 종업원의 질문에 대답 대신 내 머릿속을 스치는 기억이 하나 있었다. 예전에 오대산을 오르는데 산속 높은 곳에서 나 홀로 시위를 하고 있는 나무가 있었다. 줄기에 껍질 하나 걸치지 않은 채로 세찬 비바람을 맞으면서 말이다. 껍질 없는 나무라고 해야 살아서 천년, 죽어서 천년이라는 주목의 고사목이 대부분인데, 그리 굵지도 않은 줄기에 껍질 하나 없이 외롭게 서 있으니 이상해 눈에 띌 수밖에 없었다. 그것은 몸에 좋다면 가리지 않고 챙기는 사람들에 의해 안타깝게 죽어가는 마가목*Sorbus commixta*의 최후였던 것이다. 불현듯 떠오른 기억에 결국 나는 그날 마가목 차를 마시지 못했다. 불안한 생각에 식당을 나오며 마가목의 출처를 물었더니 중국산으로 시장에서 구입한다고 했다. 그나마 다행이라는 생각이 들었다.

해발고도가 높은 곳을 선호하는 마가목은, 백두산에서는 해발 1,000미터 정도의 넓은잎나무 숲에서 볼 수 있고 설악산이나 태백산에서는 해발 1,300미터 근처에서 볼 수 있다. 그러나 개체 수가 많기로는 울릉도가 단연 으뜸이다.

속명 'Sorbus'는 라틴어의 'sorbus' 또는 'sorbi'에서 온 말로 'service tree'라는 뜻으로 용도가 많다는 의미를 가진다. 종소명 'commixta'는 '혼합하다', '복잡하다'는 뜻으로 여러 개의 꽃이 달려 있는 것을 나타낸 것 같다. 마가목이라는 우리 이름은 '조심', '신중'이란 꽃말과는 어울리지 않게 이른 봄 새싹이 올라올 때의 모습이 말의 이빨처럼 힘차게 솟아난다고 해서 '마아목馬牙木'이라 한 데서 유래되었다고 한다. 지방에서는 '은빛마가목'이라고도 한다. 형태가 비슷한 종으로는 잎이나 겨울눈에 털이 있고 없고에 따라 잔털마가목, 왕털마가목, 녹마가목, 산마가목, 당마가목 등이 있으며, 세계적으로는 약 80종이나 되는 많은 종류들이 주로 북반구를 중심으로 분포한다.

마가목은 잔가지를 꺾으면 생강나무처럼 특이한 향이 나기 때문에 중북부 지방의 산사에서는 차로 다려 마시기도 하는데, 여름에 갈증을 없애고 더위를 잊게 해 준다고 한다. 한방에서는 줄기의 껍질과 열매를 약으로 사용하는데, 폐결핵으로 인한 해수와 천식, 그리고 위염과 복통을 치료하는 데 쓴다. 비타민 A와 C의 결핍에도 효과가 있는 것으로 알려져 있다. 줄기는 탄력이 좋고 단단하여 지팡이 재료가 되기도 한다. 요즘 들어 새로 조성된 화단이나 길가에 마가목이 심겨 있는 것을 심심치 않게 볼 수 있다. 5~6월에 피는 흰색 꽃은 싱그러움을 더해 주고, 9~10월에 익는 붉은색 열매는 추수의 느낌처럼 풍성함이 느껴진다. 야생하는 것은 아니지만 외래종인 플라타너스나 은행나무보다는 훨씬 더 자연성이 느껴져 좋다.

재래시장에 가면 암에 특효가 있는 화살나무, 강정제인 삼지구엽초, 간 기능을 회복시켜 준다는 헛개나무 같은 약재들이 흔하게 팔리고 있다. 마가목도 비슷한 경우로, 열매와 껍질이 몸에 좋다는 이유로 유명한 산의 들머리 좌판이나 선물가게, 심지어는 휴게소 약초 전시장에서도 흔하게 볼 수 있다. 포장지에는 모두 국내

산이라고 적혀 있지만, 볼 적마다 내심 그렇지 않았으면 좋겠다는 생각을 한다. 약으로 쓰이는 것이야 어쩔 수 없다고 하지만, 그렇다고 자생지에 선 나무의 밑동까지 잘라 내는 참혹한 일은 벌이지 않았으면 하는 바람이다. 소중한 우리의 자원인 동시에 더불어 살아가야 하는 자연의 한자락이기 때문이다.

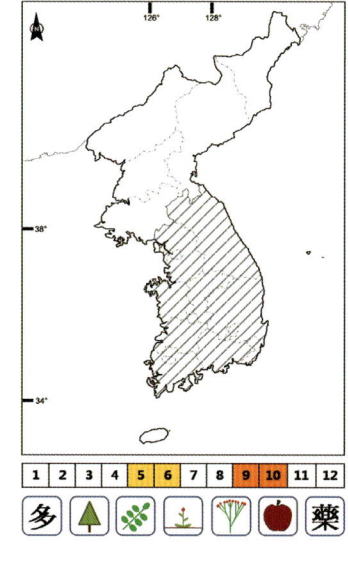

마가목은 장미과 Rosaceae에 속하는 잎이 지는 작은키나무로, 높이는 6~8m 정도지만 골짜기에서 자라는 것 중에는 10m 이상 자라는 개체도 있다. 잔가지와 겨울눈에는 털이 없다. 잎은 어긋나고 아까시나무처럼 여러 개의 작은 잎이 달리는 복엽을 형성한다. 잎은 9~13개가 달리고 피침 또는 넓은 피침형이며, 길이는 5~8cm고 양면 모두 털이 없으며 표면은 녹색이지만 뒷면은 연한 녹색이다. 가을이면 잎은 붉은색으로 변해 열매와 더불어 매혹적인 색깔을 띤다. 꽃은 5~6월에 흰색으로 피고 지름은 8~10mm다. 꽃차례는 길이 8~12cm며, 작은 꽃자루의 길이가 비슷하고 꽃이 바깥쪽에서 안쪽으로 피어 들어가는 산방꽃차례가 분지하여 복산방꽃차례複繖房花序를 이루므로 수백 개의 꽃이 한꺼번에 달려 눈꽃을 떠올리게 할 정도로 화려하다. 열매는 둥글고 붉은색이며 9~10월에 익고 크기는 5~8mm 정도다.

홍·정·윤·갤·러·리

마가목 *Sorbus commixta*

외면하게 하는 향기를 지닌 미모의 백선

숲 속 길을 걷다 보면 어디선가 은은하게 풍겨 오는 향을 맡을 수가 있다. 향을 풍기는 종류야 여러 가지가 있지만 더덕이나 쪽동백나무처럼 향기로운 냄새를 내는 것이 있는가 하면 누리장나무, 누린내풀이나 은행나무의 열매처럼 고약한 냄새를 가지는 종류도 많다. 요즘은 일부러 자연스런 향을 찾아 즐기는 사람이 많아져 이른바 '허브' 농장들이 줄줄이 문을 열고 있으며, 꽃집은 물론이고 대형 할인점에서조차 대중적인 인기 허브 식물 몇 종류를 비치해 놓고 판매한다. 출판계에서도 몸에 좋은 향을 가진 식물, 먹어서 좋은 식물 등 세밀하게 식물을 구별해 책으로 만들어 독자들에게 다양한 정보를 제공하고 있다. 또한 향을 이용한 건강 유지법도 소개되고 있다. 예를 들면 산국이나 감국 등 흔히 들국화라 뭉뚱그려 부르는 종들의 꽃을 말린 것이나 메밀 씨의 껍질로 베갯속을 채우면 숙면을 취할 수 있어 건강에 좋다고 하며, 소나무 같은 바늘잎나무에서는 피톤치드라는 물질이 분비되어 그 향을 맡으면 머리가 맑아지고 기분이 상쾌해진다고 하여 바늘잎나무 숲에 산책로

백선_ 전체(왼쪽), 꽃(가운데), 열매(오른쪽)

를 만들어 놓은 자연휴양림이나 식물원에 사람들의 발길이 끊이지 않는다. 우리가 느끼는 좋고 나쁜 향들은 종류마다 독특한 구조나 기능을 가지고 있으므로 향을 전공하는 사람들은 이런 향을 이용해 화장품이나 향수 등을 만들려면 어느 것 하나 놓쳐서는 안 되는 중요한 냄새라고 한다. 그래도 좋은 향을 맡으면 기분이 좋아지는 것은 남녀노소 다르지 않을 것 같다. 개인적 차이는 있겠지만 나는 외국에서 들여온 허브 식물보다는 우리나라에서 절로 나 자라는 식물들의 자연스런 향이 좋다.

20여 년 전 대학원에서 석사 학위를 위한 논문으로 「우리나라 더덕속Codonopsis 식물에 대한 연구」를 했었다. 우리나라에는 4종류의 더덕속 식물이 절로 나 자라는

데, 그중 더덕만이 강한 향을 낸다. 그런데 재미있는 것은 누군가 더덕을 건드려 주어야 향이 퍼진다는 사실이다. 바람이 되었든 지나가는 동물이든, 아니면 산길을 걷던 사람이든 말이다. 논문 준비를 위해 더덕을 찾아 몇 년을 산을 헤매고 나서야 더덕이 절로 나 자라는 자생지 환경을 짐작할 수 있게 되었고, 산의 위치나 지세를 보면 더덕이 자생하는지 여부를 알 수 있게 되었다. 그럼에도 여전히 더덕을 찾으러 가면 자생지 환경을 살피기보다는 더덕 향에 더 의존하게 된다. 그런데 약재를 찾아다니는 사람들에게는 최고의 식물이지만 일반인에게는 좋지 않은 꽃의 향기 때문에 외면을 당하는 백선 *Dictamnus dasycarpus*이란 식물이 있다. 백선은 한방에서 쓰는 이름을 그대로 사용하기 때문에 다소 거리감은 있지만, 봄이 무르익는 5~6월 산행에서 가장 반갑게 만날 수 있는 대표적인 식물이다.

속명 '*Dictamnus*'는 그리스어로 산이란 의미의 'dicte'에서 기원되었다고 하며, 종소명 '*dasycarpus*'는 억세고 거친 털이 있다는 뜻으로 줄기와 가지에 나 있는 털을 나타낸 것 같다. 백선에 비해 잎에 털이 많이 나 있는 것은 '털백선'이라 하며 함경북도 청진에서 자란다. 우리나라 전역에서 볼 수 있는 백선은 '자래초' 또는 '검화'라고도 불린다.

한방에서는 백선의 뿌리껍질을 백선피白鮮皮라고 하여 통증을 완화시키는 데 쓴다. 황달과 비염 치료에 효과가 있는 물질을 함유하고 있어 약용하면서 개체 수가 점점 줄어들고 있다. 한때는 백선의 오래된 뿌리가 봉황을 닮았다고 하여 '봉황삼鳳凰蔘' 또는 '봉삼鳳蔘'이라 불리며, 한 뿌리에 수천만 원에서 수억 원에 거래되기까지 했다. 뿌리로 술을 담그면 산삼보다 효과가 더 좋다고 속여 팔아 엄청난 이득을 챙긴 사람도 있었다고 한다. 모두 뿌리의 생김새 때문에 벌어진 일이었다. 물론 백선은 여러 가지 약효를 가진 훌륭한 약용식물임에는 틀림없다. 그러나 모든 식물이 그러하듯이 잘못 사용하면 오히려 해가 될 수도 있는 법이므로, 정확한 진단을 받은 후에 처방을 받아 사용해야 최상의 효과를 얻을 수 있다는 것을 늘 기억해야 한다. 향기와 뿌리의 약효 때문에 그나마 약용식물로 명맥을 유지해 온 백선은 활용만 잘 하면 원예식물로도 충분한 가치가 있다고 생각된다. 향을 바꿀 수만 있다면 원예종으로도 더할 나위 없는 식물이므로 이에 대한 연구가 되었으면 하는 바람이다.

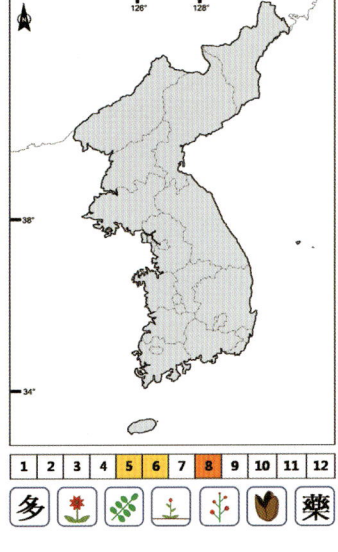

운향과 Rutaceae에 속하는 백선은 여러해살이풀로, 높이는 50~90cm 정도고 뿌리는 굵어 마치 삼처럼 생겨서 식물을 잘 모르는 사람이 뿌리만 가져와 산삼이라고 주장할 만큼 비슷하다. 잎은 마주나고 대부분은 줄기의 가운데 부분에 모여 나는데 9~12개의 작은 잎이 가래나무나 호두나무의 잎처럼 붙어난다. 잎이 붙어 있는 가운데 축 부분에는 날개가 있으며, 작은 잎 각각은 계란이나 타원 모양으로 길이 2.5~5cm, 폭 1~2cm로 양끝은 좁고 가장자리에는 작은 톱니가 있으며 기름을 분비하는 유점油點이 분포한다. 꽃은 5~6월에 홍색으로 피고 줄기 끝에 몇 개의 꽃이 송이처럼 매달려 총상꽃차례를 만든다. 꽃의 지름은 2.5cm 정도로 꽃잎 안쪽에는 홍자색 줄이 있어 마치 곤충의 날개에 예쁜 색을 칠해 놓은 것처럼 보인다. 작은 꽃자루의 길이는 0.5~2cm로 털과 더불어 물질을 분비하는 선모가 있어 강한 향을 내는데 그다지 향긋하지는 않아서 사람에게 인기는 없다. 꽃잎과 꽃받침은 각각 5개이고 수술은 10개로 암술과 더불어 갈고리처럼 밑으로 처지지만 끝은 위를 향한다. 열매는 익으면 껍질이 열리는 삭과로 털이 있으며, 8월에 익으면 끝은 5개로 갈라지는데 안쪽에는 길이 3~5mm 정도의 검은색 씨가 들어 있다.

접시와 부처님 머리를 닮은 백당나무와 불두화

흔히 이름이 비슷한 식물은 정확한 구별이 쉽지 않다. 학명學名처럼 국제 식물 명명규약법에 의해 공식적으로 붙여진 이름이라면 분명히 형태적으로 차이가 있는데 문제는 우리 이름, 즉 국명國名이다. 모양새가 비슷하기 때문에 붙여진 이름이라 하더라도 자세히 관찰하지 않으면 실수하기가 쉽다. 바닷가에 가면 해당화요, 산으로 가면 산당화라고 했다. 같은 맥락에서 흔히 산에 있는 것은 백당나무요, 절에 있는 것은 불두화佛頭花라고 부른다. 사실 산당화는 명자꽃이라 불리는 중국 원산의 관상용 나무지만 해당화와 비슷한 이름 때문에 혼동을 일으키는 종이다. 그렇다면 백당나무와 불두화는 어떻게 다를까? 두 종류는 꽃의 형태를 뺀 다른 형질은 거의 같아서 많은 사람이 혼동을 일으킨다. 그러나 확연한 차이는 학명에 잘 나타나 있다. 백당나무의 학명은 '*Viburnum sargentii*'이고 불두화는 백당나무의 품종인 '*V. sargentii* for. *sterile*'로 되어 있다.

속명 '*Viburnum*'의 뜻은 알려지지 않았지만 *V. lantana*라는 식물의 옛날

1	2	백당나무
3		1 전체 2 줄기
4		3 꽃 4 열매

이름이라 하고, 종소명 '*sargentii*'는 미국의 식물학자 사젠티 C.S. Sargentii를 기념하기 위한 것이다. 불두화의 품종소명 '*sterile*'은 불임不姙이라는 뜻이다. 결론부터

말하자면 두 종류의 차이점은 종자를 맺느냐, 맺지 못하느냐의 차이다. 꽃의 화려함으로 보면 백당나무보다는 불두화가 훨씬 아름답다. 불두화의 한자 의미는 '부처님의 머리 모양을 한 꽃'으로 5개의 꽃잎으로 구성된 작은 꽃 여러 개가 원형의 구조물처럼 만들어진 작은 꽃줄기에 달려 전체적으로는 동그란 축구공이나 눈 뭉치 모양을 하고 있다. 그래서인지 영어 이름도 'snowball tree'다. 불두화는 '수국백당나무' 또는 '큰접시꽃나무'라고 불리기도 하고, 백당나무는 '청백당나무' 또는 '불두화'라고도 한다. 백당나무라는 우리 이름의 어원은 알려져 있지 않지만 흰색의 꽃이 피는 당분이 많은 나무라는 뜻인 것 같다. 이 꽃을 찾아오는 벌이나 나비가 많은 것을 보아도 알 수 있다. 우리나라에 분포하는 같은 속에 속하는 식물로는 분꽃나무와 산가막살나무를 포함하여 10여 종이 있다.

한방에서 백당나무의 어린 가지와 잎은 계수조鷄樹條라고 하는데, 허리나 다리가 시린 증상이나 관절염에 효과가 있으며 버짐이나 가려움증에도 효능이 있는 것으로 알려져 있다. 불두화는 관상용으로 인기가 높아 도심의 아파트 화단에서도 볼 수 있는 흔한 나무 중의 하나가 되었다. 꽃이 피면 마치 커다란 솜방망이가 길게 늘어져 있는 것 같은 모습이어서 이를 보고 있노라면 마음마저 푸근해지는 느낌이다. 머리를 조아리듯 길게 늘어진 꽃줄기에 매달려 가벼운 봄바람에도 출렁거리는 꽃송이들은 새록새록 낮잠을 즐기는 어린아이의 얼굴처럼 예쁘다.

한번은 자동차를 몰고 달리다가 언뜻 길가에 스쳐 지나간 흰 꽃을 잊지 못해 먼 길을 되돌아갔던 적도 있다. 달리는 자동차의 창문 너머로 식물의 모습을 얼마나 자세히 보았다고 되돌아가기까지 하느냐고 생각할 사람도 있겠지만 비록 그 모습이 명확하지는 않았어도 왠지 다시 보아야 할 것 같은 강한 느낌에 끌렸기 때문이다. 야외에서 식물조사를 하다 보면 대개 조사지의 환경과 입지 조건에 맞는 식물들이 모습을 드러내기 마련이다. 그런데 보여야 할 식물이 눈에 띄지 않으면 그것을 찾기 위해 무던히도 애를 쓴다. 그날도 스쳐 지나간 꽃이 뭔가 새로운 종일지

1	2	불두화
3	4	1 전체 2 줄기 3 잎 4 꽃

도 모른다는 생각에 되돌아가는 길을 선택했던 것이다. 되돌아간 그곳에는 백당나무가 있었다. 도로변의 물이 흐르는 도랑과 산림이 인접한 곳에 하얀색 꽃이 편평한 접시 모양을 만들며 피어 있었던 것이다. 그날은 날씨가 흐려 물이나 인접한 다른 식물들의 잎 색깔과 대비되어 흰 꽃이 훨씬 더 아름다워 보였다. 겨울이 되면 열

매도 볼거리다. 눈과 장독대, 눈을 뒤집어쓰고 있는 나무와 지저귀는 새처럼 조화로운 겨울 풍경에 걸맞은 또 하나의 풍경으로 백당나무의 붉은 열매와 흰 눈의 어우러짐을 들 수 있다. 마치 하얀 눈 속에 앉아 붉은 열매를 쪼아 먹는 참새의 모습이 보이는 듯 선하다. 불두화는 종자를 맺지 못하는 아쉬움은 있지만, 꽃의 모양이 부처님의 머리를 닮아서인지 아니면 결혼을 하지 않는 스님들이 계신 곳이어서인지 주로 사찰 근처에서 볼 수 있다. 열매가 열리지 않는 대신 식물체의 일부를 뿌리와 함께 잘라 내어 심는 포기나누기分株法나 나뭇가지를 잘라 심는 꺾꽂이라 불리는 삽목揷木을 하면 쉽게 새로운 개체를 얻을 수 있다. 이에 비해 열매를 맺는 백당나무는 바닥에 떨어진 잎에서 은행나무 열매의 고약한 냄새가 나는 단점이 있다. 아무리 아름다운 꽃과 열매가 맺히는 식물이라 하더라도 장단점은 다 있게 마련이다.

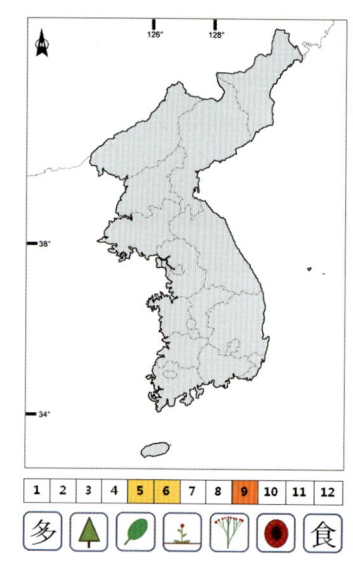

백당나무와 불두화는 인동과 Caprifoliaceae에 속하며 높이는 3m 정도의 작은키나무로, 늦은 봄에 꽃이 피는 식물치고는 꽃이 화려하며 산이나 화단에서 비교적 쉽게 찾아볼 수 있다. 두 종류의 어린 가지에는 잔털이 있고 넓은 계란 모양의 잎은 마주나며 길이와 폭은 각각 4~12cm로 끝은 3개로 갈라지고 양쪽으로 갈라진 2개의 잎 조각은 바깥쪽으로 벌어진다. 두 종류의 꽃은 모두 흰색으로 불두화는 모두 무성화無性花이기 때문에 열매를 맺지 못하는 데 비해, 백당나무는 중성화中性化와 유성화有性花가 한꺼번에 달려 차이가 있다. 옆의 분포도에서 볼 수 있듯이 백당나무의 꽃은 5~6월에 흰색으로 피는데 꽃자루의 길이가 거의 같아 편평한 접시 모양으로 꽃이 달리는 산방꽃차례를 이룬다. 꽃차례의 가장자리에는 지름 3cm 정도의 중성화가 둘러싸고 있고, 그 안쪽에는 지름 5~6mm 정도의 작은 유성화가 빽빽하게 들어 있다. 이 꽃은 동그란 열매로 변하여 9월이 되면 붉은색으로 익는다.

홍·정·윤 갤·러·리

불두화 *Viburnum sargentii* for. *sterile*

추어탕 맛의 비밀을 간직한 산초나무와 초피나무

　　어깨가 절로 움츠러들고 입김이 나오는 쌀쌀한 계절이 돌아오면 추위를 녹이기 위해 몸은 자연스럽게 따뜻한 음식을 당긴다. 전국의 맛있는 집을 찾아 소개하는 맛집 탐방은 초저녁 텔레비전 프로그램의 단골 메뉴다. 여름이면 시원한 냉면이나 막국수를 찾아 나서고, 날씨가 선선해지는 추운 계절이 돌아오면 펄펄 끓는 가마솥에서 오랫동안 우려낸 곰탕이나 설렁탕 소개가 잦다. 이런 방송을 보다 보면 절로 군침이 돌아 바로 찾아가서 먹어 보고 싶은 충동을 느낄 때가 많지만 때마다 매화타령을 할 수는 없는 노릇이니 그저 참을 수밖에……. 한 해 농사를 마무리하는 늦가을에 지친 몸을 추스르고 초겨울의 스산함을 달랠 수 있는 대표적인 보양 음식으로 추어탕을 들 수 있다. 덥지도 춥지도 않은 계절에 소개하기 아주 적당한 음식이 아닐까 싶다. 추어탕의 재료인 미꾸라지는 우리나라에 16종류 정도가 서식하고 있는데 이 중 추어탕의 재료로 주로 사용되는 것은 미꾸리와 미꾸라지다. 이 두 종은 이름도, 모습도 비슷하여 혼동하는 이들이 많지만 입에 달려 있는 수염의 길이가 다르며, 미꾸리는 주로 중

1	2	3	산초나무
4	5		1 전체 2 줄기 3 가시
			4 꽃 5 열매

부 지역에 분포하고 미꾸라지는 남쪽 지방에서 자란다고 한다. 어릴 적에 형들과 함께 수확이 끝난 논의 웅덩이에서 물을 퍼내고 바닥의 진흙을 삽으로 퍼내 휙 펼치면 어른 손가락보다도 긴 큼지막한 미꾸리가 꿈틀거렸다. 이를 한 바구니 가득 잡아 집으로 돌아갈 때면 기분이 날아갈 듯 좋은 것은 물론이고, 서로의 얼굴에 묻은 진흙을 보며 하얀 이를 드러내며 한바탕 웃음을 터뜨렸던 기억이 바로 어제 일처럼 선명하다. 요즘 내 고향인 강원도 횡성군 공근면의 학담마을에 생긴 추어탕 집은 전국으로 입소문이 나서 찾아오는 사람들로 매일 초만원을 이룬다. 그래도 추어탕 하면 제일 먼저 전라북도 남원을 떠올리기 마련인데, 이곳에서도 집집마다 맛의 차이는 조금씩

1	2	3
4	5	

초피나무
1 전체 2 줄기 3 가시
4 꽃 5 열매

난다. 같은 음식인데 왜 맛에 차이가 나는 것일까? 그 이유는 바로 추어탕 집에서 볼 수 있는 후추와 비슷하게 생긴 향이 나는 가루 때문이다. 이 가루의 정체는 바로 산초나무Zanthoxylum schinifolium나 초피나무Z. piperitum의 열매를 갈아낸 것이다. 요즘은 열매뿐만 아니라 말린 잎을 갈아서 열매 대신 사용하는 식당도 있다. 이 가루를 얼마나 어떻게 사용하느냐에 따라서 추어탕의 맛이 결정된다고 할 수 있다.

속명 'Zanthoxylum'은 황색을 뜻하는 그리스어 'xanthos'와 목재를 의미하는 'xylon'의 합성어로 목재의 색깔을 표현한 것이고, 종소명 'schinifolium'은 옻나무과Anacardiaceae의 'Schinus' 속 식물의 잎과 비슷하다는 의미인데 이 종류들은

열매의 비교_ 산초나무(왼쪽), 개산초(오른쪽)

주로 열대 지역에서 자라며 잎과 열매에서 후추 향이 난다고 하여 붙여진 이름이다. 실제로도 이들 식물의 열매를 갈아 후추처럼 사용한다. 초피나무의 종소명 *'piperitum'* 도 후추와 유사하다는 뜻을 가지고 있다. 실제로 산초나무와 초피나무는 후추와 비슷한 향기를 가지고 있어서 같은 용도로 사용되고 있다. 이들의 우리 이름도 산에서 자라는 향이 나는 나무를 뜻한다. 산초나무에 비해 가시가 없는 개체는 '민산초나무'라고 한다. 비슷한 이름을 가진 종류로는 개산초와 왕초피나무가 있는데, 개산초는 잎이 3~7개로 구성되며 잎자루와 잎이 달리는 축에 날개가 있어 산초나무와는 차이가 있고, 왕초피나무는 초피나무에 비해 소엽의 수가 7~13개로 적지만 2배 정도 크고 향기가 덜 나는 것이 다르다.

산초나무와 초피나무 종류를 한방에서는 화초花椒 또는 야초野椒라 하여 구충과 해독 등에 사용하는데, 그보다 흥미로운 점은 진통 효과도 있다는 것이다. 타박상을 입은 곳에 즙을 내서 찜질하면 금방 통증이 멎고, 치통이 심할 때 열매 껍질을 씹으면 통증이 사라진다고 하여 'toothache tree'라고도 부른다. 또한 초목椒目이라 불리는 초피나무, 개산초, 왕초피나무의 열매는, 이뇨작용을 하므로 몸이 부었을 때 쓰며 천식을 가라앉히는 효과도 있다고 한다. 시골에서는 향기를 즐기기 위해 어린잎과 꽃줄기를 절여서 먹기도 하고, 일본에서는 생선회를 이들 잎으로 싸서 먹기도 한다. 또한 생선으로 만든 전 위에 덮어 비린내를 없애기도 한다. 이 나무들은 귀신을 쫓는 데도 효능이 있는 것으로 알려져 있는데, 이는 가시와 향 때문에 귀신이 감히 접근을 하지 못하기 때문이라고 한다.

식물의 종류 중에는 쓰임새가 많아 '만병초'란 이름을 가진 나무가 있다. 1만 가지 병을 고치는 데 사용되는 식물이란 뜻이다. 산초나무와 초피나무도 열매, 잎, 줄기의 껍질 등 식물체 전체를 식용하거나 약용하고 있어서 만병초에 버금가는 식물이라 할 수 있다. 가을에 제 맛이 난다고 해서 미꾸라지의 한자 이름은 추어鰍魚다. 요즘은 미꾸리가 수요만큼 많은 개체가 서식하지 않아서, 공급이 딸리는 만큼 수입을 하고 있어서 옛날의 추어 맛을 느끼기는 어렵다. 그래도 맛있게 끓인 추어탕에 잘 익은 산초나무와 초피나무의 열매 가루를 얹어 한 그릇 먹어 보고 싶다.

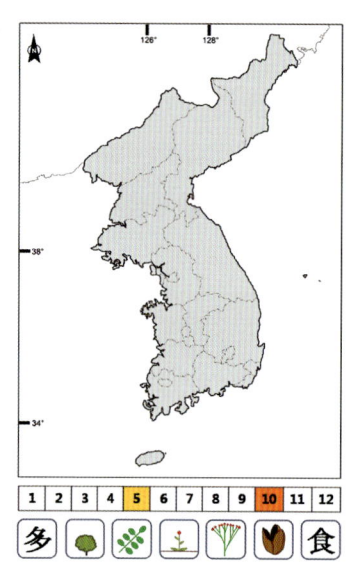

산초나무와 초피나무는 운향과Rutaceae에 속하는 잎이 지는 떨기나무로, 높이는 2m 정도다. 줄기에는 가시가 있으며, 기름을 내는 유점이나 어떤 물질을 분비하는 선점腺點이 있어서 식물 전체에서 독특한 향이 난다.

산초나무의 어린 가지는 붉은 갈색을 띠고 가시가 어긋나 달린다. 잎은 11~19개의 작은 잎으로 된 복엽으로 줄기에 어긋나 달리고, 어린잎은 호랑나비 애벌레의 먹이식물로 이용되기도 한다. 작은 잎들은 긴 타원 모양이며 길이 1~5cm, 폭 6~15mm로 양끝이 좁아지며 가장자리에는 둔한 톱니가 있다. 꽃은 5월에 황록색으로 피고 가지 끝에 작은 꽃줄기의 높이가 거의 같게 자라 편평하게 보이는 산방꽃차례로 달리는데, 작은 꽃줄기에는 마디가 있다. 꽃받침은 눈으로 보이지 않을 정도로 작고 꽃잎은 긴 타원형이다. 열매는 성숙하면 봉합선을 따라 껍질이 열리는 삭과로, 모양은 동그랗고 10월에 성숙하며 안쪽에는 검은색 씨가 들어 있다.

이에 비해 초피나무는 어린 가지는 연한 녹색을 띠고 가시는 마주나며 열매는 적갈색으로 익어 차이를 보인다.

버릴 것이 하나도 없는 감나무

어떤 음식을 좋아한다는 것은 지극히 개인적인 취향이지만, 밥보다 과일을 더 좋아하는 사람이 더러 있는 것 같다. 내 주변에도 그런 분이 계신데 과일이 없으면 밥을 먹지만 둘 다 있을 때에는 조금의 망설임도 없이 과일을 집는다. 과일의 종류는 상관없이 어떤 것이든 그분에게는 최고의 음식이다. 이런 분들은 과일의 천국이라 할 수 있는 말레이시아나 인도네시아 같은 열대 지방에 살아야 좋아하는 과일을 원 없이 즐길 수 있을 텐데 안타깝게도 미국으로 이민을 가셨다. 어렸을 때 먹었던 과일의 맛과 향을 잊을 수 없어 계속 과일을 먹게 된다는 그분은, 자녀들을 모두 출가시켰을 정도로 연세가 있으신 데도 여전히 과일 타령을 하는 것이 못내 쑥스러우신지 한동안은 과일 이야기만 나오면 자리를 피해 나가셨다. 모르긴 몰라도 그분은 아마 평생을 그렇게 과일과 함께하셨고 앞으로도 함께하실 것 같다.

우리 집에도 과일하면 하던 일을 내팽개치고 달려올 사람이 한 명 있다. 바로 나의 아내인데, 특히 감을 좋아한다. 감이 유명한 강원도 강릉에서 태어나 어릴 때

1	2
3	4
5	6

감나무
1 전체　2 줄기
3 잎　4 꽃
5 열매　6 곶감 만들기

부터 감과 친숙하게 지내서인지 남들은 많이 먹으면 변비가 생긴다는데 아내에게는 전혀 상관이 없는 말이다. 그런 말은 영서 지방에서 태어나 감 구경 한번 제대로 하지 못한 사람들에게나 해당되는 것인가 보다. 감이 익을 무렵이면 삼 남매는 아침 일찍 뒷동산이나 밭 가에 심긴 감나무에서 밤 사이에 떨어진 감을 주워 먹으러 가곤 했단다. 좀 덜 익은 것은 잘 떨어지지도 않을뿐더러 혹시 떨어졌다고 해도 떫은맛이 강해 금방 먹기가 어렵지만, 나무에서 잘 익은 감은 아주 달고 맛이 있는 대신 떨어지면 쉬이 깨져 버리는 단점이 있단다. 이들 삼 남매가 감나무 *Diospyros kaki* 밑으로 달려가 제일 먼저 줍는 것은 제일 덜 깨졌으나 잘 익은 감이었다. 일단 그것은 홍일점인 아내에게 먹이고, 두 번째 감은 막내에게 주고 나서야 맨 마지막에 주운 것을 맏아들인 오빠가 먹었다고 한다. 지금도 식구들이 모이는 명절 때면 손위 처남은 어려서부터 사랑하는 동생들을 배려했으므로 이제는 내게 잘하라고 우스갯소리를 하곤 한다. 지금도 감이라고 하면 큰집에서나 작은집에서나 보이는 즉시 모두 먹어 치워 다른 사람은 한 조각 얻어먹기조차 어려울 지경이다. 감 이야기를 하다 보니 늦가을 풍경이 떠오른다. 앙상한 가지에 까치밥으로 감 몇 개가 덩그러니 걸려 있는 감나무를 보면 곧 겨울이 찾아오겠구나 생각하곤 했다. 식물도감에 보면 감나무는 주로 '경기도 이남에서 과실수로 재배한다'고 되어 있지만 이제는 서울보다 북쪽에 위치한 강원도 춘천에서도 볼 수 있다. 따뜻함이 더해졌다는 의미인데, 지구온난화로 인한 온도 상승이 생태계에 미치는 엄청난 영향을 잘 보여 주는 증거다.

속명 '*Diospyros*'는 천둥의 신인 주피터를 뜻하는 그리스어 'dios'와 곡물을 뜻하는 'pyros'의 합성어로 '신神의 식물'이란 뜻인데, 이는 과일의 맛을 찬양하는 것이라고 한다. 종소명 '*kaki*'는 일본어로 감을 의미한다. 감나무라는 우리 이름도 달콤한 열매가 달리는 나무라는 뜻인 것 같다. 비슷한 종류로는 고욤나무가 있는데 감나무에 비해 잎 표면에 광택이 있고 뒷면은 흰빛이 나며, 꽃잎 바깥쪽에 털

고욤나무_ 잎과 열매

이 없고 열매의 크기가 1.5~2센티미터로 작아서 차이가 난다. 감나무는 '돌감나무', '산감나무', '똘감나무'라고도 불린다.

한방에서는 열매에 붙어 있는 꽃받침을 시체柿蒂, 열매는 시자柿子, 잎은 시엽柿葉, 열매를 말린 곶감은 시병柿餠이라 하여 약으로 쓴다. 시체에는 타닌, 트리테르페노이드triterpenoid, 당분 등이 들어 있으며, 그 추출물은 딸꾹질과 야뇨증 치료에 효과가 있다고 한다. 시자에는 당 성분이 많이 들어 있어 갈증과 갑상샘 질환에 쓰며, 진해 및 거담 작용을 한다. 또 시엽은 피를 멈추게 하는 작용을 하며, 시병은 지혈 효과도 있고 이질에도 쓴다. 감나무 자체를 칭찬하는 기록도 있다. 중국 당나라 때 단성식段成式이 쓴 수필 『유양잡조酉陽雜俎』라는 책에는 감나무의 장점 7가지를 적고 있는데, '오래 살고, 좋은 그늘을 만들며, 새가 집을 짓지 않고, 벌레가 없으며, 단풍이 아름답고, 열매가 먹음직스러우며, 잎이 커서 글씨를 쓸 수 있다'고 기록하고 있다. 뿐만 아니라 제주도에서는 감물을 들인 옷감으로 옷을 만들어 입었으며, 줄기는 재질이 강하고 탄력이 있어서 가구재나 활을 만드는 재료로 사용했다고 한다.

가을철 딱딱한 생감을 그늘에 저장해 두면 색깔이 더욱 붉어지며 맛도 달콤해지고 말랑말랑해지는데 이것을 '홍시' 또는 '연시'라고 한다. 딱딱한 생감은 떫은

맛을 내는데 이는 디오스프린diosprin이라는 타닌 성분으로, 이 물질이 아세트알데히드acetaldehyde와 결합하면 불용성이 되어 떫은맛은 사라지고 달콤해지는 것이다. 생감의 껍질을 벗겨 내고 햇볕에 잘 말리면 '호랑이도 무서워한다'는 곶감이 되는데, 곶감 표면에서 볼 수 있는 흰 가루는 '감의 서리'라는 의미에서 시상柿霜이라고 한다. 이것은 곶감 속의 수분이 다 빠져 나간 후 당분이 표면으로 나와 결정을 이루면서 생기는 현상이다. 세계적으로 감나무는 약 200종 가까이나 된다고 한다. 이들 대부분은 열대나 아열대 지방에 분포하고 우리나라에는 감나무와 고욤나무만이 자란다. 열매든 잎이든 버릴 것이 하나도 없는 훌륭한 나무가 바로 감나무다.

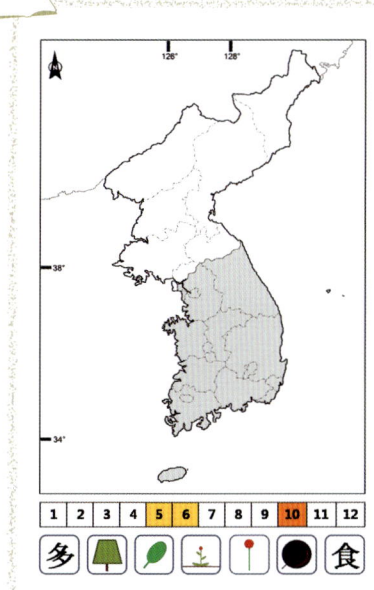

감나무는 감나무과Ebenaceae에 속하는 잎이 지는 큰키나무로, 높이는 14m에 달하고 잔가지는 회갈색이나 회백색이며 갈색 털이 있다. 잎은 어긋나고 긴 계란 모양으로 털이 있다. 잎은 길이 7~17cm, 폭 4~10cm고 가장자리에 톱니는 없으며 잎자루는 0.5~1.5cm 정도다. 꽃은 5~6월에 피며 수술과 암술을 모두 가지고 있는 양성화이나 수꽃과 암꽃이 따로 달리기도 한다. 꽃은 황백색으로 대부분 새로 나온 가지의 잎겨드랑이에 달린다. 꽃받침과 꽃잎의 바깥쪽에는 털이 빽빽하게 나고 수꽃에는 수술이 16개나 있지만 양성화가 달리는 꽃에는 4~16개로 다양하다. 열매는 수분이 많은 포도나 꽈리 같은 장과로 계란 모양의 원형 또는 구형이며 지름은 4~8cm로 10월 이후 늦가을에 황색으로 익는다.

향기 나는 눈 뭉치 꽃을 가진 쪽동백나무

창문을 열면 훈훈한 공기 속에 꽃향기가 가득하다. 비 온 후 차분하게 가라앉은 나무며, 풀들이 더없이 싱그럽다. 이 시기에 향기로는 아까시나무가 단연 으뜸이지만, 산속으로 들어가 보면 그 주인공은 바뀐다. 쪽동백나무 *Styrax obassia*가 바로 주인공 식물로, 이름에 동백이란 단어가 들어가 있으니 직접 본 적이 없다고 해도 그 화려함과 아름다움은 짐짓 헤아려 볼 만하다. 그러나 동백이라는 같은 이름을 사용하기는 하지만, 차나무과 Theaceae에 속하는 동백나무와는 그 뿌리부터가 완전히 다르다. '동백'이란 단어가 들어간 식물로는 백동백나무감태나무의 이명, 동백나무겨우살이, 동백사초처럼 예쁜 이름도 많은데 왜 하필이면 '쪽'이란 단어를 붙였을까? 쪽, 쪽버들, 쪽잔고사리 등도 비슷한 느낌으로 그리 평탄한 이름 같지는 않다. '쪽'이란 단어는 '물건의 쪼개진 한 부분'으로 작다는 뜻을 가진다. 따라서 이들 식물체의 어느 부분인가 많이 갈라져 조각이 난 것처럼 보이거나 2개로 갈라지는 특징이 있어서 작다는 뜻으로 붙인 것 같다. 이런 맥락에서 이름이 비슷한 동백나무

쪽동백나무
1 전체 2 줄기 3 꽃 4 열매

의 열매보다 그 크기가 작아 붙여진 이름이라 주장하는 이들도 있다.

　몇 년 전 강원도 동해시의 나지막한 산으로 조사를 나갔는데, 산 가까이에 마을이 있어서인지 아침이면 운동하는 사람들로 가뜩이나 좁은 산길이 더 붐볐다. 오가는 사람들 대부분이 한마을 사람이다 보니 왁자지껄 인사를 나누기도 하고, 어떤 이는 헤드폰을 쓴 채 흥에 겨운 듯 소리 높여 노래를 부르는 이도 있었다. 산을 오르는 습성도 가지각색이란 생각과 함께 시간을 쪼개 운동하는 모습은, 산행을 업으로 삼다시피 하는 우리와는 사뭇 다르고 여유로워 보였다. 마늘과 고추가 잘 심긴 산 밑의 밭에서부터 차근차근 정상을 향해 오르면서 이것저것 채집을 하는데, 봄바람을 타고 향긋한 향이 콧속으로 밀려 들어왔다. 정말 깨끗하고 순수한 느낌의 향이었다. 향기가 진하면 오히려 역할 수도 있는데, 바람에 실려 오는 향은 자극적이지 않고 은은하게 퍼졌다. 걸음을 옮길수록 향기가 진해지더니 드디어 그 주인공과 마주하게 되었다. 꽃을 활짝 피우고 있는 쪽동백나무였다. 아니나 다를까 쪽동백나무 꽃에는 벌들이 코를 박고 꽃줄기의 흔들림에 따라 흔들의자를 타고 있었다. 그

때죽나무_ 꽃(왼쪽), 열매(오른쪽)

덕에 꽃향기가 더 멀리까지 퍼져 나간지도 모르겠다. 그날은 종일 쪽동백나무 꽃향기가 따라다녀 기분 좋은 하루를 보냈다. 쪽동백나무의 열매를 받아다가 밭에 뿌려 본 적이 있다. 발아는 비교적 잘 되었는데 미처 다 자랄 때까지 키우지는 못했다. 그래도 흙을 뚫고 올라오는 모습이 아주 강인하고 활기차 보였다.

　　속명 'Styrax'는 그리스어 'storax'에서 유래되었는데 안식향安息香을 생산하는 나무 모두를 의미한다고 하며, 종소명 'obassia'는 상추 모양의 큰 잎을 가졌다는 뜻이다. 쪽동백나무의 향기와 잎의 모양을 잘 나타내고 있다. 우리 이름은 열매가 동백나무에 비해 작고 열매 껍질이 갈라진다고 붙인 것 같다. 비슷한 종류로는 쪽동백나무보다 잎의 크기가 절반 정도이고 가장자리가 불규칙하게 깊이 패어 들어간 결각 모양의 톱니가 있으며 지리산에서만 자라는 좀쪽동백나무와, 중부 이남에서 자라며 작은 꽃자루가 2~3센티미터로 긴 때죽나무가 있다. 쪽동백나무는 '정나무', '때죽나무', '물박달', '산아즈까리나무', '개동백나무'라고도 불린다. 영국에서는 'Fragrant snowball'이라고 하는데, 향기 나는 눈 뭉치라는 뜻이다.

홍·정·윤 갤·러·리

쪽동백나무 *Styrax obassia*

잎을 들어 올리고 밑으로 향해 있는 꽃들을 보면 마치 솜사탕을 뜯어 동그랗게 뭉쳐 놓은 포도송이 같다.

한방에서는 쪽동백나무 열매를 옥령화玉鈴花라 하여 약으로 사용하는데, 주로 종기의 염증을 가라앉히고 통증을 없애는 데 효과가 있다고 한다. 쪽동백나무도 수액을 분비하는데 층층나무처럼 밖으로 흘러나와 굳으면 붉은색이 된다. 수액은 직접 마시지는 않고 일부 지방에서 방부제나 향신료 등으로 쓴다. 잘 익은 열매는 기름으로 짜서 머릿기름이나 공업용 기름으로도 사용한다.

쪽동백나무는 깊은 산이 아닌 나지막한 산의 숲에서도 볼 수 있는 친구 같은 존재다. 벌과 나비에게는 훌륭한 꿀을 제공하고, 사람에게는 그늘과 향기로운 꽃향기까지 동시에 주니 친구가 아니 될 수 없다. 바람에 흔들리는 흰 꽃송이들이 눈에 선하다. 가을이 되어 가지에 주렁주렁 매달려 익을 열매의 모습이 기대된다.

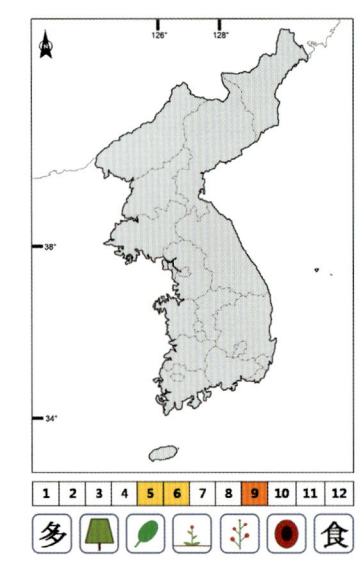

쪽동백나무는 때죽나무과 Styracaceae에 속하는 잎이 지는 큰키나무로, 높이는 10m까지 자라고 줄기의 껍질은 매끈하다. 새로 나는 가지는 성장 후 반들반들 윤이 나는 갈색을 띠며 가을이 되면 벗겨지기도 한다. 줄기에 어긋나 달리는 잎은 타원 또는 원형에 가깝고 길이 7~20cm, 폭 8~20cm로 끝이 꼬리처럼 갑자기 뾰족해지며 가장자리, 특히 윗부분에 잔 톱니가 있다. 잎 표면은 녹색이나 뒷면은 흰빛이 돌고 별 모양의 털이 있으며 잎자루는 2~3cm로 길이의 변이가 심하다. 꽃은 5~6월에 흰색으로 피고 10~20cm 정도의 S자처럼 생긴 긴 포도송이 같은 총상꽃차례에 여러 개의 꽃이 달리며 꽃송이는 아래를 향한다. 꽃받침은 5~9개로 갈라지고 털이 있으며, 꽃부리는 지름이 약 2cm로 끝은 5개로 깊게 갈라지고 겉에는 성모가 있으며 수술대와 암술대에는 털이 없다. 열매는 계란 모양의 원형 또는 타원형으로 길이 2cm, 폭 9mm 정도로 9월에 검붉은 갈색으로 익고 열매의 껍질은 불규칙하게 갈라진다.

주렁주렁 추억을 매달고 있는 뽕나무와 산뽕나무

　　　　1970년대 중반만 해도 우리나라의 수출 목표액은 100억 달러 정도였다. 1964년도 수출액이 고작 1억 달러였던 것을 감안하면 6년 동안 100배 상승을 목표로 열심히 달린 시기였다. 초등학교 건물 정면에 커다랗게 써 붙여 놓은 목표액을 보면서 100억이란 금액이 얼마나 큰 것인지, 어떤 단위인지도 모른 채 앵무새처럼 반복해 외우던 시절이었다. 시간은 흘러 매년 괄목할 만한 발전을 거듭하여 새로운 천년이 시작된 지 11년이 지난 지금은 수출액이 5,565억 달러로 그 금액만으로는 세계 10위권 안에 든다. 경제가 발전하면서 국민들의 생활 수준이나 살아가는 방법 또한 많은 변화를 겪었다. 특히 먹을거리의 변화가 유독 컸다. 지금은 햄버거, 파스타, 치킨 등 기호에 따라 먹고 싶은 것을 마음껏 먹을 수 있게 되었지만, 수출액 100억 달러가 목표였던 그 시절에는 많이 달랐다. 도시락은 반드시 보리 같은 잡곡을 절반 이상 쌀과 섞어 지은 밥으로 싸야 했으며, 반찬은 퀴퀴한 냄새가 나는 묵은 김치나 된장에 박아 놓았던 마늘종이나 무장아찌가 전부였다. 그보다 조금 앞서 살았던 분지금의 할아버지, 할머니 세대들은 보리개떡이나 수제비로 끼니를 잇거나 보리밥만으로도 황송해 하며 먹던 말 그대로 찢어지게 가난했던 시절을 보내셨다. 요즘은 이런 음식들이 별미 또는 추억을 되새기는 음식이 되었으니 불과 몇 십 년 사이에 음식 문화가 급격하게 바뀐 것을 느낄 수 있다.

나에게도 음식에 얽힌 추억이 몇 가지 있는데, 당장 떠오르는 것은 누에에 얽힌 사연으로 지금까지도 절대 누에번데기를 먹지 않는 이유이기도 하다. 봄이 되면 어머니는 면사무소에서 하얀 종이박스에 담겨 있는 사각형 나무통을 가지고 오셨다. 통을 흔들어 보면 누에 알이 문창호지 위를 굴러다니며 맑고 명쾌한 소리를 내곤 했다. 마치 금방 수확한 콩이나 팥을, 돌을 골라내기 위해 키 위에 올려놓고 까부는 소리처럼……. 그날부터 안방 아랫목은 주인이 바뀐다. 누에 알이 부화하려면 섭씨 25~29도가 유지되어야 하므로 따뜻한 아랫목을 내주어야 했던 것이다. 열흘쯤 지나면 꼬물꼬물 애벌레가 나오는데, 그때부터는 우후죽순처럼 요즘 아이들 말대로 폭풍 성장을 한다. 다섯 번 잠을 잘 때5령까지 먹고 자는 생활의 연속이지만, 뽕나무 Morus alba 잎을 먹을 때는 마치 장대비라도 쏟아지는 듯 주룩주룩 소리를 냈다. 잘 자란 뽕나무 줄기를 한 다발 잠박누에를 키우던 싸리나무로 만든 소쿠리 모양의 틀 위에 얹어 주면 순식간에 잎은 사라지고 앙상한 잎 줄거리만 남았다. 5령이 지나 허물벗기가 끝나면 누에는 침샘에서 만들어지는 단백질 성분의 실 같은 섬유를 내놓는다. 그것으로 땅콩 모양의 하얀 솜이불을 만들고, 나중에는 그 속에서 번데기로 남아 누에고치가 된다. 수확한 누에고치는 높은 등급을 받기 위해 온갖 손질을 해서 깨끗하게 만들어 정들었던 집과는 작별하게 된다. 등급이 결정되면 누에고치는 모아서 껍질은 명주실로, 번데기는 식용으로 각각 이용되면서 한 세대를 마무리하게 된다. 이러한 과정을 몇 달 동안 관찰하면서 자라다 보니 감히 번데기를 먹을 엄두가 나질 않는다. 요즘은 누에 애벌레가 먹던 뽕나무에서 나는 상황버섯과 뽕나무의 잎과 줄기까지 사람들이 식용한다. 그야말로 뽕나무가 다용도 식물이 되

뽕나무_ 전체(왼쪽), 줄기(가운데), 잎(오른쪽)

어 버렸다.

    산뽕나무는 뽕나무에 비해 암술대가 씨방보다 길고 잎 가장자리의 톱니가 더 날카로워 차이가 있고, 뽕나무는 전국에서 재배되는 데 비해 산뽕나무는 해발 500~1,400미터의 산지에서 비교적 폭넓게 자라 두 종이 구별된다. 형태가 비슷한 종류로는 뽕나무 중 가지가 밑으로 처지는 품종인 처진뽕나무와, 산뽕나무의 잎과 줄기의 변이종으로 잎이 꼬리처럼 길게 자란 꼬리뽕나무, 잎이 5개로 가늘게 갈라져 사람의 손처럼 생긴 가새뽕나무, 바닷가에서 자라며 잎이 두꺼운 섬뽕나무, 그리고 새 가지가 붉은색을 띠는 붉은대산뽕 등이 있다. 지방에서는 뽕나무를 '오듸나무', '새뽕나무', '오디나무' 등으로 달리 부르기도 한다.

    뽕나무의 속명 '*Morus*'는 검은색을 뜻하는 켈트어 'mor'에서 유래되어 열매의 색깔을 표현하며, 종소명 '*alba*'는 흰색을 뜻한다. 산뽕나무*M. bombycis*의 종소명 '*bombycis*'는 누에와 명주실을 의미한다. 이처럼 학명에는 뽕나무의 특징을 나

1	2	산뽕나무
3	4	1 전체 2 줄기 3 꽃 4 열매

타내는 말과, 누에와 관련이 있는 이름이 붙여졌다. 뽕나무라는 우리 이름의 유래는 재기가 넘친다. 열매인 오디에 들어 있는 성분이 소화 기능을 촉진시켜 장의 활동을 원활하게 하는 효과가 있어서 먹고 나면 방귀가 잘 나온다는 뜻에서 방귀소리인

'뽕'이 이름에 붙여졌다고 한다.

한방에서는 주로 뽕나무, 산뽕나무, 가새뽕나무를 약으로 이용하는데, 뿌리의 껍질은 상백피桑白皮라고 하여 혈압을 낮추고 이뇨작용을 하며, 가지는 상지桑枝라 하여 팔다리의 마비나 가려움증에 효과가 있다고 한다. 잎은 상엽桑葉이라 부르며 열이나 두통, 두드러기에 효과가 있고, 열매는 상심자桑椹子라 하여 불면증이나 어지럼증, 당뇨병에 효과가 있는 것으로 알려져 있다. 또 요즘은 건강을 위해 막국수나 칼국수 반죽에 뽕나무 잎을 갈아 넣은 뽕잎막국수나 뽕잎칼국수라는 새로운 메뉴가 만들어지기도 했으며, 뽕잎을 간장에 절여 깻잎장아찌처럼 먹기도 한다.

뽕나무 열매가 익으면 나뭇가지 채 휘어잡고 입술이 까맣게 변하도록 오디를 따 먹었던 기억이 있다. 양치질을 잘하지 않아 누렇게 변해 버린 이가 그날만큼은 유난히 희게 보일 정도로 입술 색깔이 대비되곤 했다. 누에에 대한 소중한 기억도 있었다. 잘 자라던 누에가 죽으면 그냥 내다 버리지 않고 반드시 뒷간재래식 화장실에 묻어 주었다.

잎의 비교_ 뽕나무(위), 산뽕나무(가운데), 가새뽕나무(아래)

병충해에 강한, 깨끗하고 신선한 뽕잎을 먹고 자라서인지는 몰라도 부모님은 항상 그렇게 하셨다. 시골집에서는 논농사를 제외하면 유일한 수입원이었던 만큼 온 가족이 모두 동원되어 누에 농사에 매달려야 할 정도로 큰일이었다. 적어도 몇 달 동안은 말이다. 그러나 이제는 누에를 치지 않으니 그런 재미까지 함께 없어져 버리고, 그저 아련한 옛 기억 속에만 남아 있을 뿐이다.

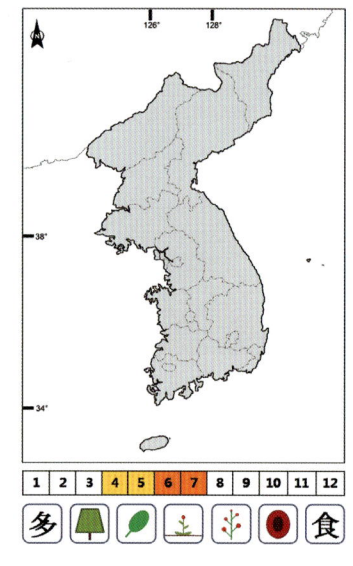

뽕나무는 뽕나무과 Moraceae에 속하는 잎이 지는 큰키나무 또는 떨기나무로, 높이는 2~15m에 달한다. 줄기의 껍질은 회백색이나 회갈색으로 세로로 갈라지며 어린 가지에는 잔털이 많이 나고 겨울눈은 넓은 계란 모양이다. 잎은 어긋나 달리고 모양은 계란형 또는 넓은 계란형으로 길이는 6~18cm 정도며, 끝은 뾰족하고 아랫부분은 심장 모양이며 가장자리에 톱니가 있다. 잎자루는 2~2.5cm로 길고 잔털이 있다. 꽃은 4~5월에 피고 수꽃과 암꽃이 따로 달리는데 수꽃 이삭은 새로 나온 가지 아래쪽에 3~4개씩 달려 꼬리처럼 길게 늘어지고, 암꽃은 5~10mm 정도의 짧은 꽃자루에 달린다. 수꽃의 꽃잎과 수술은 각각 4개이고, 녹색의 암꽃은 꽃잎이 2mm 내외로 작고 암술대는 2개로 갈라진다. 열매의 길이는 1~2.5cm로 공 또는 타원 모양이며 6~7월에 붉은 기가 도는 검은색으로 익는데 흔히 '오디'라고 한다.

찔레나무의 꽃은 흰색이다

　　노래방이 처음 소개되었을 무렵에는 노래를 부르며 노는 데 그보다 더 좋은 곳은 없었다. 일정한 시간 동안 마음껏 노래를 부를 수 있으니 스트레스도 해소되고 자신의 노래 솜씨도 확인해 보는 기회가 되기도 했다. 그런데 요즘은 새로운 장르의 음악이 하루가 멀다 하고 소개되고 이에 따라 새로운 앨범들이 발표되고 있어서, 어떤 때는 마치 제3세계에라도 와 있는 것처럼 혼란스러울 때가 많다. 따라 부르기는 포기한 지 이미 오래되었고, 가사라도 음미해 보려 하지만 도대체 무슨 말을 하려는 것인지 이해할 수 없는 내용뿐이다. 영어가 섞이지 않으면 노래가 안 되는 것인지 가사에는 반드시 영어로 된 부분이 있고, 노래하며 춤을 추는 것 또한 대부분 노래의 공통된 특징이다. 노래에도 분명 세대 차이가 있음을 실감할 뿐이다. 얼마 전에 노래 잘 하기로 소문난 가수의 콘서트에 갔었다. 지인에게 선물로 받은 티켓은 대형 공연장의 가장 좋은 자리였고, 대학 다닐 때 우연히 갔던 소극장 콘서트 이후 오랜만에 가는 콘서트라 함께 간 아내와 나는 약간 들떴을 뿐만 아니라 자

1	
2	3
4	5

찔레나무
1 전체 2 잎
3 줄기 4 꽃
5 열매

못 기대도 되었다. 요란한 리듬과 춤으로 무장한 젊은 가수들과는 달리 은은한 목소리와 가창력을 바탕으로 콘서트를 통해 자신과 자신의 노래를 알리는 바람직한 노래꾼이었다. 두 시간 남짓한 공연 동안 한 번도 자리에 앉지 못할 만큼 신나는 분위기의 공연이 끝나갈 무렵, 노래는 트로트풍으로 바뀌어 갔고, 관객들은 점점 더 열광하게 되었다. 역시 우리 정서에는 전통 가요가 단연 최고 인기구나 하는 생각을 했다. 독자 여러분은 노래방에 가면 어떤 노래를 부르시나요? 노래 부르기를 즐기지 않는 나조차 노래방에 가면 부르는 노래가 몇 곡 있을 정도이니 누구나 몇 곡쯤은 자신 있게 부르는 노래가 있을 것이라 생각된다. 내 노래방 목록 중에는 백난아라는 가수가 부른 「찔레꽃」이라는 노래가 있다. 그런데 노래방에서도 내 직업의식은 여지없이 발동한다. '찔레꽃 붉게 피는……'으로 시작하는 가사가 딱 걸린 것이다. 찔레나무 *Rosa multiflora*의 꽃 색깔은 흰색이기 때문이다. 가끔 연한 붉은빛이 도는 개체도 없지는 않지만 붉다고 표현할 정도는

꽃의 비교_ 찔레나무(위), 줄딸기(가운데), 해당화(아래)

아니다. 그렇다면 남쪽 지방에는 붉은색 꽃이 피는 찔레나무 종류가 있는 것일까? 정확하지는 않지만 아마도 해당화나 줄딸기, 또는 울타리 대신 심는 원예종 덩굴장미 종류를 잘못 보고 그리 표현한 것이 아닌가 싶다.

    찔레나무에 얽힌 어릴 적 기억도 많다. 가시가 있는 나무라 낫이나 칼 없이는 함부로 손을 댈 수 없어서 쉬이 다가서기 힘들었는데도, 포기하지 못하고 다가가는 이유는 바로 새순 때문이었다. 봄이 되면 묵은 가지에서 새로 올라오는 새순을 따서 겉껍질을 벗겨 내고 입에 넣으면 달콤하고 아삭아삭한 것이 감칠맛이 있었다. 내 고향에서는 '찔렁'이라 불렀는데 그야말로 천연 야채 샐러드였던 셈이다. 가끔 야외실습을 나가서 학생들이 이런 경험을 할 수 있도록 유도해 보지만 반응은 영 신통치가 않다. 내가 어렸을 때만 해도 맛있는 간식이자 자연과 만나는 정겨운 놀이의 일부였는데 말이다. 새순뿐만 아니라 열매도 요긴하게 쓰였다. 겨울이면 찔레나무 열매를 이용해서 새를 잡았다. 눈 내린 논바닥에 가마니를 깔고 주워 놓았던 벼 이삭을 올려놓고 하루 정도 새들을 유인한 후에 다음날쯤 벼이삭과 함께, 구멍을 내서 안에 독극물을 넣은 찔레나무 열매를 섞어 놓으면 그것을 주워 먹은 꿩이나 산비둘기를 잡는 것은 시간 문제였다. 지금은 법으로 금지하고 있어서 엄두도 낼 수 없는 일이지만 그때는 너무나 재미있는 놀이이자 사냥이었다.

    속명 '*Rosa*'는 장미를 뜻하는 그리스어 'rhodon'과 붉다는 의미의 켈트어 'rhodd'에서 유래되었다고 하며, 종소명 '*multiflora*'는 꽃이 여러 개 달린다는 뜻이라고 한다. 찔레나무라는 우리 이름은 줄기에 가시가 있어 찔릴 수 있는 나무라는 뜻일 것이다. 형태가 비슷한 종류로는, 잎과 꽃차례에 선모가 많은 털찔레, 작은 잎의 길이가 1~2센티미터이고 꽃이 작은 좀찔레, 턱잎의 가장자리에 톱니가 거의 없고 암술대에 털이 있는 제주찔레가 있는데 모두 찔레나무의 변종으로 취급하고 있다. 찔레나무는 지방에서 '가시나무', '설널네나무', '새비나무', '질누나무', '질꾸나무', '찔네나무', '들장미', '야장미' 등으로 불리기도 한다.

홍·정·윤·갤·러·리

찔레나무 *Rosa multiflora*

한방에서는 열매를 영실營實이라 하여 불면증이나 건망증에 사용하며, 식욕을 돋우거나 종기를 낫게 하는 데 효과가 있다고 한다.

찔레나무가 포함된 장미속에는 우리가 알고 있는 장미 종류가 모두 속해 있다. 지금까지 만들어 낸 장미 품종만 1만 5,000종 정도라고 하니 가히 전 세계 사람들에게 가장 사랑받는 아름다운 꽃임에는 틀림없는 것 같다. 노래 가사처럼 찔레꽃이 붉은색이었다면 화려한 장미 종류에 묻혀 자신만의 아름다움을 뽐내지 못했을지도 모르겠다. 그래서 흔하지만 더 관심이 가는 식물이다.

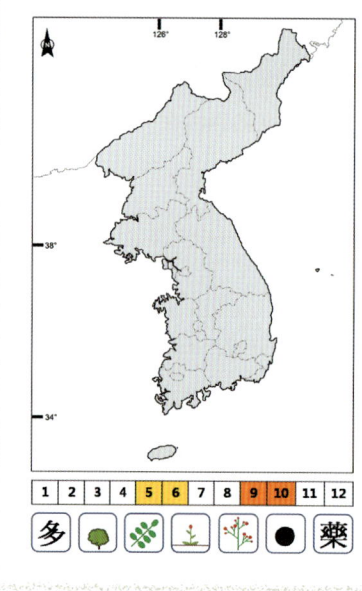

찔레나무는 장미과Rosaceae에 속하는 잎이 지는 떨기나무로, 높이는 2m 정도이며 줄기에는 가시가 있다. 잎은 어긋나고 아까시나무처럼 5~9개의 작은 잎으로 구성된 복엽이며, 작은 잎은 타원 또는 거꾸로 된 계란 모양으로 길이는 2~4cm 정도고 가장자리에는 톱니가 있다. 턱잎托葉이라 불리는 흔적엽은 잎자루의 밑부분에 달리는데 가장자리는 빗살처럼 갈라지고 아랫부분은 잎자루와 합쳐진다. 꽃은 5~6월에 흰색으로 피고 향기가 있으며 새 가지 끝에 고깔 모양의 원추꽃차례로 달리고, 작은 꽃자루에는 분비털인 선모腺毛가 약간 있다. 꽃잎은 거꾸로 된 계란 모양으로 끝이 약간 들어가며 지름은 2cm 정도고 꽃받침조각은 피침 모양이다. 열매는 동그랗고 지름은 8mm로 9~10월에 붉은색으로 익는다.

진짜 나무이자 도토리묵을 만드는 신갈나무

햇살이 점점 따가워지면 활짝 열어젖힌 문을 통해 들어오는 시원한 바람을 쐬며 살얼음이 살짝 떠 있는 새콤달콤한 묵사발 한 그릇으로 더위를 식히곤 한다. 메밀묵이 초겨울 음식이라면 도토리묵은 단연코 여름을 위한 음식이라 할 수 있다. 요즘은 묵밥이라 하여 밥을 묵사발에 말아 먹는 새로운 음식이 생겨 특히 남쪽 지방에서 꽤나 인기가 있다고 하지만, 개인적으로는 담백한 묵사발 그대로를 좋아한다. 도토리묵의 원료는 도토리 가루인데, 이것이 바로 참나무과에 속하는 참나무속 *Quercus* 식물의 열매를 갈은 것이다. 나물 중의 나물은 참나물이요, 취 중의 취는 참취라 하였던가. 그렇다면 나무 중의 나무는 참나무고, 이는 곧 진짜 나무라는 뜻일 터이다. 나무는 땔감으로 적당하고 열매는 식용하며 떨어진 낙엽조차 불쏘시개로 요긴하니 이런 이름으로 불리는 것인지도 모르겠다. 예전에는 시골에서 겨울을 나려면 겨우내 방을 지필 땔감을 미리 장만하여 마당에 쌓아 놓아야 했다. 부지런한 사람은 겨울을 충분히 날 만큼 장작을 마련해 놓기 때문에 설혹 겨울이 길어진다 하

신갈나무_ 줄기(왼쪽), 꽃(가운데), 열매(오른쪽)

더라도 별문제가 없지만, 동화 속 베짱이처럼 게으른 사람은 눈 쌓인 산으로 모자라는 땔감을 찾아나서는 일이 생기곤 했다. 그러나 눈앞에 보이는 나무라고는 잎사귀 떨어진 참나무 종류와 늘푸른나무인 소나무밖에는 없다. 소나무를 가져다가 불을 지피면 화력은 없는데 연기만 요란해서 밖에서 굴뚝으로 나가는 연기를 보면 마치 잔치 음식이라도 준비하는 집처럼 대단하다. 그런데 참나무속의 나무줄기는 겨울 추위에 꽁꽁 얼었어도 화력이 좋아서 땔감으로는 단연 최고의 인기를 구가했다. 이런 이유로 참나무라는 이름이 붙여졌다고도 한다.

이렇게 용도가 다양한 나무인데 정작 식물도감에서는 참나무라는 이름을 가진 식물은 찾을 수 없다. 대신 참나무속 식물로 신갈나무, 굴참나무, 졸참나무, 떡갈나무, 상수리나무, 갈참나무 같은 소위 '참나무'라고 불리는 종류들이 자리 잡고 있을 뿐이다. 얼핏 보면 이들은 매우 비슷하게 생겨서 같은 종으로 취급되기 쉬운데, 자세히 살펴보면 분명 차이가 있다. 먼저 잎자루가 전혀 없거나 1센티미터 이하로 작은 신갈나무와 떡갈나무가 있다. 떡갈나무는 잎이 크고 잎 뒤에 황갈색 털이 빽빽하게 나 있어서, 잎이 작고 털이 거의 없는 신갈나무와 구별된다. 나머지 굴참나무, 졸참나무, 갈참나무, 상수리나무는 모두 1~3센티미터 정도의 긴 잎자루가

1	2
3	4
5	6

참나무속 식물의 잎 비교
1 갈참나무 2 굴참나무
3 떡갈나무 4 상수리나무
5 신갈나무 5 졸참나무

있는데, 졸참나무와 갈참나무는 잎 모양이 비슷해 계란을 거꾸로 놓은 것처럼 생겼으며 밤나무 잎처럼 생긴 굴참나무는 상수리나무와 비슷하게 생겼다. 졸참나무는 참나무속 식물 가운데 가장 잎이 작은 졸병 나무로, 잎의 길이가 6~15센티미터쯤

1	2	3
4	5	6

참나무속 식물의 줄기 비교
1 갈참나무   2 굴참나무
3 떡갈나무   4 상수리나무
5 신갈나무   5 졸참나무

되며 7~12쌍의 맥이 있고 가장자리에는 뾰족한 톱니가 있다. 이는 잎이 10~35센티미터로 길고 10~15쌍의 잎맥을 가지며 뒷면이 분백색을 띠는 갈참나무와 차이가 나는 점이다. 줄기에 코르크층이 발달하지 않고 잎 뒷면에 털이 거의 없는 것은 상수리나무고, 굴참나무는 코르크층이 잘 발달하고 잎 뒷면은 흰빛이 나며 흰색 털

참나무속 식물의 열매 비교
1 갈참나무 2 굴참나무
3 떡갈나무 4 상수리나무
5 신갈나무 5 졸참나무

을 많이 가지고 있어 구별된다. 그런데 이 종들은 자생지에서 자연 잡종이 흔하게 일어나 각 종에 해당하는 뚜렷한 특징을 가진 개체를 찾기가 사실은 쉽지 않다. 이런 까닭에 식물도감에는 그 수많은 잡종의 이름이 산재해 있다. 예를 들면 떡갈참나무, 떡신갈나무, 갈졸참나무, 청졸갈참나무 등이다. 그렇다면 우리 주변에서 가장 쉽게 찾아볼 수 있는 참나무 종류는 어떤 것일까? 정답은 바로 우리나라 중부 지방을 포함한 온대 지역에 우점종으로 자라는 신갈나무 Q. mongolica다. 특히 강원도는 전체 면적의 81퍼센트가 산림 지역으로 구성되어 있으며 해발 1,000미터가 넘는 높은 산이 많이 분포하고 있어서 신갈나무가 주축이 되는 숲이 많다.

속명 'Quercus'는 켈트어인데 재질이 좋다는 뜻을 가진 'quer'와 목재를 의미하는 'cuez'의 합성어로 재질의 우수성을 표현하고 있으며, 종소명 'mongolica'는 몽고 지방에서 자란다는 뜻이다. 신갈나무라는 우리 이름은 잎을 신발의 깔창으로 사용하던 식물이라는 데에서 유래되었다. 신갈나무는 '물갈나무', '돌참나무', '물가리나무', '재라리나무', '털물갈나무', '물신갈나무', '털물신갈나무', '만주신갈나무' 등 여러 이름으로 불리기도 한다. 신갈나무와 소나무의 분포도 재미있다. 신갈나무는 그늘에서도 잘 자라는 '음수陰樹'지만, 소나무는 햇볕을 좋아하는 '양수陽樹'여서 좋아하는 지역에 차이가 있다. 해발 1,000미터 이상의 높은 산을 중심으로 본다면 800미터 이상 되는 지역에는 주로 신갈나무 숲이 차지하고, 600미터 이하에는 소나무가 우점하고 있는 숲이 만들어진다. 물론 600~800미터 부근에는 서로 경쟁하는 곳이어서 군락을 형성하는 모양이 균일하지 않고 소위 넓은잎나무와 바늘잎나무가 함께 자라는 혼합림의 형태를 띠는데, 최종적으로는 신갈나무가 경쟁에서 이겨 입지가 좋은 곳을 대부분 차지하게 된다.

한방에서 껍질은 작수피柞樹皮라 하여 장염, 설사, 복통, 이질 등에 사용하며 황달이나 치질에도 효과가 있는 것으로 알려져 있다. 이외에 잎은 신발의 깔창으로, 열매는 식용으로, 줄기는 기구器具나 숯의 재료와 표고버섯의 원목 등으로 사용된다. 말 그대로 다양한 용도로 이용되어 버릴 것이 하나도 없는 나무 중의 나무다. 그러나 뭐니 뭐니 해도 신갈나무를 포함한 참나무속의 가장 중요한 용도는 아마도 먹을거리를 위한 도토리묵일지도 모르겠다. 그렇다고 종류마다 모두 같은 맛을 내지는 않을 것 같은데……, 독자 여러분은 어떻게 생각하시는지요? 산림청에 근무하는 한 연구원은 이 문제를 해결해 보려고 종류별로 열매를 수집하여 묵을 만들어 보았는데, 그 분의 입맛에는 졸참나무 묵이 가장 맛있었다고 한다. 사실 막국숫집이나 묵집에 가보면 그 맛이 천차만별이다. 묵을 만들기 위한 도토리를 모을 때에 각 종류마다 구별하여 수집할 수 없기 때문에 도토리 가루를 만들 때도 모두 섞어서 사용하기 때문일 것이다. 집집마다 묵 맛에 차이가 나는 이유를 이제야 알 것 같다.

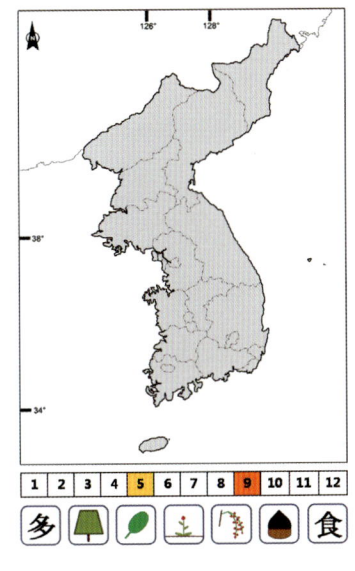

신갈나무는 참나무과 Fagaceae에 속하는 잎이 지는 큰키나무로, 높이는 약 30m까지 자라며 지름은 1m에 달한다. 줄기의 껍질과 작은 가지는 어두운 회색이며 겨울눈은 계란 모양이다. 잎은 어긋나지만 가지 끝에서 보면 더덕 잎처럼 돌려나는 듯하고, 모양은 거꾸로 된 계란 모양 또는 긴 타원형이다. 잎은 길이 7~20cm, 폭 4~10cm로 끝은 둔하고 아랫부분은 점점 좁아져 귀 모양이 되며, 가장자리에는 둔한 톱니가 있다. 꽃은 5월에 한 그루에서 수꽃과 암꽃이 따로 피는데, 수꽃은 밤나무나 가래나무의 수꽃처럼 길게 늘어지는 미상꽃차례尾狀花序를 이루고 암꽃은 1~3개씩 줄기의 마디에 달린다. 수꽃은 1~17개의 수술과 3~12개의 꽃잎이 있으며, 암꽃에는 1~5개의 암술머리와 6개의 꽃잎이 있다. 도토리라 부르는 열매는 견과로 긴 타원형이며, 열매를 싸고 있는 깍정이殼斗라고 부르는 반원형의 도토리 집에 싸여 있으며 9월에 성숙한다.

조심스레 애기할래요, 개불알꽃

우리 주변에는 생김새 때문에 붙여진 이름을 가진 식물들이 참으로 많다. 불로초, 선녀싸리, 숟갈일엽, 꽃마리 등 이름만 들어도 효능이나 모양 등의 특징이 떠오르는 종류가 있는가 하면, 간장풀, 조개나물, 조밥나물, 된장풀처럼 밥상을 연상시키는 이름도 있다. 때로는 비목나무나 군자란처럼 조금은 엄숙하고 무거운 느낌의 이름을 가진 것도 있다. 식물의 이름은 나름대로 의미를 가지고 붙였겠지만 그 어원이 전해지거나 알려지지 않은 종도 많다. 우리나라 식물들의 이름에 대한 유래를 분석하다 보면 예전부터 입에서 입으로 전해져 내려오거나 지방에서 부르는 사투리로 된 이름이 가장 많고, 학명의 속명이나 종소명의 의미를 따라 붙인 것, 외국 이름을 그대로 번역한 것, 식물의 특징·습성·최초 채집지·채집자를 기념하기 위해 붙인 이름 등 다양하다. 그중에서 사투리와 학명, 그리고 일본 이름의 의존도가 가장 높다고 한다. 또 같은 식물이 다른 이름으로 불리는 경우도 많다. 그 이유로는 한글 맞춤법의 변화, 지명과 외래어 표기 방법의 차이, 선행 연구를 인용하면

개불알꽃

광릉요강꽃

서 잘못 기록한 경우 등과, 우리나라만의 특수한 상황으로 남북한의 언어적 차이를 꼽을 수 있다. 북한은 식물 이름이 조금 혐오스럽거나 속된 표현이 들어가면 다른 이름으로 바꾸어 부르고 있다. 남북한의 식물 이름을 하나 예로 들어 보면, 국화과 Compositae의 망초와 비슷한 종을 남한에서는 유사하다는 뜻의 '개' 자를 접두사로 붙여 '개망초'라고 하는데, 북한에서는 '개'는 물론이고 '망' 자도 비속어로 보아 망초는 '잔꽃풀', 개망초는 '넓은잎잔꽃풀'로 부르고 있다. 북한은 그렇다고 해도 우리나라에서도 학명이 같은 식물의 우리 이름이 도감이나 식물학 책에서 각각 다르게 표기되는 일이 비일비재하게 일어난다. 심지어는 초중등학교 과학 교과서에 실린 식물이 계속 다른 이름으로 표기되는 경우도 있다. 즉, 5차에서 7차 교육과정으로 개편되는 동안에 수세미, 고무나무, 큰달맞이꽃, 튤립 등은 3번의 개편 때마다 계속 달리 쓰였다. 또 외래종의 표기나, 과실 이름과 식물 이름을 섞어 쓰기도 하므로 적절한 구분이 필요하다.

우리 주위에서도 꽃의 생김새 때문에 여러 가지 이름으로 달리 불리는 식물을 쉽게 만날 수 있다. 이제는 고인이 된 최진실 씨가 주인공으로 나와 크게 관심을 끌었던 영화 〈편지〉에서 임업연구소 연구원인 남자 주인공이 여자 주인공에게 몹시 쑥스러워하며 조심스럽게 소개했던 개불알꽃 Cypripedium macranthum이란 식물도 그 중 하나다. 영화에 등장할 만큼 아름다운데 하필이면 이름이 개불알꽃이 되었을까? 그러나 아래쪽으로 부풀어 늘어져 나온 꽃잎순판, 脣瓣을 보면 모두 고개를 끄덕이게 된다. 참으로 모양에 걸맞는 이름이라는 것을 단숨에 알 수 있다.

속명 'Cypripedium'은 미의 여신 '비너스'를 뜻하는 'cypris'와 '슬리퍼'라는 뜻을 가진 'pedilon'의 합성어이고, 종소명 'macranthum'은 '큰 꽃을 가지고 있다'는 의미라고 하니 '미의 여신이 신는 슬리퍼처럼 생긴 큰 꽃'이라는 뜻이 아닐까 싶다. 그래서인지 영어 이름도 'Lady's slipper'다. 이렇게 아름다운 이름인데 우리 이름은 꽃의 모양이 강아지나 소 같은 포유류 수컷의 생식기 일부를 닮았다고 해서 이렇게 붙였다. 개불알꽃과 형태가 비슷한 종으로는 큰개불알꽃, 털개불알꽃, 광릉요강꽃, 노랑개불알꽃 등이 있는데, 이 종류들과는 보통 잎의 모양과 개수, 순판의 색깔과 크기로 구별한다. 한편 개불알꽃은 꽃의 색이 아주 다양하여 식물학자 중에는 우리나라에 분포하는 종류를 13종 이상으로 세밀하게 나누는 분도 있다. '기쁜 소식을 전해 준다'는 꽃말을 가지고 있는 개불알꽃은 이름을 부르기가 거북해서인지 아니면 아름다운 꽃에 어울리지 않아서인지 '복주머니란', '복주머니꽃', '개불란', '요강꽃', '복주머니', '까치오줌통', '오종개꽃', '작란화', '포대작란화' 등 여러 가지 이름으로 불리기도 한다.

한방에서 개불알꽃의 뿌리를 오공칠蜈蚣七이라 하여 약으로 사용한다. 몸의 붓기를 빼거나, 통증과 타박상에 효과가 있다고 한다.

불과 십여 년 전만 해도 5월 초·중순에 조금 깊은 산중에 들면 이 신기하고도

홍·정·윤·갤·러·리

개불알꽃 *Cypripedium macranthum*

아름다운 꽃을 쉽게 만날 수 있었다. 그런데 안타깝게도 현재는 자생하는 개불알꽃을 찾아보기가 어려워졌다. 꽃에 대한 명성이 높아지면서 무분별하게 남획하여 자생지가 훼손된 때문이다. 개불알꽃은 생리적 특성상 토양세균과 공생하므로 환경을 바꾸어 옮겨 심으면 금방 죽어 버린다. 이들에게 서식지의 이동은 곧 죽음을 뜻한다. 광릉요강꽃은 이런 성격이 더 심하다. 광릉요강꽃의 잎은 부채 모양이고 꽃은 황록색이어서 개불알꽃과는 차이가 있는데, 분포지로 알려진 강원도와 경기도 일대에 불과 수십 개체만이 남아 있을 뿐이라고 한다. 결국 이 종류는 멸종위기 야생식물 1급으로 지정되어 보호받고 있다. 이름은 다소 혐오스러워도 아름다운 꽃을 보고 느끼는 감정은 누구나 똑같은 것 같다. 만약 이 식물의 이름이 고상하고 예쁘기까지 했다면 어땠을까? 어쩌면 이미 멸종되어 이름만이 사람들 기억 속에 남아 있는 식물이 되었을지도 모를 일이다.

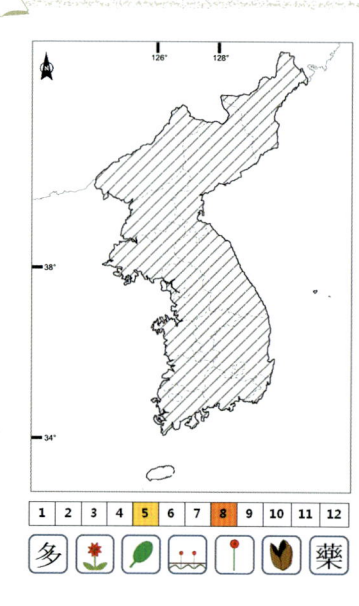

개불알꽃은 난초과Orchidaceae에 속하는 여러해살이풀로, 높이는 20~40cm까지 자란다. 뿌리줄기는 옆으로 뻗으며 마디에서 뿌리가 내리고 줄기에는 다세포 털이 있다. 잎은 어긋나고 타원 모양이며 길이 8~20cm, 폭 5~8cm로 밑부분은 짧은 잎집, 즉 엽초로 되어 줄기를 감싼다. 꽃은 5월에 연한 자색 또는 홍자색으로 피고 크기는 4~5cm 정도로 밑을 향해 피며 줄기 끝에 1개씩 달린다. 꽃줄기에 달리는 잎 모양의 포엽은 7~10cm로 길다. 위쪽 꽃받침조각은 계란 모양으로 길이는 4~5cm이고, 끝이 뾰족하며 밑부분의 것은 합쳐져서 끝이 2개로 갈라진다. 꽃잎 중 2개는 계란 모양의 피침형으로 끝이 뾰족하고 안쪽 밑부분에는 털이 약간 있다. 입술 모양의 순판은 주머니처럼 생겼고 길이는 3.5~6cm다. 열매는 8월에 성숙하고 익으면 배봉선을 따라 껍질이 열리는 삭과로, 모양은 길고 둥근 장타원형이다.

청산별곡과 다래

가을은 풍요로운 수확의 계절이자 과일이 영그는 시기다. 그다지 화려하지는 않지만 서정적이고 한국적인 나무를 꼽으라면 나는 단연코 머루와 다래라고 할 것이다. 「청산별곡青山別曲」에도 '살어리 살어리랏다. 청산에 살어리랏다. 머루랑 다래랑 먹고 청산에 살어리랏다' 라는 구절이 있을 정도로 예로부터 우리와 친숙한 과실이기도 하다. 그런데 머루와 다래는 계통적으로 전혀 다른 종류로 머루는 포도과 Vitaceae에, 다래는 다래나무과 Actinidiaceae에 속한다. 머루의 과실을 작은 포도송이로 표현한다면, 주렁주렁 매달려 있는 다래는 크고 강인한 인상을 준다. 다래 *Actinidia arguta*는 물이 흐르는 계곡이 있는 곳에 가면 하천 주변에서 쉽게 얽히고설킨 줄기를 만날 수가 있다. 봄이 되면 작은 키로 줄기 높은 곳에 있는 다래 순을 따기 위해 까치발을 하고 어린순을 잡아채던 기억이 있다. 끓는 물에 살짝 데쳐서 말려 놓았던 것을 겨울철에 묵나물로 된장을 넣어 끓이면 구수한 맛이 썩 괜찮았다. 작년 봄 친한 지인과 함께 봄에 꽃이 피는 식물들의 모습을 담기 위해 대관령의 선

다래_ 꽃(왼쪽), 열매(가운데), 줄기(오른쪽)

자령엘 갔었다. 열심히 사진기 셔터를 눌러 대고 있는데 나이가 어느 정도 있어 보이는 아저씨 두 분이 저만치서 작은 나무에 붙어 있는 무엇인가를 열심히 훑어 내리면서 우리 쪽으로 다가오고 있었다. 우리와 가깝게 마주했을 때는 이미 허리춤에 바구니처럼 차고 있는 자루가 한가득 그득 차 있었고, 그로 인한 기쁨 때문인지는 몰라도 내내 싱글벙글했다. 우리가 '무엇을 뜯었느냐'고 묻자 그들은 기다리기라도 한 듯이 자루를 내려놓고 이것저것을 보여 주기 시작했다. 이를 어찌하나! 어르신들이 내놓은 나물이라고는 모두 독을 가지고 있어서 먹어서는 안 될 것뿐이었다. 우리를 만나기 직전에 다래 순인 줄 알고 뜯었던 것은 미역줄나무*Tripterygium regelii*의 새순이었다. 왜 이것이 다래 순인 줄 알았느냐고 물었더니 지난주에 친구가 뜯어 온 것과 똑같이 생겼다고 했다. 그 차이를 한참 설명하자 두 분은 뜯었던 나물을 모두 버리고 허탈해 하며 오던 길로 되돌아갔다. 이렇게 봄을 맞아 파릇파릇 올라오는 나무순의 모양은 얼핏 보면 비슷해 보이는 것이 많다. 그런가 하면 같은 다래속에 속하는 종류끼리도 그 맛은 다르다. 새순은 물론이고 열매의 맛도 모두 그렇다.

속명 '*Actinidia*'는 그리스어 'aktis'에서 유래되었는데 암술머리가 방사상放

개다래_ 꽃(왼쪽), 열매(오른쪽)

射狀으로 뻗어서 붙여진 이름이라고 하며, 종소명인 'arguta'는 날카롭다는 뜻이라 한다. 다래라는 우리 이름은 열매가 달다는 의미의 '달애'가 변하여 된 이름이다. 다래에 비해 잎 뒷면의 주맥과 작은 맥이 갈라지는 곳에만 갈색 털이 있는 것은 녹다래, 잎 뒤의 맥 위에 돌기가 있고 작은 맥이 갈라지는 곳에만 흰색 털이 있는 것은 털다래라 하여 변종으로 다룬다. 전라남도 지방의 섬에서만 자라며 꽃줄기와 꽃받침에 녹갈색 솜털이 많고 씨방에 긴 갈색 털이 나는 것은 섬다래라고 한다. 서울의 비원에 있는, 길이가 300미터에 달하고 나이가 약 600년으로 추정되는 다래는 천연기념물 제251호로 지정되어 있다. 형태가 비슷한 다래속에 속하는 종류로는 '개다래'와 '쥐다래'가 있는데 이들을 구별하는 중요한 식물분류학적 형질은 잎에 무늬가 있고 없는 것과, 줄기 가운데 세포층인 수髓 세포의 색깔과 형태 그리고 열매의 모양이다. 다래는 잎에 무늬가 없는 순수한 녹색이고 줄기의 수 세포는 갈색으로 계단 모양이며 과실은 계란 모양의 원형이다. 개다래는 잎의 일부분 또는 전체가 흰색이고 수 세포는 흰색 층이 밀집되어 있으며 열매는 계란 모양의 타원형으로 끝이 뾰족하다. 쥐다래는 잎 위쪽이 백색 또는 연한 홍색으로 변하고, 수 세포는 갈색이

쥐다래_ 잎(위), 열매(아래)

며 계단 모양으로 층이 져 있다. 열매는 긴 계란 모양 또는 타원형으로 다래보다는 가늘고 황색으로 익는다. 이 중 다래는 과실의 맛이 가장 좋아 '참다래나무'라고도 한다. 개다래는 '말다래', '묵다래', '못좆다래'라고도 하고, 쥐다래는 '쇠것다래'라고도 부른다.

한방에서도 이들의 용도가 서로 다르게 사용된다. 우선 다래와 섬다래의 열매는 미후리獼猴梨라고 하는데 당, 비타민, 유기산, 색소 등이 많이 포함되어 있어서 열을 내리고 전염성 간염, 식욕 부진, 소화불량에 좋다고 한다. 개다래의 가지와 잎은 목천료木天蓼라 하여 피부염과 이질에 쓴다. 쥐다래의 열매는 구조미후도狗棗獼猴挑라 하는데, 자양 성분이 많이 들어 있어서 비타민 C 결핍증에 효과적이다.

수입 과일 중에 키위 또는 양다래라고 부르는 것이 있다. 이 종류도 다래의 한 가지로 중국이 원산지인데, 우리나라 남쪽 지방에서도 재배할 수 있게 되어서 요즘은 흔하게 접할 수 있다. 그러나 고향을 떠나온 탓인지 병에 대한 저항력이 낮아 이를 보강하기 위해 우리나라 야생 다래와 교잡을 해서 저항성을 높이는 연구가 시도되고 있다. 곧 우리나라에 적당한 품종들이 만들어지기를 바란다.

비슷하게 생긴 다래의 열매를 먹어 보고는 왜 그렇게 떫은맛이 나는지를 이해

하지 못했던 적이 있다. 개다래나 쥐다래는 열매가 잘 익어도 떫은맛이 완전히 가시지 않기 때문에 아주 단맛이 나는 다래와는 확연하게 차이가 난다. 아버지께서 가끔 다래를 따 오시는 날에는 아랫목이 다래 차지가 되었다. 하룻밤이 지나면 방의 따뜻함에 열매가 숙성되어 새콤달콤한 맛을 볼 수 있기 때문이었다. 왜 아랫목을 내 주어야 했는지 이제는 분명이 안다.

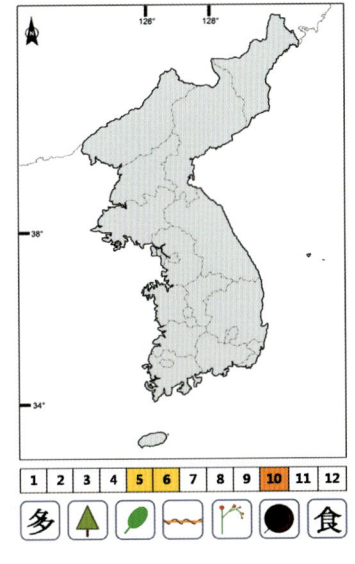

다래는 다래나무과 Actinidiaceae에 속하는 잎이 지는 덩굴식물로, 길이는 약 7m에 달하며 약간 습한 지역의 산지에서 쉽게 볼 수 있다. 다래는 대부분 암나무와 수나무가 있어서 암꽃과 수꽃이 따로 달린다. 잎은 어긋나고 넓은 타원형이나 타원 모양이며 길이 6~12cm, 폭 3.5~7cm다. 잎의 끝은 뾰족하고 뒷면 맥 부분에만 갈색 털이 있다. 잎자루는 3~8cm 정도로 대부분 누운 털이 있다. 꽃은 5~6월에 녹색이 도는 흰색으로 피고 지름은 2cm쯤 된다. 꽃은 잎겨드랑이엽액에서 나오며 가운데 꽃이 먼저 핀 후 아래 부분에 3개 이상의 꽃줄기가 함께 나는 취산꽃차례이고 꽃송이는 3~10개씩 달린다. 꽃잎의 아래쪽은 갈색이 돌며 꽃받침조각은 긴 타원 모양이다. 열매는 키위양다래 비슷한 장과로 계란 모양의 원형이며 10월경에 황록색으로 익는다.

초여름부터
가을까지

금빛 비단 주머니를 가진 금낭화

　　한적한 산속 물이 흐르는 골짜기를 지나다 보면 붉은색의 화려한 꽃을 매달고 있는 금낭화*Dicentra spectabilis*라는 식물을 만날 수 있다. 활처럼 휘어져 있는 꽃줄기에 주머니 모양의 작은 꽃이 10여 개 이상씩 달려 있으니 누구라도 쉽게 관찰이 가능한 식물이다. 꽃은 아름답지만 이 식물의 본적에 대해서는 이렇다저렇다 말이 많다. 중국이 원산지라는 사람도 있고 우리나라의 토종 식물이라고 주장하는 의견도 있다. 어느 식물도감에는 금낭화의 분포를 '설악산 지역에서 야생 상태로 자라는'으로 시작한다. 설악산에서 볼 수 있으며 그곳이 자생지라는 의견이다. 몇 년 전 식물조사를 하려고 설악산 백담사 부근의 길골 계곡을 탐방한 적이 있다. 등산길은 하천을 따라 저항령까지 연결되어 있는데, 등산길로 접어들면서부터 약간 습해 보이는 지역에는 어김없이 금낭화가 자리 잡고 있었다. 그 길은 공식적으로 열려 있는 탐방로가 아니어서 사람의 출입이 통제되기 때문에 그런지는 몰라도 많은 개체를 만날 수 있었다. 금낭화를 찾으러 간 것은 아니었지만 뜻하지 않은 만남에 횡재

1		금낭화
2	3	1 전체 2 잎 3 꽃

를 한 기분이었다. 여기까지만 보면 그곳에서 만난 금낭화는 야생이어야 한다. 그런데 문제는 다른 곳에 있다. 우리나라, 그중에서도 강원도 산속에는 예전에 사람들이 살던 집터가 꽤 있다. 1990년대 중반 어느 해에 강원도 인제군 점봉산의 종합학술조사에 참여한 적이 있다. 점봉산은 북쪽에서 흘러내려 오는 백두대간의 흐름이 설악산과 이어지는 연결부 역할을 하고 있으며, 웅장한 산림과 아름다운 계곡뿐만 아니라 희귀 동식물이 많이 분포하고 있어 남한에서 유일하게 천연 원시림을 자

랑하는 곳이다. 환경부 직원을 포함해 많은 연구진이 참여한 조사 일정을 마무리할 때쯤 우리 일행은 화전민이 살았던 것으로 추정되는 집터 앞을 지나가게 되었다. 나는 뒤에 따라오는 여직원에게 '이곳은 사람이 살던 곳이네요'라고 일러 주었다. 숙소로 돌아와 저녁식사를 마친 후 식물표본을 정리하고 있는데 그 직원이 와서 "아까 집터라고 하신 곳이 어떻게 사람이 살던 곳인지 아셨어요." 하고 물었다. 아무리 생각해 봐도 그 답을 얻을 수 없어서 찾아왔다고 했다. 대답은 내 전공에 충실했을 뿐이다. 주변 환경과 근처에 살고 있는 식물의 종류를 살펴보고 한 말이었다. 그곳의 북쪽 방향으로 100미터 정도 떨어진 곳에는 은방울이 부딪히는 듯 맑은 소리를 내는 시원한 물줄기가 흐르는 하천이 있고, 무너진 돌담 아래로 머위와 돌나물, 그리고 금낭화가 자리 잡고 있었으며, 길 쪽으로는 꽈리와 복사나무가 있었다. 사람이 살기에 적당한 조건인데, 사람들이 키웠을 법한 식물들이 남아 있으니 당연히 집터가 분명했던 것이다. 이렇듯 금낭화는 예쁜 꽃을 보기 위해 집 근처에 많이 심었던 원예종이다. 그러니 인가가 있었을 것 같은 곳에서 만나는 금낭화는 야생종인지 원예종인지 판단하기 어렵다. 그래도 흙 밟을 일이 거의 없을 만큼 삭막해진 도시에서 생활하는 사람들로서는 아파트의 작은 화단에서나마 단골손님처럼 꿋꿋하게 버티고 있는 그 모습을 볼 수 있으니 다행이다. 그나마 꽃이 형편없었으면 누리지 못했을 영광이다.

속명 *Dicentra*는 2개를 뜻하는 그리스어 'dis'와 꽃뿔距을 뜻하는 'centron'의 합성어로 2개의 꽃잎에 꽃뿔이 있다는 뜻이다. 종소명 *spectabilis*는 장관壯觀이라는 뜻으로 꽃이 피어 있을 때의 아름다움을 표현했다. 우리 이름인 금낭화錦囊花는 꽃이 심장 모양의 붉은빛 비단주머니처럼 생긴 것에서 유래했다고 한다. '등모란', '덩굴모란', '며느리주머니', '며늘치'라고도 불린다. '당신을 따르겠습니다'라는 꽃말은 아래를 향해 고개 숙인 꽃의 모습이 마치 무엇이든 순종하겠다는 듯이 겸손해 보이는 데서 나온 것이 아닌가 싶다.

어린순은 나물이나 나물밥을 해서 먹는데, 독성이 있으므로 반드시 삶아서 물에 담가 독성을 뺀 뒤에 먹어야 한다. 한방에서는 가을에 거둔 금낭화의 뿌리줄기를 하포목단근荷包牧丹根이라 하여, 혈액 순환을 원활하게 하고 풍을 제거하는 데 쓴다. 피부병에도 효과가 있다고 한다.

금낭화는 우리나라에만 자생하는 특산종은 아니지만 쉽게 눈에 띄는 만큼 훼손의 수난을 당하는 대표적인 식물이기도 하다. 산에서 뽑혀 온 금낭화들이 어느 집 꽃밭을 채우고 있는지도 모를 일이다. 식물도 사람처럼 제각기 좋아하는 장소가 있다. 그래서 대부분의 식물은 환경이 조금만 바뀌어도 예민하게 반응을 보인다. 그러므로 그들에게 가장 안전한 곳은 그들이 지금 자리 잡고 사는 바로 그곳이라 할 수 있다. 우리 곁에서 사라지고 나서 후회하면 이미 때는 늦는 법, 생각을 조금만 바꾸면 그들의 아름다운 모습과 오랫동안 함께할 수 있다.

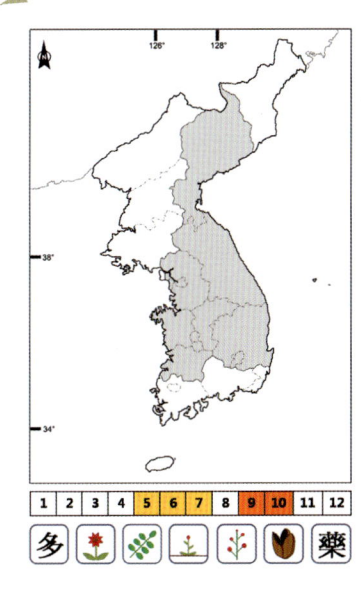

금낭화는 현호색과Fumariaceae에 속하는 여러해살이풀로, 높이는 40~50cm 정도고 전체가 흰빛이 도는 녹색을 띤다. 잎은 어긋나고 3개씩 2번 갈라져 손바닥 모양이며 긴 잎자루가 있다. 작은 잎은 길이가 3~6cm이고 3~5개로 깊게 갈라지며 쐐기 모양의 넓은 피침형이다. 꽃은 5~7월에 피고 연한 붉은색인데 드물게 흰색으로 피는 것도 있다. 꽃차례는 20~30cm쯤 되는 긴 꽃대에 여러 개의 꽃이 작은 꽃자루에 매달려 송이 모양의 총상꽃차례를 만드는데 대부분 아래쪽을 향해 달린다. 꽃받침 2개, 꽃잎 4장이 모여서 납작한 심장 모양의 완전한 꽃을 이룬다. 꽃을 자세히 들여다보면 안쪽과 바깥쪽에는 각각 2장씩의 꽃잎이 서로 다른 방향으로 젖혀지거나 말려서 복잡한 구조를 띤다. 바깥쪽 꽃잎 2장의 밑부분은 주머니 같은 꽃뿔距로 되며 끝부분은 뒤로 젖혀진다. 열매는 익으면 껍질이 터지는 삭과로 모양은 긴 타원형이며, 길이는 1~2cm로 9~10월에 성숙하고 안쪽에는 검은색 씨가 들어 있다.

백 리까지 퍼지는 향기를 지닌
백리향

우리나라 사람이면 누구나 한 번쯤은 불러 보았을 민요로 「아리랑」이 있다. 작정하고 부를 일은 그리 많지 않지만 어디선가 전주 가락이 흘러나오면 남녀노소 할 것 없이 따라 부르게 되고, 흥겨운 가락의 아리랑에는 절로 어깨를 들썩이는 가히 국민민요다. 정작 가사를 음미해 보면 그리 흥겨운 내용은 아니다. 사랑하는 이를 보내는 안타까움, 그리움, 아쉬움과 애처로움이 가득하다. 가사 중에 '나를 버리고 가시는 님은 십 리도 못 가서 발병난다'라는 대목이 있다. 떠나는 사람을 적극적으로 나서서 잡지는 못하나 못 떠나게 잡고 싶은 간절한 마음을 표현한 것이리라. 님이 멀리 가지 않았으면 하는 노랫말 속의 십 리는 약 4킬로미터로, 이 정도라면 어른이 평지를 1시간쯤 걸었을 거리다. 식물 중에도 향기로 먼 길을 달려가는 것이 있다. 바로 꽃과 잎에서 풍겨 나오는 향이 백 리를 간다고 해서 백리향*Thymus quinquecostatus*이라는 이름을 갖게 된 식물이다. 백 리면 40킬로미터나 되니 약간 과장하면 마라톤을 완주했을 때의 거리가 된다. 그렇게 멀리까지 향기가 퍼져 나간다니 향에 관한 한 최고라 할 수 있다. 요즘 꽃집에서 인기 있다는 허브 종류를 떠올려 보면, 백리향은 야생에서 자라는 우리나라의 토종 허브인 셈이다. 백리향이 풍기는 향의 주된 물질은 티몰thymol이라는 성분으로, 곰팡이 같은 미생물이 식물체로 침입하는 것을 막는 효과가 있다.

지난해 8월 초순 무렵 경상남도 가야산으로 달려갔다. 십여 년 전 찾았을 때 정상부의 식생과 식물 분포가 인상적이었던 기억 때문이었다. 숲이 울창했던 것은 아니고 대부분 바위로 된 곳에서 바위틈 사이를 비집고 나와 아슬아슬하게 걸쳐 있는 소나무나 신갈나무를 비롯해 작지만 은빛 찬란한 잎을 가진 설앵초, 가는 잎의 솔나리, 잎 가장자리가 톱날 모양인 톱바위취 같은 초본식물까지 아주 다양한 식생을 형성하고 있

백리향_ 군락(위), 잎(가운데), 꽃(아래)

섬백리향

었다. 십여 년이 지났음에도 정상부로 가면서 하나둘 만나지는 이들의 모습에서 옛날 기억을 떠올리며 여유롭게 산을 올랐다. 밧줄을 잡고 사다리를 오르면서 일부러 만들어 놓은 듯 멋들어지게 자리 잡은 바위들의 모습도 만끽하였다. 정상에 도착했을 때 우리를 반기는 예쁜 얼굴이 있었는데, 마치 꽃다발을 만들어 바위 사이에 올려놓은 듯한 백리향이었다. 무더운 날씨에 힘들여 올라온 산행의 피로를 풀어 주려는 듯이 바람에 실려 코끝으로 백리향의 향기가 밀려들었다. 몇 시간의 등산으로 피로해진 심신의 원기를 회복시켜 주기에 충분한 자극제였다. 백리향 한 모둠 한 모둠이 어찌 그리 예쁘게 꽃을 피우고 있던지 지금도 눈앞에 선하다. 한 시간쯤 그 근처에 머물며 자연의 향수를 만끽했다. 이처럼 백리향은 주로 산 정상 부근에 자라는데 드물게 바닷가 바위 근처에서도 볼 수 있다. 작년 한 해 내내 백리향 자생지를 조사하기 위해 전국을 돌아다녔는데 3곳밖에는 찾지 못했다. 전국적으로 드물게 분포하고 군락마다 개체 수가 많지 않아 쉽게 눈에 띄지 않은 때문이었다. 백리향과 비슷한 종류로는 울릉도에서 자라는 섬백리향이 있는데 백리향보다는 줄기가 굵고 잎과 꽃의 길이가 각각 1.5센티미터와 1센티미터 정도로 커서 차이가 있다.

속명 '*Thymus*'는 향기를 낸다는 그리스어 'thyme' 또는 신에게 바치는 신성한 것이라는 뜻의 'thymo'에서 유래되었다고 하며, 종소명 '*quinquecostatus*'는 잎에 분포하는 맥이 5개라는 의미다. 백리향白里香이라는 우리 이름은 한방에서도 같은 이름으로 불리는데, 향기가 많이 난다는 특징을 살린 것 같다.

백리향은 섬백리향과 더불어 지상부 전체를 약으로 사용하는데, 관절염이나 위장염에 효과가 있다고 한다. 최근 들어서는 키가 작고 줄기에 가지가 많이 생겨 건조한 곳의 척박토나, 절개지 등을 덮는 지피식물地皮植物로도 이용한다. 또 향수나 목욕용 크림을 만드는 재료로도 사용되어 이미 몇 가지 제품이 만들어져 판매되고 있다. 울릉도에서는 2009년부터 천연기념물제52호로 지정되어 있는 섬백리향의 향기를 이용해서 새로운 관광 명품을 만들기 위해, 산업체와 대학 그리고 연구소가 참여하는 클러스터서로 다른 기능을 수행하는 기업, 연구 기관들이 한곳에 모여 있는 것 사업단을 조직해 운영하고 있다.

얼마 전 수학여행을 다녀온 아들 녀석이 선물이라며 봉투 하나를 건넸다. 무뚝뚝한 아들에게서 처음 받아 보는 선물이라 무척 반가웠다. 봉투를 열어 보니 어떤 허브를 말려 손수건만 한 크기의 종이봉투에 넣은 것으로 베갯속에 넣을 수 있도록 만들어 파는 일종의 허브 팩이 들어 있었다. 베개에서 풍겨 나오는 허브 향은 머리를 맑게 할뿐더러 혈액 순환을 원활하게 하고 숙면을 취하는 데 아주 좋다는 이야기를 듣고 친구들과 함께 부모님 선물로 결정한 것이라 했다. 기특한 마음에 여러 날 즐거워했다. 그 허브 재료가 백리향이었으면 더 좋았을 텐데 하는 생각을 잠깐 했었다. 어쨌든 그날 이후 며칠은 아들 녀석의 기특한 마음 때문인지, 그 향기 때문인지 편안하게 잠을 잤던 것으로 기억한다. 야생이든 재배를 위해 심어 놓은 것이든 백리향이 자라는 곳에는 벌과 나비의 방문이 끊일 줄 모른다. 줄을 서서 기다릴 필요도 없이 도착만 하면 너도나도 꿀 따기에 여념이 없다. 은은한 향이 이들을 불러들이는 것이리라. 그 모습을 사진으로 담아 놓으려고 사진기를 들이대면 시샘이라도 하듯 내게 공격 태세를 취하는 모습을 보면 마치 자기 영역을 표시하는 것처럼 보이기도 한다. 화초로 재배하는 향기 나는 식물 종류 중에는 '천리향'이나 '만리향'이라 불리는 것도 있다. 모두 향기 때문에 붙여진 이름이다. 꽃이 아름답거나 향이 좋으면 이들을 표현해 주기 위한 방법도 여러 가지인 것 같다.

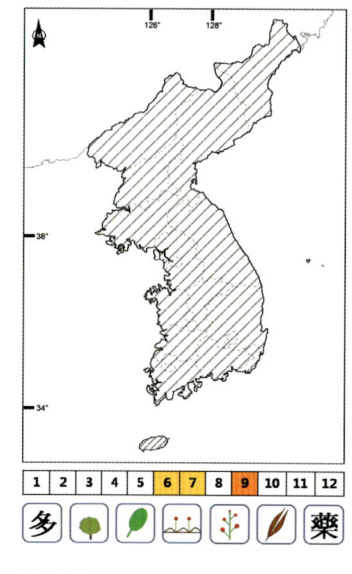

백리향은 꿀풀과 Labiatae에 속하는 잎이 지는 떨기나무로, 전체에서 강한 향기가 난다. 줄기의 높이는 3~15cm로 우리나라에서 절로 나 자라는 나무 가운데 작은 것 중의 하나이지만, 가지가 많이 갈라지고 옆으로 비스듬히 퍼져서 전체 모습은 방석처럼 보인다. 잎은 마주나고 계란 모양의 타원형 또는 넓은 피침형으로 길이 5~12mm, 폭 3~8mm며 털이 있고 가장자리에는 물결 모양의 톱니가 있다. 꽃은 몇 개씩 달리지만 꽃자루가 3mm 정도로 짧고 가지 끝에 모여 달리기 때문에 전체적으로는 동그랗게 보인다. 꽃은 6~7월에 홍자색으로 피고 길이 7~9mm, 폭 5mm로 작다. 꽃잎에는 잔털과 물질을 분비하는 선점이 있으며 수술과 꽃받침은 연한 자주색이어서 꽃 전체가 자색으로 보인다. 열매는 익으면 떨어져 나가는 분열과로, 약간 편평한 구형이며 지름은 1mm 정도로 9월에 짙은 갈색으로 익는다.

깊은 산골짜기 속 숨겨진 보물, 개병풍

식물 중에는 특정한 지역에서만 자라는 종류들이 있다. 예를 들어, 문주란을 만나려면 제주도로 가야 하고, 야생하는 동백꽃을 보려면 따뜻한 남쪽 지방으로 가야만 한다. 이에 비해 냉이나 달래처럼 전국 어디서나 쉽게 볼 수 있는 종류는 흔한 만큼 가치도 떨어져 보이는 것이 인지상정이다. 특산식물이 전 세계적으로 우리나라에만 분포하는 종류라면, 야생식물 가운데 특히 개체군의 크기가 극히 작거나 감소하여 보전이 필요한 식물들을 아우르는 단어로는 희귀식물, 멸종위기식물, 보호식물, 감소 추세종, 특정식물, 법정보호식물 등이 있다. 이러한 희귀식물 자원에 대한 보존의 중요성은 「야생동식물보호법」에도 잘 명시되어 있으며, 환경부는 2005년도에 이러한 법적 근거를 바탕으로 '멸종위기 야생동식물'을 지정하여 보호하고 있다. 이에 의하면 희귀성이 높은 I급에는 동물 42종, 식물 8종으로 총 50종류가 포함되어 있다. 이 중에는 우리가 잘 알고 있는 호랑이, 여우, 표범, 산양, 황새, 크낙새, 구렁이, 퉁사리, 장수하늘소, 나팔고둥 등이 속해 있으며, 식물로는 한란, 풍란,

광릉요강꽃, 암매 등이 포함된다. II급에는 115종류의 동물과 56종류의 식물이 포함되어 있다. 이 종류들은 적어도 우리나라에 분포하고 있는 약 3만여 종의 생물 가운데 희귀하고 가치가 있는 종류라고 할 수 있다. 물론 이 중에는 호랑이처럼 거의 멸종한 것으로 알려진 종류도 있으나, 수달처럼 비교적 개체 수가 많은 종류도 있다.

이번에 만날 식물은 잎의 크기가 둘째가라면 서러워 할 정도로 크고, 멸종위기 II급에 속해 있는 개병풍*Astilboides tabularis*이다. 개병풍은 우리나라 강원도, 경기도, 평안북도, 함경남도와 함경북도의 깊은 산골짜기 숲 속에서만 절로 나 자라는 식물로, 남쪽에서는 강원도 삼척의 덕항산과 태백의 금대봉 주변에 최대 군락지가 있는 것으로 보고되어 있다. 더구나 1속 1종이므로 학술적 가치도 높은 희귀식물에 속한다. 개병풍을 식물도감에 실린 사진으로만 보았을 때에는 아무리 큰 잎을 가졌다고 한들 그 정도를 헤아리기가 어려웠는데, 막상 산에서 처음 만나고 보니 입이 떡 벌어지고 말았다. 땅속줄기로 번식하는 개병풍은 뻗은 줄기를 따라 일정한 간격을 두고 새로운 잎이 나오므로 마치 커다란 밭에 애기 우산을 펼쳐 놓은 것 같아 보였다. 사람에 비유해 보자면 장엄하고 위엄 있어 보이는 건장한 풍채의 젊은 친구가 바로 코앞에 서 있는 것 같은 모습이라고나 할까? 그것도 한 명이 아니라 여럿이 말이다.

개병풍은 제대로 된 제 이름을 갖기까지 오랜 시련을 겪어야 했다. 1887년 헴슬리William Botting Hemsley가 범의귀속*Saxifraga*에 포함시켜 발표했으나 1903년 코마로프Valdimir Leontyevitch Komarov에 의해 도깨비부채속*Rodgersia*으로 옮겨졌다. 그러나 도깨비부채속에 속한 식물에 비해 잎의 모양이 방패처럼 생겼으며 가시 같은 털이 있다는 특징을 들어서 1919년에 엥글러Heinrich Gustav Adolph Engler가 개병풍속*Astilboides*으로 재분류해 명명하는, 복잡한 작명의 역사를 가졌기 때문이다.

속명 '*Astilboides*'는 노루오줌속*Astilbe*처럼 잎에 윤기가 없다는 뜻이며, 종소명 '*tabularis*'는 편평하거나 납작하다는 의미로 잎의 모양을 나타낸 것 같다. 개

1	2	개병풍
3	4	5

1 전체 2 잎
3 줄기 4 꽃
5 열매

개병풍　　　　　　　　　　　　　병풍쌈

병풍이란 우리 이름도 동그랗게 생긴 크고 넓은 잎이 서로 기왓장처럼 연이어 있어서 마치 병풍을 펼쳐 놓은 모습을 연상시키므로 병풍과 비슷하다는 뜻에서 붙여진 이름인 것 같다. 다른 이름으로는 '골평풍' 또는 '개평풍'으로도 불린다. 개병풍과 이름이 비슷한 식물로는 고급 산나물로 인정받고 있는 병풍쌈이 있다. 국화과 Compositae에 속하는 병풍쌈은 잎이 11~15개로 갈라지고 전체에 털이 없어 개병풍과는 쉽게 구별된다. 이름은 비슷하지만 핏줄은 전혀 다른 식물이다.

어린잎을 식용하기도 하는 개병풍은, 한방에서는 뿌리와 줄기를 산하엽山荷葉이라 하여 음식물로 인한 복통과 설사, 장염을 치료하는 데 사용한다.

개병풍은 주로 깊은 산 습한 곳의 비탈면 근처에서 자라므로 쉽게 눈에 띄지는 않는다. 강원도의 어느 산엘 갔더니 절벽 전체가 개병풍으로 가득 차 있는 것을 본 적이 있다. 잎 사이로 중간 중간 뽀족하게 올라와 있는 줄기가 마치 절벽에 붙어 있는 잎을 고정시키기 위해 박아 놓은 막대기처럼 보였다. 스스로를 보호하기 위해 최적지를 선택한 결과였으리라.

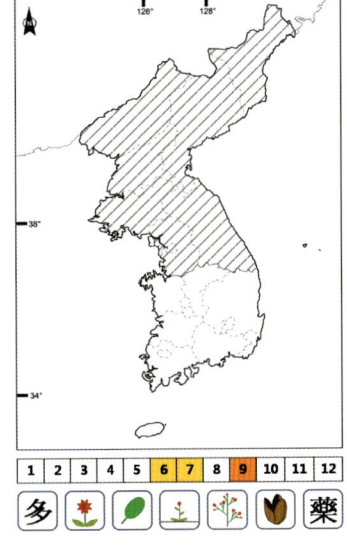

범의귀과 Saxifragaceae에 속하는 개병풍은 줄기가 1~1.5m로 매우 크고 전체에 가시 같이 생긴 찌르는 털, 즉 자모가 있다. 뿌리에서 나온 잎은 우리나라에 절로 나 자라는 식물 가운데 가장 크며, 모양은 방패처럼 둥글고 폭은 평균 80cm에 달하는데 큰 것은 1m까지 자라기도 한다. 잎 가장자리는 여러 개로 얕게 갈라지고 작은 톱니가 있으며 잎자루는 1~2m 정도로 길어, 잎 전체의 모습은 마치 물 밖으로 나온 연꽃의 잎처럼 보인다. 꽃은 6~7월에 흰색으로 피고, 작은 꽃자루가 여러 차례 갈라져 전체 모양이 원뿔처럼 되는 원추꽃차례를 이루며 많은 꽃이 달리는데, 잎의 크기에 비해 꽃은 아주 작다. 꽃잎과 꽃받침은 5개로 각각 긴 타원 모양과 계란 모양이고, 안쪽에는 5개의 수술과 2개의 암술을 가지고 있다. 열매는 9월에 성숙하며, 익으면 봉합선을 따라 갈라지는 삭과로, 안쪽에는 깨알같이 작은 씨가 많이 들어 있다.

식물계의 카멜레온, 쥐오줌풀

　주거 형태가 빠르게 서구화되면서 지금까지 남아 있는 고풍스러운 전통 가옥들이 속속 문화재로 지정되고 있다. 오랜 세월 풍상을 이겨낸 보람의 결과라 해도 지나침이 없을 것이다. 말 그대로 쓰러져 가는 기둥에 빗방울마저 뚝뚝 떨어지는 지붕을 가진 초라함의 극치가 지금은 귀한 몸이 되었다. 일부러 찾아보려고 해도 이젠 그런 모습을 쉽게 찾을 수가 없으니 말이다. 어릴 적 초가집에 살았는데 잠을 자기 위해 희뿌연 백열전구를 끄면 천장에서는 기다렸다는 듯이 쥐들의 운동회가 열렸다. 정사각형의 천장 바닥을 운동장 삼아 새벽까지 경기가 이어진다. 신문지를 몇 겹으로 바른 천장을 사이에 두고 덩치 큰 쥐라도 뛰어갈라 치면 우당탕 소리와 함께 천장이 마구 흔들려 혹여 천장이 찢어져 내릴 것 같은 조바심이 들곤 했다. 천둥소리에 비겨 결코 뒤지지 않았다. 너무 시끄러울 때는 일어나 막대 같은 것으로 천장을 몇 번 치면 말 그대로 쥐 죽은 듯 조용해진다. 그러나 이내 다시 뜀박질은 시작되었고 날이 밝을 때까지 이어졌다. 가끔은 저들도 피곤한지 실례를 해서 그 흔적이 천장의 신문지 사이로 배어 나와 지도를 그려 놓기도 했다. 그때 쥐의 오줌 냄새가 얼마나 고약했던지……. 지금은 생각만으로도 그 냄새가 느껴지는 것 같아 팔뚝에 소름이 돋는다. 한번은 쥐 오줌 때문에 방안에서 이상한 냄새가 며칠 동안이나 가시지 않아서 하는 수 없이 장롱이며 살림살이들을 모두 끄집어내 집안 전체를 홀라당 뒤집는 청소를 한 적도 있었다. 무시해 버릴 수 있을 정도로 웬만했다면 그냥 지냈을 텐데 너무 기분 나쁜 냄새였기 때문에 그냥 넘길 수 없어서 대대적인 수색 작업을 벌였던 것이다. 결과는 아무 소득도 없이 장롱 구석에 뽀얗

쥐오줌풀

게 쌓였던 먼지 덩어리를 치우는 것으로 만족해야 했다. 가구를 다시 제자리에 옮겨 놓고 우리 식구는 고민에 빠졌다. 도대체 냄새의 근원지는 어디일까? 한참 만에 어머니가 벽장을 뒤져 보자고 제안하셨다. 벽장이라면 집안의 온갖 잡동사니들을 보관하는 장소로, 숨바꼭질할 때면 내가 맡아 놓고 숨어드는 곳이자 아버지께서 사랑의 회초리를 보관하는 장소인 동시에 어머니께서 장날 사 온 맛있는 과자를 숨겨 놓으시는 저장고이기도 했다. 아버지께서도 그동안 쌓아 놓았던 물건들도 정리할 겸 벽장을 뒤져 보자고 하셨다. 물건들을 하나씩 내려놓으며 정리를 시작한 지 한

쥐오줌풀의 꽃

참이 지나서, 벽장에 올려다 놓은 책꽂이 사이에 끼어 있던 작은 수건 뭉치를 발견하고는 무심코 들춰냈다가 식구들은 그만 아연실색하고 말았다. 그곳에는 태어난 지 얼마 되지 않은 듯한 쥐의 새끼들이 올망졸망 모여 꿈틀대고 있었기 때문이다. 이렇게 한바탕 난리를 치룬 후에야 쥐, 아니 쥐 오줌 냄새와의 전쟁은 끝이 났다. 요즘이라면 상상도 못할 일이겠지만 그때는 적어도 시골에서는 어느 집에서나 일어나는 흔한 일이었다. 요즘 젊은 친구들은 어지간해서 쥐를 볼 기회조차 없으니 그 냄새는 더더욱 알 리가 없다. 뭐 그리 좋은 냄새도 아닌데 아직까지 머릿속에 남아 있는 것을 보면 내가 촌놈임에는 틀림없는 것 같다. 그런데 식물 중에 냄새 때문에 쥐오줌풀*Valeriana fauriei*이란 이름이 붙여진 것이 있다. 겉으로 보기에는 전혀 하자 없는 예쁜 식물인데 뿌리를 캐는 순간 고약한 냄새 때문에 인상을 찌푸리지 않을 수 없다. 굳이 쥐를 만나지 않더라도 옛날을 생각나게 하는 식물이다.

속명 'Valeriana'는 강해진다는 뜻의 'valere'에서 유래되었고, 종소명 'fauriei'는 프랑스의 식물 채집가인 포리Urbain Jean Faurie 신부를 기념하기 위해 붙였다고 한다. 쥐오줌풀이란 우리 이름은 뿌리에서 나는 냄새 때문에 갖게 되었다. 우리나라에 분포하는 쥐오줌풀속 식물로는, 전체에 털이 많고 꽃줄기와 잎자루에 분비 털인 선모가 있으며 북한 지역에서 자라는 설령쥐오줌풀, 울릉도와 북부 지방에서 자라며 갈라진 잎 조각이 넓고 마디 외에는 털이 없는 넓은잎쥐오줌풀, 열매에 털이 있는 광릉쥐오줌풀 등이 있다. 쥐오줌풀은 지방에 따라 '길초', '진잎쥐오줌', '줄댕가리', '은댕가리', '바구니나물' 등으로 달리 불리기도 한다.

넓은잎쥐오줌풀

한방에서는 쥐오줌풀속에 속한 식물 뿌리를 힐초纈草라 하여, 주로 신경계통에 작용하여 진정제 역할을 하는 약제로 사용하는 것으로 알려져 있다. 어린순은 나물로 먹고, 뿌리줄기는 담배의 향료로 사용하기도 한다.

언젠가 강변을 따라 난 도로를 달리다가 도로 가장자리에 산과 연결된 비탈면에 연한 자색 꽃이 무리지어 피어 있는 것을 본 적이 있다. 얼른 떠오르는 이름이 없어 차를 세워 놓고 자세히 확인을 했는데, 그 주인공은 바로 쥐오줌풀이었다. 들쭉날쭉 높이는 차이가 났지만 도로를 따라 일렬로 배열된 줄기에 활짝 핀 꽃은 너무나도 아름다웠다. 가만히 들여다보니 좁쌀만 한 크기의 꽃 여러 개가 다닥다닥 꽃줄기에 붙어 있는 모습은 크고 화려한 꽃을 갖는 어느 난초과Orchidaceae 식물에 견주어도 손색이 없어 보였다. 꽃이 풍기는 향기 또한 좋았다. 땅속뿌리에서 나는 쥐 오줌 같은 냄새와는 하늘과 땅 차이다. 두 가지 향을 동시에 가지고 있는 식물계의 카멜레온이 바로 쥐오줌풀이다.

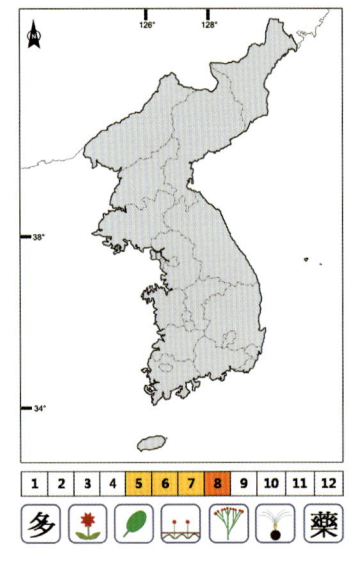

쥐오줌풀은 마타리과 Valerianaceae에 속하는 여러해살이풀로, 높이는 40~80cm 정도며 뿌리에서 역하고 강한 냄새가 난다. 뿌리에는 땅속으로 뻗는 가지인 기는줄기葡匐枝가 있으며, 뿌리 한 개에서 여러 개의 줄기가 나온다. 뿌리에서 올라온 잎은 꽃이 필 때쯤 없어지고 줄기에 달리는 잎은 마주난다. 줄기 밑부분에 달리는 잎은 긴 잎자루를 가지며 가장자리는 5~7개로 깊게 갈라지고, 각각의 조각은 계란 모양의 긴 타원형이다. 줄기 위쪽의 잎은 잎자루가 짧고 갈라진 잎 조각은 넓은 피침 모양이며 가장자리에 톱니가 있다. 꽃은 5~7월에 연한 홍색으로 피고 가지와 원줄기 끝에 작은 꽃줄기가 거의 같은 높이로 자라 편평하게 보이는 산방꽃차례로 달린다. 꽃부리는 5개로 갈라지며 꽃 길이는 5~7mm로 한쪽이 약간 부풀고 3개의 수술이 꽃 밖으로 길게 나와서 마치 가시가 박혀 있는 것 같다. 열매는 8월에 익고 피침형이며 길이는 4mm 정도로 작고 윗부분에는 꽃받침이 관모 형태의 털로 되어 있어 바람에 날아가기 쉽게 되어 있다.

홍·정·윤·갤·러·리

쥐오줌풀 *Valeriana fauriei*

산삼 친구이자 너도 삼인 고삼

우리나라 사람들의 몸에 좋은 것에 대한 욕심은 지나치다 싶을 정도다. 식물이든 동물이든 가릴 것 없이 자신의 건강을 위해서라면 물불을 가리지 않고 먹고 싶어 하고, 먹어 댄다. 그도 그럴 것이 생활을 하다 보면 스트레스 받을 일이 많은데 날씨까지 무더위로 후텁지근하다면 그야말로 몸과 마음은 늘 피곤에 찌들어 있기 마련이다. 상황이 그러다 보니 가을이나 겨울이 시작되면 보약을 찾는 이들도 많아진다. 흔히 보약이라고 하면 사슴의 녹용이나 흑염소 등을 떠올리지만, 누가 뭐라 해도 보약의 으뜸은 역시 산삼과 인삼이다. 삼蔘 종류가 원기를 회복시키는 데 최고 효과가 좋은 것으로 알려져 있으며, 그런 이유 때문인지 산삼을 캐러 가는 동호회까지 만들어질 정도다. 자기가 직접 찾은 산삼을 보약 삼아 먹으면 효과는 두 배나 세 배 이상 클지도 모르겠다. 요즘은 산에 인삼 씨를 뿌려 일정 기간 저절로 자라게 두었다가 수확해 파는 소위 '장뇌삼'이 인기를 끌고 있다. 시간이 지날수록 재배 지역과 면적은 점점 더 늘어나고 있다고 한다. 산삼만큼은 아니지만 어느 정도 비슷한 약효를 낸다고 하니, 산삼은 엄두도 내지 못하는 서민들을 위해서 괜찮은 사업 아이템인 것 같다. 언젠가 길을 가다가 '산삼연구회'라는 요란한 간판이 눈에 띄어 찾아 들어가 본 적이 있었다. 그곳에는 화분에 심어 놓은 장뇌삼들이 쭉 늘어서 있었다. 씨를 발아시켜 땅속에 묻어 놓았던 것이 자라 수확할 수 있는 크기로 자라 있었다. 산삼이나 장뇌삼은 줄기와 잎의 모양이 비슷하기 때문에 가늘고 부드러워 보이는 모습만으로도 보기 좋고 반가웠다. 삼에 관하여 이런저런 이야기를 나누던 주인이 산삼 농축액이라며 음료가 들어 있는 비닐팩을 하나 내주었다. 이 즙을 먹은 운동선수들이 올림픽에 출전해 금메달을 땄다고 자랑하는 말을 들으며 맛을 보니 약간 씁쌀했다. 기분 탓인지 기운이 솟는 것 같기도 했다.

　　삼에 관해 조금 더 앞서나가는 사람들은 실험실에서 배양을 해서 재배하는 기술을 개발했다. 이른바 배양 산삼으로, 삼의 조직 일부를 떼어 내서 조직이 자랄 수 있도록 환경을 만들고 멸균된 영양분이 들어 있는 '배지'라는 곳에 넣어 항온기에서 자라게 한 것이다. 조직에서 분리해 내면 한꺼번에 많은 양을 만들 수 있으므로 추출액을 만들어서 판매하는 사람들로서는 획기적인 일일 것이다. 인삼도 마찬가지다. 산에서 재배하지 않고 밭에 일정한 환경을 만들어 주고 재배하는 것이므로 산삼보다는 자연성이 떨어지지만 선물이나 허약한 몸의 기운을 보충하는 데는 모자람이 없다. 기후에 따라 여러 가지 성분 함량이 달라질 수 있는데 풍기와 금산, 그리고 강화에서 생산하는 인삼은 그 우수성이 입증되어 우리나라 최고의 인삼 재배지가 되었다. 또 고려인삼 같은 품종은 전 세계에서도 각광을 받으며 유명세를 치르고 있다. 참 좋은 일이다.

　　'삼'이라고 모두 훌륭한 것은 아니다. 식물 이름에 분명 '삼'이라는 글자가 붙어 있기는 한데 아무도 알아봐 주지 않는 것도 있다. 바로 고삼 *Sophora flavescens*이 그 주인공이다. 학명 '*Sophora*'는 유명한 식물학자인 린네 Carl von Linnaeus가 어떤 식물의 아랍 이름을 전용해 붙인 것이고, 종소명 '*flavescens*'는 누른빛이 돈다는 뜻

| 1 | 2 | 3 | 4 | 고삼
1 전체 2 잎 3 꽃 4 열매

으로 아마도 꽃의 색깔을 나타낸 것 같다. 고삼은 한방에서도 고삼苦蔘이라고 부르므로 분명 약효를 가진 식물이기는 하다. 그런데 고삼의 지상부를 보면 일반적인 삼, 즉 인삼이나 산삼의 모습이 아니라 콩과 식물과 비슷해서 큰 차이를 느낄 수 있다. 약효가 있는 부분은 지하부, 즉 뿌리 부분이다. 고삼은 '도둑놈의지팡이'라고도 부르는데, 그냥 지팡이도 아니고 도둑의 지팡이라고 하니 약간 비겁한 느낌이 든다. 아마 땅속에 깊이 들어 있어서 잘 보이지 않아 붙여진 이름이라 생각된다. 그 외에 너도 삼이라는 의미에서 '너삼'이라 불리기도 하며, 지방에 따라서는 '뱀의정자나무', '느삼'이라고도 한다. 북한에서는 '능암'이라 불리기도 한다.

    고삼과 같은 속에 속하는 식물로는 중국이 원산지이며 정원수나 가로수로 심는 회화나무 *S. japonica*가 있다. 고삼과는 달리 높이가 15~25미터나 되는 큰키나무이고 꽃은 고깔 모양의 원추꽃차례로 달려 차이가 난다. 또 우리나라에서 자라는 특산식물인 개느삼속*Echinosophora*은 고삼속에서 분리되어 나간 종류인데, 땅속으로 뻗는 줄기가 있고 열매 꼬투리에 돌기가 많으며 황금색 꽃이 피는 키 작은 떨기나무라는 점에서 차이가 있다.

고삼은 심장병, 통증이나 불면증에 특히 효과가 좋다고 하며, 뿌리를 갈아서 만든 가루를 한 말 정도 먹으면 산삼과 같은 효능을 볼 수 있다고 한다. 그만큼 몸에 좋은 물질을 많이 포함하고 있다는 뜻이다.

인삼과 산삼은 두릅나무과Araliaceae에 속하지만 고삼은 콩과에 속한다. 이름은 비슷해도 소속되어 있는 계통은 전혀 다른 식물이다. 단지 약효나 뿌리의 모양이 인삼과 비슷하고 쓴맛이 나기 때문에 붙여진 이름으로 생각하면 될 것 같다. 적어도 우리나라 부모들은 '고삼高三'이라고 하면 자다가도 깜짝 놀라 깰 만큼 자극적인 단어지만, 식물 고삼苦蔘은 여러 가지 용도로 쓰이는 훌륭한 약용 자원이다.

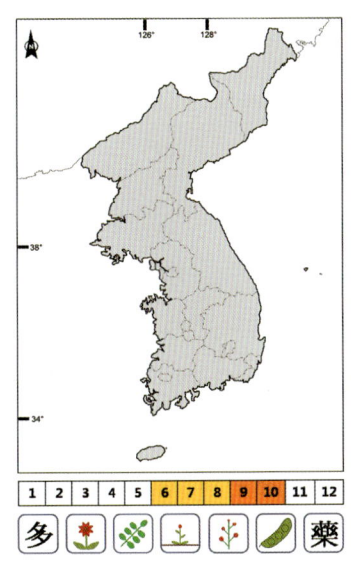

고삼은 콩과Leguminosae에 속하는 여러해살이풀로, 줄기는 1m 정도까지 자라고 전체에 짧은 털이 있으며 녹색이지만 어릴 때는 검은색이 돌기도 한다. 뿌리는 굵고 땅속 깊이 지팡이처럼 들어가며, 좀 오래 묵은 뿌리를 캐 보면 마치 잔뿌리가 많이 난 나무뿌리를 연상하게 할 정도로 단단하고 튼튼해 보인다. 잎은 어긋나고 긴 잎자루를 가지며 아까시나무처럼 여러 장의 작은 잎들이 모여 복엽을 이루는데 작은 잎의 수가 적게는 15개에서 많게는 35개까지 다양하게 달린다. 작은 잎들은 긴 계란 모양 또는 긴 타원형이며 길이 2~4cm, 폭 7~15mm로 밑부분은 둥글고 가장자리에는 톱니가 없어 밋밋하다. 꽃은 연한 황색으로 6~8월에 피고 줄기와 가지 끝에 분지하지 않는 작은 꽃자루에 꽃이 몇 개씩 송이처럼 달려 총상꽃차례를 만든다. 꽃받침은 통 모양으로 겉에 누운 털이 있으며 5개로 얕게 갈라지고 길이는 7~8mm 정도다. 꽃잎은 길이가 약 1.5cm로 완두꽃 모양을 닮았다. 열매는 꼬투리를 맺는 열매, 즉 협과로 9~10월에 익으며 좁은 원기둥 모양 또는 선형으로 길이 7~8cm, 폭 7~8mm로 안쪽에는 팥처럼 생긴 작은 씨가 들어 있다.

숲 속의 까치 같은 반가운 얼굴, 까치박달

우리나라 중부 지방을 중심으로 분포하는 숲의 대부분은 소나무와 신갈나무가 우점하고 있는 것으로 알려져 있다. 해발 고도와 일조량 또는 경사와 방향 등에 따라 조성되는 숲의 형태는 장소마다 조금씩 차이가 생기게 마련이다. 숲과 마찬가지로 식물 종들도 각기 자기가 살아가기에 적절한 환경을 좋아할 수밖에 없다. 예를 들어, 더덕은 약간 그늘지고 습하지만 기름진 토양이 있는 곳을 좋아하고, 도라지는 햇빛이 잘 들고 약간 마른 토양이 있는 묏등이나 건조한 곳에 자란다. 그렇다면 골짜기나 계곡 주변에는 어떤 나무들이 숲을 이루고 있을까? 아마도 식물도감을 펼쳤을 때 계곡성 수종이라 적혀 있는 종류들이 자리 잡고 있을 터이다. 흔하게 볼 수 있는 것은 가래나무, 고로쇠나무, 층층나무 같은 나무들이 만들어 낸 숲이고, 조금 더 깊이 들어가다 보면 어디서 한번쯤은 봤음직한 숲이 나타나는데, 바로 까치박달 *Carpinus cordata* 숲이다.

까치박달이 속한 자작나무과에는 재미있는 식물들이 많이 포함되어 있다. 자

자작나무속 *Betula*의 박달나무는 재질이 단단하여 도끼나 망치의 자루로 만들거나, 콩이나 팥을 터는 도리깨의 끝부분으로 사용하기도 한다. 지금은 체벌을 하지 못하게 되어 있지만 내가 초등학교 다닐 때에는 잘못을 하면 선생님께서 손바닥을 때리기도 하셨는데 그때의 가느다란 회초리도 바로 박달나무였다. 아주 가늘고 약해 보였는데도 맞으면 꽤 아팠던 것으로 기억한다. 그만큼 단단하다는 뜻이다. 흰색 나무껍질이 벗겨지는 자작나무는 또 어떠한가. 외사랑으로 혼자 마음을 끓이다 자작나무 흰 껍질에 붓글씨로 시를 멋들어지게 적어 보내어 마음을 표현했던 풋풋한 시절도 있었다. 지금은 예쁜 추억으로 가슴 속에 남아 있을 뿐이다. 개암나무속 *Corylus*의 개암나무 열

자작나무과 식물들 _ 개암나무(위), 서어나무(가운데), 소사나무(아래)

매는 허기를 달래 주는 훌륭한 간식이었다. 딱딱한 껍질을 제거하려고 열매를 이빨 사이에 넣고 힘을 줄 때의 얼굴 표정은, 아무리 화가 난 사람이라도 웃음을 참지 못할 만큼 희화적이다. 어떤 동화에서 개암나무 열매시골에서는 '깨금'이라고도 함 껍질을 깨는 소리를 듣고 도깨비가 도망갔다고 했는데, 그때 얼굴 모습을 봤더라면 도망은커녕 오히려 배꼽을 잡고 웃었을지도 모르겠다. 그럼에도 도토리만 한 크기의 열매 몇 개를 먹고 나면 그럭저럭 배고픔을 잊을 수 있었다. 오리나무속 Alnus의 오리나무는 거리를 나타내는 이정표로 2킬로미터를 의미하는 오리五里마다 심었던 지표목이다. 또 오리나무는 술의 농도를 묽게 하는 성분이 들어 있다고 한다. 항상 술병을 옆구리에 차고 다닐 만큼 술을 좋아하는 사람이 있었는데 하루는 산행을 하다가 술병의 마개를 잃어버렸다. 아까운 술이 쏟아질까 봐 길옆에 있던 나무의 잎을 뜯어 뚜껑을 대신했다. 산 정상에 올라 기분 좋게 술을 마셨는데 술은 간데없고 물처럼 순했다. 오리나무의 잎이 술의 농도를 희석시켜 버린 때문이다. 이처럼 자작나무과에 속하는 식물들은 나름대로 독특한 특징을 가지고 있다.

  이번 이야기의 주인공인 서어나무속 Carpinus도 예외는 아니다. 이제는 자연 개체를 찾기 어려운 천연기념물인 장수하늘소가 가장 최근까지 서식했던 것으로 알려진 서어나무, 자연과 어우러져 그대로 분재라고 해도 지나치지 않은 소사나무, 그리고 이번 주인공인 까치박달까지 포함하고 있다. 까치박달 열매가 바람에 흔들리는 모습은 줄기에 대롱대롱 매달려 있는 벌레집을 연상시키며, 꼿꼿하게 튀어나와 있는 잎의 맥은 고집이 아주 강해 보인다. 봄이 무르익어 갈 무렵의 어느 날 야외조사를 나갔다가 계곡 주변에서 우연히 까치박달을 만난 적이 있다. 지난해 열매가 미처 떨어지지 못하고 붙어 있는데, 올해 새로 핀 꽃들이 수정을 끝내고 익어 가는 열매까지 두 해에 걸친 결실이 함께 어우러져 아름다운 모습을 연출하고 있었다. 또 계곡 주변에 선 큰 나무에는 열매가 얼마나 많이 달렸던지 나뭇가지가 부러질 정도였다. 수확을 한다면 적어도 몇 가마니는 충분히 담을 수 있을 만한 양이었다.

1	2	3
4		

까치박달
1 전체　2 줄기
3 잎　4 꽃과 열매

　속명 'Carpinus'는 켈트어로 나무라는 뜻을 가진 'car'와 머리라는 의미의 'pin'이 합성한 단어로 나무 중의 나무라는 의미가 되므로 최고의 나무라는 뜻이고, 종소명 'cordata'는 심장과 비슷하다는 의미로 잎의 밑부분을 표현한 것이다. 까치박달이란 우리 이름은 까치가 작다는 뜻이 있어서 작은 박달나무라는 의미다. 키가 15미터나 자라므로 결코 작은 나무라고는 할 수 없지만 상대적으로 박달나무가 30미터나 자란다고 하니 박달나무 입장에서 보면 키 작은 동생별이 맞다. 지방에서는 '나도밤나무', '수박달', '박달서나무', '물박달'이라 부르기도 한다. 서어나무와 소사나무는 속屬도 같고 형태도 까치박달과 비슷한데, 두 종 모두 종자가 잎 모양의 포엽에 싸여 있지 않기 때문이다. 그러나 소사나무는 잎이 5센티미터

이하로 작고 잎맥의 수도 10~12쌍으로 적어 까치박달과는 차이가 난다.

까치박달의 목재는 단단하고 질겨 가구나 목기 등을 만드는 데 쓸모가 있다. 요즘에는 나무 모양이 좋고 병충해에도 강하여 공원의 조경수로도 인기가 높다. 한방에서는 뿌리의 껍질을 소과천금유小果千金楡라 하여, 타박상이나 부스럼 등을 치료하는 데 쓴다.

여름이면 많은 사람들이 시원한 계곡을 찾게 된다. 까치박달이나 서어나무 숲 그늘에 앉아 찬 계곡물에 발을 담근 채 바람에 흔들려 부딪히는 잎과 열매의 소리에 귀 기울여 보는 낭만에 잠시 젖어 보는 것도 좋을 것 같다.

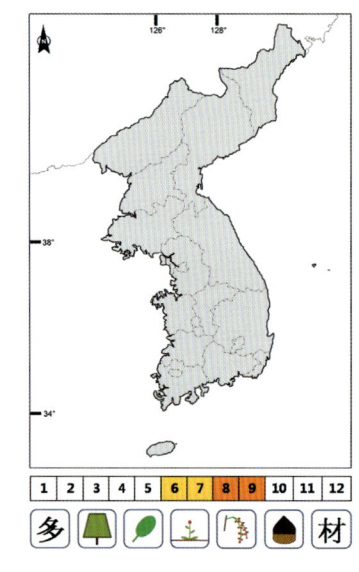

까치박달은 자작나무과 Betulaceae에 속하는 잎이 지는 큰키나무로, 높이는 15m 정도다. 줄기는 대부분 구부러지며 나무 껍질樹皮은 회갈색으로 약간 거칠고 세로로 갈라진다. 새 가지에는 털이 있으나 점차 없어지고, 겨울눈은 길고 뾰족하며 눈을 감싸고 있는 비늘조각은 20~26개로 많다. 잎은 계란 모양 또는 타원형으로 길이 7~14cm, 폭 7cm고 가장자리에 불규칙한 톱니가 있으며 밑부분은 심장 모양으로 파여 있다. 잎자루는 1.0~1.5cm고 잎맥의 수는 15~20쌍으로 뒤쪽으로 뚜렷하게 돌출되어 있어 마치 빨래판처럼 보인다. 꽃은 6~7월에 암꽃과 수꽃이 따로 피는데, 수꽃은 지난해 나왔던 묵은 가지에 1개씩 달리고 안쪽에는 4~8개의 수술이 있다. 암꽃은 새로 나온 가지 끝에서 피고, 잎처럼 생긴 포엽 1장에 2개씩 달린다. 포엽은 계란 모양으로 손바닥을 오므려 놓은 것 같고 밑부분은 귀처럼 늘어져 꽃을 감싸며 5~15cm의 긴 꽃 축에 기왓장처럼 붙어 있다. 열매는 성숙해도 껍질이 열리지 않는 견과로, 타원 모양이며 길이는 3~4mm로 8~9월에 익는다.

초롱초롱 작은 종, 초롱꽃

　　해외에서 활동하는 우리나라 운동선수들이 늘어나면서 스포츠 뉴스거리가 풍성해졌다. 축구, 야구, 배구는 물론 핸드볼 같은 비인기 종목까지 많은 선수들이 자신과 나라의 명예를 걸고 열심히 선전하고 있다. 특히 축구는 어느 때보다도 절정의 기량을 펼치고 있는 것 같다. 잘 알려진 선수만 꼽아도 열 손가락 채우기가 어렵지 않을 정도다. 2002년 월드컵 축구대회를 잘 치르고 4강에 진출까지 한 여세를 몰아 외국의 프로 리그에 진출해 새로운 기술을 익히면서 우리나라 축구는 발전의 속도를 높였다. 덕분에 밤을 낮 삼아 그들의 경기 관전을 즐기는 올빼미족도 늘고 있다. 멋들어진 경기만큼이나 그 선수들의 인기가 올라가는 것은 당연한 일인지도 모르겠다. 어느 결에 선수들의 특징을 잡아내 '신형 엔진', '진공청소기', '초롱이' 같은 애칭을 붙여 친근하게 부르기까지 한다. 그중 '초롱이'라는 별명이 붙은 이영표 선수는 커다랗고 동그란 눈으로 상대 선수를 압도하며 공을 빼앗아 특유의 헛다리짚기로 상대 선수를 혼란스럽게 만들어 놓고 공을 갖고 질주하는 모습은 정말이

초롱꽃

지 '속 시원한 돌파'라는 말 외에 다른 표현은 불가능하다. 우리 들꽃 중에도 보는 이를 압도할 만큼 아름다운 꽃이 많다. 그중의 하나가 초롱꽃 *Campanula punctata*이다. 이름은 비슷해도 축구선수 '초롱이'와는 그 의미가 좀 다르다. 초롱꽃은 청사초롱의 초롱을 가리킨다. 모양이 닮았기 때문이다. 그런 모양 때문인지 영어 이름도 'bell flower'다. 꽃 전체에 털이 많이 있지만 특히 꽃잎의 끝부분에는 가늘고 긴 흰색 털이 튀어나와 있어 꽃의 아름다움을 더해 준다. 그 모습은 마치 바닷속에 사는 성게 몸에 나 있는 가시 사이로 들락날락 거리는 촉수처럼 보인다. 초롱꽃은 마을이나 집 주변까지는 아니더라도 주로 사람들 왕래가 잦은 논둑이나 밭둑 근처, 산 입구 등에 자라서인지 그리 낯설지는 않다.

속명 '*Campanula*'는 종을 의미하는 라틴어 '*campana*'의 축소형으로 작은 종 모양의 꽃이 핀다는 뜻을 가지고 있다. 식물에 관심이 있는 분이라면 식용하거나 약용하는 더덕과 잔대도 종 모양의 꽃을 피운다는 사실을 알고 있을 것이다. 비록 속屬은 다르지만 이 식물들도 모두 초롱꽃과에 속한다. 종소명 '*punctata*'는 꽃에 반점이나 작은 점이 있다는 뜻이다. 속명의 유래에 얽힌 그리스 신화가 있다. '밤의 아가씨들'이라는 뜻의 이름을 가진 신 '헤스페리데스'와 그녀의 딸 '캄파뉼'은 '헤라'가 '제우스'와 결혼할 때 대지의 여신 '가이아'에게 선물로 받은 황금으로 된 사과나무를 지키고 있었다. 어느 날 황금 사과를 훔치려는 도둑이 나타나자 캄파뉼은 나무의 파수꾼인 '라돈'에게 그 사실을 알리려고 은빛의 종을 울렸다.

초롱꽃속 식물들_ 초롱꽃(왼쪽), 섬초롱꽃(가운데), 자주꽃방망이(오른쪽)

당황한 도둑은 캄파뉼을 칼로 찔러 죽인 후 도망쳐 버렸다. 다음날 아침, 꽃의 여신 '플로라'는 죽은 캄파뉼을 보고는 가엾게 여겨 은종 모양의 아름다운 꽃으로 모습을 바꾸어 주었다. 이 꽃이 바로 초롱꽃으로, 죽은 소녀의 이름을 따서 꽃의 이름이자 학명學名을 붙였다. 우리나라에 분포하는 초롱꽃속 식물로는 초롱꽃, 섬초롱꽃, 자주꽃방망이가 있다. 섬초롱꽃은 울릉도에서만 볼 수 있는 우리나라 고유종으로, 초롱꽃보다 잎이 두껍고 표면에 광택이 나며 꽃받침의 맥이 뚜렷하게 보여 차이가 있다. 자주꽃방망이는 다른 두 종보다 꽃이 2~3센티미터로 작고 꽃이 하늘을 향해 피기 때문에 쉽게 구별된다. 초롱꽃속 식물은 우리나라에는 3종만이 자라지만 전 세계적으로는 250여 종류로 많다. 주로 북반구 온대와 지중해 지역을 중심으로 넓게 분포한다. 꽃이 아름다워서인지 원예품종도 많이 만들어졌으며, 관상용으로도 재배되고 있어 훌륭한 자원 식물로도 각광받고 있다.

한방에서는 초롱꽃의 뿌리와 꽃이 천식과 편도선염, 인후염 치료에 효과가 있다고 알려져 있다. 또 초롱꽃, 섬초롱꽃, 금강초롱꽃의 지상부는 자반풍령초紫斑風

鈴草라 하여 아기를 낳는 데 도움을 주는 약으로 쓴다. 시골에서는 초롱꽃과 섬초롱꽃의 뿌리줄기를 뜯어다가 삶아서 된장에 무쳐 나물로 먹기도 한다.

초롱꽃은 식물체 전체에 털이 퍼져 있어 반짝반짝 빛나지는 않지만, 크게 무리를 이루어 한꺼번에 고개 숙여 피어 있는 꽃들의 모습은 수줍은 시골 소녀의 미소만큼이나 순수하고 매력적이다.

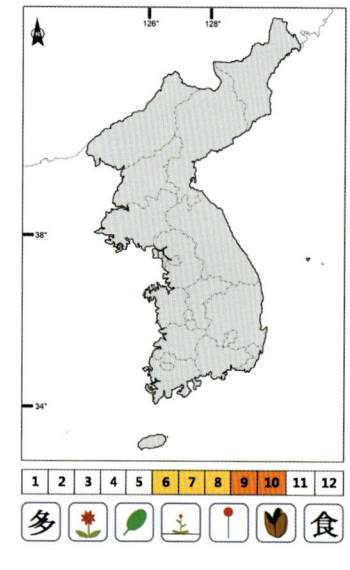

초롱꽃은 초롱꽃과 Campanulaceae에 속하는 여러해살이풀로, 줄기는 40~100cm 정도며 전체에 푹신할 정도로 많은 털이 나 있다. 땅속줄기는 짧은데 대부분 옆으로 뻗어 가느다랗게 자라면서 마디마디에서 줄기를 낸다. 뿌리에서 올라온 잎은 줄기보다 먼저 나오는데 계란처럼 생긴 심장 모양이며, 줄기에 꽃이 피면 시들어 없어진다. 그 잎자루에는 날개가 있다. 줄기의 잎은 어긋나 달리는데 밑부분의 잎은 날개가 있는 잎자루가 있으나 위로 갈수록 없어지며, 모양은 삼각형과 비슷한 계란 모양 또는 피침형으로 길이 5~8cm, 폭 1.5~4cm로 끝은 뾰족하고 가장자리에는 불규칙한 톱니가 있다. 꽃은 6~8월에 종 모양으로 피는데 흰색 또는 연한 홍자색 바탕에 짙은 반점이 있고, 길이는 4~5cm 정도로 긴 꽃자루 위에 3~4개가 아래를 향해 달린다. 꽃받침은 5개로 갈라지고 각각의 조각 사이에는 주름진 잎 모양의 부속체가 있다. 열매는 9~10월에 성숙하고 익으면 껍질이 터지는 삭과로, 안쪽에는 회갈색의 타원형 씨가 여러 개 들어 있다.

초록빛 고깔을 쓴 소녀 같은 백부자

잘나가는 텔레비전 방송 프로그램 가운데 십 대들이 뜻을 알지 못하는 순수한 우리말을 찾아내는 코너가 있었다. 가끔은 출연자가 바보 같기도 하고 웃음을 자아내기 위해 다소 억지스러운 표현이 오가며 진행되기도 하지만, 방송을 마무리할 때는 항상 그 단어에 대한 우리말 뜻을 정확하게 확인시켜 주었다. 또 즐겨 듣는 라디오 방송 중에 '우리말 나들이' 코너가 있는데 일상생활에서 잘못 사용하고 있는 비슷한 단어들을 비교 설명하기도 하고 잘못된 사용을 바로잡아 주기도 한다. 모두 좋은 프로그램들이다. 이번에 소개하는 식물을 생각하면서 독자 여러분께 꼭 물어보고 싶은 것이 있다. "혹시 '돌쩌귀'가 무엇인지 아시나요?" 연세가 지긋한 분이라면 그 의미를 대충이라도 아실 테지만, 젊은이나 십 대들에게는 다소 생소한 말일 것이다. 사전을 찾아보면 '주로 한옥의 여닫이문에 다는 경첩'이라 되어 있다. 즉, 쇠붙이로 만든 암수가 짝을 이루어 문을 여닫을 수 있도록 하기 위해 수짝은 문짝에 박고, 암짝은 문설주에 박아 서로 맞추거나 꽂게 되어 있다. 추운 겨울을 잘

백부자_ 전체(위), 꽃(아래)

이겨낸 문창호지가 봄이 되면 봄바람의 시샘에 밀려 쭉쭉 찢어지는데 그럴 때면 갓 피어난 진달래의 꽃잎이나, 잔디 같은 벼과Gramineae 식물의 잎을 잘라다가 헌옷을 꿰매듯 창문에 덧대기를 했다. 그러다가 아예 문창호지 전체를 갈아야 할 때가 되면 문짝을 돌쩌귀에서 분리하여 도랑가로 가져가 물을 끼얹어 오래된 종이를 불려 떼어낸 뒤 깨끗한 문살 위에 하얀 창호지를 붙였다. 새로 옷을 갈아입은 문은 열리고 닫힐 때의 소리가 먼저보다 훨씬 더 경쾌하고 맑았다. 어머니께서 돌쩌귀 사이에 들기름이라도 조금 뿌려 주시면 삐걱거리던 쇳소리가 없어져 문턱과 문이 만나는 나무들만의 속삭임으로 거듭나곤 했다. 봄이 되면 새 단장을 했던 시골 마을의 풍경이다. 성냥갑 같은 아파트에서 생활하는 요즘에는 경험해 볼 수 없는 소중하고 행복한 추억이다.

식물 이름에도 '돌쩌귀'란 단어가 붙는 것들이 있다. 한라돌쩌귀, 노랑돌쩌귀, 가는돌쩌귀가 바로 그것인데, 이들 식물의 꽃은 모두 로마 병사가 머리에 썼던 투구처럼 생겼다. 이 중 노랑돌쩌귀는 백부자 Aconitum koreanum라는 식물의 다른 이름이다. '초오草烏'라는 이름으로 알려진 보라색 꽃이 피는 투구꽃 종류와는 달리 백부자는 황색 꽃이 피기 때문에 같은 속에 속하지만 구별하기는 쉽다. 자생지에서 백부자를 만나면 누런색 꽃잎으로 둘러싸인 꽃이 총채만 한 꽃줄기에 다닥다닥 붙어 있는 모습이 어찌나 예쁘던지, 쉴 사이 없이 사진기 셔터를 누르게 된다. 고깔을 뒤집어쓰고 있는 것처럼 보이는 꽃 안쪽에는 개미처럼 작은 수술이 검은색 반점처럼 들어 있어 마치 살아 움직이는 모습을 보는 것 같다. 이런 개체들이 여러 개 모여 큰 군락을 만들고 있다면 얼마나 멋진 장관을 이룰까? 길가나 도로변에서 자주 만나는 서양 얼굴의 화초들보다 훨씬 더 자연스럽고 한국적인 매력이 넘친다.

속명 'Aconitum'은 어원이 정확하지 않은 그리스어 또는 라틴어인데 'Acon'은 어떤 지역의 이름이라는 말도 있다. 종소명 'koreanum'은 우리나라에 분포한다는 뜻이다. 백부자라는 우리 이름은 흰색의 덩이뿌리를 가지는 부자附子라는 뜻이다. 노랑돌쩌귀 외에도 '노랑바꽃', '노란돌쩌기풀', '노랑돌쩌귀풀' 등 다른 이름으로도 불린다. 형태가 유사한 종류로는 북부 지방의 산지에서 자라고 잎이 가늘게 갈라져 다섯 갈래처럼 보이는 가는돌쩌귀와, 덩이뿌리가 진한 갈색이거나 검은색에 가까우며 한라산에서만 자라는 한라돌쩌귀가 있다. 우리나라에 분포하는 초오속 식물은 약 19종류인데, 형태적 변이, 특히 잎이 갈라지는 정도의 변이가 심해서 분류군 각각을 구별하기가 어렵다. 일본산을 중심으로 한 동아시아에서 자라는 종을 대상으로 실시한 연구에서, 자연 상태로 관찰되는 많은 잡종 형태 때문에 기재와 설명이 무려 300여 쪽에 달할 만큼 그 변이가 심하다. 좀 더 자세히 연구해 볼 만한 가치가 있는 분류군이란 생각이 든다.

한방에서는 백부자의 땅속 덩이뿌리를 백부자白附子라고 하여 약으로 쓰는데, 대부분의 초오속Aconitum 식물이 그렇듯이 뿌리에는 맹독성 물질이 포함되어 있다. 백부자에는 알칼로이드 성분인 히파코니틴hypaconitine이 함유되어 있다고 하는데, 이 물질은 결핵균을 억제하고 심장을 강하게 하며 진통제로도 쓸 수 있다고 한다. 그러나 많은 양을 사용하면 얼굴이나 팔다리에 마비 증세가 생기는 등 심각한 문제가 일어날 수 있으므로 민간에서는 반드시 가열하여 독성분을 분해시킨 후 사용해야 하는 등 주의가 필요하다.

자고로 꽃이 아름다울 뿐만 아니라 여러 용도로 쓰이는 종류는 사람들이 그냥 두지 않는 법. 불과 몇 년 전만 해도 강원도 이북의 산골짜기나 숲 속에서는 비교적 쉽게 만날 수 있었는데, 지금은 개체 수가 급속히 줄어들었다. 그래서인지 환경부의 멸종위기 야생식물 II급으로 지정되어 있다. 2009년에는 일 년 내내 백부자의 자생지를 찾아 전국을 수소문하고 다녔는데 고작 세 군데를 찾은 것으로 만족해야 했다. 그나마 세 지역의 개체 수를 모두 합해도 20여 개체 정도였다. 앞으로 자생지 보호는 물론이요, 현지 외 보전을 위한 대책도 마련해야 할 귀중한 우리 식물이다.

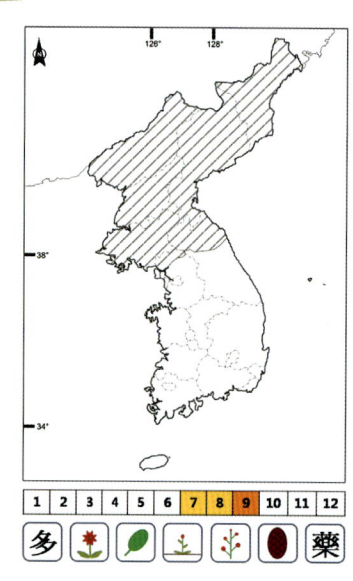

미나리아재비과 Ranunculaceae에 속하는 백부자는 산기슭의 작은키나무 숲이나 풀밭에서 자라는 여러해살이풀이다. 줄기는 1m 정도로 곧게 곧추서며, 땅속에는 2~3개씩 발달하는 마늘쪽 같은 흰색의 덩이뿌리가 있다. 잎은 어긋나고 3~5개로 갈라지는데 갈라진 잎은 다시 갈라져 각각의 조각은 피침형을 이룬다. 꽃은 7~8월에 연한 황색 또는 황색 바탕에 자줏빛으로 피며 몇 개의 꽃이 송이처럼 달려 만들어진 총상꽃차례가 줄기의 끝부분과 잎겨드랑이에 달리고 작은 꽃자루에는 털이 많다. 꽃잎 모양의 꽃받침조각은 5개로 뒤쪽의 것은 투구 모양이며 앞쪽은 이마처럼 튀어나와 있고, 옆쪽 것은 거의 둥글며 옆으로 서고 밑부분의 2개는 비스듬히 아래로 퍼진다. 꽃잎은 2개로 뒤쪽 꽃받침 속에 들어가 있다. 꽃받침조각과 꽃잎의 구성이 마치 돌쩌귀처럼 조화롭다. 그래서인지 꽃말도 '아름답게 빛나다' 이다. 열매는 쪽꼬투리가 달리는 골돌과로 9월에 익으며 끝에는 암술대가 남아 있어 뾰족하다. 씨는 사면체로 돌기가 있다.

홍·정·윤·갤·러·리

백부자 *Aconitum koreanum*

고부간의 갈등이 담긴 며느리밑씻개

시대를 막론하고 시어머니와 며느리는 친해지려야 친해질 수 없는 사이인 듯하다. 적어도 우리나라에서는 그렇다. 특히 예전에는 어른이라는 이유로 주로 시어머니가 며느리를 호되게 대하는 일이 많아 영화나 드라마의 단골 소재 노릇을 톡톡히 했었다. 결혼 전에는 한 가정의 일원으로 사랑받고 귀여움을 차지하며 살았을 터인데, 결혼을 했다고 해서 전혀 다른 대우를 받으며 살았던 것이다. 서양에서는 자녀들이 고등학교를 졸업하거나 대학에 입학하면 부모로부터 독립해 나가 생활하는 것이 일반적이라 그런지 부모 자식 간의 정도 우리와는 다른 것 같다. 그러니 고부간의 갈등은 있을 수도 없는 일이다. 당사자들이 모든 것을 알아서 처리할뿐더러 결혼해도 시댁과는 별도로 독립된 생활을 하기 때문이다. 그런데 우리나라는 부모 자식 관계가 밀착되어 있어서 아들을 사이에 두고 시어머니와 며느리의 갈등이 일곤 했다. 요즘은 생활이나 사고가 많이 서구화되어서인지 고부 관계가 예전과는 달리 마치 모녀지간 같은 이들도 많다. 대체로 시댁에서는 며느리를 덤으로 얻은

며느리밑씻개_ 전체(왼쪽), 꽃과 잎(오른쪽)

딸이라 여기는 분위기가 되었다.

　그렇다면 예전에는 왜 그렇게 시어머니가 며느리를 못살게 굴었을까? 이름만 들어도 저절로 웃음 짓게 되는 며느리밑씻개 *Persicaria senticosa*라는 식물에 얽힌 전설을 보면 그 답이 나온다. 옛날에 심성이 곱지 않은 시어머니가 며느리와 함께 살고 있었다. 이들은 주로 밭농사를 지어 먹을거리를 마련했다. 하루는 고부가 나란히 앉아 밭을 매고 있는데 전날 먹은 음식이 잘못되었는지 갑자기 시어머니 배가 뒤틀리기 시작했다. 너무 급해 화장실까지 갈 수 없어서 밭두렁 근처에서 볼일을 보았다. 시어머니는 일을 마치고 옆 밭둑에서 자라던 호박 덩굴을 잡아당겨 어린 호박잎을 뜯어서 뒷마무리를 했다. 그 순간, 살을 찌르는 따가움에 자신도 모르게 '아야' 하고 비명을 질렀다. 뒤처리한 호박잎을 살펴보니 며느리밑씻개가 딸려 들어가 있었다. "저 놈의 풀은 꼴 보기 싫은 며느리 년 일볼 때나 걸려들 것이지 왜 하필 나야" 하고 시어머니는 투덜거렸다. 잠시 후 며느리에게도 배에서 소식이 왔다.

잎의 비교_ 며느리밑씻개(왼쪽), 며느리배꼽(오른쪽)

워낙 황망중이라 손을 쓸 틈도 없이 밭 한가운데 앉은 채 볼일을 볼 수밖에 없었다. 일을 보고 아무리 주변을 둘러보아도 뒷마무리할 만한 것이 눈에 띄지 않았다. 하는 수 없이 시어머니에게 도움을 청하자 '감히 시어머니에게 심부름을 시킨다'고 크게 역정을 내며, 며느리밑씻개를 줄기 채 뽑아 건네 주었다. 이후 그 따가운 것으로 밑을 닦은 며느리와 그것을 건넨 시어머니의 사이는 더 소원해졌고 시간이 지날수록 고부간의 갈등은 본격화되었다. 도대체 며느리밑씻개는 어떤 식물이기에 이런 문제를 일으키게 된 것일까? 결론부터 말하자면 '가시' 때문이다. 며느리밑씻개의 줄기, 잎자루, 꽃자루는 물론이고 잎 뒷면의 맥 위에까지 밑으로 향한 가시가 나 있는데, 피부에 닿으면 상처가 날 정도로 날카롭다. 이렇게 거친 잎을 볼일 뒤처리를 하는데 쓰라고 주었으니 마음이 상할 수밖에.

    속명 '*Persicaria*'는 복사나무의 잎과 비슷하다고 하여 복숭아를 의미하는 'Persica'에서 유래되었다고 하는데, 오히려 며느리밑씻개의 잎보다는 같은 속에 속한 여뀌 종류의 잎 모양과 비슷하다. 종소명 '*senticosa*'는 가시가 많다는 뜻으로 며느리밑씻개에 있는 가시를 잘 나타내고 있다. 비슷한 종류로는 며느리배꼽 *P. perfoliata*이 있는데 꽃차례의 밑부분을 잎 모양의 포(苞)가 접시처럼 감싸고 있으며, 잎자루는 방패 모양으로 잎몸의 아랫부분에 달리고 가시 이외에는 털이 없는 것이며느리밑씻개와는 차이가 난다. 며느리밑씻개는 '며누리밑씻개', '가시모밀', '가시덩굴여뀌', '사광이아재비' 등으로 달리 불리기도 한다.

한방에서는 지상부를 낭인廊茵이라 하여 버짐이나 습진 치료에 쓰거나, 타박상으로 인한 피를 제거하는 데도 사용한다. 달인 물은 치질 예방에 효과가 있다고 한다.

우리나라에서 자라는 식물 가운데 '며느리'라는 단어가 붙은 종류로는 '며느리밑씻개'와 '며느리배꼽' 외에 '며느리밥풀', '며느리감나물차풀', '며느리주머니금낭화'가 있는데, 대부분 며느리가 대접받지 못하는 좋지 않은 의미를 담고 있다. 다행스럽게도 요즘은 고부 관계가 전과 같지 않으니 며느리밑씻개의 이름이나 전설도 시대 상황에 맞추어 바꾸고 싶은 마음이 들기도 한다. 그러나 전설은 그 나름대로 의미가 있는 것이니 그런 작업은 덮어 두기로 하고, 앞으로는 고부간의 갈등이란 단어 자체가 없어지고 세상의 모든 고부가 행복하기를 고대한다.

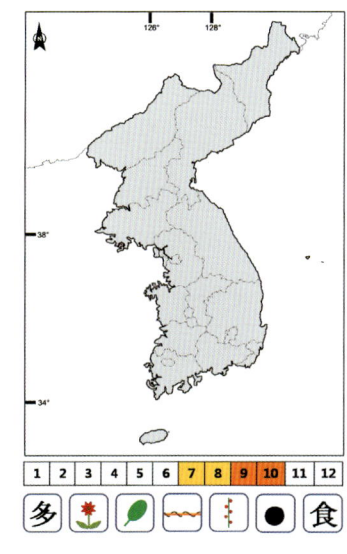

마디풀과 Polygonaceae에 속하는 **며느리밑씻개**는 들이나 물가의 습지에서 자라는 한해살이풀로, 줄기는 덩굴성이며 가지가 많이 갈라지고 길이는 1~2m 정도로 길다. 잎은 어긋나고 양면에 털이 있으며 모양은 삼각형으로 길이와 폭은 4~8cm 정도다. 잎의 끝은 뾰족하고 밑부분은 심장형으로 긴 잎자루 끝에 매달려 있는데, 먹어 보면 새콤한 맛이 나서 한여름 갈증을 가시게 하는 데 안성맞춤이다. 꽃은 엷은 붉은색으로 7~8월에 피며 꽃줄기 끝에 몇 개씩 모여 수상꽃차례穗狀花序처럼 달린다. 꽃처럼 생긴 꽃받침 잎의 끝 부분은 5개로 깊게 갈라지며, 크기는 4mm 정도로 작고 안쪽에는 8개의 수술과 3개의 암술이 있다. 열매는 잘 익어도 껍질이 열리지 않고 대부분 씨방 1개에 1개의 종자가 들어 있는 수과다. 열매는 꽃받침에 싸여 있어 윗부분만 노출되며 모양은 둥글지만 약간 세모가 지고 9~10월에 진한 청색으로 익는다.

가을의 시작을 알리는 붉나무

끊임없는 반복이 얼마나 무서운가 하면 사람들은 '가을' 하면 의례히 '단풍'을 떠올린다. 나 역시 크게 다르지 않다. 농촌에서는 이 무렵이면 한 해 농사를 마무리하느라 한창 수확에 여념이 없거나 긴 겨울을 날 채비로 바쁘다. 요즘이야 논농사를 짓는다고 해도 사람이 직접 모를 내고 낫으로 벼를 베는 풍경을 보기가 힘들 정도로, 모든 농사일이 기계화되었다. 나 어릴 적에는 추수를 하는 날이면 어른 아이 할 것 없이 모두 논으로 나와 하루 종일 도왔다. 어른들이 벼를 베어 볏단을 묶어 놓으면 아이들이 달려들어 볏단을 날라 타작하기 쉽게 한곳에 모아 놓았다. 작동을 할 때면 와룽와룽 소리를 낸다고 해서 우리 고향에서는 '와룽기'라고 불렀던 탈곡기는 하루 종일 쉬지 않고 돌아가기 바빴다. 벼나 콩을 탈곡하는 날은 너 나 할 것 없이 먼지를 뒤집어써야 했다. 눈가나 콧구멍에는 얼굴로 튄 먼지가 가득 쌓이고 머리 위에는 밀가루라도 뿌려 놓은 듯 뽀얀 먼지가 앉았다. 추수 날이 첫서리라도 내린 뒤라면 싱싱하던 고춧대에 매달린 잎들은 축축 늘어지고 고추도 녹색보

1	2	붉나무
3		1 잎 2 꽃
		3 열매

다는 붉거나 끝 부분이 붉은색을 띠는 것이 늘어 알록달록하게 변한다. 정신없이 일에 몰두하다가 가끔 허리를 펴면 건너다보이는 산의 색도 어느새 변화가 느껴지곤 했다. 바로 단풍이 시작된 것이다. 고추의 녹색이 하나둘 붉게 옷을 갈아입듯이 산도 노란색이나 붉은색으로 변해 가고 있었다.

    십여 년 전에 미국 콜로라도 주의 포트콜린스Fort Collins라는 조그만 도시에서 생활할 기회가 있었다. 근처에는 로키 산맥이 등뼈처럼 길게 연결되어 있는 곳으로, 해발 1,500미터쯤 되는 높은 곳에 옛 풍경을 그대로 간직한 채 자리 잡고 있는 소박한 도시였다. 그곳에 도착했을 때가 9월 중순이었는데, 10월도 되기 전에 벌써 겨울 준비를 하자는 뉴스가 나오고 대형 할인점에는 겨울용품들이 진열되었다. 가을도 없이 바로 겨울로 넘어가 가을을 만끽할 수 없는 아쉬움을 달래며, 로마에 가면 로마법을 따라야 하니 분주하게 겨울 준비를 하며 며칠을 보냈다. 하루는 아침에 눈을 뜨는데 그날따라 유난히 창문 밖으로 보이는 햇살이 강하게 느껴졌다. 날씨가 매우 화창한가 보다 생각하며 현관문을 열고 나갔더니 밖에는 깜짝 놀랄 만한 일이 벌어져 있었다. 집 바로 앞에 서 있는 느티나무 비슷한 종류의 나뭇잎 전체가 온통 진한 노란색으로 바뀌어 있었던 것이다. 등교를 위해 아이를 태우고 학교로 달리는 도롯가 가로수들도 모두 단풍이 들어 있었다. 불과 하루 이틀 사이에 일어난 일이라 그저 어안이 벙벙할 뿐이었다. 고도가 높은 곳에 있는 도시라서 가을이 될수록 일교차가 심해져 일어나는 대표적인 현상이었다. 지금도 그때의 나무 색깔과 모습이 생생하게 머릿속에 남아 있다. 우리나라에서는 단풍이라 하면 당연히 단풍나무나 당단풍나무, 고로쇠나무, 신나무 같은 단풍나무과Aceraceae에 속하는 종들을 떠올린다. 그러나 실제로 가장 먼저 단풍이 드는 나무는 붉나무Rhus javanica 같다. 불처럼 붉은 단풍이 든다고 해서 '붉나무'라는 이름이 붙여진 것이라 하니 얼마나 화려할지 혹시 본 적이 없어도 짐작할 수 있을 것이다.

속명 'Rhus'는 '붉다'는 뜻의 그리스어 'rhous'가 라틴어화된 것이며, 종소명 'javanica'는 자바에서 자란다는 뜻이다. 붉나무는 '오배자나무', '굴나무', '뿔나무', '불나무'라고도 불린다. 비슷한 종류로는 덩굴옻나무, 검양옻나무, 개옻나무, 산검양옻나무, 옻나무 등이 있는데, 이들은 작은 잎들이 달리는 중심 축, 즉 엽축葉軸에 날개가 없어 붉나무와는 쉽게 구별된다.

한방에서는 붉나무의 잎에 달리는 '오배자면충'이라는 벌레가 만든 벌레집을

1	2	잎의 비교
3		1 붉나무 2 개옻나무
		3 옻나무

열탕 살균하여 건조시킨 것을 '오배자五倍子'라고 하는데, 수렴이나 지혈 작용을 하고 종기나 피부의 가려움증 치료에 효과가 있어서 오래전부터 사용해 왔다. 오배자는 염료로도 사용했다. 뿌리와 잎은 염부목鹽膚木이라 하는데, 뿌리는 감기로 인한 열을 내리고 장염이나 치질로 인한 출혈을 멈추게 하는 데 효과가 있는 것으로 알려져 있으며, 잎은 독을 제거하는 기능이 있어서 뱀에 물렸을 때 쓴다. 민간에서는 붉나무의 잎과 줄기 껍질을 진하게 달여 음료수로 마셨으며, 짠맛이 나는 열매는 소금 대용이나 두부를 만들 때 간수 대신 사용했다고 한다. 붉나무 열매는 새들에

게도 인기 있는 먹잇감이다. 약간 신맛과 짭짤함 때문인지 박새, 개똥지빠귀, 오목눈이, 청딱다구리 등 붉나무를 찾아오는 새들이 다양하고 많다. 붉나무의 꿀은 빛깔이 맑고 맛과 향이 좋아 일반 꿀보다 비싸게 판매된다고 하니 훌륭한 밀원식물이기도 하다. 민간에서는 정월 그믐날 쌀가루로 만든 동그란 떡을 붉나무 가지에 꿰어 대문 앞에 걸어 두면 나쁜 귀신이 들어오는 것을 막아 준다는 풍습이 전한다.

　붉나무는 비교적 흔하게 볼 수 있는 식물로, 화려하지는 않지만 가을의 시작을 알리는 나무로서 손색이 없다. 또한 약용과 식용의 용도로 쓰이는 등 나름대로 가치가 높은 식물이다.

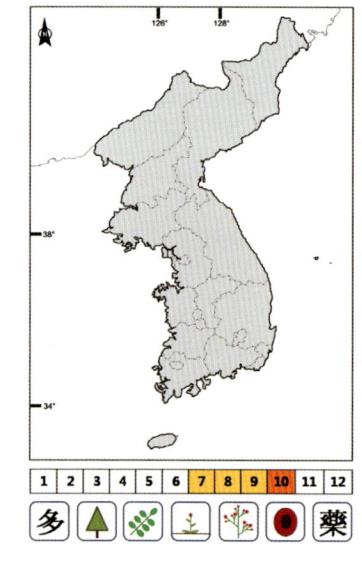

붉나무는 옻나무과 Anacardiaceae에 속하는 잎이 지는 작은키나무로, 높이는 7m 정도까지 자라며 굵은 가지가 드문드문 나고 새로 나는 가지는 황색을 띤다. 잎은 어긋나 달리는데 호두나무나 가래나무처럼 7~13개의 작은 잎으로 만들어진 복엽이다. 복엽을 구성하는 작은 잎 각각은 두껍고 계란 모양으로 생겼으며 길이 5~12cm, 폭 3~6cm 정도로 뒷면에 갈색 털이 있고 가장자리에는 톱니가 드문드문 있다. 잎이 달리는 마디 사이사이에는 특이하게 작은 날개처럼 생긴 잎 모양의 조각들이 붙어 있다. 꽃은 7~9월에 황백색으로 피고 가지 끝에 고깔 모양의 원추꽃차례로 달리며 길이는 15~30cm로 털이 빽빽하게 난다. 수꽃과 암꽃은 따로 피며 꽃받침조각, 꽃잎, 수술은 각각 5개이고 암꽃은 퇴화한 5개의 수술과 3개의 암술대가 있다. 열매는 복숭아나 살구 같이 생긴 핵과로 약간 납작한 공 모양이며 황적색이다. 열매 바깥쪽은 황갈색의 잔털로 덮여 있고 크기는 4cm 정도며 10월에 익으면 짠맛이 난다.

가냘프지만 쓰임이 다양한 고추나물

우리 밥상에서 없어서는 안 되는 중요한 채소이자 양념이 있다. 주인공은 바로 고추 *Capsicum annuum*로, 더운 여름날 툇마루에 차려진 점심 밥상에는 밭에서 갓 따온 풋고추와 상추가 오르기 마련이다. 온 식구가 둘러앉아 식은 밥에 풋고추를 된장이나 고추장에 푹 찍어 먹으면 아무리 맛있는 고기반찬도 부럽지 않았다. 지금도 여름이면 그때 생각이 나서 풋고추를 먹어 보지만 그 맛이 아니어서 실망할 때가 종종 있다. 내 입맛이 변해 버린 때문일까? 고추가 밭에서 찾을 수 있는 보물이라면 산지의 습지 등에서 만나는 보물은 고추나물 *Hypericum erectum*이라 할 수 있다. 고추나물을 태운 재는 귀신이 싫어한다고 하여 시골에서는 집안 구석구석에 그 재를 놓아 두어 악귀를 쫓는 풍습이 있었다. 돌이켜 보니 나 어릴 적엔 귀신 쫓는 방법도 다양했다. 집안에 우환이 겹치거나 환자가 생기면 어머니는 장독대 위에 맑은 물 한 대접을 떠 놓고 액운을 가져온 귀신을 쫓아 달라고 비셨다. 또 추수가 끝나 광에 벼 가마니가 쌓이면 어린 소나무 가지를 꺾어다 얹어 놓아 잡귀의 접근을 막

고추나물_ 전체(왼쪽), 꽃(오른쪽)

앉고, 그해 첫 수확한 쌀로 지은 밥을 그릇에 담아 부뚜막에 올려놓고 정성껏 가족의 건강을 기원하기도 하셨다. 이러한 우리 조상들의 생활 속의 지혜는 오랫동안 전통으로 이어져 우리나라만의 고유한 문화로 자리 잡고 있다.

속명 '*Hypericum*'은 고대 그리스 이름 'hypericon'에서 유래했는데 아래쪽을 뜻하는 'hypo'와 풀숲이란 뜻의 'erice'의 합성어로 줄기에 잎이 많이 달려 있는 것을 표현한 것 같다. 종소명 '*erectum*'은 곧게 자란다는 뜻으로 줄기의 습성을 나타냈다. 열매 모양이 고추를 닮았다고 이름 붙여진 고추나물은, 잎은 식용하고 줄기와 뿌리는 약용하는 등 쓰임새가 많은 식물이다. 우리나라에 분포하는 고추나물은 8종 정도인데 물레나물, 채고추나물, 좀고추나물 등은 전국에 고르게 분포하는 반면 큰고추나물, 다북고추나물, 애기고추나물, 진주고추나물 등은 남부 지방에만 자란다. 이 중 큰고추나물은 우리나라 특산종으로 고추나물에 비해 잎이 줄기에 다닥다닥 붙고 꽃잎에는 검은색 점이 없으며 암술대가 짧고 지리산과 제주도에 자란다. 덩치가 워낙 작고 꽃을 만나기 어려워 구별에 어려움이 있는 종으로는 애기

애기고추나물   좀고추나물

고추나물과 좀고추나물이 있다. 애기고추나물은 키가 15~50센티미터로 줄기에는 4개의 능선이 있고, 꽃줄기에 달리는 잎은 선상 피침형이며, 꽃은 지름이 6~8밀리미터이고 꽃받침조각의 끝은 뾰족하다. 이에 비해 좀고추나물은 높이가 5~30센티미터로 작고 꽃줄기에 달리는 잎은 계란이나 타원 모양이며, 꽃은 지름이 5~7밀리미터로 작고 꽃받침조각의 끝이 둔해 차이가 난다. 이름에 '고추'를 의미하는 단어가 붙은 식물도 많다. 잎의 모양이 고춧잎과 비슷하다 하여 '고치때나무'로도 불리는 고추나무과Staphyleaceae의 고추나무, 뿌리줄기에서 매운맛이 나는 십자화과Cruciferae의 고추냉이, 별명이 '고추풀'인 현삼과Scrophulariaceae의 논뚝외풀, 그리고 꽃줄기가 곧게 뻗어 '고치대꽃'이라 불리는 미나리아재비과Ranunculaceae의 외대으아리 등이 있다. 이름은 비슷하지만 속한 과科는 모두 다른 별개의 식물들이다.

고추나물에는 가슴 아픈 전설이 얽혀 있다. 옛날 매 사냥을 하는 형제가 있었는데, 함께 사냥을 나갔다가 형의 매가 다쳤다. 형은 주저 않고 산에 나 있는 어떤 약초를 캐서 상처에 대 주었다. 그랬더니 신통하게도 상처가 나았다. 이 사실을 알게 된 동네 사람들이 매의 상처를 치료한 식물 이름을 물었지만, 형은 절대 가르쳐 주지 않았다. 우연히 약효가 뛰어난 그 식물이 나물로 먹는 흔한 식물이라는 것을 알게 된 착한 동생은, 동네 사람들도 이용할 수 있도록 이름을 알려 주었다. 동생의 행동에 불같이 화가 난 형은 흥분한 나머지 그만 동생을 죽이고 말았다. 동네 사람들이 불쌍한 동생을 햇빛 잘 드는 양지쪽에 묻어 주었는데, 얼마 후 동생의 무덤가에 노란색 꽃이 피고 고추 같은 열매를 맺는 식물이 돋았다. 동생의 넋이라 여긴 사람들은 이 식물을 '고추나물'이라 불렀다고 전한다.

한방에서는 6~8월에 식물 전체를 캐서 말린 것을 소연요小蓮翹라고 하는데, 타닌과 하이페리신 성분이 들어 있어서 코피, 혈변, 출혈, 타박상, 종기 등에 효과가 있다. 민간에서는 잎을 말려 구충제로 사용하기도 한다. 고추나물은 우리나라 고유종도 아니요, 특별히 보여 줄 만한 것도 없는 식물 같다. 그래도 물길 흐르는 습한 곳에서는 터줏대감이라도 되는 듯이 한결같이 버티고 있는 배짱은 있다. 강인한 뿌리가 큰 역할을 하지만 다산의 씨앗도 큰 몫을 한다.

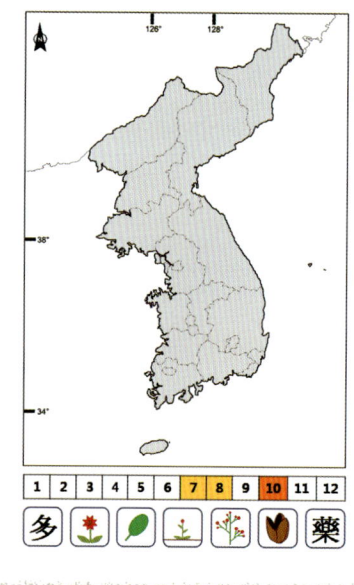

고추나물은 물레나물과 Guttiferae에 속하는 여러해살이풀로, 뿌리는 나뭇가지처럼 단단하다. 줄기는 20~60cm 정도로 둥글고 곧게 자라는데 윗부분에서 가지가 많이 갈라진다. 잎은 마주나고 밑부분은 줄기를 감싸며, 끝이 뭉툭한 피침형으로 길이 2~6cm, 폭 0.7~3cm며 가장자리는 밋밋하다. 잎의 표면에는 햇빛에 비춰 보아야만 보이는 검은색 점이 나 있다. 꽃은 7~8월에 노란색으로 피는데 지름이 1.5~2cm 정도고 가지 끝에 고깔 모양의 원추꽃차례를 형성하며 여러 개의 꽃이 달린다. 꽃잎과 꽃받침은 각각 5장이며 타원 모양으로 비슷하고 잎과 마찬가지로 검은 점이 있다. 꽃을 보호하는 잎 모양의 포苞는 크기가 아주 작다. 열매는 성숙하면 껍질이 열리는 삭과로 모양은 계란처럼 생겼으며, 길이가 5~11mm고 10월에 성숙하면 끝이 세 부분으로 갈라지는데 안쪽에는 길이 1mm 정도의 작은 씨가 여러 개 들어 있다.

홍·정·윤 갤·러·리

고추나물 *Hypericum erectum*

영원한 사랑과 따뜻한 애정을 간직한 도라지

우리나라 성인이라면 아무리 노래에 관심이 없다고 해도 어린 시절 불렀던 전래동요 「도라지타령」 정도는 흥얼거릴 수 있을 것 같다. '도라지 도라지 백도라지 심심산천에 백도라지, 한두 뿌리만 캐어도 대바구니가 철철철 다 넘는다'는 가사의 이 노래는, 도라지 꽃의 아름다움과 주변에 지천으로 피어 있을 만큼 흔하다는 의미를 담고 있다. 물론 과장이 좀 심하기는 하지만. 도라지 *Platycodon grandiflorum* 뿌리가 깍두기를 담그는 무만 한 크기도 아니고, 연못에서 오랫동안 자란 팔뚝만 한 잉어처럼 크지도 않으니 말이다. 요즘은 도라지를 크게 키우는 기술이 보급되어 농가가 수입을 얼마 올렸느니 품질이 얼마큼 좋아졌다느니 하는 이야기가 심심치 않게 들린다. 그 이유는 이렇다. 예전에는 콩이나 옥수수, 고추 같은 농작물을 심고 난 뒤에 자투리땅이 남으면 그곳에 도라지 씨를 뿌려 키우는 정도였다. 그런데 어느 때부터인가 도라지가 음식 재료로 관심을 끌기 시작하면서 수요가 늘고 도라지 값도 올랐다. 자연스럽게 도라지 재배 면적도 증가하게 되었다. 그러나 도라지 재배에는 문제가 있었다. 한번 뿌려진 씨가 발아하여 출하될 때까지 약 3년이 걸릴뿐더러 혹여 3년이 지나서도 수확하지 않으면 뿌리가 썩어 상품 가치가 없어지는 것이다. 3년쯤 자라도 크기가 고작해야 더덕 뿌리만 하다. 그러던 중 우연한 기회에 획기적인 농사법을 터득하게 되었다. 도라지를 재배하던 한 농가에서 어쩔 수 없이 밭에 심어 키우던 도라지를 옮겨 심어야 할 일이 생겼다. 예로부터 전해 오던 도라지 농사법에도 재배 도중 자리를 옮긴다는 말은 듣도 보도 못했지만, 다른 농작물을 위해서는 다른 방법이 없는 상황이라 한 해 도라지 농사를 망치는 셈치고 울며 겨자 먹기로 옮겨 심었다. 그런데 결과가 뜻밖이었다. 도중에 옮겨 심은 3년생 도라지가 3년을 넘겼는데 썩지도 않고 계속해서 문어발처럼 왕성하게 뿌리를 냈던 것이다. 그렇게 해서 수확한 도라지 한 뿌리가 바나나 송이처럼 크고 실했다. 재배 농가의 소득이 몇 배로 증가한 것은 당연한 결과였다.

비빔밥에 넣거나 초무침을 해서 무친 나물 말고 도라지가 다른 용도로도 쓰이는 것일까? 왜 갑자기 도라지 인기가 올라갔을까? 물론 제사상에도 빠지지 않고 올릴 만큼 우리네 밥상과 밀착되어 있는 나물임에는 틀림없지만 그 외에도 도라지의 쓰임은 많다. 여러분은 목이 아플 때 먹는 감기약 중에 'ooo은 소리가 나지 않습니다'라는 광고 문구로 유명한 약의 원재료가 바로 도라지 뿌리라는 것을 알고 계신지. 그 뿐인가! 잘생긴 오각형 모양의 꽃봉오리는 엄지와 검지로 잡고 터트리면 톡톡 터지는 맛이 웬만한 장난감보다 훨씬 재미있다. 어릴 적에는 시간가는 줄 모르고 도라지 꽃과 씨름했던 기억이 있다. 꽃이면 꽃, 뿌리면 뿌리 무엇 하나 허투루 버릴 것이 없으니 칭찬에 칭찬을 거듭해도 지나치지 않다. 실제로 한방에서는 사포닌saponin 성분이 많이 들어 있는 뿌리를 길경桔梗이라 하여, 가래를 삭히고 항염증, 진통, 이뇨 작용을 한다고 하여 약으로 쓴다. 사포닌은 식물에 널리 분포하는 탄수화물과 당류의 복합체인 배당체配糖體로 '감초'에도 많이 들어 있는 성분이다. 구조는 약간 다르지만 자양 강장 효과가 있어서 큰 인기를 끌고 있는 인삼이나 홍삼에

1	3	4	도라지
2			1 군락 2 잎 3 전체 4 열매

도 많은 양이 포함되어 있다.

　도라지의 속명 'Platycodon'은 넓다는 의미의 그리스어 'platys'와 종을 의미하는 'codon'의 합성어로 넓은 종 모양의 꽃을 표현했고, 종소명 'grandiflorum'는 꽃이 크다는 뜻을 가지고 있다. 영어 이름 'balloon flower'에도 그런 뜻이 포함되어 있다. 도라지란 우리 이름의 어원은 '도라차道羅次'가 '도랒'을 거쳐 '도라지'로 변한 것이라 한다. 도라지 종류는 꽃의 특징을 살려 흰 꽃이 피는 개체는 '백도라지', 겹꽃이 피는 것은 '겹도라지', 그리고 겹꽃이 흰색으로 피는 것은 '흰겹도라지'라고 구별해서 각각 품종으로 여긴다. 또한 우리나라 식물 이름에 '도라지'라는 단어가 들어간 종류도 많은데, 대표적으로는 '홍노도라지', '애기도라지', '도라지모시대' 등을 들 수 있다. 이들은 모두 도라지와 같은 초롱꽃과에 속하지만, 서로 속屬이 달라서 형태적 특징 역시 전혀 다르다. 다만 뿌리와 꽃의 모양이 도라지와 비슷해서 붙여진 이름이다.

도라지에는 슬픈 전설이 하나 얽혀 전한다. 옛날 깊은 산중 암자에서 지내는 한 스님이 마을로 내려왔다가 시간이 늦어 암자로 돌아가지 못하고 마을에서 하룻밤을 묵게 되었다. 스님이 쉴 수 있도록 방을 내 준 집은 슬하에 딸을 여럿 둔 다복하고 평범한 집이었다. 스님은 정성을 다해 자신을 대접하는 그 집 식구들에게 작은 고마움이라도 표시해야겠다는 생각에 식구들의 한해 운세를 보아 주었다. 오랫동안 수련에 정진해 온 스님은 언변과 인품이 어느 것 하나 흠잡을 데 없이 훌륭했다. 스님의 이런 모습에 그만 혼기에 접어든 맏딸이 흠모의 마음을 품게 되었다. 수줍어하며 큰딸은 스님에게 자신의 마음을 고백했지만, 수행 중인 스님은 단칼에 거절하고는 다음날 바로 암자로

꽃의 비교_ 도라지(위), 백도라지(아래)

돌아가 버렸다. 그 후로도 큰딸은 여러 차례 스님이 머무는 암자를 찾아가 자신의 마음을 전했지만 스님의 마음은 흔들림이 없었다. 이에 실망한 처자는 암자에 불을

지르고 자신도 불 속으로 뛰어들어 비참한 최후를 맞았다. 몇 년 뒤 그 절터에 아름다운 하늘색 꽃이 피어났다. 사람들은 이 꽃을 도라지 꽃이라고 불렀다. 그래서인지 도라지의 꽃말은 '변함없는 사랑'이며, 야생에서 절로 나 자라는 곳은 대개 암자의 위치처럼 햇빛이 잘 드는 양지쪽이다.

그 흔하던 도라지를 최근에는 산이나 들에 나가도 쉽게 만날 수 없다. 개체 수가 줄어든 이유가 꽃이 예뻐서인지 아니면 건강에 좋다는 이유 때문인지 한 번쯤은 생각해 보아야 할 부분 같다. 하늘을 향해 피어 있는 도라지 꽃을 보고 있노라면 항상 누군가를 기다리고 있는 것 같아 안쓰럽다. 재배하는 곳에서야 흰색과 하늘색 꽃이 흐드러지게 피어 벌과 나비가 찾아들어 외로움이 덜 하겠지만, 자생지에서는 그렇지 않다. 역시 이루지 못한 사랑에게 향하는 마음을 그대로 표현하고 있는 것 같다.

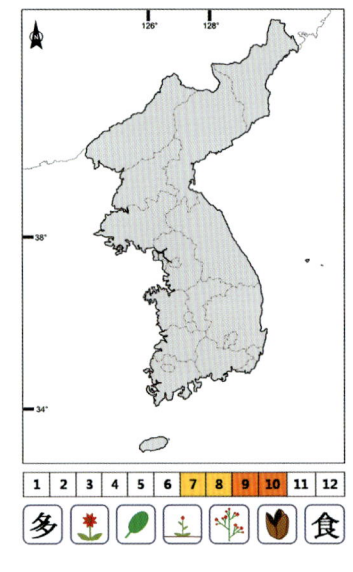

도라지는 초롱꽃과 Campanulaceae에 속하는 여러해살이풀로, 높이는 40~100cm 정도로 털이 없다. 뿌리는 굵으며 줄기나 잎, 뿌리를 자르면 쓴맛이 나는 흰색 유액이 나온다. 잎은 돌려나지만 위쪽으로 갈수록 마주나거나 어긋나 달리고 길이 4~7cm, 폭 1.5~4cm며, 모양은 계란형 또는 넓은 피침형을 닮았다. 잎 표면은 녹색이지만 뒷면은 약간 회청색이며 흰빛이 돌고 가장자리에는 날카로운 톱니가 있다. 꽃은 하늘색으로 7~8월에 피고 원줄기 끝에 1개 또는 몇 개가 위를 향해 달린다. 꽃부리는 윗부분이 넓은 종처럼 생겼고 지름은 4~5cm이며, 끝은 5개로 갈라지고 안쪽에는 5개의 수술과 1개의 암술이 있다. 꽃받침은 5개로 갈라지고 모양은 삼각형을 닮은 피침형이다. 열매는 성숙하면 배봉선을 따라 껍질이 갈라지는 삭과로 계란을 거꾸로 세운 모양이며 9~10월에 익는다. 열매 윗부분은 5개로 갈라지는데 안쪽에는 길이 2mm 정도 되는 타원형의 검은색 씨가 여러 개 들어 있다.

주황머리 동자승을 닮은 동자꽃

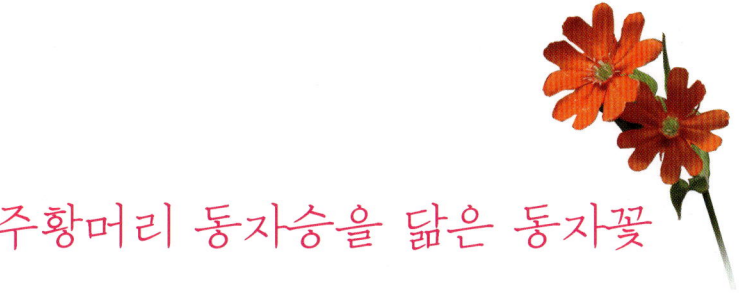

다양한 꽃이 있듯이 꽃의 색깔 또한 여러 가지다. 꽃의 빛깔 중 가장 많은 색은 흰색과 붉은색 그리고 노란색이 아닐까 싶다. 꽃의 색깔은 식물 종류마다 고유한 특징을 드러내는 것이어서 사람 손을 타지 않은 야생에서의 색깔은 말 그대로 황홀한 느낌마저 준다. 식물을 전공하는 재미가 바로 여기에 있다. 숲과 조화를 이루며 만들어진 식물 사회는 잘 가꾸어진 정원처럼 나름대로의 규칙과 순서가 있다. 그래서인지 좀 유별난 식물은 산을 오르고 계곡을 건너는 수고를 해야 겨우 만날 수 있는 종류들도 있다. 때로는 위험을 무릅쓰고 그런 곳을 찾아다니는 사람들을 보면 집념도 대단하다. 남보다 한걸음 빨리 움직여서 자신만이 가질 수 있는 모습을 담기 위해서다. 이번에 소개할 동자꽃 *Lychnis cognata*은 그렇게 만나기 어려운 식물은 아니다. 6~8월이면 제주도를 뺀 우리나라 산의 숲 속 어디에서든 찾을 수 있는 종류이지만, 꽃의 빛깔만큼은 독특한 주황색으로 특이해서 매우 매력적이다. 꽃 이름에 '동자'라는 단어가 들어 있으니 사람과도 연관이 있어 보인다.

동자꽃_ 전체(왼쪽), 잎(가운데), 꽃(오른쪽)

　동자꽃은 주로 길 가장자리에서 볼 수 있는데 여기에는 특별한 이유가 있다. 옛날 깊은 산중 작은 암자에 노스님과 마을에서 데려온 동자승이 함께 살고 있었다. 두 사람은 서로를 의지하여 적적함을 달래며 행복하게 지내고 있었다. 겨울을 앞둔 어느 날 노스님은 겨울 채비를 하러 동자승을 암자에 혼자 남겨둔 채 마을로 내려갔다. 한 번도 동자승을 혼자 두었던 적이 없었기에 내심 걱정이 된 노스님은 서둘러 일을 보았다. 그러나 그날 오후부터 급작스럽게 많은 눈이 내려 산길이 막히는 바람에 노스님은 암자로 돌아가지 못하고 마을에 머물 수밖에 없었다. 동자승 걱정이 태산 같았지만 암자로 오를 수 있는 방도가 달리 없었다. 한편 혼자 암자에 남아 있던 동자승은 날이 저물자 노스님을 마중 나갔다. 마을에서 올라오는 길가에 나가 앉아 노스님이 돌아오시기를 기다리다가 잠이 들고 말았는데, 눈도 내리고 기온도 떨어져 그만 얼어 죽고 말았다. 다음날 서둘러 암자로 올라온 노스님은 자기를 기다리다 죽은 동자승을 발견하고는 너무나 안타까운 마음에 그 자리에 고이 묻어 주었다. 이듬해 동자승의 묏자리에 식물이 자라더니 주황색 꽃을 피웠다. 동자승의 넋이라 여긴 사람들은 그 꽃을 '동자꽃'이라 불렀다고 한다.

속명 'Lychnis'는 불꽃을 의미하는 그리스어 'lychnos'에서 유래되었는데 붉은색 꽃을 피우는 석죽과 식물에 붙이는 이름으로 꽃의 화려함을 나타내며, 종소명 'cognata'는 친근하다는 뜻을 가진다. 우리 이름 '동자꽃'은 동자승을 기리기 위해 붙여졌다고 한다. 우리나라에 분포하는 동자꽃속 식물은 5종이 있는데 동자꽃과는 달리 흰 꽃이 피는 것은 '흰동자꽃'이라 하고, 털이 많고 꽃잎이 V자로 갈라지는 것은 '털동자꽃', 잎이 가늘고 긴 선형인 것은 '가는동자꽃', 꽃잎 끝이 두 갈래로 깊게 갈라지며 대관령 이북에서 자라는 것은 '제비동자꽃'이라 한다. 동자꽃은 어떤 지방에서는 '참동자'라고도 부른다.

한방에서는 동자꽃과 더불어 제비동자꽃의 지상부를 '전하라剪夏羅'라 하여, 여름철 감기로 열이 나고 갈증이 심하며 땀이 나지 않는 증상을 치료하는 데 쓴다.

지난해 태백산 근처에서 열린 야생화 축제에 참가한 적이 있었다. 해발 1,000미터가 넘는 고산지대에 만들어진 전시 공간은 전시라고 할 것도 없이 숲길을 따라 테두리만 설치해 놓은 야생 상태의 숲이었다. 고산지대이니만큼 키 큰 나무도 없이 가끔 신갈나무만이 눈에 띌 정도였다. 높은 곳에서 자라는 초본식물들의 특징은 꽃이 화려하고 색깔이 진하다는 것인데 그곳 역시 울긋불긋 다양한 색깔의 꽃들을 감상할 수 있었다. 그중 으뜸은 단연 둥근이질풀 *Geranium koreanum*과 동자꽃이었다. 두 종은 서로 경쟁이라도 하듯이 꽃대를 길게 내밀어 열매를 맺는데 조금이라도 더 좋은 조건을 차지하려는 노력으로 보였다. 동자꽃은 경계선을 따라 꽃길을 안내라도 하듯 가장자리에 하나둘씩 자리를 잡고 있었다. 마치 꽃길을 위해 일부러 심어 놓은 것처럼 말이다. 집으로 돌아오는 길에 차 안에서 동행한 이들과 그날 보았던 야생화에 대한 많은 이야기를 나눴다. 그날 밤 자연과 어우러져 산수화 같던 그 모습이 꿈속에서도 하늘거리며 나타났다.

　길가에 앉아 있는 주황색의 동자꽃 꽃잎을 가만히 들여다보고 있노라면 동자승의 해맑은 얼굴을 마주한 것처럼 기분이 좋아진다. 꽃이 피어 있는 개체를 여러 개 모아 화단을 꾸며 보면 어떨까 하는 생각도 해 보았다. 꽃이 피어 있는 기간도 그리 짧지 않으니 한군데 모아 놓으면 보기 좋은 꽃 그림이 될 것도 같다.

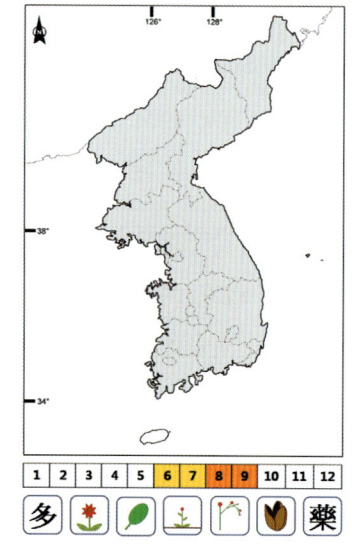

동자꽃은 석죽과 Caryophyllaceae에 속하는 여러해살이풀로, 높이는 약 1m 정도로 크고 전체에 털이 분포하며 줄기에는 뚜렷한 마디가 있다. 잎은 마주나고 길이 5~8cm, 폭 2~5cm로 잎자루가 없는 긴 계란 모양 또는 계란 모양의 타원형이며 끝은 뾰족하고 가장자리에는 톱니가 없어 밋밋하다. 꽃은 6~8월에 진한 적색으로 피고 줄기 끝과 잎겨드랑이, 즉 엽액에서 나온 짧은 꽃자루에 1개씩 달려 전체적으로는 둥그런 모양의 취산꽃차례를 만든다. 꽃은 지름이 4cm 정도로 커서 위에서 보면 마치 넓은 쟁반처럼 보인다. 꽃잎은 5장으로 납작하게 벌어지는데 가운데 부분에는 10개 정도의 작은 돌기물이 있어 볼록하게 튀어나와 있으며 안쪽에는 5개의 암술대와 10개의 수술이 있다. 꽃받침은 통 모양으로 길고 끝은 5개로 갈라진다. 열매는 8~9월에 성숙하여 익으면 배봉선을 따라 껍질이 터지는 삭과로 꽃받침의 통 안에 들어 있고 그 안쪽에 여러 개의 씨가 들어 있다.

제 이름이 슬픈 꽃, 뻐꾹나리

　이름을 들어 보면 생김새가 연상되는 식물 종류들이 있다. 돼지감자^{뚱딴지}, 처녀치마, 깨풀, 낙지다리, 등골나물, 나비나물, 길뚝사초 등이 그렇다. 반대로 이름만으로는 전혀 감이 잡히질 않는 종류도 많다. 꽝꽝나무, 지포나무, 구내풀, 노각나무, 간장풀, 찝빵나무, 뻐꾹나리 등이 대표적이다. 특히 뻐꾹나리는 '뻐꾹'이란 단어가 뻐꾸기를 연상시키는데 잎이나 꽃의 모양새에서 뻐꾸기와의 연관성을 전혀 찾을 수 없다. 『한국 식물명의 유래』라는 책에도 왜 이런 이름이 붙여졌는지 알지 못한다고 되어 있다. 그러고 보니 이 친구들을 처음으로 만났을 때에 '우리나라에도 이렇게 생긴 꽃이 있구나' 하고 크게 감탄했었던 기억이 있다. 물론 서울보다 남쪽 지역에서 주로 자라기 때문에 흔히 볼 수 없었던 것도 또 다른 이유가 되었겠지만 말이다.

　충청도의 어느 산으로 조사를 갔을 때로 기억된다. 임도를 따라 올라가는 길은 별로 볼 것도 없이 그저 평범한 식물들만 길 주변을 따라 분포하고 있었다. 식물을 조사하고 채집하며 그 분포를 밝히는 분류학자의 기본 임무는 어떤 식물을 만나더라도 즐거워해야 하겠지만, 그래도 같은 값이면 희귀식물이나 지금까지 보지 못했던 것들이 가끔씩 튀어나와 주어야 어렵고 힘든 하루 일과의 피로도 잊고 희열을 느끼게 된다. 또 특이한 식물이 나타나면 요란을 떨며 사진을 찍고 주변에 또 다른 개체가 없는지 관심을 갖고 살피게 되는 것이 인지상정이다. 그런데 그날은 점심시간이 지나고 조사도 후반부를 향해 가는데 이상하게 특산식물이나 희귀식물 같은 특별한 종을 한 개체도 만나지 못했다. 조사에 참석한 동료들의 얼굴은 점점 어두워져만 갔다. 조사가 거의 마무리될 쯤 저만치 떨어져 있는 계곡 쪽에서 반가운 소리가 들려왔다. 듣지도 보지도 못했던 이상한 식물이 있다는 것이다. 걸음을 재촉하여 그곳으로 갔더니, 정말 처음 만나는 아름다운 분홍색 꽃이 우리를 기다리며 서 있었다. 꽃을 처음 대하는 순간 우리나라 자생식물의 꽃치고는 다소 이국적인 모습이란 생각을 했다. 꽃의 기관이 서로 얽히고설킨 복잡한 구조를 하고 있었기 때문이다. 지금이야 자생지 몇 곳을 찾아내어 처음 보았을 때의 느낌과는 좀 다르지만, 그래도 보면 볼수록 우리나라 자생식물이라는 것에 자부심을 느끼게 하는 아름다운 꽃이다. 졸졸 흐르는 계곡의 물줄기를 따라 가장자리에 자리 잡은 나지막한 키의 뻐꾹나리 *Tricyrtis macropoda* 군락은 그냥 그대로 한 장의 그림이었다. 계곡의 물소리와 어우러져 멋들어진 자연 풍경을 연출해 내고 있었다. 마치 푸른 숲 속에 작은 보석이 꽂혀 있는 것 같은 아름다운 광경은 이후 뻐꾹나리를 좋아하게 된 이유가 되었다.

    속명 '*Tricyrtis*'는 3을 뜻하는 그리스어 'treis'와 구부러진다는 의미의 'cyrtos'의 합성어로 3장의 바깥쪽 꽃잎이 구부러진다는 것을 나타내며, 종소명 '*macropoda*'는 긴 자루 또는 굵은 대를 의미하는 것으로 열매의 모양을 표현한 것 같다. 우리 이름 '뻐꾹나리'의 자세한 어원은 찾을 수 없었지만 대부분 숲 속의 도랑가나 숲 입구에서 자라므로 뻐꾸기가 살고 있는 곳에 피는, 나리꽃처럼 예쁜

뻐꾹나리

식물이란 뜻은 아닐까 싶다. 지방에서는 '뻑꾹나리', '뻑국나리'라고도 한다. '뻐꾹'이란 이름이 붙은 식물로는 '뻐꾹채'도 있는데, 이는 국화과Compositae에 속하는 식물로 뻐꾸기가 많이 우는 5월에 꽃이 피고, 꽃을 감싸고 있는 총포라는 꽃을 보호하는 기관이 포개져 있는 모습이 마치 뻐꾸기의 앞가슴 깃털을 닮아 붙여진 이름이라고 한다. 뻐꾹채 꽃도 뻐꾹나리에 버금갈 만큼 예쁜데 하필이면 깃털의 모양을 보고 이름을 붙였을까? 어쨌든 '뻐꾹'이란 이름은 이 두 가지 종류의 아름다운 꽃을 표현하는 데는 적당하지 않은 것 같다. 하지만 어쩔 수 없는 일, 한번 붙여진 이

뻐꾹나리_ 전체(왼쪽), 잎과 꽃(가운데), 열매(오른쪽)

름은 특별한 이유가 없는 한 다른 이름으로 바꿀 수가 없으니 그대로 부를 수밖에. 아름다움의 표현은 이름과는 상관이 없어 보인다.

    뻐꾹나리는 땅속줄기가 있어서 마디마다 줄기를 만들어 내므로 한 개체가 눈에 띄면 주변에서 여러 개체를 만날 수 있다. 옆으로 뻗어가는 마디마디가 단단하고 생장력도 좋아 어지간한 환경이라면 생존할 수 있는 식물이다. 어린순은 나물로 이용하기도 한다. 남쪽 지방의 한 사찰을 방문했더니 화분마다 뻐꾹나리가 심어져 있었다. 어찌된 일인지 여쭈어 보았더니 몇 해 전에 스님들이 화분에 심어 놓은 뻐꾹나리 한 그루가 점점 증식하여 한가득 꽃을 피워서, 하나씩 나누어 심다 보니 이렇게 여러 개의 화분에 뻐꾹나리가 가득 차게 되었다고 한다. 꽃이 지고 난 후에도 줄기에 붙어 있는 잎과 열매만으로도 충분히 관상 가치가 있어 보인다. 초등학

홍·정·윤·갤·러·리

뻐꾹나리 *Tricyrtis macropoda*

생의 손바닥만 한 크기에 줄기를 감싸고 있는 잎과 길쭉하게 자라는 열매의 모습은 마치 옛날에 사용하던 촛대를 닮았다. 요즘처럼 외국에서 들여온 화초 종류들이 우리의 꽃밭을 주름잡고 있을 때에, 이를 대체할 가능성이 있어 보이는 우리 식물이 있어서 얼마나 다행스러운지 모르겠다.

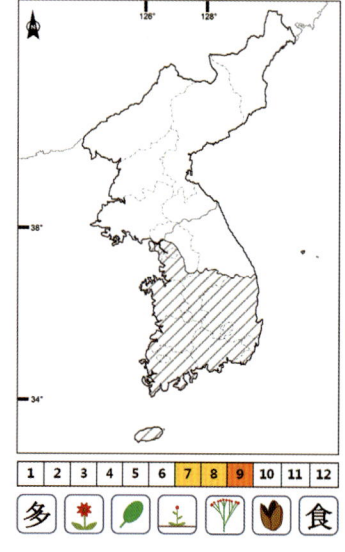

뻐꾹나리는 백합과Liliaceae에 속하는 여러해살이풀로, 주로 남쪽 지방의 숲 속에서 자라는데 높이는 30~100cm 정도고 뿌리 1개에서 여러 개의 줄기가 나오며 털이 있다. 잎은 어긋나 달리고 모양은 넓은 타원형 또는 위쪽 부분이 넓은 타원형으로 길이 5~15cm, 폭 2~7cm 정도로 끝은 뾰족하고 밑부분은 줄기를 감싸며 양면에 털이 많이 분포한다. 꽃은 7~8월에 흰색으로 피며 원줄기와 가지 끝의 꽃자루 길이가 거의 같아 편평하게 보이는 산방꽃차례를 이룬다. 꽃잎은 6장으로 표면에는 연한 자주색 반점과 털이 있다. 안쪽 꽃잎은 편평하게 옆으로 퍼지지만, 바깥쪽 꽃잎은 뒤로 말려 전체적으로는 예쁘게 만든 호롱불처럼 생겼는데, 어떤 사람들은 이 모양을 오징어나 꼴뚜기에 비유하기도 한다. 수술은 6개이고 암술은 1개인데 암술은 중간 부분이 3개로 갈라진 후 각각 다시 2개로 나뉘어져 수술대와 수술대 사이에 들어가 뒤로 제켜진다. 과실은 익으면 배봉선을 따라 껍질이 터지는 삭과로, 9월에 성숙하며 피침 모양이고 길이는 2~3cm로 삼면이 골짜기처럼 파여 있다. 씨는 진한 갈색으로 길이는 2~3mm며 편평한 타원형이다.

숨바꼭질하는 녹색나비, 나비나물

꽃바구니를 옆에 끼고 나물 캐러 갔던 소녀가 꽃잎 속에 숨어 있는 나비한테 반해서 나물은 뒷전이고 나비만 쫓아다녔다는 내용의 노랫말처럼 분명 나비는 봄을 알리는 전령사임에는 틀림없다. 하지만 같은 이름을 가진 나비나물이란 식물은 봄과는 거리가 있다. 흔히 동물의 이름이나 계절을 뜻하는 단어를 식물 이름으로 붙일 때에는 주로 꽃의 특징을 잡아 붙이기 마련인데, 나비나물 *Vicia unijuga*은 꽃보다는 잎이 달리는 형태 때문에 만들어진 이름이라 할 수 있다. 잎을 가만히 들여다보면 날개를 펴고 막 비상하려는 커다란 나비의 강인함이 엿보인다. 그런데 필자인 나는 나비나물을 관찰하면서 재미있는 사실 하나를 발견하였다. 지금까지 만났던 수많은 나비나물 가운데 실제로 나비가 날아와 앉은 모습을 단 한 번도 본적이 없다는 것이다. 꽃도 화려하고 꿀도 많이 만들어 낼 것 같은데도 말이다. 열목어熱目魚 눈에는 열이 없는 것처럼 나비나물에는 나비가 오지 않는 것일까? 앞으로 좀 더 관심을 갖고 지켜보아야 할 일인 것 같다.

1		나비나물
		1 꽃　　2 전체
2	3	3 열매

　　나비나물처럼 잎의 특징 때문에 동물의 이름을 제 이름에 붙이게 된 식물로는 어떤 종류가 있을까? 비교적 흔하게 만날 수 있는 것으로는 박쥐나무, 박쥐나물, 노

루발풀, 노루귀, 그리고 땅빈대 등을 들 수 있다. 박쥐나무는 박쥐나무과Alangiaceae 에 속하는 키작은나무로 박쥐가 날개를 활짝 펴고 있는 모양의 잎을 가져 붙여진 이름이다. 심장 모양의 원형이나 거의 원형에 가까운 잎은 길이와 폭이 각각 7~20 센티미터 정도로 크고 끝은 3~5개로 얕게 갈라져 전체적으로는 마치 날고 있는 한 마리의 박쥐를 보는 듯하다. 박쥐나물 종류는 국화과Compositae에 속하며 잎자루에 날개가 있고 없고와 잎자루 밑부분에 사람의 귀처럼 생긴 잎 조직이 있는지의 여부 에 따라 나래박쥐나물, 귀박쥐나물 그리고 게박쥐나물, 박쥐나물 등으로 구분한다. 노루발과Pyrolaceae의 노루발은 잎 앞면에 있는 흰색 줄무늬 모양이 노루발의 족문足 紋을 닮았다고 하여 붙여졌으며, 미나리아재비과Ranunculaceae의 노루귀는 잎 모양 이 노루의 귀와 비슷하여 붙여진 이름이다. 또 대극과Euphorbiaceae에 속하는 땅빈대 는 잎이 1센티미터 정도로 작아 빈대라는 단어가 붙었고 더불어 줄기가 땅바닥에 납작하게 붙어 자라는 모양을 표현해 이와 같은 이름을 붙였다. 이런 식물들은 한 번만 잘 봐 두면 평생 머릿속에 기억될 것도 같다. 만약 우리나라에 분포하는 4,000여 종류의 식물 이름을 모두 이런 방법으로 붙였다면 얼마나 좋았을까? 그림 책이나 동화책을 보며 한글을 읽을 줄 아는 나이만 되어도 식물 이름들을 쉽게 알 게 되었을 테니 말이다. 이미 수정할 수 없는 지나가 버린 일이지만 그래도 아쉬움 은 남는다.

나비나물의 속명 '*Vicia*'는 '감기다'라는 의미의 라틴어 'vincire'에서 유래 된 이름인데, 이 속에 속해 있는 갈퀴나물, 갈퀴덩굴, 네잎갈퀴, 살갈퀴 등 대부분 의 식물은 가지 끝이나 줄기 끝이 덩굴손으로 변형되어 다른 물체를 감고 올라갈 수 있는 데 비해 나비나물은 줄기에 덩굴손이 없다. 종소명 '*unijuga*'는 '1쌍'으로 되어 있다는 뜻으로 잎이 달리는 형태를 표현한 것이다. 나비나물이란 우리 이름도 잎이 1쌍씩 모여 달려 마치 나비의 날개를 보는 것 같다 하여 붙여졌다. 붉은 자주 색 꽃을 피우는 나비나물과는 달리 흰색 꽃이 피는 것은 '흰꽃나비나물', 잎의 길

꽃의 비교_ 나비나물(왼쪽), 흰꽃나비나물(오른쪽)

이와 폭이 각각 10센티미터와 5센티미터로 큰 것은 '큰나비나물'이라 하고, 높이는 20센티미터 정도고 잎과 꽃 등 기관 전체가 작으며 한라산에만 분포하는 것은 '애기나비나물'이라고 구분하기는 하지만 잎의 크기와 꽃의 색깔 등은 변이가 심한 것으로 알려져 있다. 지방에서는 나비나물을 '꽃나비나물', '봉올나비나물', '가지나비나물', '민나비나물', '참나비나물' 등으로 부르기도 한다.

한방에서는 나비나물과 더불어 큰나비나물의 뿌리와 어린잎을 삼령자三鈴子라 하여, 어지럼증을 없애거나 결핵 치료에 쓴다. 민간에서는 가을에 말린 식물체 전체를 여름 더위로 허약해진 몸의 원기를 회복시키는 데 사용하기도 한다. 이름에 '나물'이란 단어가 붙었으니 먹을 수 있다. 실제로 어린순과 잎을 이용하는데, 줄기와 잎이 약간 뻣뻣해서인지는 몰라도 나물꾼들에게 인기가 있는 것 같지는 않다. 그 덕분인지 아직까지 우리나라 각지의 산과 들에서 비교적 쉽게 볼 수 있다.

화려하고 멋있는 나비는 아니지만 산길을 걷다가 초록색의 식물 나비를 찾아보는 것도 산행에 또 다른 재미가 될 수 있을 것 같다. 수업할 때에 학생들에게 식물을 설명하다 보면 답답할 때가 한두 번이 아니다. 나비나물처럼 비교적 쉽게 설명할 수 있는 것도 마찬가지다. 나비의 생김새는 알지만 그렇게 생긴 모양을 가진 식물을 찾아낸다는 것이 그리 쉽지가 않기 때문이다. 산속에서 만난다면 바로 해결할 수 있을 것을. 역시 백문이 불여일견이라, 백 번 듣는 것보다는 한 번 보는 것이 효과적이다.

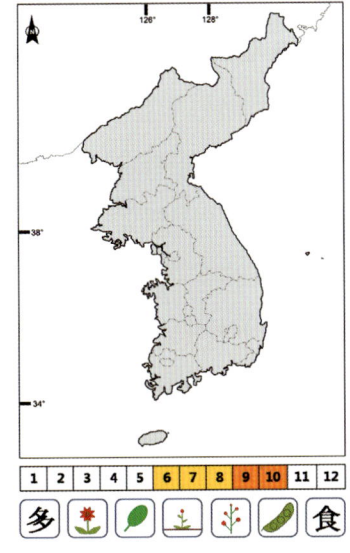

나비나물은 콩과 Leguminosae에 속하는 여러해살이풀로, 뿌리는 나무처럼 질기고 단단하다. 높이는 30~100cm 정도로 전체에 털이 없는데 사각의 능선 때문인지 약간 네모가 진다. 잎은 줄기 마디에 1쌍씩 어긋나 달리고 잎자루는 짧다. 잎은 계란 모양이나 넓은 타원형으로 양끝이 뾰족하고 가장자리에는 톱니가 없으며 길이 3~7cm, 폭 2~4cm 정도다. 잎은 가지가 줄기에서 갈라져 나간 곳에 나고, 나비의 머리를 닮은 잎 조각의 턱잎은 콩팥처럼 생겼으며 2개로 갈라지거나 가장자리에 불규칙하고 거친 톱니가 있다. 6~8월에 홍자색으로 피는 꽃은 길이가 12mm 정도로 싸리나무 꽃과 비슷하고 잎겨드랑이 부분에 10cm 정도의 긴 꽃줄기 위에 여러 개의 꽃이 한쪽 방향으로 모여 달려 송이 모양의 총상꽃차례를 만든다. 꽃받침은 통 모양이며 끝은 5개로 갈라지고 각각의 조각은 선 모양으로 가늘다. 열매는 9~10월에 익으며 강낭콩처럼 꼬투리로 달리는 협과로, 모양은 긴 타원형이며 길이는 3cm 정도로 털이 없고 씨는 4~5개씩 들어 있다.

며느리의 슬픔을 간직한 꽃며느리밥풀

1990년대에 『며느리밥풀꽃에 대한 보고서』라는 만화가 출판된 적이 있다. 난 읽어 보지 못했지만 영화까지 제작되는 등 상당한 인기를 끌었던 것으로 기억한다. 그런데 제목에 등장하는 '며느리밥풀꽃'은 무엇인가? 언뜻 보면 어떤 대상을 지칭하는 것 같기도 하고, 아니면 식물 이름 중의 하나인 것 같기도 하다. 그러나 내로라하는 식물도감의 차례나 찾아보기를 아무리 뒤져 보아도 며느리밥풀꽃이라는 식물은 그 어느 곳에도 없다. '꽃'이란 단어를 앞으로 내어 보면 '며느리밥풀꽃'은 '꽃며느리밥풀 Melampyrum roseum'이 된다. 만화를 그린 작가의 의도는 잘 모르겠지만 식물학자의 입장에서 보면 낭패가 아닐 수 없다. 단어 하나의 위치를 뒤바꾸니 세상에 존재하지도 않는 식물이 되어 버렸으니 말이다. 또 며느리밥풀꽃이란 이름은 '금낭화'의 지방명인 '며느리주머니'나 '며늘치'와 어감이 비슷하여 자칫하면 혼동을 일으킬 수도 있다. 실제로 방언_{지방명}으로 전해지다가 잘못 불리어지는 식물 이름이 여럿 있다. 대표적인 것이 미역줄나무와 메역순나무, 헛개나무와 지구자나

꽃며느리밥풀 _ 전체(왼쪽), 꽃(오른쪽)

무, 벌나무와 산겨릅나무, 음나무와 개두릅나무 등이다. 동물이나 식물의 학명은 고사하고 먼저 우리 이름만이라도 통일이 되었으면 좋겠다. 이러한 문제들을 해결하기 위해 지방 곳곳에서 식물들이 어떤 이름과 용도로 사용되고 있는지 정리하기 위한 연구를 국립수목원에서 수행하고 있다. 이른바 '민속식물'이라는 개념으로 접근하고 있는데, 조사를 다녀 보면 전혀 알아듣지 못할 정도로 여러 가지 이름을 가진 식물들이 난무한다. 그것도 한 분류군 당 여러 개의 이름을 가지고 있을 뿐만 아니라 가는 곳마다 다른 경우도 있으니 더 헷갈릴 수밖에 없다. 한 가지 정확한 이름을 찾기 위해서는 사진을 보여 주고 몇몇 방언을 이야기해 줘야 비로소 비슷한 식물을 찾아낼 수 있을 정도다. 그러다 보니 현장에서 대학원생들이 해결할 수 있는 일에는 한계가 있고, 덕분에 내가 감당해야 할 일거리만 산더미처럼 쌓이게 된다. 정기적으로 열리는 장터를 찾아다니고 새벽 시장을 돌아다니는 것은 당연한 일이고, 최근에서야 겨우 전기불이 들어오기 시작한 후미진 두메산골까지도 걸음을

꽃의 비교_ 꽃며느리밥풀(위), 애기며느리밥풀(가운데), 흰알며느리밥풀(아래)

해야 한다. 나보다 앞서 연구했던 연구자들의 이야기를 들어보니 아무리 발품을 팔아도 생각만큼 많은 결과가 나오질 않는다고 한다. 그만큼 전해져 내려오는 식물 이름들이 지방마다 서로 다르게 사용되고 있다는 뜻일 것이다. 이런 기회에 우리나라 식물의 이름을 정리하는 데 도움이 될 만한 자료를 많이 얻을 수 있으면 좋겠단 생각을 한다.

꽃며느리밥풀의 속명 '*Melampyrum*'은 검다는 뜻의 그리스어 'melas'와 밀원 또는 꿀샘을 의미하는 'pyros'의 합성어고, 종소명 '*roseum*'은 장미색 또는 연한 홍자색으로 꽃의 색깔을 표현한 것이다. 며느리밥풀 종류는 꽃며느리밥풀 외에 꽃받침과 꽃 색깔, 포엽이 갈라지는 정도, 돌기의 길이와 잎의 모양에 따라 '털며느리밥풀', '수염며느리밥풀', '알며느리밥풀', '흰알며느리밥풀', '애기며느리밥풀', '흰애기며느리밥풀', '새며느리밥풀' 등으로 세밀하게 나누기도 한다. 꽃며느리밥풀은 지방에서는 '꽃며느리바풀', '민꽃며느리밥풀', '돌꽃며느리밥풀', '꽃새애기풀' 등 여러 가지 이름으로 불린다.

한방에서는 지상부와 뿌리를 산라화山羅花라 하여, 주로 피를 맑게 하고 종기의 독성분을 제거하는 데 쓴다. 뿌리는 달여서 차로 마시기도 한다.

꽃며느리밥풀이란 이름이 말해 주듯이 며느리에 얽힌 사연이 전한다. 옛날 한 시골 마을에 홀어머니를 모시고 사는 착한 아들이 있었다. 아들은 결혼할 나이가 지났는데도 집안 사정이 여의치 않아 결혼은 꿈도 꾸지 못하고 있었다. 이를 측은하게 여긴 어머니는 아들 몰래 이웃에서 빚을 내어 아들을 결혼시켰다. 며느리를 맞은 뒤 세 식구는 남부럽지 않게 행복하게 살았다. 그러나 시간이 지나자 이웃에서는 빌려간 돈을 갚으라고 독촉하기 시작했다. 자초지종을 알게 된 아들은 돈을 갚기 위해 이웃집으로 머슴을 가게 되었다. 아들이 힘든 일을 하게 된 때문인지 시어머니는 그후로 며느리를 구박하기 시작했다. 그러던 어느 날 부엌에서 밥을 짓던 며느리가 밥이 잘 되었는지를 확인하려고 솥뚜껑을 열고 밥 몇 알을 입에 넣었는데, 이를 본 시어머니는 어른이 먹지도 않았는데 음식에 손을 댔다며 몽둥이로 며느리를 심하게 때렸다. 결국 며느리는 몸져눕게 되었고 시름시름 앓다가 그만 죽고 말았다. 뒤늦게 이 사실을 알게 된 아들은 슬퍼하며 며느리를 햇볕이 잘 드는 양지 쪽에 묻어 주었다. 이듬해 며느리 무덤 근처에는 밥알이 붙어 있는 것 같은 모양의 꽃이 피었고, 사람들은 이 꽃이 며느리의 입술에 붙은 밥 알갱이와 비슷하다고 하여 꽃며느리밥풀이라고 불렀다.

　　꽃며느리밥풀 군락지를 가 보면 붉은색 꽃에 담겨 있는 하얀색 무늬가 아주 조화롭다. 꿀을 따기 위해 벌이나 나비라도 찾아 날아들면 말 그대로 한 폭의 그림 같다. 이름에는 슬픈 전설이 전하지만 산지의 숲 가장자리를 예쁘게 지켜 주는 파수꾼 같은 존재다.

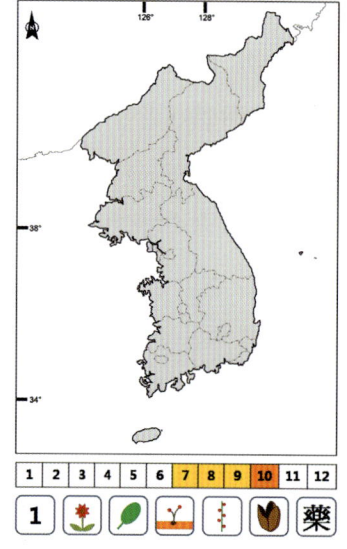

꽃며느리밥풀은 현삼과 Scrophulariaceae에 속하는 반기생의 한해살이풀로, 주로 산지의 숲 가장자리에서 자란다. 높이는 30~50cm 정도고, 줄기는 둔하게 네모지며 능선에는 털이 있고 가지가 많이 갈라진다. 잎은 마주나고 긴 계란 모양이나 계란 모양의 피침형으로 길이 5~7cm, 폭 1.5~2.5cm로 끝이 뾰족하고 밑부분은 둥글며 가장자리는 톱니가 없어 밋밋하다. 잎의 양쪽에는 짧은 털이 드문드문 나고 잎자루는 길이가 7~10mm 정도다. 꽃은 7~9월에 홍자색으로 피고 꽃자루 없이 줄기에 다닥다닥 붙어 달리는데 대부분 한쪽 방향으로만 핀다. 꽃을 보호하는 잎 모양의 포엽은 계란 모양으로 끝은 뾰족하고 아랫부분에는 가시 모양의 뾰족한 돌기가 있다. 뱀이 입을 벌리고 있는 모양의 꽃부리는 길이가 15~20mm 정도로 겉에는 작은 돌기가 있고 안쪽에는 다세포로 된 털이 있다. 꽃 윗부분은 투구 모양으로 털이 있고 아래쪽 꽃잎 안쪽에는 밥알 같은 2개의 흰 무늬가 있다. 열매는 익으면 배봉선을 따라 껍질이 터지는 삭과로, 끝이 뾰족한 계란 모양이며 길이는 8mm 정도로 윗부분에는 털이 많다. 씨는 타원형이고 길이는 3mm 정도며 10월에 검은색으로 익는데 밑부분에는 가짜 종자 껍질, 즉 가종피가 있다.

만병통치약 같은 만삼

몸에 좋은 것이라면 무엇이든지, 어떻게 해서든지 찾아서 먹어 보고 싶은 것이 사람의 욕심이다. 특히 우리나라 사람들의 건강식품에 대한 신념이랄까 하는 것은 유난해 보이기까지 한다. 간혹 몇 백 년쯤 묵은 산삼이 발견되었다는 뉴스가 방송을 타는데, 심마니의 인터뷰 내용은 늘 한결같다. 바로 꿈 이야기다. 어떤 이는 꿈에서 조상님을 뵀다고 하고, 어떤 사람은 돼지 떼가 자신에게 달려들었다고 한다. 꽤 오래 전에 세상에는 잘 알려지지 않은 산에서 식물조사를 하기 위해 심마니의 도움을 받으며 하루를 같이 동반한 적이 있었다. 요즘이야 각 지방자치단체들이 자기네 지역을 알려 관광객을 끌어들이기 위해서, 주변에 있는 산이나 약수, 동굴, 향토 음식 등 홍보할 만한 정보가 조금이라도 있으면 안내책자를 만드는 등 적극적으로 나서서 세상에 알린다. 아침마다 신문 사이에 끼어 함께 들어오는 광고지에 버금갈 정도다. 그럼에도 사람들의 왕래가 적거나 잘 알려져 있지 않은 곳을 방문할 때는 이런저런 두려움이 생기기 마련이다. 그날도 이런 두려움 때문에 그 산의

만삼_ 전체(위), 줄기와 잎(가운데), 꽃(아래)

지형을 잘 알고 계시는 마을 사람을 모시기로 했던 것이다. 짚으로 엮어 만든 망태기 하나를 등에 지고 나타난 심마니는 모습 그대로가 전형적인 시골 할아버지였다. 긴 콧수염과 헝클어진 머리, 거의 해어진 옷 등 다소 낯선 모습에 도시에 사는 어린 아이가 봤다면 울음을 터트렸을지도 모를 정도의 행색이었다. 어쨌든 그렇게 만남이 이루어졌고 인사를 나눈 뒤 산을 오르기 시작했다. 그런데 처음부터 우리의 평소 산행 속도를 뛰어넘어 거의 달리다시피 산을 올라야만 했다. 우리가 가야 할 곳을 하루 만에 다녀오려면 이 정도 속도는 내야 한다는 것이었다. 심마니는 말 그대로 신출귀몰했다. 길도 없는 계곡을 바람처럼 쌩쌩 내달렸다. 몇 시간을 그렇게 쫓아가다가 음침한 분위기에, 물안개와 계곡의 안개가 만나 사방을 분간할 수 없을 정도로 하얀 안개로 가득 차 있는 장소에 도착했다. 심마니 아저씨가 예전에 자신이 산삼을 캤던 곳이라고 소개해 주었다. 그 순간, '그래, 바로 이런 곳에 산삼이 자라겠구나' 하는 느낌이 팍 드는 분위기의 장소였다. 아저씨는 등짐을 내려놓고 돌로 만든 작은 터에 큰절을 하며 그때의 일에 대한 감사의 예를 올렸다. 산행이 이어지는 동안 그런 장소는 곳곳에 몇 군데가 더 있었고 그때마다 심마니는 산삼을 캤을 때의 이야기를 해 주었다. 이처럼 산삼은 아무한테나 보이지 않아서 신성하게 여기는 모양이다. 그런데 이렇게 특이한 곳에서 자라니 그 효능도 뛰어난 것이 아닌가 하는 생각이 들었다. 여기 산삼 효능의 만 배(?)에 해당하는 가치를 지닌 식물이 있다. 바로 만삼 *Codonopsis pilosula*으로, 깊은 산 깊은 곳에서나 자라기 때문에 쉽게 만날 수 없는 식물이다. 생김새로만 본다면 더덕의 사촌뻘쯤 된다고 생각하면 이해가 쉬울 듯하다.

  속명 '*Codonopsis*'는 '종'을 뜻하는 그리스어 'codon'과 '비슷하다'는 의미를 가진 'opsis'의 합성어로 꽃의 모양이 종과 비슷해서 만들어졌으며, 종소명 '*pilosula*'는 부드러운 털이 있다는 뜻이다. 만삼蔓蔘이라는 우리 이름은 줄기가 덩굴성인 삼이란 뜻으로, 그 약효가 산삼에 버금갈 정도로 뛰어나다 하여 붙였다고

꽃의 비교_ 만삼(위), 더덕(아래)

한다. 우리나라에서 자라는 더덕속屬 식물은 만삼을 포함하여 더덕, 소경불알, 애기더덕 등 4종류가 있다. 이들은 우리나라에 분포하는 초롱꽃과 식물 가운데 유일하게 덩굴성 줄기를 가졌으며, 종 모양의 꽃이 핀다는 공통점이 있다. 그러나 더덕은 뿌리가 도라지처럼 생겼으며 씨에 날개가 있고 꽃에는 자색 반점이 있는 특징이 있고, 소경불알은 잎자루가 짧고 뿌리는 동그랗게 생겼으며 꽃잎 안쪽은 짙은 자주색이어서 차이가 있고, 애기더덕은 제주도에만 분포하며 식물 전체가 소경불알의 절반 정도 크기여서 서로 구별된다.

　한방에서 만삼의 뿌리는 당삼黨蔘 또는 만삼蔓蔘이라고 하는데 사포닌, 당류, 미량의 알칼로이드 성분과 녹말 등이 포함되어 있어서 강장작용, 신체의 면역 기능 항진작용을 하며, 조혈 계통에 작용해 적혈구 수를 증가시키거나 혈압강하제로도 쓴다. 또 열이 많아 인삼이 몸에 맞지 않는 사람에게 사용하면 기氣를 보호하는 데 탁월한 효과가 있다고 한다. 그래서인지 일부 농가에서는 재배를 하기도 하는데, 강원도 정선군 동면 호촌리의 호명마을은 약 5만 평에 만삼을 재배하고 있어 국내 최대 재배지이자 '만삼마을'로 불린다. 민간에 전해오는 재미있는 요리법이 하나 있다. 8년 이상 묵은 만삼 뿌리를 캐서 잘 말린 후 두 뿌리를 가늘게 썰어 마늘, 대추, 밤, 호두, 은행 각각 두 알씩과 함께 토종닭에 넣는다. 이때 닭은 남자가 먹을 것

홍·정·윤·갤·러·리

만삼 *Codonopsis pilosula*

은 암탉, 여자가 먹을 것은 수탉으로 해야 약효가 있다고 한다. 여기에 참깨, 잣, 찹쌀을 넣고 푹 고아 내면 '만삼계탕'이 되는데, 이것을 한 그릇 먹으면 몸속에 있는 모든 잔병이 없어진다고 한다.

만삼은 지리산이나 강원도 이북 지역에서만 자라며, 반드시 자생지 근처에 가야만 그 모습을 볼 수 있다. 식물조사를 몇 십 년 다녔어도 몇 뿌리 만나지 못했을 정도로 귀한 식물이지만, 자생지에서의 모습은 아주 강인하고 복스럽다. 줄기를 흔들어 보면 푸릇푸릇한 향기도 난다. 이른 아침, 안개가 물방울로 변해 만삼의 꽃과 잎사귀에 아롱아롱 매달려 있는 모습을 본 적이 있다. 그 광경은 한여름을 시원하게 해주는 활력을 불어넣는 느낌이었다.

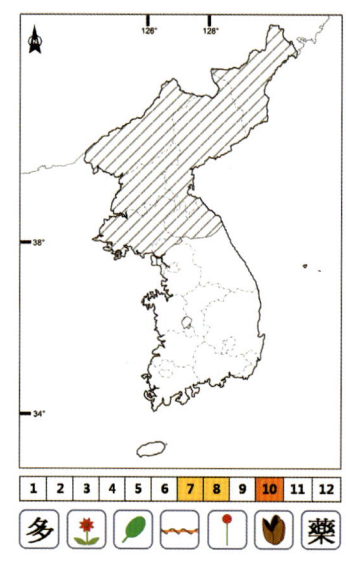

만삼은 초롱꽃과 Campanulaceae에 속하는 여러해살이풀로, 줄기는 덩굴성이고 자르면 흰색 유액이 나오는데 먹어 보면 쓴맛이 난다. 도라지 같은 뿌리는 길이가 30cm 정도로 가늘고 길게 자라 땅속 깊이 파고 들어간다. 그래서인지 뿌리를 온전하게 파내기가 쉽지 않다. 잎은 어긋나지만 가지 끝에서는 마주나고 모양은 계란 또는 계란 모양의 타원형이다. 잎의 길이는 1~5cm, 폭 1~3.5cm며 양면에 털이 나 있는데 특히 맥 위에 많고, 표면은 녹색이지만 뒷면은 분백색을 띠고 2~3cm 정도의 긴 잎자루를 갖는다. 꽃은 7~8월에 피며 가지 끝에 1개씩 달리고, 꽃받침은 5개로 갈라지는데 털은 없으며 길이는 15mm, 폭 5mm 정도고 피침 모양이다. 꽃은 종 모양으로 연한 황록색이며 길이 2.5cm, 지름 1.5cm고 끝은 5개로 갈라져 뒤로 말린다. 열매는 익으면 배봉선을 따라 껍질이 터지는 삭과로 10월에 성숙한다. 열매는 짙은 회갈색을 띠며 모양은 원뿔형이고, 열매 1개에는 70개 정도의 씨가 들어 있다. 씨는 갈색으로 타원형이며 길이는 1~2mm 정도로 작다.

소박하지만 화려한 매력의 마타리와 뚝갈

 길거리를 거닐다가 뭔가 특별한 볼거리가 있으면 사람들이 모여들게 마련이다. 뻥튀기 아저씨, 붕어빵이나 계란빵을 파는 손수레, 학교 앞 문방구의 뽑기 등 먹을거리로 관심을 끄는 곳에는 주로 어린이 손님이 모여들고, 박 넝쿨을 올려 터널을 만들어 박이 주렁주렁 달린 곳, 달덩이 같이 활짝 핀 해바라기, 형형색색 다양한 색깔로 피어 있는 가을빛의 코스모스 길 등은 연인들이 찾아드는 장소가 된다. 특히 식물들로 꾸며 놓은 수목원이나 식물원 등에는, 온갖 화려한 꽃들로 계절마다 꽃 잔치를 할 수 있도록 기가 막히게 연출되어 있다.

 그런데 어쩌랴! 우리나라에 살고 있는 4,000여 식물의 꽃이 모두 다 해바라기나 장미처럼 아름답지는 않으니 말이다. 물론 아름다움이란 화려함이나 크기와는 상관이 없는 법이다. 작은 꽃이라 해도 잘 들여다보면 나름대로의 매력을 각기 가지고 있다. 깊어가는 가을에 자주 찾아오는 단골손님만큼 쉽게 볼 수 있는 마타리 *Patrinia scabiosaefolia*와 뚝갈 *P. villosa*이 대표적인 종이라 할 수 있다. 두 종 모두 마

마타리(위)와 뚝갈(아래)_ 전체(왼쪽), 잎(가운데), 꽃(오른쪽)

타리과에 속하는 여러해살이풀이라는 공통점 외에 속屬까지 같은 친구 사이다. 바늘 가는 데 실 가는 격으로 두 종류는 자라는 생육지도 비슷하여, 산지의 햇빛이 잘 드는 곳이나 절개지의 비탈면 등에서 쉽게 만날 수 있다. 들꽃 사진을 찍다 보면 꽃이 커다란 것들은 화면에 담기가 어렵지 않은데, 꽃이 작으면 아무리 잘 찍어도 마음에 드는 사진을 얻기가 쉽지 않다. 물론 아마추어의 한계일지는 모르겠다. 전체 모양을 위해 멀리서 찍어 보면 사진에는 막대기 같은 줄기와 가지뿐이고 끝부분에 겨우 올망졸망한 꽃 뭉치가 나타나는 정도다. 아마 마타리과에 속하는 식물들은 대개 이런 특징을 갖는 것 같다. 더구나 두 종류의 줄기는 대부분 1미터 이상까지 자라서 덩치가 큰데, 꽃은 활짝 피어도 어디에 붙어 있는지 모를 정도로 그 크기가 아주 작다. 물론 꽃차례의 꽃 뭉치를 본다면 구별이야 하겠지만 사진으로 찍어 보면 꽃 하나하나는 구별이 어려울 정도로 작다. 돋보기나 해부현미경으로 꽃을 보면 꽃부리 1개의 길이는 3~4밀리미터밖에 되지 않는다. 두 종류는 잎과 씨방의 모양도 비슷하다. 잎은 마주나고 깃처럼 갈라지며, 잎자루는 줄기 위쪽으로 갈수록 작아지고, 씨방은 3개다.

이들의 속명 '*Patrinia*'는 프랑스의 식물학자 패트린Eugène Louis Melchior Patrin을 기념하기 위해서 붙여진 이름이며, 마타리의 종소명 '*scabiosaefolia*'는 산토끼꽃과Dipsacaceae에 속하는 체꽃속Scabiosa 식물의 잎과 비슷하다는 뜻이다. 실제로 체꽃속에 속한 체꽃이나 솔체꽃의 잎은 민들레 잎처럼 깊게 갈라지고 각각의 조각은 피침형이며 끝은 뾰족하고 가장자리에는 날카롭고 큰 톱니가 있다. 한편 뚝갈의 종소명 '*villosa*'는 부드러운 털이 있다는 뜻이다. 학명의 의미대로 뚝갈은 식물체 전체에 흰색의 부드러운 털이 분포하므로 털이 거의 없는 마타리와는 명확하게 구별된다. 또 꽃의 색깔은 뚝갈이 흰색이고 마타리는 노란색이며, 열매도 뚝갈에는 날개가 있지만 마타리에는 없어서 차이가 난다.

우리나라에서 자라는 마타리 종류로는 충청북도 이북의 산지에 자라며 잎이나 줄기를 건드리면 고약한 냄새가 나는 '돌마타리', 능선의 바위틈이나 절벽에서 자라는 '금마타리'가 있다. 금마타리는 우리나라 특산식물인데 잎이 손바닥처럼 갈라지고 표면 아래쪽에 털이 많이 있으며, 꽃 아래쪽에는 꽃뿔距을 가지고 있어 마타리와는 차이가 있다. 마타리와 뚝갈과의 잡종은 뚝마타리*P. hybrida*라고 하는데 겉모양은 뚝갈과 비슷하지만 꽃은 담황색으로 피어 마타리와 비슷하므로 두 종의 특징을 모두 가지고 있다. 마타리는 지방에 따라서 '가양취', '미역취', '가얌취' 등 다양한 이름으로 불리고, 뚝갈은 '뚝깔', '뚜깔', '흰미역취', '연지마', '반도중'이라고도 하며 잎의 뒤가 흰빛을 띠고 마타리와 닮아서인지 '흰마타리'라고도 부른다.

금마타리　　　　　　　　　　　　돌마타리

　　마타리와 뚝갈의 어린순은 나물로 이용하는데 쓴맛이 있으므로 뜨거운 물에 살짝 데쳐 우려내거나 말려서 묵나물로 먹는다. 한방에서는 마타리와 뚝갈의 뿌리를 패장敗醬이라 하여 약으로 쓰는데, 뿌리를 캐면 심한 발 냄새 혹은 된장이 썩거나 오래된 생선 젓갈 썩는 것 같은 불쾌한 냄새가 나서 썩을 패敗자에 젓갈 장醬자를 쓴다. 종기의 고름을 없애고 어혈로 인한 통증을 가시게 하는 데 효과가 있다고 한다.

　　화창한 날 햇살이 퍼지고 지난 밤 숲 속의 푸나무에 내려앉은 이슬이 마를 시간이 되면 길가에 선 마타리와 뚝갈은 운동을 시작한다. 비록 꽃은 작지만 여러 개가 달리는 탐스러운 꽃송이를 찾아 이른 아침 꿀을 따기 위해 부지런을 떨며 날아든 벌과 나비의 놀이터가 되어 이들의 움직임을 따라 줄기가 흔들리는 것이다. 이들 꽃줄기에 매달린 벌들을 모두 합치면 벌통이 몇 개라도 모자를 정도로 많이 온다. 우리 눈에는 보잘 것 없어 보이지만 그들에게는 훌륭한 일터요, 생존의 터전인 셈이다. 마타리는 1953년에 발표한 황순원의 소설「소나기」에도 등장한다. 꽃의 아름다움 때문인지는 모르겠지만 그 당시도 지금과 같은 이름으로 불렸으니 마치 외국어 같은 마타리가 유명세를 탔던 것은 틀림없어 보인다. 가을의 문턱에서 마타리의 노란색 꽃과 뚝갈의 흰 꽃이 푸른 하늘과 어우러져 기분 좋은 가을을 만끽하는 데 도움이 되리라 믿는다.

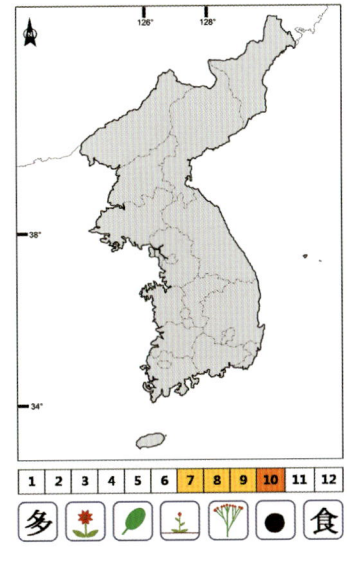

마타리는 마타리과 Valerianaceae에 속하는 여러해살이풀로, 높이는 60~150cm로 윗부분에서 가지를 치고 땅속줄기를 뻗어 새싹을 낸다. 뿌리에서 나온 잎은 여러 개가 모여 뭉쳐나며 잎자루는 길다. 줄기에 달리는 잎은 마주나고 위로 갈수록 작아지며 가장자리는 민들레 잎처럼 가늘게 갈라진다. 갈라진 조각은 긴 타원형 또는 선형이며 밑으로 갈수록 작아지고 끝은 뾰족하며 가장자리에는 톱니가 있거나 없는 등 변이가 심하다. 꽃은 7~9월에 노란색으로 피고 가지와 줄기 끝에는 작은 꽃자루의 길이가 거의 같아 비슷한 높이에 꽃이 달리는 산방꽃차례를 만든다. 꽃의 끝부분은 5개로 갈라지고 수술은 4개, 암술은 1개이며, 씨방은 3실로 그중 1개만 열매를 맺는다. 열매는 10월에 익으며 타원형으로 길이는 3~4mm로 작고 약간 편평하며 앞면에는 뚜렷한 맥이 있고 뒷면에는 능선이 있다. 이에 비해 뚝갈은 전체에 흰색 털이 많고 꽃은 흰색이며 씨에 날개가 있어 마타리와 구별된다.

어머니의 병을 고친 익모초

한여름 더위가 심할 때는 만사가 귀찮게만 느껴지면서 무기력해지기 쉽다. 모기 입이 삐뚤어진다는 처서가 지나도 하늘에서 내리쬐는 태양 볕이 식을 줄 모른다. 지금이야 선풍기에 에어컨까지 냉방 기구가 다양하고 흔하니 집안에 틀어박혀 있어도 어지간한 더위는 참아낼 수가 있다. 그런데 대궐만 한 집에 냉방 기구라고는 고작 선풍기 한 대뿐이라 부채로 더위와 싸우며 옷깃을 흔들어 대던 시절이 있었다. 그 시절 어머니의 다리를 베개 삼아 툇마루에 누워 파란 하늘을 구경하다가 밀려오는 졸음에 코를 골며 낮잠이 들었던 기억도 생생하다. 그 무렵 우리 집 마당의 풍경은, 개나리 꽃이 만발했던 이른 봄 어느 장날에 읍내 장에서 사 온 노란 병아리가 제법 닭의 모습을 갖추고 마당을 헤집고 있었고, 마당 구석에 자리 잡은 닭장 속 둥지에는 방금 낳은 따뜻한 계란이 들어 있었다. 강아지가 닭을 쫓아다니며 귀찮게 장난을 치는 모습도 한 조각 끼어든 재미난 광경이었다. 대문 밖 멀찍이 선 변소 주변으로 부모님이 정성껏 꾸며 놓은 작은 꽃밭에는 두 분이 좋아하시는 온갖

익모초

꽃들과, 텃밭 대신 화단에 자리 잡은 몇몇 쌈 채소들이 어울려 자랐다. 또 집앞 골목길 가장자리에는 붉은 봉선화와 댑싸리 그리고 익모초 *Leonurus sibiricus*가 늘어서 집으로 돌아오는 가족들을 반갑게 맞이했다.

　부모님이 이 식물들을 심어 놓은 데는 다 특별한 이유가 있었다. 이미 눈치챘겠지만 봉선화는 꽃과 잎을 빻아 예쁘게 손톱을 물들이는 데 쓸 천연 재료이고, 댑싸리는 마당을 부드럽고 깨끗하게 쓸어 주는 빗자루의 재료였다. 그럼 익모초는 무엇에 쓰는 식물일까? 발음이 어려워서인지 많은 사람들이 '육모초'로 잘못 부르고 있는 익모초는, 잎을 찧어 즙을 만들어 더위를 먹어 입맛이 없거나 무기력해졌을 때에 원기를 회복시켜 주는 특효약으로 이용했다. 어렸을 때는 맛이 너무 써서 어떻게든 먹지 않으려 용을 써서 어머니께 걱정을 도맡아 들었는데……. 이젠 그마저도 아련한 추억이 되었다. 어쨌든 그 시절 시골에서 익모초는 없어서는 안 될 필수 구급약이었다.

익모초_ 전체(왼쪽), 꽃(가운데), 열매(오른쪽)

속명 '*Leonurus*'는 사자를 뜻하는 그리스어 'leon'과 꼬리를 의미하는 'oura'의 합성어로 꽃이 달리는 모양을 표현하고 있으며, 종소명 '*sibiricus*'는 시베리아에 분포한다는 뜻이다. 익모초라는 우리 이름은 '어머니를 도와준 식물'이란 뜻이다. 익모초는 '임모초', '개방아' 등으로 불리기도 한다. '익모초'라는 이름에 얽힌 전설이 전하는데, 옛날 어느 시골 마을에 가난한 어머니와 아들이 살고 있었다. 아들을 낳고는 가난한 살림에 몸조리를 제대로 하지 못한 어머니는 시간이 지날수록 몸이 쑤시고 아파서 고생이 이만저만이 아니었다. 아들이 청년이 되었어도 어머니의 병은 나을 기미는커녕 점점 더 심해져만 갔다. 효성이 지극한 아들은 동네 한의사를 찾아가 어머니 약을 지었다. 그런데 약값이 너무 비싸서 병이 완전히 나을 때까지 계속해서 살 수는 없었다. 약이 떨어지자 아들은 외상으로 약을 더 지어 달라고 한의사에게 도움을 청했지만 완고하기로 소문난 의사는 아들의 말을 들어주지 않았다. 그러던 어느 날 우연히 약초를 캐러 가는 한의사를 발견한 아들은 한의사가 눈치채지 못하게 몰래 따라나섰다. 처음 어머니 약을 구입할 때 한의사가 마을 근처에서 어떤 풀을 뽑아다가 말려서 약에 넣는 것을 보았던 터라 혹시나 그 식물을 가지러 가는 것인가 싶어 따라 나섰던 것이다. 아니다 다를까 한의사는 처음 약을 지었을 때 갔던 집 근처 제방으로 가더니 어떤 식물을 캐어 잎을 모두 훑어 버리고 줄기만 모아서 가져갔다. 한의사가 돌아간 후 아들은 그곳으로 가서 땅에 떨어진 잎을 보고는 근처에 있는 식물 가운데 똑같은 식물을 골라 뽑아서 집으로 가져왔다. 아들은 그 식물을 그늘에서 잘 말린 후 정성껏 다려 어머니께 드렸더니 몇 달 후 병이 말끔히 나았다. 나중에 또 필요할지도 모르겠다는 생각에 어머니의 병을 고친 약재의 이름을 알아 두려고 한의사를 찾아갔지만 약초의 이름조차 끝내 알려 주지 않았다. 아들은 이 약재의 이름을 잊지 않기 위해 '어머니를 도와준 약초'라 하여 익모초益母草라고 불렀다. 그 이름이 지금까지도 전해지며 쓰이는 것이라 한다.

한방에서는 식물체의 지상부를 이름 그대로 익모초라 부르며 산후 부인과 질환에 주로 사용하고 습진이나 가려움증 치료에도 쓴다. 씨는 충위자茺蔚子라 하여 생리 조절작용

꽃의 비교_ 익모초(위), 송장풀(아래)

이나 시력을 증강시키는 데 주로 이용한다고 한다.

　익모초와 형태적으로 유사한 종류로는 송장풀이 있는데 익모초보다 잎 가장자리에 날카로운 톱니가 있고 꽃은 2.5~3센티미터로 크며 꽃받침에 털이 있어 차이가 난다. 익모초는 특별히 관리할 필요가 없으며 기름진 땅이 아닌 곳에서도 잘 자라는 습성이 있다. 번식력도 강해서 씨가 떨어지면 그 다음해에 대부분 발아한다. 혹시 익모초 한두 뿌리를 얻을 수 있다면 화분이나 담벼락 아래에 심어 놓았다가 무더운 여름에 지친 몸에 활기도 주고 더위를 이겨 내는 데 유용하게 이용하면 좋을 것 같다. 몸에 좋은 약은 입에 쓰다고 했다. 그 쓴맛은 생각만 해도 인상이 찌푸려지지만, 건강한 생활을 위해서 일 년에 한두 번쯤은 익모초 즙을 달게 마셔 주면 어떨까?

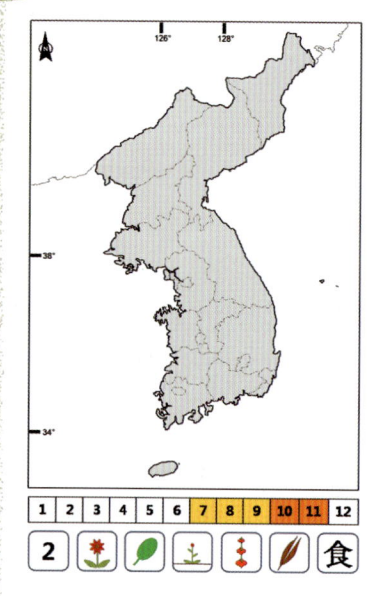

익모초는 꿀풀과 Labiatae에 속하는 두해살이풀로, 줄기는 50~150cm 정도로 네모지고 전체에 털이 있어 백록색이 돌며 가지가 많이 갈라진다. 뿌리에서 돋은 잎은 심장 모양으로 잎자루가 긴데 꽃이 필 때쯤이면 없어진다. 줄기에 달린 잎은 마주나 달리며 잎의 각각은 3개로 가늘게 갈라지는데 그 갈라진 조각은 다시 2~3개로 나뉜다. 잎을 씹어 보면 매우 쓴맛이 나는데 이것은 레오누린Leonurine이라는 성분 때문이다. 꽃은 7~9월에 연한 홍자색으로 피고 줄기 윗부분의 잎겨드랑이 부분에 몇 개씩 층층으로 달려 윤생꽃차례輪生花序를 만든다. 꽃받침은 5개로 갈라지며 모양은 바늘처럼 뾰족하다. 꽃부리는 입술 모양이고 크기는 10~13mm로 위아래로 나뉘며 아래쪽 것은 다시 3개로 갈라지는데 그중 가운데 조각이 가장 크고 붉은색 줄이 들어 있다. 열매는 성숙하면 떨어져 나가는 분열과로 모양은 넓은 계란 모양이며 10~11월에 성숙하고 안쪽에는 검은색 씨가 여러 개 들어 있다.

보라빛 매력 발산하는 작살나무

계절이 바뀌는 환절기에는 도무지 날씨를 종잡을 수가 없다. 기상청에서는 보다 정밀한 분석과 예보를 위해 고가의 장비인 슈퍼컴퓨터를 구입해 활용하고 있는데도 예보가 번번이 빗나가 애를 먹고 있다. 지금은 은퇴하셨지만 우리나라 최초의 기상통보관이라고 이야기할 수 있는 유명한 분이 있었다. 기상청의 족집게라고나 할까? 그렇지만 그도 인간이기에 실수할 때가 있었다. 현역으로 근무할 당시 어느 라디오 프로그램에서 이런 이야기를 방송한 것을 들은 적이 있다. 날씨 예보를 했는데 예보가 틀린 날에는 비가 오든 눈이 오든 아무 곳에도 들어갈 수가 없었다고 했다. 제대로 예보하지 못해서 시민들이 피해를 보는 것이 못내 미안했기 때문이었단다. 일부러 그렇게 하지는 않았겠지만 양심의 가책 같은 것이었으리라. 필자인 내가 그 위치에 있었더라도 아마 그렇게 했을 것 같아 그분의 말씀에 공감을 했던 기억이 있다. 날씨 이야기가 나온 김에 우리나라 음력에는 24절기가 있는데, 이 절기가 계절을 추측하는 데 있어서는 훨씬 더 정확하다고들 말한다. 하지만 요즘 같

1	2	작살나무
		1 전체
3		2 꽃
		3 줄기

아서는 그것도 옛말이 되어 버렸다. 겨울로 향해 가는 늦가을에는 그 정도가 더 심하다. 어느 날 이른 한파가 몰려오더니 하루아침에 가을은 겨울로 바뀌어 버린다. 한여름 더위를 이기지 못해 숨을 헐떡이며 온몸이 땀으로 뒤범벅이 되고, 휴가를

작살나무 열매

내고 산과 들로, 바다로 향했던 때가 불과 석 달 정도밖에 지나지 않았는데 말이다. 이른 눈이라도 내리면 단풍 색깔은 제 빛을 한번 제대로 내지 못한 채 흰색으로 변해 버린다. 가을바람도 울긋불긋 물들었던 단풍잎을 낙엽으로 만들어 버리는 심술꾸러기 같은 존재가 되었다. 봄의 싱그러움에 이어, 여름은 밝고 찬란한 꽃들이 잔치를 펼치고, 가을은 아름다운 단풍으로 곱게 물든다고 한다면 겨울은 아무래도 조금은 썰렁하고 스산한 계절인 것 같다. 열매를 맺은 풀들은 지상부가 말라죽고, 나무들은 잎을 떨어뜨리고 나면 앙상한 가지만 남아 있거나 열매만이 대롱대롱 매달려 있게 된다. 이래저래 쓸쓸하기 짝이 없는 풍경이다. 그런데 눈에 확 들어오는 색깔의 열매를 달고 서 있는 작은키나무가 있다.

가을의 단풍 색깔과는 달리 우리나라 야생식물들의 열매 색깔은 그리 화려하지 못한 것이 사실이다. 기껏해야 연두색의 덜 익은 풋열매가 붉은색으로 변하거나, 그도 아니면 연한 갈색으로 바뀌는 것이 대부분이기 때문이다. 그런 풍경 속에 만약 보랏빛을 띠는 자주색 열매를 달고 서 있는 나무가 있다면 어떨까? 붉은색 계통의 색깔만 보다가 보라색을 보면 느낌이 확 다를 것 같다. 잎이 달려 있을 때는 꽃이나 열매가 별다른 특징이 있어 보이지 않는데, 잎이 떨어지고 나면 작은 콩알만 한 열매의 모둠이 몇 개씩 모여 마디마디에 달려 있다. 그 주인공은 바로 작살나무*Callicarpa japonica*다. 식물의 이름이 예쁘지는 않아 아름답다는 느낌은 덜하지만 그래도 늦은 가을의 황량함을 달래 줄 수 있는 대표적인 우리 식물이다.

속명 *Callicarpa*는 아름답다는 뜻의 그리스어 'callos'와 열매를 의미하는 'carpos'의 합성어로 열매가 아름다운 식물이라 풀이되고, 종소명 '*japonica*'는 일본에 분포한다는 뜻이다. 작살나무라는 우리 이름은 원줄기에서 가지가 갈라지는 것을 잘 보면 정확하게 한 마디에 두 개의 가지가 마주나기 때문에 마치 물고기를 잡을 때 쓰는 작살 같아 보여서 붙여진 것이라고 한다. 작살나무에 비해 식물체 전체에 털이 없는 것은 '민작살나무', 열매가 흰색인 것은 '흰작살나무', 잎의 길이가 10~20센티미터이고 폭이 4~7센티미터로 대형이며 꽃차례가 크고 가지가 굵으며 바닷가에서 자라는 것은 '왕작살나무', 잎의 길이가 3센티미터 정도로 작은 것은 '송금나무'라 하여 작살나무의 변종으로 다룬다. 또 작살나무에 비해 잎 전체에 별 모양의 털이 많이 분포하고 열매는 2~4밀리미터 정도로 작은 것은 '좀작살나무'라고 한다. 지방에서는 작살나무를 '조팝나무'라 부르기도 한다.

한방에서는 작살나무와 좀작살나무, 왕작살나무의 잎을 자주紫珠라 하여 약으로 사용한다. 플라보노이드, 타닌, 수지 같은 물질이 풍부하게 들어 있어 피를 멈추게 하는 지혈작용과 종기를 낫게 하는 소염작용, 인후염으로 인한 열을 내려 주는 해열작용 등이 있는 것으로 알려져 있다. 최근에는 작살나무 열매의 즙액이 자외선

홍·정·윤 갤러리

작살나무 *Callicarpa japonica*

에 과하게 노출되면 생기는 활성산소를 제거하고, 파괴되기 쉬운 비타민 C를 산화되지 않도록 보호해 피부의 미백 효과를 높여 주는 것으로 알려져 기능성 식물로 인정받고 있다.

작살나무의 이름을 속명이 뜻하는 예쁜 이름으로 바꾸어 주면 좋겠다는 바람을 갖고 있지만, 달리 생각해 보면 특이한 이름을 가져 사람들이 기억을 잘 할 수 있다는 것은 아주 큰 장점이기도 하다. 요즘은 원예용으로 외국에서 들여온 작살나무의 여러 품종이 재배되어 울타리나 도로 주변을 장식하고 있는데, 잎이 떨어지고 난 후 열매만 남아 있는 모습은 파란 가을 하늘과 어우러져 깊어가는 가을의 정취를 잘 보여 준다. 한마디로 멋진 풍경이다.

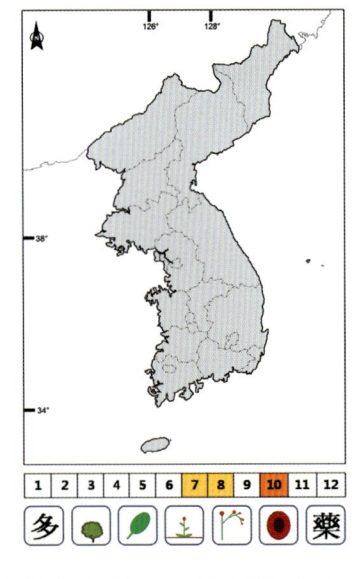

작살나무는 마편초과 Verbenaceae에 속하는 잎이 지는 떨기나무로, 높이는 2~3m이고 어린 잔가지에는 별 모양의 털인 성모가 있다. 잎은 마주나고 계란 모양이거나 긴 타원형으로 길이 6~12cm, 폭 2~5cm 정도다. 잎의 앞면은 녹색인 반면 뒷면은 연한 녹색을 띠며 가장자리에는 작은 톱니가 있고 잎자루는 2~10mm 정도로 다양하다. 꽃은 7~8월에 연한 자주색으로 피고 몇 개씩 모여 부챗살을 펼쳐 놓은 것 같은 취산꽃차례로 달리며 꽃줄기의 길이는 1.5~3cm로 줄기와 잎 사이인 잎겨드랑이에서 나온다. 꽃부리는 연한 자주색으로 끝은 4개로 갈라지며 길이는 2~2.5mm로 아주 작고 강한 향기가 있다. 꽃 안쪽에는 4개의 수술과 1개의 암술이 있으며, 꽃받침에는 4개의 톱니가 있다. 열매는 복숭아나 살구 같이 생긴 핵과로 모양은 둥글며 지름은 4~5mm로 10월에 자주색으로 익는다.

나리 중의 나리 참나리

꽃집을 드나드는 사람들에게 가장 좋아하는 꽃을 꼽으라면 단연 장미나 백합이 으뜸일 것이다. 장미꽃이 붉은색 꽃송이와 가시로 대변된다면 백합은 화려함과 매혹적인 향기를 꼽을 수 있다. 화사한 봄꽃들이 사라지는 초여름이 시작되면, 바야흐로 크고 영롱한 자태를 뽐내는 나리꽃의 계절이 시작된다. 꽃집에서 구할 수 있는 나리의 종류는 품종은 많이 만들어져 있으나 한결같은 형태를 보이는 데 비해 야생에서 자라는 것은 순수하고 소박한 맛이 있어 좋다. 그래서인지 백제 때에 농민들이 농사를 지으면서 부르던 노래의 가사에서도 나리꽃을 발견할 수 있다. '뫼나리 꽃아 뫼나리 꽃아, 저 꽃이 피어 변화함 자랑마라, 구십춘광 잠깐 간단다, 얼얼 상사디여 어디여 상사디여' 노랫말을 살펴보면 그 당시에도 나리꽃은 흔하게 볼 수 있는 친숙한 꽃이었던 것 같다.

몇 년 전 원예학과에서 화훼를 전공하신 교수님 한 분이 참나리 *Lilium lancifolium*에 대한 연구를 수행하신 적이 있다. 우리나라에 참나리가 분포하는 장소를 찾아보

참나리_ 전체(왼쪽), 꽃(가운데), 주아(오른쪽)

니 아주 흥미로워 이 개체들이 어떻게 퍼져 나갔으며 유전적으로는 어떤 다양성을 가지고 있는가를 밝히는 것이 주된 목적이었다. 분포 지역을 찾기 위해 주말마다 참나리가 분포하는 지역을 샅샅이 조사하고 하천을 따라 가며 분포 장소를 확인했다. 바닷가나 섬에서는 배에서 내려 자전거를 타고 돌아다니며 조사했을 뿐 아니라, 일부러 일본 지역까지 방문해 조사하는 열정을 보이셨다. 그 결과를 살펴보면 참나리는 주아珠芽를 통해 하천이나 강을 따라 산포되었으며, 개체 수가 많은 지역은 물가나 바닷가를 따라 띠를 형성하며 분포하는 것으로 나타났다. 따라서 참나리는 종자나 비늘줄기를 통한 번식도 가능하지만 주아의 역할이 매우 중요한 식물이라는 것을 알 수 있다. 실제로 꽃이 피어 있는 개체를 확인한 후 다음해 그 지역에 가 보면 마치 못자리에 볍씨를 뿌려 일제히 발아시킨 것처럼 줄기에서 떨어진 주아가 발아되어 여러 개체가 자라곤 한다. 참나리의 어린순은 특별해 보이지는 않지만 만져 보면 아주 약하고 비늘 같은 막질로 덮여 있어서 다른 종류와는 구별된다. 이처럼 주아가 중요한 산포의 기능을 담당하는 식물로는 참나리 외에도 덩굴성 줄기를 갖는 마속Dioscorea 식물이 대표적이다. 참나리의 주아는 밋밋하지만 마 종류는 도깨비방망이처럼 뽀족뽀족하게 돌출된 부분이 있다. 어릴 때에는 주아를 따서 전쟁놀이의 무기로 사용하기도 했으며, 작은 축구공으로 활용하기도 했었다.

속명 'Lilium'은 켈트어의 'li'와 그리스어의 'leirion'에서 온 라틴어 고어로 흰색을 뜻하며, 종소명 'lancifolium'은 잎이 피침형이라는 뜻이다. 한동안 참나리의 학명을 'L. tigrinum'으로 표기하기도 했는데 종소명 'tigrinum'은 호랑이 가죽 같은 무늬가 있다는 뜻으로, 꽃잎이나 줄기에 반점이 있다는 것을 암시한다. 지금 우리나라에 분포하는 나리의 종류는 꽃이 피는 방향, 털의 분포 여부, 잎이 줄기에 달리는 순서, 그리고 자생지에 따라서 말나리, 하늘말나리, 섬말나리, 하늘나리, 솔나리, 큰솔나리, 중나리, 털중나리, 땅나리, 날개하늘나리, 참나리 등 11종류가 있다. 이 중 최고는 이름 그대로 참나리라 할 수 있는데, 그 이유는 꽃이 예뻐서 관상용으로 이용될 뿐만 아니라 땅속줄기는 식용하거나 약용하기 때문이다. 그래서 이처럼 진짜 나리라는 뜻에서 참나리라는 이름이 붙여진 것 같다.

민간에서는 참나리의 비늘줄기를 갈아서 우유에 넣고 설탕과 소금으로 간을 하여 마시면 위를 튼튼하게 하는 효과가 있다고 전한다. 또 비늘줄기를 밥에 찌거나 구워 먹기도 하고 말려서 가루를 내 녹말을 만들어 죽이나 국수로 만들어 먹기도 하는 등 다양하게 이용하고 있다. 그래서인지 작은 화단이라도 조성해 놓은 집에는 참나리가 빠지지 않고 심어져 있다. 어찌 보면 우리나라에서는 식용보다는 관상용으로 더 인기가 있는 것 같기도 하다.

참나리는 '나리', '뫼나리', '알나리', '야백합'이라고 불리기도 하는데, 산지에 흔하게 분포한다 하여 '산나리', 꽃잎에 진한 자색 점이 있다고 해서 '호랑나리', 붉은색 꽃잎이 뒤로 말렸다 하여 '권단卷丹'이라 하기도 한다. 참나리와 형태적으로 비슷한 중나리 종류는 주아가 달리지 않고 잎과 꽃이 좀 더 작은 것으로 구

나리의 종류
1 말나리
2 섬말나리
3 솔나리
4 털중나리
5 하늘말나리

별되며, 말나리류는 잎이 둥글게 돌려나기 때문에 차이가 난다. 참나리는 비교적 개체 수가 많지만 희귀한 '솔나리'나 자생지가 한정되어 분포하는 '섬말나리', '날개하늘나리' 등은 보호해야 하는 종류들이다.

참나리의 은은한 꽃향기는 향수로도 개발되어 판매되고 있다. 꽃이 피면 찾아오는 호랑나비도 볼거리 중의 하나다. 꽃잎에 있는 자색 점이 꿀샘 역할을 하여 나비를 불러들이는데, 나비의 커다란 날개와 황적색의 꽃모습이 미리 맞추기라도 한 듯이 조화롭다. 참나리의 꽃을 가만히 보고 있으면 환하게 웃는 얼굴 같아서 기분이 좋아진다. 꽃과 향기, 그리고 땅속줄기까지 우리에게 즐거움을 주는 진짜 나리다.

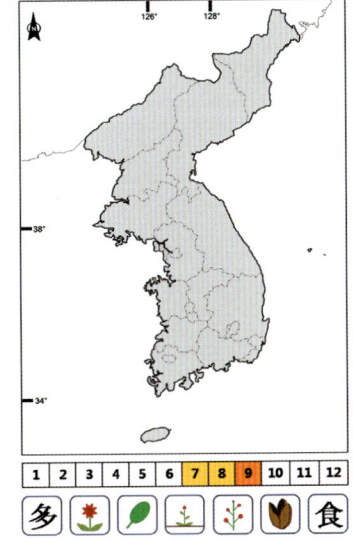

참나리는 백합과 Liliaceae에 속하는 여러해살이풀로, 높이는 1~2m에 달하며 줄기는 자색이 돌고 진한 자색 반점이 있다. 땅속 비늘줄기인 인경은 지름 5~8cm로 둥글고 원줄기 밑에서 뿌리가 나온다. 잎은 어긋나고 모양은 피침형이며 길이 5~18cm, 폭 5~15mm로 줄기에 다닥다닥 붙어 난다. 콩알만 한 크기의 짙은 갈색을 보이는 무성아無性芽인 살눈, 즉 주아가 잎겨드랑이 부분에 달린다. 꽃은 7~8월에 가지 또는 원줄기 끝에 적은 것은 4개부터 많은 것은 20개가 송이처럼 달려 총상꽃차례를 만든다. 꽃은 꽃줄기의 아래쪽부터 피기 시작하여 윗부분으로 올라가면서 계속해서 피므로 오랫동안 볼 수 있다. 꽃잎은 6장으로 각각의 조각은 피침 또는 넓은 피침형이며 길이는 7~10cm고 뒤로 말려 있어 앞에서 보면 바람개비처럼 보인다. 꽃은 짙은 황적색 바탕에 진한 자색 점이 흩어져 나서 얼룩얼룩해 보인다. 꽃 안쪽에는 6개의 수술과 1개의 암술이 있는데 모두 꽃 밖으로 길게 나온다. 꽃가루에는 기름기가 많아서 손으로 만지면 잘 떨어지지 않을 정도로 끈적거려 수분 매개 동물에게 잘 붙어 이동할 수 있도록 나름대로의 진화된 전략을 가지고 있다. 열매는 9월에 익고 성숙하면 껍질이 열리는 삭과인데 결실률은 매우 낮다.

고란사 절벽에 숨어 자라는 고란초

식물들이 살아가는 장소는 매우 다양하다. 대부분은 흙에 뿌리를 내려 고정시키고 그 위에 줄기를 올려 생활한다. 그러나 바위나 돌 틈에서만 자라는 종류도 있는데, 단단한 바위틈에서도 살아낼 수 있는 습성이 부럽기만 하다. 바위로 된 산에 가 보면 소나무를 포함한 몇몇 목본식물들이 바위틈 사이에서 자라는 것을 볼 수 있고, 바다 한가운데에 우뚝 서 있는 바위 사이에서도 식물들이 자라는 모습을 쉽게 볼 수 있다. 이런 광경을 보면서 멋있다고 감탄을 하는 이들도 많지만, 나는 그들의 생존을 위한 처절한 몸부림이 느껴져 짠하고 불쌍한 느낌이 든다. 소나무 종류는 도토리가 달리는 참나무 종류와의 생존 경쟁에서 밀려 이리저리 쫓기다가 결국 낭떠러지나 바위틈 같은 최악의 조건인 곳에 뿌리를 내릴 수밖에 없게 된 것이다. 바위틈 사이로 비집고 들어간 뿌리를 보면 모진 비바람을 어떻게 견뎌 내는 것인지 궁금할 지경이다. 백번 양보하여 나무들이야 단단한 버팀목이 있으니까 그나마 다행이라 여긴다 해도, 초본식물들은 뿌리도 가늘고 바위틈에서 버텨 낼 힘도 적어 보인다. 물론 넉줄고사리처럼 기는 줄기匍匐莖를 가진 종류도 있기는 하지만 말이다. 비록 약한 줄기를 가졌지만 평생을 햇볕이 잘 드는 양지바른 곳의 바위틈 비탈면이나 벼랑 끝에서 왕성하게 자라는 식물이 있다. 바로 고란초*Crypsinus hastatus*다. 고란초는 충청남도 부여군 고

고란초

란사皐蘭寺의 뒤쪽 절벽에서 처음 발견되었는데 이제는 그곳에서도 찾아보기가 힘들어졌다. 고란사의 고란초를 갖고 있으면 아들을 낳는다는 속설이 있었고 관상용으로도 인기가 높았는데, 잎이 늘 푸르러 겨울에도 쉽게 사람들 눈에 띄어 남획과 훼손이 심했기 때문이다. 이런 이유로 고란초는 산림청과 환경부에서 법적 보호종으로 지정하여 보호하고 있다. 희귀식물이라는 사실 때문에 유명세를 톡톡히 치른 대표적인 식물이다.

　2010년에 고란사 뒤쪽에 자생한다는 고란초를 보기 위해 고란사를 방문했었는데, 도착해 보니 우리의 주인공은 고란정皐蘭井 앞 조그만 수족관 같은 유리 상자 안에 들어 앉아 있는 것이 아닌가! 샘물이 나오는 뒤쪽의 절벽에는 어쩌다 보이는 개체를 제외하고는 자생하는 것이 없었다. 처음으로 발견된 곳이라 그 중요성을 깨닫고 일부러 조성해 놓은 것일 테지만 초라하다 못해 왠지 안쓰럽기까지 했다. 오히려 그냥 제자리에 놓아두는 것이 더 좋았을 것 같다는 생각이 들었다. 필자인 내가 알고 있는 강원도 지방 어느 곳에도 등산길과 인접해 있는 커다란 바위에 고란

1	2
3	4

고란초
1 군락   2 전체
3 잎   4 포자

초가 자라고 있는데 몇 년이 지나도록 그 개체에 손을 대는 사람이 없다. 그곳에 고란사에서만 자란다는 그 귀한 식물이 있다는 소문이 돌면 바로 훼손되거나 없어질 수 있기 때문에 말 그대로 아는 사람만 아는 비밀의 장소가 되었다. 이처럼 요즘은 희귀 동식물의 서식지나 자생지를 알아도 모르는 체하는 것이 무언의 약속처럼 지켜지고 있다.

속명 'Crypsinus'는 '숨는다'는 뜻을 가진 그리스어 'cryphi'와 구부러진다는 의미의 'sinuo'의 합성어로 자생지가 그리 편안한 곳은 아니라는 것을 나타내며, 종소명인 'hastatus'는 화살 모양이라는 뜻으로 잎의 형태를 암시한다. 고란초란 우리 이름은 처음 발견된 채집 장소인 고란사에서 자라는 식물이란 뜻이다. 우리나라에서 자라는 고란초속 식물은 모두 3종으로 고란초를 포함하여 '큰고란초'와 '층층고란초'가 있다. 큰고란초는 잎의 길이가 10~30센티미터 정도로 크고 잎이 갈라지지 않으며 양쪽 면이 거의 편평한 반면, 층층고란초는 잎이 여러 개로 갈라져 층층으로 달리는 것처럼 보이는데 2종 모두 제주도에서만 자란다. 고란초의 분포 지역이 주로 강원도 이남 지역으로 알려져 있는데 춘천의 일부 지역에서도 분포하는 것으로 알려져 춘천이 분포의 북방한계선이라 생각된다.

한방에서는 뿌리를 제외한 식물체 전체를 아장금성초鵝掌金星草라 하여 약재로 사용한다. 이뇨작용과 해독작용이 있으며, 편도선염, 이질, 간염, 학질 등을 치료하고 종기 치료에도 쓴다.

고란사의 고란초와 고란정에 얽힌 이야기가 하나 전하는데, 옛날 어느 마을에 농사를 지으며 평범하게 살고 있는 노인 부부가 있었다. 그날도 할아버지는 땔감을 구하려고 지게를 지고 산으로 올라갔는데, 우연히 길옆에 있는 샘물을 발견하게 되었다. 마침 목이 말랐던 할아버지는 그 물을 아주 달게 마셨다. 그때 갑자기 산신령이 나타나더니 '이 물을 한 모금 마실 때마다 1년씩 젊어질 것'이라고 알려 주었다. 할아버지는 너무 기쁜 나머지 정신없이 샘물을 마셔 댔다. 한편 할머니는 해가 저물어도 할아버지가 돌아오지 않자 할아버지를 찾아 산으로 올라왔다. 산속을 한참 헤매다가 샘물을 하나 발견했는데 샘물가에 어린 아기가 혼자 누워 울고 있었다. 당연히 그 아기는 샘물을 너무 많이 마셔 아기가 된 할아버지였고, 그 샘물은 바로 고란정이다. 이 이야기는 그 후에도 민간에 전해져 백제까지 이어져 내려왔다고 한다. 그래서 백제의 왕들은 젊어지기 위해 신하들을 시켜 고란정의 샘물을 떠다가 즐겨 마셨다고 한다. 그런데 궁궐에서 고란정까지 거리가 멀어서 이를 귀찮게 여긴

신하가 꾀를 하나 냈다. 고란사까지 오지 않고 그 중간쯤에 있는 주막의 우물물을 떠갔던 것이다. 이미 여러 번 고란정의 물맛을 본 왕은 물맛이 다른 것을 눈치채고는 그 다음부터는 고란사에서만 자라는 고란초 잎을 한 장씩 물에 띄워 오라고 명령을 내렸다고 한다.

고란초는 화려하지는 않지만 절과 우물 등 여러 가지가 함께 어우러져 세상에 알려진 의미 있는 식물이다. 이제 원래 자생지에서는 그 모습을 찾아보기 어려워졌지만, 그 대신 다른 지역에서라도 자라는 것이 확인되었으니 그나마 다행이다.

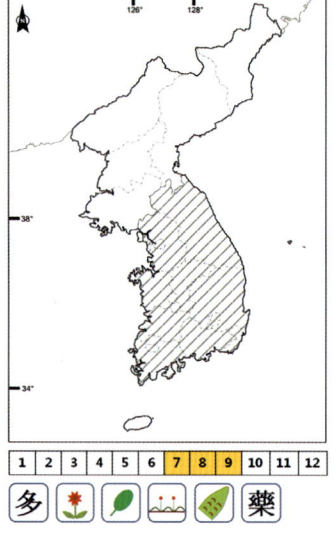

고란초는 고란초과 Polypodiaceae에 속하는 늘 푸른 여러해살이풀이다. 바위틈을 기어가듯 뻗어 있는 뿌리줄기根莖는 좁은 피침형으로 가장자리에 돌기가 있으며 갈색의 비늘조각鱗片이 전체를 덮고 있다. 잎의 모양은 변이가 심하여 긴 타원형 피침 모양 또는 피침형으로 끝이 뾰족하지만 영양 상태가 좋은 것은 잎이 2~3개로 갈라져 화살촉 모양으로 보이는 개체도 있는데, 갈라진 가운데 부분의 가장 큰 조각은 길이 5~15cm, 폭 2~3cm나 된다. 잎 앞면은 녹색인 데 비하여 뒷면은 흰빛이 돌고, 잎 가운데에는 중심이 되는 주맥과 분지해 나간 작은 맥인 측맥이 뚜렷하며, 가장자리는 두꺼워져 검은색을 띠고 물결 모양이다. 잎자루는 길이 5~25cm로 단단하며 윤기가 난다. 고사리 종류에 속하기 때문에 성숙하면 열매 대신 포자를 만드는데 포자덩어리胞子囊群는 7~9월에 만들어지고 형태는 둥글며 잎 뒷면 주맥 양쪽의 측맥 사이에 1개씩 규칙적으로 난다.

진정한 야생초의 왕, 왕고들빼기

　　스산한 가을 저녁이면 친한 친구를 편한 고깃집으로 불러내어 소주 한 잔을 기울이고 싶은 충동이 일 때가 많다. 숯불의 따뜻함도 정다울 뿐 아니라 석쇠 위에서 지글지글 익은 삼겹살을 상추와 깻잎으로 싸서 한입 가득 넣었을 때의 포만감이란 세상에 더 부러울 것이 없을 것 같다. 우리나라 식생활 풍습 중에서 쌈을 싸 먹는 문화는 지혜롭기 그지없는 전통이다. 고기와 야채를 한꺼번에 먹으니 영양의 균형이 조화로워 모자란 영양분 없이 골고루 섭취할 수 있어서 일거양득, 일석이조에 정확히 들어맞는다. 요즘 대부분의 주부들이 장을 보는 대형 할인점에 가보면, 야채 코너에는 듣지도 보지도 못했던 이상하게 생긴 채소까지 매우 다양하고 신선한 야채들이 그득하다. 제일 친근한 상추만 해도 모양과 색깔이 다른 수십 가지가 진열되어 소비자의 선택만을 기다리고 있다. 비닐하우스에서 재배된 브로콜리, 파슬리 등 서양 원산의 채소들도 물기를 머금은 채 자태를 뽐내고 있다. 얼마나 종류가 많은지 식물을 전공한 나조차 먹어본 것을 손에 꼽을 정도다. 식당에서도 사정은

왕고들빼기_ 전체(왼쪽), 잎(가운데), 꽃(오른쪽)

마찬가지다. 소위 쌈밥집이라는 곳을 가 보면 다양한 쌈 종류를 한 바구니씩 내어 놓는다. 대형 할인점에서 보았던 만큼 다양한 종류는 아니지만 그래도 몇 번씩 봐 왔던 눈에 익은 것들과 함께 낯선 종류도 꽤 눈에 띈다. 내가 아는 어느 고깃집은 주 메뉴인 고기와 더불어 다양한 쌈 채소로 경쟁을 벌이는 곳이 있다. 작은 골목을 가운데 두고 양쪽에 나란히 두 식당이 있는데, 처음 시작은 돼지갈비를 주 메뉴로 하는 남쪽 방향의 식당이었다. 시골에 텃밭을 갖고 있는 이 식당 주인은 그곳에서 온갖 쌈 채소를 직접 재배해서 식당 손님에게 내놓았다. 직접 기른 것이니 믿을 수 있고 맛과 향도 뛰어나다는 소문이 돌았고, 그 소식을 듣고 이곳저곳에서 찾아온 손님들로 몇 년 사이에 인기 있는 고깃집이 되었다. 골목의 북쪽 방향에 있던 식당 은 삼겹살을 주로 파는 집이었는데 잘 나가는 맞은편 식당 때문에 항상 적자를 면치 못했다. 그래도 삼겹살로 경쟁을 해 보고 싶은 생각에 문을 닫지도 못하고 전전긍긍하던 차에 옆집에는 미안한 일이지만 자신들도 야채로 승부를 걸어야겠다는 생각을 하게 되었다. 주인은 삼겹살과 잘 어울리는 쌈 채소를 몇 가지 찾아내 내놓았다. 얼마 후 조화로운 쌈 채소 덕분인지 다시 손님들이 찾아와서 지금은 사업이 번창하고 있다. 두 집 모두 메뉴는 비슷하지만 각자 주력하는 고기 종류에 잘 어울리는 쌈 채소를 적절하게 선택하여 모범적인 경쟁업체로 소문이 나 있다. 소비자들에게는 잘 된 일이다. 이 두 집 모두 빠뜨리지 않고 상에 올려놓는 종류가 있는데, 흔히 '쌔똥'이라 부르는 식물이다. 바로 식물도감에 올라 있는 올바른 이름이 왕고들빼기 *Lactuca indica*인 식물이다. 쌈 채소의 대표 선수격인 상추는 삼국시대 또는 통일신라시대부터 우리나라에 도입되어 지금도 여전히 식탁 위의 제왕 노릇을 하고 있는 데 비해 '왕고들빼기'는 원래 식탁 근처에는 얼씬도 못했던 하찮은 존재였다. 왜냐하면 밭이나 논에서 재배하는 작물이 아니라 길가나 하천변에 절로 나 자라는 잡초 같은 존재였기 때문이었다. 그런데 요즘은 나름 미식가라

왕고들빼기(위)와 가는잎왕고들빼기(아래)

는 사람들은 쌈 채소가 있는 곳이면 왕고들빼기를 빼놓지 않고 찾는다. 바로 쓴맛의 묘한 매력 때문이다.

  속명 '*Lactuca*'는 유액乳液을 분비한다는 뜻으로, 잎이나 줄기를 자르면 우유

고들빼기

이고들빼기

같은 흰색 즙액이 나온다. 종소명 'indica'는 인도 지방에서 자란다는 뜻이며, 이 때문인지 영어 이름도 'Indian Lettuce'다. 우리 이름도 키가 크고 쓴맛도 강해 고들빼기 중 최고의 왕이라는 뜻에서 붙여진 것 같다. 왕고들빼기에 비해 잎이 갈라지지 않고 넓은 선형이나 피침형인 것은 '가는잎왕고들빼기'라 하고, 잎이 갈라지지 않고 키가 크게 자라며 재배하는 것은 '용설채'라고 한다. 우리나라에서 야생으로 자라는 상추속 식물로는 산씀바귀, 자주방가지똥, 두메고들빼기 등이 있고, 유럽에서 들어온 귀화식물인 가시상추도 풀밭이나 양지바른 곳에서 자란다. 가시상추는 높이가 20~80센티미터 정도로 왕고들빼기에 비해 작고, 잎의 뒷면 중앙맥과 잎 가장자리에 작은 가시가 많이 나 있어 차이가 있다.

한방에서 왕고들빼기, 고들빼기, 이고들빼기의 지상부는 약사초藥師草라 하여, 종기가 난 곳에 찧어 붙이면 효과를 볼 수 있다고 한다. 염증으로 인해 열이 날 때도 달여 마시면 열이 내린다고 한다. 또 부드러운 잎이나 새싹은 생식하거나 채소 대용으로 많이 먹으면 위와 장을 튼튼하게 하는 효과도 있다고 한다.

왕고들빼기는 우리 이름만 보면 쓴맛을 내는 대표적인 식물인 고들빼기와 연관이 있어 보인다. 언뜻 보면 이름이 비슷해서 같은 종류라고 생각하기 쉬운데, 고

홍·정·윤·갤·러·리

왕고들빼기 *Lactuca indica*

들빼기는 국화과의 뽀리뱅이속 *Youngia*에 속하므로 출처가 전혀 다른 종이다. 고들빼기는 높이가 12~80센티미터로 낮고 꽃도 지름이 1센티미터 이하로 작으며 꽃의 색깔도 노란색이어서 차이가 나고, 잎의 아랫부분도 줄기를 완전히 감싸고 있어 왕고들빼기와는 뚜렷하게 구별된다. 아마도 흰색의 유액을 분비한다는 특징 때문에 이름이 비슷하게 붙여진 것 같다. 왕고들빼기의 쓴맛은 상추나 고들빼기, 씀바귀의 그것과는 비교가 되지 않을 정도로 강하다. 생각만 해도 입에 침이 고일 지경이다. 어떤 작가는 이 식물을 '적어도 지금까지 내가 본 풀 중에 왕고들빼기만큼 야생초의 조건을 완벽하게 갖춘 풀은 별로 없었다'고 표현하기도 했다. 가히 야생초 중의 왕이라 할 수 있다.

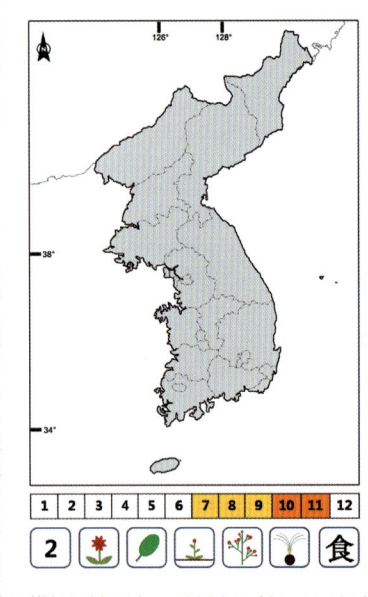

왕고들빼기는 국화과 Compositae에 속하는 한해살이 또는 두해살이풀로, 높이는 보통 1m 정도이지만 큰 것은 2m까지도 자란다. 몸 전체에 털은 없다. 잎은 어긋나고 피침형 또는 장타원상 피침형으로 길이는 10~30cm며 가장자리는 깊게 갈라지고 뒷면은 분백색을 띤다. 그러나 줄기 윗부분의 잎은 갈라지지도 않고 크기도 작으며 가장자리는 밋밋하거나 작은 톱니가 있을 뿐이다. 꽃은 연한 황색으로 7~9월에 피는데 지름은 2cm 정도로 줄기 끝에 원뿔 모양의 원추꽃차례를 만들며 꽃은 여러 개가 달린다. 꽃을 받치는 총포는 밑부분이 굵어지고 길이는 12~15mm 정도다. 열매는 10~11월에 익는데 씨방 1개에 하나의 씨만 들어 있고, 날개나 깃털이 달리는 수과로 검은색이며 끝에는 민들레나 엉겅퀴의 열매처럼 관모라는 털이 붙어 있어 날아가거나 다른 물체에 쉽게 붙을 수 있다. 물론 종자를 멀리 퍼트리기 위한 전략이다.

등골처럼 생긴 등골나물

'등골이 오싹하다' 또는 '등골이 서늘하다'라는 말이 있다. 어떤 공포감을 느끼는 장면을 목격하거나 놀라운 광경을 보았을 때의 느낌을 표현하는 말이다. 등골이라 하면 등 뒤의 양 어깨뼈 사이에 옴폭 들어간 부분을 말하는데 손으로 만져 보면 척추를 따라 허리 근처까지 이어져 있다. 한여름이 되면 등골을 오싹하게 하여 무더위를 식혀 주는 방송 프로그램이 납량 특집으로 방영되곤 한다. 내 기억에 남는 대표적인 프로그램은 초등학교 때 보았던 「전설의 고향」이다. 얼마 전에도 각색을 하여 새로 제작해서 방송할 만큼 여전히 인기 있는 여름 전용 프로그램이다. 주로 밤 10시 넘어서 방송을 했는데 밤도 늦지만 하루 종일 밖에서 뛰어놀다 들어와 배불리 저녁을 먹고 난 후라 방송이 시작할 즈음이면 졸음이 쏟아졌다. 무서워 보지 않고 그냥 잘 수도 있었지만 온 집안 식구가 모여 함께 보았던 터라 혼자 잠자는 것도 쉽지는 않았다. 가끔 어두운 화면을 배경 삼아 흰 옷을 입은 귀신이 나타나 으스스한 소리를 낼 때면 머리카락이 쭈뼛쭈뼛 솟는 느낌에 나도 모르게 어깨에 두르

1	2
3	4

등골나물
1 군락 2 전체
3 잎   4 꽃

고 있던 이불을 머리까지 뒤집어쓰곤 했었다. 그럴 때마다 아버지는 이불을 걷어 내시면서 화면을 똑바로 보라고 말씀하셨다. 어린 아들의 담력을 키워 주려 하셨던 것인지 아니면 놀리셨던 것인지는 확실하지 않지만, 귀신이 화면에서 사라질 때까지 나와 아버지의 이불 싸움은 이어졌다. 다른 것은 몰라도 최소한 방송 시간 50여 분 동안은 더위를 잊게 해 주었던 것만은 틀림없는 사실이다. 새로 하는 그 드라마를 보면서 아이들이 무서워하는 모습을 보며 나도 어릴 적에는 저랬었지 하는 생각에 감회가 새로웠다. 내가 아버지와 했던 이불 싸움을 이제는 내 아이들과 함께하면서 말이다. 어쨌든 납량 특집 덕분에 등골이 오싹한 여름밤을 보낼 수 있어서 좋다.

식물 중에도 등골나물 *Eupatorium chinense* var. *simplicifolium*이란 것이 있다. 이름만 들어도 어느 부분에 골이 나 있든가 아니면 뭔가 음양陰陽이 지는 곳이 있을 것 같다는 생각이 든다. 속명 '*Eupatorium*'은 기원전 132~63년 소아시아의 분류학자 에우파토르Mithridates Eupator를 기념하기 위해 붙였으며, 그는 이 속에 속한 식물들을 모두 약용했다고 한다. 종소명 '*chinense*'는 중국에 분포한다는 뜻이고, 변종소명 '*simplicifolium*'은 갈라지지 않은 잎을 뜻하므로 학명만으로는 등골의 의미를 찾을 수 없다. 그렇다면 등골의 유래는 어디에서 찾을 수 있을까? 바로 잎의 맥에 답이 있다. 대부분 쌍떡잎식물의 잎들은 중앙에 중심이 되는 커다란 맥, 즉 주맥이 있고 주맥으로부터 갈라져 나간 작은 측맥들이 잎이 갈라지는 방향이나 가장자리 쪽을 향해 만들어진다. 이러한 맥의 형태를 식물분류학적 용어로는 우상맥羽狀脈이라고 한다. 등골나물도 쌍떡잎식물이므로 우상맥 형태를 갖추고 있지만 다른 종류와는 다르게 몇 개의 맥들이 일렬로 배열된 형태를 하고 있어 차이가 나고, 맥이 잎의 뒤쪽으로 튀어나와 있어서 윗면에서 보면 등골처럼 폭 들어가 있다. 모습이 이러한데 어린순을 나물로 먹기 때문에 등골나물이 된 것이다. 등골나물과 형태가 비슷한 종류로는 잎이 3개로 갈라지고 갈라진 조각의 모양이 각각 다른 '향등골나물', 잎이 돌려나는 것처럼 보이는 '골등골나물', 잎 가장자리의 톱니가 거칠고 장타원형으로 크고 넓은 '벌등골나물' 등이 있다. 최근에 분포가 알려진 귀화식물인 서양등골나물은 등골나물에 비해 잎이 계란 모양이고 잎자루가 2~5센티미터

꽃과 잎의 비교_ 등골나물(왼쪽), 골등골나물(오른쪽)

로 길어 차이가 있는데, 전에는 서울을 중심으로 분포하던 것이 급속도로 전국으로 퍼져 나가 지금은 생태계 교란식물로 지정되어 있다. 인터넷을 검색하다 보면 가끔 등골나물을 뚝갈과 같은 종으로 다루는 경우가 있는데, 잎이나 꽃의 모양이 비슷하기는 해도 뚝갈은 마타리과Valerianaceae에 속하는 전혀 다른 식물이다.

  등골나물의 어린순은 식용하며, 민간에서는 식물 전체를 고혈압이나 중풍, 황달 치료에 사용하거나 해산 전후에 썼다고 한다. 한방에서는 등골나물의 지상부를 패란佩蘭이라 하는데 휘발성 정유 성분이 들어 있어서 여름철에 자주 발생하는 소화 불량이나 구토를 치료하고, 타박상으로 부은 데를 가라앉히는 효과가 있다고 한다. 또 뱀에 물린 곳에 찧어 붙이면 해독작용을 하는 것으로 알려져 있다.

  등골나물 꽃이 핀 모습을 보면 뾰족한 바늘 모양을 하고 있어서, 마치 초보 미용사가 실수로 잘못 잘라 놓은 짧은 머리카락처럼 들쭉날쭉해 보인다. 이런 꽃에 벌과 나비들이 한꺼번에 모여들면 마치 인근 지역에 사는 곤충들이 반상회를 하는 것처럼 보인다. 꽃이 한꺼번에 여러 개가 피면 더욱 더 장관이다. 꽃이 아름답거나 향기가 많이 나는 것은 아니지만 이들 곤충에게는 없어서는 안 될 중요한 밀원 식물이다.

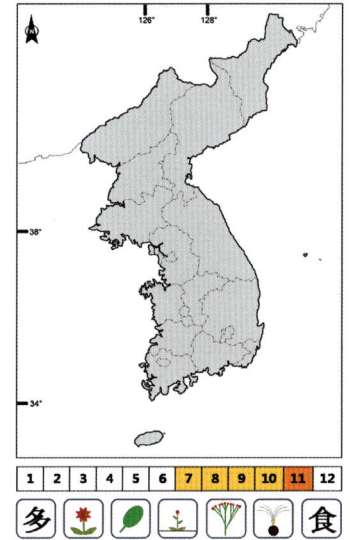

등골나물은 국화과 Compositae에 속하는 여러해살이풀로, 높이는 2m에 달하며 줄기 전체에 털이 많고 자줏빛이 도는 점이 있다. 줄기 밑부분에 달린 잎은 작으며 꽃이 필 때쯤 없어져서 성장하고 나면 줄기의 가운데 이상 부분에만 잎이 남는다. 줄기에 마주나는 잎은 짧은 잎자루를 가지며 모양은 계란 모양의 긴 타원형 또는 타원형으로 길이 10~18cm, 폭 3~8cm 정도다. 잎의 가장자리에는 1~2mm 크기의 규칙적인 톱니가 분포하고, 맥은 6~7쌍이 있는데 위로 갈수록 길어지면서 좁아진다. 꽃은 7~10월에 흰색으로 피며 꽃차례는 꽃이 피는 높이가 거의 같은 산방꽃차례를 이루고 작은 꽃자루에는 5~6개씩의 꽃이 달린다. 열매는 씨방 1개에 하나의 종자만 들어 있는 수과로 흰색이고, 11월에 익으며 길이가 3mm 정도고 원통형으로 털이 있으며 관모는 4mm다.

향기가 슬픈 송장풀

지금까지 알려진 식물 가운데 가장 큰 꽃을 피우는 것은 열대와 아열대 지방에서 자라는 라플레시아과Rafflesiaceae에 속하는 '라플레시아 아르놀디Rafflesia arnoldi'다. 이 종은 잎, 뿌리, 줄기가 없어 다른 식물의 줄기나 뿌리에 기생하는 기생식물로, 꽃의 크기가 보통은 50센티미터 정도에서 큰 것은 지름이 1미터가 넘는다고 하는데 여간해서는 꽃을 보기 힘들다고 한다. 그러나 일단 꽃봉오리가 맺히면 꽃이 활짝 피기까지는 약 1개월 정도 걸리지만 꽃을 볼 수 있는 기간은 고작 1주일쯤이라고 한다. 꽃에 관한 한 둘째가라면 서러워할 종이 또 있는데, 바로 세상에서 가장 긴 꽃을 가진 천남성과Araceae의 송장꽃Amorphophallus titanum이란 식물로 꽃이 피면 마치 시체가 썩는 냄새 같은 향기가 난다고 하여 붙여진 이름이라 한다. 일반적으로는 '타이탄 아럼Titan arum' 또는 '시체꽃Corpse flower'이라 불린다. 이들은 6~10년에 한 번 꽃을 피우는데 이틀쯤 지나면 이내 시들어 버리고 마는 특징이 있다. 향기가 지독해도 세계 최장신의 꽃을 피우기 때문에 송장꽃이 핀다는 소문이 돌면 그

1	2	송장풀
3		1 전체 2 잎
		3 꽃

식물원에는 사람들로 인산인해를 이룬다. 냄새는 아랑곳하지도 않는다고 한다. 세계 기네스 기록을 갖고 있는 이 두 종은 꽃이 큰 데도 키가 작다는 단점이 있다. 이들은 햇빛이 잘 들지 않는 숲의 바닥 근처에서 자라기 때문에, 라플레시아 종류처럼 꽃의 표면적을 최대로 키워서 눈에 잘 띄게 하거나, 송장꽃처럼 독특한 냄새를 풍겨 수분 매개체들을 유인하도록 진화함으로써 지금의 모양을 갖추게 된 것이다.

우리나라에 살고 있는 식물 중에도 송장풀 *Leonurus macranthus*이란 것이 있다. 앞서 설명한 송장꽃에 대한 표현을 따르자면 송장풀도 고약한 냄새가 나야 당연할 것이다. 그러나 송장풀에서는 전혀 이상한 냄새가 나질 않는다. 보통 동물과 식물

잎의 비교_ 송장풀(왼쪽), 익모초(오른쪽)

의 이름은 겉으로 드러나는 모습이나, 처음 채집된 지역 또는 유명한 학자의 업적을 기릴 목적으로 붙여지기 마련이다. 학명은 두말할 것도 없이 동식물 명명규약법을 기준으로 붙여진다. 우리나라에서만 사용하는 우리 이름국명도 가능하면 많은 사람들이 쉽게 이해할 수 있도록 붙이면 좋겠다고 늘 생각한다. 사람 이름도 호적에 올라가기까지는 많은 과정과 시행착오를 겪게 된다. 돌림자를 따라야 한다거나 한자의 획수를 맞추어야 한다고도 하고, 이름의 뜻이 좋아야 함은 말할 것도 없다. 필자인 나의 이름도 만만치 않은데, 최소한 다른 사람들이 쉽게 '기억'할 수 있으니 다행이다.

송장풀의 속명 '*Leonurus*'는 사자를 뜻하는 그리스어 'leon'과 꼬리를 뜻하는 'oura'의 합성어로 꽃의 모양을 표현한 것이고, 종소명 '*macranthus*'는 큰 꽃이 달린다는 뜻이다. 정확한 어원은 알려지지 않았지만 송장풀이란 우리 이름은 꽃의 모양이 수분이 증발된 시체의 머리 모양과 비슷하다 하여 붙여졌다고 한다. 지방에서는 '개속단', '개방앳잎', '산익모초'라고 부르기도 한다. 형태가 비슷한 종으로는 '익모초'가 있는데 꽃이 달리는 형태는 매우 비슷하지만, 송장풀은 잎이 계란 모양이고 가장자리에 큰 톱니가 있으며 꽃이 크고 꽃받침에 털이 있어서 차이가 난다.

한방에서는 지상부를 대화익모초大花益母草라 하여 이뇨제나 강정제로 사용하거나 뇌졸중 치료에 쓴다고 한다.

송장풀은 이름과는 다르게 줄기의 마디마다 여러 개의 꽃이 달리므로 몇 층의 탑을 쌓아 놓은 듯 아름답다. 또 대부분의 꿀풀과 식물이 그렇듯이 송장풀도 중요한 밀원식물이다. 꿀을 많이 가지고 있는 식물은 향기도 그만큼 강하다. 그래서인지 꽃을 찾아온 벌들의 모습을 자주 볼 수 있다. 아무리 이해하려고 해도 그 이름만큼은 도저히 이해되지 않는다. 같은 꽃이나 잎의 생김새를 보고 식물의 이름을 붙이는 단어나, 설명을 위한 글로 표현하는 것이 보는 이에 따라 천차만별이기 때문이었을까? 도무지 알 수 없는 노릇이다.

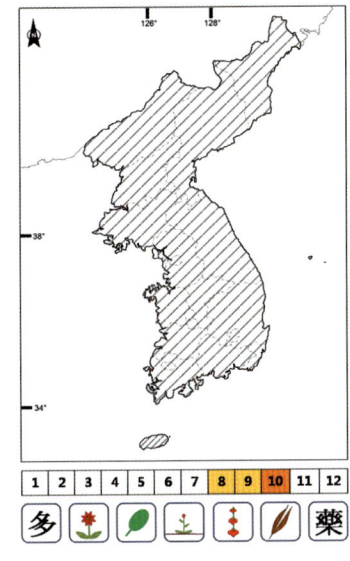

송장풀은 꿀풀과 Labiatae에 속하는 여러해살이풀로, 줄기는 네모지고 높이는 1~1.5m 정도로 전체에 누운 털이 분포하며 줄기는 곧추서 자란다. 잎은 마주나고 1~5cm 정도의 잎자루가 있으며 길이 6~10cm, 폭 3~6cm 정도로 계란 모양 또는 좁은 계란 모양이다. 잎의 밑부분은 쐐기 모양을 하고 있어 특이하고, 가장자리에는 둔하고 큰 톱니가 있다. 꽃은 8~9월에 연한 분홍색 또는 거의 흰색에 가까운 분홍색으로 피며, 5~6개씩 줄기의 마디 부분 잎겨드랑이에 윤생꽃차례로 돌려난다. 꽃은 길이가 2~3cm로 통 모양인데 윗부분은 갈라져 입처럼 보이며, 갈라진 위쪽 꽃잎은 투구 모양이고 아래쪽 것은 세 부분으로 나누어지는데 가운데 것은 한여름 더위에 지쳐 입 밖으로 길게 나온 강아지의 혓바닥을 닮았다. 꽃은 앞에서 보면 커다란 뱀이 입을 벌리고 있는 모양이며, 가느다랗고 뾰족한 가시처럼 생긴 꽃받침은 독기를 품고 있는 이빨 같아 보이기도 한다. 열매는 성숙하면 떨어져 나가는 분열과로 계란을 거꾸로 놓은 모양이며 길이는 2.5mm 정도고 표면에는 3개의 능선이 있다. 열매는 10월에 익으며 안쪽에는 검은색 씨가 여러 개 들어 있다.

라틴의 피와 동양의 포용심이 만난 산오이풀

햇볕이 내리쬐는 산 정상부를 향해 오르다 보니 남산만 한 바윗덩어리들이 섰고 그 밑으로 강인하게 버티고 서 있는 몇몇 초본식물이 눈에 띄었다. 비와 바람, 그리고 눈까지 많은 지역을 삶의 터전으로 선택한데다가 지세마저 험하니 언뜻 보아도 그 모양새가 안쓰럽기 그지없다. 산 정상 부분에는 산림 식물로 잘 정리된 숲도 있건만 하필이면 왜 이리 썰렁하고 없어 보이는 곳에 뿌리를 내렸을까? 그런데 열악한 조건을 무릅쓰고 버티듯이 몇 년 생활하다 보면 넓지는 않아도 나름대로 자신만의 생활 영역을 확보한 것 같다. 몇 년 전 설악산의 달마봉을 오르며 정상 부분의 식물 생태를 보며 느낀 점이다. 달마봉 주변은 대부분이 바위로 되어 있고 주변의 등산로마저 마사토로 덮여 있다. 능선을 만나기 전까지는 대부분 소나무가 우점하는 식생을 형성하지만 능선부가 되면 이내 그나마도 사라져 버린다. 산 아래를 관망하기에 그보다 더 좋은 곳은 없을 정도로 앞이 훤하게 트여 있다. 가끔씩 나타나는 떨기나무 형태의 작은키나무 몇 종류를 제외하면 길 주변으로는 황량함만 따

산오이풀 _ 전체(왼쪽), 잎(가운데), 꽃(오른쪽)

른다. 그날따라 햇빛은 왜 그리도 내리쬐는지 뜨겁다 못해 머리가 따가울 정도였다. 그렇게 한참을 걷는데 저 멀리로 붉은색 꽃이 피어 있는 작은 식물이 눈에 확 들어왔다.

혼자 덩그러니 피어 안쓰러운 마음마저 들게 하는 꽃에 다가가 보니 높은 지형을 좋아한다는 산오이풀 *Sanguisorba hakusanensis* var. *koreana*이란 식물이었다. 낮은 지역에 주로 터를 잡는 사촌뻘쯤 되는 오이풀이 물가나 약간 습한 곳에서 다른 초본식물들과 어울려 식생을 이루는 데 비해, 산 정상부나 능선 근처에서 자라는 산오이풀은 그 입장이 좀 다르다. 산오이풀은 혼자서 능선을 타고 넘어오는 비바람을 모두 견뎌 내야 하기 때문이다. 어찌 보면 외로움에 지쳐 독백으로 스스로를 위로

가는오이풀

오이풀

하고 있는 것처럼 보일 만큼 모습이 쓸쓸하다. 그래도 열악한 조건에 단련된 덕분인지 잎이며 꽃줄기는 튼튼하고 강해 보인다. 높은 산지에서 자라는 이른바 고산식물들이 갖는 공통된 특징이다. 고산식물의 이러한 특징은 설악산 중청봉에서 대청봉으로 오르는 등산로 주변에 있는 눈잣나무에서도 찾아볼 수 있고, 울릉도 도동항 뒤쪽의 바위꼭대기에서 자라는 향나무 또한 그러하다. 가야산 정상부에서 자라는 백리향의 줄기도 마찬가지로, 마치 뻣뻣한 철사로 줄기를 만들어 놓은 것처럼 억세고 질기다. 이들 모두 오랜 세월 험한 자연에 적응한 결과일 터이다.

산오이풀의 속명 *Sanguisorba*는 라틴어의 '피'를 뜻하는 'sanguis'와 '흡수하다'는 의미를 가진 'sorbere'의 합성어로, 뿌리에 타닌 성분이 많아서 지혈 효과가 있기 때문에 민간에서 약으로 사용한다는 뜻에서 붙여졌다고 한다. 종소명 'hakusanensis'는 일본에 있는 '백산白山'을 가리키고 'koreana'는 한국에 있다는 뜻이다. 산오이풀이라는 우리 이름은 '산'이란 단어를 빼 보면 '오이풀'로 왠지 친숙한 느낌마저 든다. 거의 매일이다시피 우리 식탁에 오르는 '오이' 때문이리라. 그럼 오이와는 어떤 관련성이 있는 것일까? 식물의 잎에서 오이 냄새가 난다고 하여 붙여진 이름이란다. 잎을 손으로 비벼 보거나 손바닥 위에 올려놓고 몇 번 내려친 뒤 냄새를 맡으면 상큼한 오이 향이 난다. 이렇듯 식탁에서 만날 수 있는 채소의 잎이나 열매의 향기와 연관 지어 이름이 붙여진 식물들이 가끔 있다. 줄기나 잎에서 생강 냄새가 난다는 '생강나무', 식물체에서 누린내가 난다는 '누린내풀', 잎에서 마늘 냄새가 난다는 '산마늘' 등이 바로 떠올려지는 식물이다. 이 향기를 이용하여 사람들은 이들의 잎이나 열매 등으로 튀김을 하거나 기름을 짜서 먹기도 한다. 영양 성분도 많은 편인지 울릉도에 처음 도착했던 사람들이 먹을 것이 없을 때에 일주일 동안이나 산마늘을 캐 먹으며 연명을 했다는 이야기도 있다. 그래서 울릉도 사람들은 산마늘을 목숨을 뜻하는 '명命', '멍이', '멩이풀', '멩이'라고도 부른다. 냄새가 아니라 잎이나 열매의 모양을 닮았다고 해서 붙여진 이름도 있다. 수박 잎을 닮은 '수박풀', 미나리의 잎을 닮은 '미나리냉이' 같은 종류다. 이렇게 식물들의 이름을 붙일 때에 각 종마다 독특한 특징을 따서만 붙인다면 얼마나 좋을까! 그렇지 못한 현실이 안타까울 따름이다. 산오이풀과 형태가 비슷한 종류로는 산야에서 흔하게 볼 수 있는 오이풀, 잎이 가느다란 가는오이풀, 백두산 지역의 풀밭에서 자라며 꽃이 흰색인 큰오이풀, 긴 타원형의 잎을 가지는 긴오이풀 등이 있다.

한방에서는 이런 오이풀 종류들의 뿌리를 지유地楡라 하여, 지혈을 하거나 화상, 습진이나 가려움증을 치료하는 데 사용한다고 한다.

이번에 만난 산오이풀은 사람을 오랜만에 만나서인지 아니면 부끄러움 때문인지 꽃줄기의 고개를 아래로 향하고 있다. 그래도 반가운 표정으로 나를 맞이해 주는 것 같아서 붉은 꽃 색깔이 마음에 친근하게 다가온다. 외롭게 지내지만 끈질긴 생명력으로 인내심의 표본이 되는 식물로, 높은 산에서 만날 수 있는 소중한 친구다.

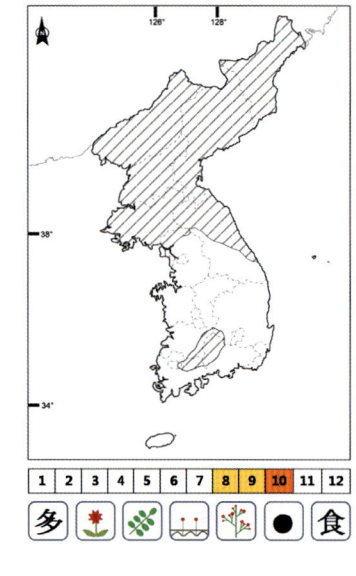

장미과Rosaceae에 속하는 산오이풀은 여러해살이풀로, 높이는 40~80cm 정도로 털이 없고 뿌리줄기根莖는 옆으로 뻗으며 굵다. 잎은 어긋나 달리고 4~6쌍의 작은 잎으로 이루어져 있으며 각각의 모양은 타원형이다. 잎의 길이는 3~6cm, 폭 1.5~3.5cm며 작은 잎자루는 3~7mm 정도다. 잎 뒷면은 약간 흰빛이 돌고 끝은 둥글며 아랫부분은 둥글거나 심장 모양으로 가장자리에는 날카롭고 규칙적인 톱니가 있다. 꽃은 8~9월에 홍자색으로 피고 약 5~10cm 정도의 꽃줄기에 고깔 모양의 원추꽃차례에 달리는데, 벼이삭처럼 다닥다닥 붙으며 위쪽에서 시작하여 아래쪽을 향해 피면서 내려간다. 꽃잎은 없고 꽃받침 통은 네모지며 4개의 조각은 뒤로 젖혀지는데 각각은 계란 모양의 원형이다. 수술은 6~12개로 많고 길이도 7~10mm 정도여서 바늘처럼 꽃 밖으로 뾰족하게 튀어나온다. 열매는 씨방 1개에 하나의 씨가 들어 있는 수과로 네모지는데, 전체 모양은 뽕나무의 열매 '오디'를 닮았으며 10월에 익는다.

홍·정·윤갤·러·리

산오이풀 *Sanguisorba hakusanensis* var. *koreana*

한약방의 감초 같은 고본

　　우리나라 행정구역에 속해 있는 여러 지역의 지명을 찾다 보면 재미있는 이름이 많다. 혼자 있어도 웃음이 저절로 나올 정도다. 강원도 춘천시의 만천리, 양구군의 천미리, 홍천군의 팔미리, 충청북도 증평군의 연탄리, 경상남도 거제시의 망치리, 하동군의 목도리, 전라남도 함평군의 외치리, 전라북도 순천군의 대가리 등등. 필자의 고향인 강원도 횡성군에도 '어둔리'와 '수백리'라는 이름을 가진 마을이 있다. '어둔리'는 이름 그대로 전기가 늦게까지 들어오지 않아 호롱불을 빛 삼아 살았던 어려운 시절을 떠올리게 한다면, '수백리'는 가도 가도 끝이 없는 어떤 곳을 생각나게 한다. 지금이야 자동차로 달리면 10여 분 남짓한 거리이지만 걸어 다녀야 했던 예전에는 왜 그리도 멀기만 하던지……. 그 시절 명절이 되면 먹을 것이 많아 좋기는 했지만 수백 리에 이르는 거리를 하루 종일 걸어서 성묘를 가야 하는 일은 고역이었다. 길을 걷다가 실하게 여문 알밤이 달려 있는 밤나무라도 만나게 되면 그렇게 행복할 수가 없었다. 돌멩이나 잘린 나뭇가지로 밤송이를 겨냥해 던지

1	2	3	고본
4			1 군락 2 전체 3 잎 4 꽃

면 우수수 밤송이가 떨어졌고 그 속에서 알밤을 빼 먹던 재미 또한 쏠쏠했었다.

식물 중에도 꽃이나 뿌리에서 나는 향이 진해서 수백 리까지 멀리 퍼져 나가는 특징을 따서 이름이 붙여진 것이 있다. 꽃의 향기를 백 리나 천 리 밖에서도 맡을 수 있다는 '백리향'이나 '천리향'이 대표적인 식물이다. 절로 향이 나는 이들과는 달리 뿌리나 잎을 손으로 비벼야 향기가 나는 식물도 있다. 바로 고본Angelica tenuissima이다. 고본의 향은 마치 한약방에 들어와 앉아 있는 것처럼 느껴질 정도로 강하다. 그 향기의 주인공은 휘발성 정유물질로, 주성분은 3-부틸프탈라이드 3-butylphthalide와 크니딜라이드cnidilide다. 이런 향기는 흔히 집에서 방향제로 사용하는 인공적인 향과는 차원이 다르다. 은은하고 오래 퍼져 나가는 그 향은, 마치 오랫동안 만나지 못했던 초등학교 동창을 만나 옛 시절 이야기로 시간 가는 줄 모르고 빠져 있는 것처럼 부담 없고 수수하다. 그런데 고본이 자라는 자생지를 찾아가 보면 지역마다 그 환경이 너무나 다르다. 어떤 곳은 적절한 햇빛과 기름진 토양이 잘 어우러져 있는가 하면, 어떤 곳은 신갈나무 숲 속의 바위틈 사이에 겨우 붙어 자라는 것도 있다. 또 강한 정유 성분 때문인지 고본이 있는 근처에는 다른 식물들이 전혀 자라지 못한다. 이른바 식물체 내에서 합성된 화학물질이 밖으로 배출되어 주변의 다른 식물들에게 영향을 주는 타감작용 allelopathy을 하기 때문일 것이다.

속명 'Angelica'는 천사를 뜻하는 라틴어 'angelus'에서 유래되었으며, 이 속에 포함된 식물들은 심장을 강하게 하는 성분이 포함되어 있어 죽은 사람을 살려내기도 했다고 한다. 종소명 'tenuissima'는 매우 섬세하다는 뜻인데, 꽃이 달려 있는 모습을 표현한 것 같다. 우리 이름 고본은 한방에서 부르는 이름을 그대로 가져온 것이다. 지방에서는 '고번'이라고도 한다. 형태가 비슷한 종류로는 '삼수구릿대'와 '잔잎바디'가 있는데 이들은 갈라진 잎 조각의 모양이 계란 모양이나 피침형으로, 선형의 가늘고 긴 고본과는 차이가 있다. 잔잎바디는 높은 지대의 습지에서 자라며 열매는 둥글고 유관油管이 11개이지만, 삼수구릿대는 압록강 유역에서만 자라고 열매는 타원형이며 유관이 4개로 적어 구별이 된다.

고본은 향기의 성분 때문인지는 몰라도 약용으로 많이 이용되어 왔다. 한방에서는 뿌리와 뿌리줄기 말린 것을 이름 그대로 고본藁本이라 하여 진정, 진통, 해열, 항염증, 혈관 확장 등에 쓴다. 특히 항염증과 혈관 확장에 효과가 있다고 알려진 z-리거스틸라이드z-ligustilide라는 물질의 함량이, 자생종은 재배종보다 4배 이상 높다는 연구 보고가 있어 우리나라 토종 식물의 우수성을 입증했다. 민간에서는 고본의 뿌리로 만든 술이 여성의 피부를 아름답게 하고 탈모를 예방하며 강장 효과가 있어 남자들의 부족한 기를 보충해 주는 데 특효가 있다고 해서 많이들 사용하는 것으로 알려져 있다.

고본은 더덕처럼 바람의 가벼운 접촉만으로도 향을 내거나 허브처럼 스스로 향을 뿜어내지는 않는다. 야생에서 절로 자라는 개체 수가 많지 않을뿐더러 약용하기 위해 사람들이 남획할 우려가 있어서 걱정인데, 스스로는 향을 내지 않고 형태적으로도 비슷한 종류들이 많아 그나마 다행이다. 그러나 재주가 많으면 쓰임새도 많은 법이다. 앞으로는 약용하거나 술을 만들어 마시는 단순한 이용만이 아니라 화장품이나 향수 같은 향장 재료로서의 이용 가능성도 커서 기대도 되고 우려도 되는 것이 솔직한 심정이다.

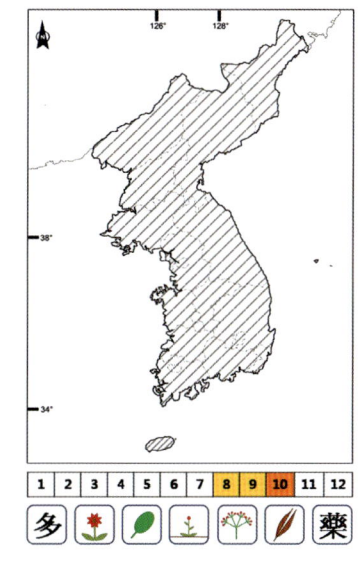

고본은 우리에게 친숙한 미나리, 참나물, 참당귀가 속한 산형과 Umbelliferae에 속하는 여러해살이풀로, 해발 약 600m 이상의 높은 산지에 주로 분포한다. 높이는 30~90cm 정도며, 줄기에는 털이 없고 곧게 자란다. 가지는 윗부분에서 3~4개로 갈라진다. 뿌리는 긴 원뿔형으로 작은 도라지 같으며 불규칙하게 갈라진다. 뿌리에서 올라온 근엽에는 긴 잎자루가 있고, 줄기에 달리는 잎의 잎자루 밑부분은 넓어져 줄기를 감싼다. 잎은 근엽이나 경엽 모두 3회에 걸쳐 깊게 갈라져서 복엽처럼 보이나 각각의 잎 조각은 선형으로 가늘고 길어 마치 당근이나 코스모스의 잎을 보는 듯하다. 꽃은 흰색으로 8~9월에 피며 우산 모양의 산형꽃차례가 중복되어 복산형꽃차례를 만드는데, 이것을 구성하는 하나의 작은 꽃차례에는 30여 개의 꽃이 피므로 식물체 전체에는 수백 개의 꽃이 달린다. 꽃잎은 5장이고 안쪽에 5개의 수술과 1개의 암술이 있다. 열매는 10월에 익으며 성숙하면 떨어져 나가는 분열과로 갈색이다. 열매의 길이는 4mm 정도로 납작한 타원형이며 3개의 능선이 있고 가장자리에는 날개가 있다.

얽히고설킨 갈등의 상징,
칡과 등

'갈등葛藤'이란 단어가 있다. '갈'은 칡이요, '등'은 등나무를 말한다. 사전적인 의미로는 '개인이나 집단 사이에 목표나 이해관계가 달라 서로 적대시하거나 불화를 일으키는 상태'를 말한다. 그렇다면 칡*Pueraria lobata*과 등*Wisteria floribunda*은 어떤 관계가 있기에 이런 단어가 만들어졌을까? 등이 봄에 꽃이 피는 식물이라면 칡은 늦여름이나 초가을에 꽃이 피기 때문에 종자를 맺기 위한 수분受粉이나 수정受精과는 거리가 멀다. 분류학적으로도 두 종은 같은 과에 속하지만 속은 서로 달라서 칡은 칡속*Pueraria*이고 등은 등속*Wisteria*에 포함된다. 문제는 바로 덩굴성 줄기다. 등은 다른 물체를 오른쪽으로 감아 도는 데 비해 칡은 왼쪽으로 돌기 때문에 두 종이 만나면 서로 얽히는 데 문제가 생긴다. 덩굴이 감는 방향이 같아야 새끼줄 꼬이듯이 잘 풀려 갈 텐데 말이다. 덩굴성 줄기를 갖는 식물 종류는 여럿 있지만 뚜렷한 방향성을 가지는 것은 그리 많지 않다. 친근한 종으로 예를 들면 메꽃, 나팔꽃, 노박덩굴 등은 위에서 보았을 때 왼쪽 감기를 하고, 인동덩굴, 부채마, 박주가리 등은

|1|2|3| 칡
|---|---|---|
|4| | |

1 꽃 2 줄기
3 성숙한 열매
4 낙엽 후의 열매

오른쪽 감기를 한다. 더덕이나 환삼덩굴처럼 양쪽 방향으로 감는 것도 있다.

칡의 속명 '*Pueraria*'는 스위스의 식물학자 푸에라리Marc Nicolas Puerari를 기념하기 위해 붙인 이름이고, 종소명 '*lobata*'는 잎이 1/3 이하로 얕게 갈라진다는 뜻으로 잎이 갈라진 모양을 표현한 것이다. 칡이란 우리 이름은 칡을 의미하는 한

1	2	3	등
4			1 꽃　2 줄기 3 열매　4 잎과 열매

자 '갈葛'이 '츩'으로 변하였다가 최종적으로 칡이 된 것이라고 한다.

　뿌리는 식용하기 위하여 갈분을 내기도 하고, 줄기는 새끼줄 대신으로 사용하며, 껍질로는 갈포葛布를 짜기도 한다. 한방에서는 식물 전체를 약으로 이용하는데, 혈관 질환, 고혈압, 중이염, 편두통에 효과가 좋다고 한다. 식물의 이용 부위에 따라 뿌리는 갈근葛根, 꽃은 갈화葛花, 잎은 갈엽葛葉, 줄기는 갈만葛蔓이라고 부른다.

옛날 시골집에서는 옥수수떡을 만들 때 칡잎을 이용하기도 했다. 옥수수가 익으면 알갱이만 따서 맷돌에 갈아 낸 뒤에, 반으로 접은 칡잎 안에 몇 숟가락씩을 떠 넣고는 가마솥에서 쪄 낸다. 칡잎의 향이 옥수수 반죽과 어우러져 맛있는 떡이 되었다. 그때는 그 맛을 잘 몰랐는데, 지금은 생각만 해도 군침이 절로 돈다.

등의 속명 *Wisteria*는 미국의 유명한 해부학자 위스타 Caspar Wistar를 기념하기 위해 붙인 것이고, 종소명 *floribunda*는 꽃이 많다는 뜻을 가지고 있다. 등이란 우리 이름은 한자 '등藤'에서 유래되었다. 꽃줄기에 매달리는 수많은 꽃들을 보고 있노라면 풍성한 가을이 생각날 정도로 마음이 넉넉해진다. 부산 범어사의 등운곡藤雲谷에는 면적 약 5만 6,000제곱미터에 절로 나 자라는 500여 그루의 등 군락지가 있어서 천연기념물 제176호로 지정하여 보호하고 있다. 그곳에 가면 마치 열대 우림 지역에라도 들어와 있는 것 같은 느낌이 드는데, 근처의 커다란 나무에 꼬불꼬불 기어 올라가거나 주렁주렁 매달려 있는 줄기의 모습이 매우 인상적이다.

등의 줄기는 가구의 재료나 지팡이로 많이 쓰이고, 새순과 꽃은 삶아서 나물로 먹는다. 한방에서는 뿌리와 종자를 다화자등多花紫藤이라 하여 약으로 쓴다. 뿌리는 근육과 뼈의 통증을 치료하며, 종자는 설사를 낫게 한다고 한다.

등에는 슬픈 사랑에 얽힌 전설이 전한다. 신라 때, 친자매처럼 친하게 지내는 두 낭자가 한 마을에 살고 있었다. 두 사람은 안타깝게도 같은 마을에 사는 한 총각을 각자 짝사랑하고 있었다. 이러한 사실을 모르고 있다가 총각이 전쟁터에 나가게 되자 비로소 서로의 속내를 알게 되었다. 불행히도 청년은 전쟁에 나간 지 얼마 되지 않아 전사했다는 소식이 전해졌다. 크게 상심한 두 처녀는 함께 연못에 몸을 던져 죽고 말았다. 시간이 지나고 그 자리에는 두 그루의 등이 자라났다. 전쟁이 끝나고 죽은 줄만 알았던 총각이 살아서 돌아왔는데, 두 처자의 이야기를 듣고는 안타까운 마음에 총각도 그 연못에 몸을 던졌다. 총각이 죽은 자리에서는 팽나무가 자라났다. 두 그루의 등은 팽나무 줄기를 감고 올라가며 지금도 잘 자라고 있다고 한다.

칡과 등은 서로 다른 점이 많은데, '갈등'이라는 단어 때문에 인연을 맺게 된 식물이다. 의미가 썩 좋은 단어는 아니라 하더라도 나름대로의 특징이 잘 반영되어 있으므로 기억해 둘만 하다. 식물 관찰 모임 같은 공식적인 행사에서도 이들에 대한 설명은 단골 레퍼토리가 되어 버렸다. 몇 해 전의 일로 그날도 수강생 30여 명을 이끌고 야생화 관찰 모임을 가졌는데, 말로만 설명하는 것보다 성의를 좀 보여야겠다는 생각에 '갈등'이란 한자를 크게 프린트해 가지고 갔다. 두 종에 대한 설명을 신나게 한 뒤에 준비해 간 프린트를 보여 줬더니 이내 박수가 터져 나왔다. 절대로 잃어버릴 수 없는 단어가 되었다는 뜻일 것이다. 그래서인지 아니면 그 단어 때문인지는 몰라도 그날의 교육은 나도, 교육생들도 알차고 뿌듯한 시간이 되었다.

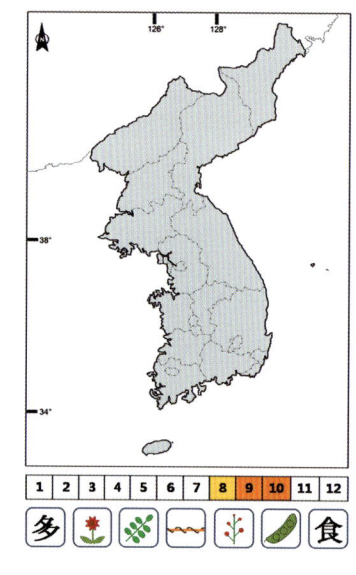

칡과 등은 콩과 Leguminosae에 속하는 여러해살이풀로, 줄기가 덩굴지는 공통점을 가지고 있다. 칡은 식물체 전체에 흰색 또는 갈색의 퍼진 털과 구부러진 털이 많이 분포하는 특징이 있다. 뿌리는 땅속으로 길게 들어가고 녹말을 저장하는 역할을 한다. 잎은 어긋나고 긴 잎자루에 3장씩 달리며 각각의 잎은 길이와 폭이 10~15cm로 크고 계란 모양이며 가장자리는 밋밋하거나 2~3개로 끝이 약간 갈라지고 뒷면은 흰빛을 띤다. 꽃은 8월에 홍자색으로 피지만 아주 드물게 흰색으로 피기도 하며 잎이 달리는 마디 사이에서 나오는 10~25cm 정도의 총상꽃차례에 여러 개가 달린다. 열매는 9~10월에 익고 꼬투리가 달리는 협과로 넓은 선형이며 편평하고 길이 4~9cm, 폭 8~10mm 정도다.
이에 비해 등은 잎이 아까시나무처럼 생긴 복엽으로 작은 잎은 13~19개로 구성되어 있으며, 총상꽃차례는 30~40cm로 길고, 열매도 10~15cm로 커서 칡과는 차이가 난다.

대나무 잎을 닮은 닭의장풀

　　닭의장풀Commelina communis은 주변에서 쉽게 만날 수 있어서인지 우리나라 초등학교는 물론이고 중등학교 과학 교과서에도 늘 등장하는 단골 식물 중의 하나다. 이 식물 이름에 들어 있는 닭의 장場, 즉 닭이 사는 장소에는 어릴 적 추억이 얽혀 있다. 시골에서는 5일이나 7일 정도 터울을 두고 정기적으로 장이 섰다. 지금이야 장터에서만 만날 수 있는 정겨운 볼거리와 먹거리를 찾아 일부러 장을 찾아가기도 하지만, 나 어릴 적에는 교통편이 여의치 않았던 시절이라 가족 중에는 유일하게 어머니만 장을 보러 가셨다. 저녁이 되어 어머니가 돌아오실 때가 되면, 아니 사실은 그보다 훨씬 더 이른 시간부터 버스 정류장에 나가 어머니를 기다렸다. 실은 어머니가 아니라 어머니께서 장터에서 사 가지고 오실 이런저런 군것질감을 기다리고 있었던 것이다. 버스가 도착하면 어머니께 넙죽 90도로 인사를 하고는 어머니 손에 들려 온 봉지를 하나씩하나씩 검사하기 시작했다. 자반고등어 한 손, 넓적하게 접혀 있는 미역, 김이 모락모락 나는 두부, 검인 도장이 파랗게 찍혀 있는 돼지

1	2	닭의장풀
3		1 전체　2 군락 3 꽃

고기 한 덩어리, 우리들 단골 도시락 반찬인 멸치 등 가짓수도 아주 다양했다. 그 틈에 나를 위한 작은 선물이라도 하나 끼어 있으면 정말이지 기분만이 아니라 몸까지 날아갈 듯 기뻤다. 중학생이 되어서 처음으로 시계를 선물 받았을 때의 기분은, 지금 생각해도 짜릿짜릿 할 정도이니 두말하면 잔소리일 것이다. 정류장에서 집으로 걸어 돌아오는 10여 분 남짓한 시간은 행복으로 도배한 양탄자 위를 걷는 듯, 타는 듯 황홀한 순간이었다. 어느 봄날, 그날도 버스 정거장에서 장보러 나가신 어머니를 목이 빠지게 기다리고 있는데, 버스에서 내리시는 어머니 손에는 주렁주렁 들

려 있어야 할 봉지들 대신 구멍이 숭숭 뚫려 있는 종이 박스 하나뿐이었다. 무엇인가 움직이는 물체가 들어 있는 박스를 열어 보았더니 노란색 병아리 몇 마리가 들어 있었다. 봄이 되어 좀 색다른 이벤트를 생각하신 끝에 병아리를 키워 보기로 작정하신 모양이었다. 매년 반복 되던 일이라 크게 놀랄 일도 아니었지만, 막상 눈앞에서 병아리가 움직이니 느낌이 사뭇 달랐다. 그날은 먹거리가 없었어도 병아리를 손바닥에 올려놓고 저녁 내내 놀아 주며 행복해 했던 기억이 난다. 병아리는 일종의 각인현상 때문에 함께 놀아 주는 사람을 엄마로 착각하고 잘 따른다. 그날 이후 병아리들은 나를 졸졸 따라다니며 한동안 새로운 친구가 되어 주었다. 그러나 병아리가 어린 티를 벗으면서부터는 겉모습이 변해 가는 것만큼 행동도 걷잡을 수 없을 지경으로 바뀌어간다. 그때부터는 병아리가 나를 따라 다니는 것이 아니라 내가 병아리들을 닭장으로 유인해 몰아넣어야 하는 입장으로 바뀌게 된다. 대개는 모이와 풀을 뜯어다가 유인해 보지만, 하루가 다르게 커가는 닭들은 덩치만큼이나 성격도 터프해져서 어느새 나를 알은체도 하지 않았다. '삐약, 삐약' 울던 병아리가 새벽이면 '꼬끼오'를 외치며 아침을 알리는 어른 닭이 되어 버린 것이다. 매일 알을 낳아 주는 고마운 암탉도 있지만, 꽥꽥 소리만 지르고 하루 종일 사고만 치며 다니는 수탉도 있었다. 닭장 주변은 수탉이 발로 헤집어 놓은 조그만 웅덩이투성이였고, 날카로운 부리에 쪼여 잎이 병든 식물들도 많았다. 비라도 내리면 닭장 속은 닭들의 배설물과 빗물이 범벅이 되어 말 그대로 진창이 되어 버렸다. 바람을 타고 풍겨오는 닭장의 냄새는 왜 그리도 역겨웠던지……. 병아리와 닭이 살았던 닭장은 그 주변 환경이 깨끗하지는 않았지만 마을의 어느 집에서나 볼 수 있었던 흔한 풍경이었다. 다소 지저분한 그 주변을 꿋꿋하게 지키고 있던 식물 가운데 대표적인 것을 꼽으라면 바로 닭의장풀이다.

속명 'Commelina'는 꽃잎의 독특한 형태 때문에 식물학자 린네Carl von Linnaeus가 명명했다고 전한다. 17세기 네덜란드에는 이름이 코멜린Commelin인 식물

닭의장풀(위)과 속이 다른 덩굴닭의장풀(가운데), 자주달개비(아래)

학자가 3명이 있었는데 2명은 연구를 활발하게 수행한 반면 나머지 1명은 이렇다 할 업적을 남기지 못했다고 한다. 이에 린네가 닭의장풀속을 기재하면서 꽃잎의 모양이 마치 세 학자의 연구 업적과 비슷하다는 생각이 들어서 'Commelina'라는 이름을 붙여 주었다고 한다. 종소명 'communis'는 '공통적이다'라는 뜻이다. 닭의장풀이라는 우리 이름은 담장 밑이나 약간 습한 곳에서 쉽게 볼 수 있는데, 특히 닭장 근처에서 잘 자라고 꽃잎이 닭의 벼슬처럼 생겼다고 해서 붙여졌다고 한다. 닭의장풀은 '달개비', '닭의밑씻개', '닭의씨까비', '압식초', '수부초', '로초', '닭의꼬꼬', '계거초', '계장초', '번루', '죽절채', '남화초', '벽선화' 등 다양한 이름으로 불린다. 형태가 비슷한 분류군으로는 잎이 좁고 뒷면에 털을 가지고 있는 '좀닭의장풀',

홍·정·윤 갤·러·리

닭의장풀 *Commelina communis*

흰색 꽃이 피는 '흰꽃좀닭의장풀'이 있다. 이름이 비슷한 종류도 있다. 줄기가 덩굴성인 '덩굴닭의장풀', 수술의 털과 꽃봉오리가 실험 재료로 이용되며 관상용으로 널리 식재되어 있는 '자주달개비' 등인데, 이들은 닭의장풀과는 전혀 다른 속에 속하는 종들이다.

닭의장풀은 용도도 이름만큼이나 다양하다. 민간에서 어린잎과 줄기는 식용하고, 꽃잎은 염료로 이용한다. 한방에서는 지상부를 압척초鴨跖草라 하여, 당뇨, 땀띠, 신장염, 류마티스 등에 효과가 있다고 해서 이들 치료에 쓰며 이뇨작용도 있다고 한다. 최근에는 닭의장풀을 이용한 다이어트 방법이 소개되기도 했다.

비록 깨끗한 곳에 분포하거나 희귀성은 없다고 해도 중국 당나라의 시인 두보는, 닭의장풀을 수반에 기르면서 꽃이 피는 대나무라고 하며 아주 좋아했다고 한다. 흔한 식물이지만 나름대로 매력이 있는 식물이다.

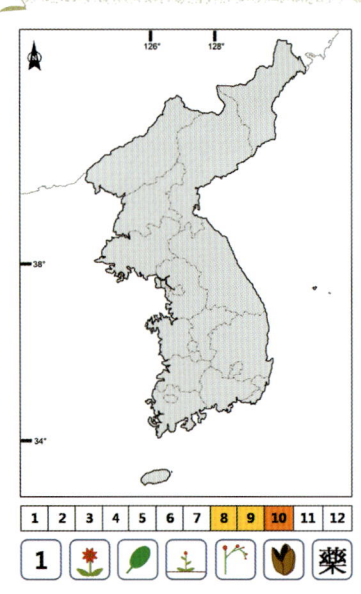

닭의장풀은 닭의장풀과 Commelinaceae에 속하는 한해살이풀로, 높이는 15~50cm 정도다. 줄기는 땅으로 뻗어 가면서 마디에서 뿌리를 내며, 가지가 많이 갈라진다. 잎은 줄기에 어긋나 달리고 계란 모양의 피침형이며 길이 5~8cm, 폭 1~2.5cm다. 잎 끝은 뾰족한데 아랫부분은 1~1.5cm의 비늘잎 같은 잎집葉鞘으로 되어 줄기를 감싸고, 윗부분에는 긴 털이 있다. 꽃은 8~9월에 잎겨드랑이에서 나온 2~3cm 정도의 꽃줄기 끝에 있는 잎 모양의 총포 안에 몇 개씩 들어 있다가 하나씩 하늘색으로 피는데, 전체적으로는 취산꽃차례聚繖花序로 달린다. 꽃잎은 3장으로 위쪽의 2장은 둥글고 하늘색이며, 아래쪽의 나머지 한 장은 작고 흰색이다. 암술은 1개이고, 수술은 6개인데 2개는 길게 나오지만 4개는 꽃밥이 없으며 작다. 열매는 익으면 배봉선을 따라 껍질이 벌어지는 삭과로 10월에 성숙하며, 모양은 타원형이고 수분이 많은 육질이지만 마르면 세 부분으로 갈라진다.

부동의 혹사마귀 같은 혹쐐기풀

 등산을 하고 나면 피부가 민감한 사람은 한 가지씩 몸에 문제가 생길 때가 있다. 피부가 가렵거나 상처가 나기도 하고, 때로는 재채기에 콧물까지 증상이 다양하다. 그래도 산 정상을 정복하고 내려왔다는 뿌듯한 마음에 대부분은 대수롭지 않게 여기고 지나가기 일쑤다. 그러나 좀 다른 것이 있다. 씻어도 가라앉지 않고 가려움을 참지 못해 좀 긁기라도 하면 주변은 금방 곰보빵처럼 부어오르고 색깔도 빨갛게 변해 버린다. 나도 모르는 사이에 나뭇잎에 숨어 있던 '송충이'나 '쐐기'에 쏘인 것이다. 몸에 나 있는 바늘 모양의 가시에 살짝 피부가 스치기만 해도 민감하게 반응이 나타나므로 가능하면 이런 곤충들은 만나지 않는 것이 좋다. 산행을 하다 맨살이 드러난 부위에 쐐기가 스치거나 쏘면 통증이 있어 그 자리에서 알 수 있다. 예전에는 그 자리에서 쐐기를 찾아 돌멩이로 짓이겨 쏘인 피부에 붙이곤 했는데 그러면 통증이 없어졌다. 물론 의학적으로 근거가 있는 것인지는 모르겠지만……. 송충이는 왜 또 그렇게 많았는지. 미루나무 종류로 플라타너스라고 불리는 버즘나

1	2	**혹쐐기풀**
3	4	**1** 전체 **2** 꽃 **3** 잎 **4** 주아

무속 *Platanus* 식물들이 가로수로 심긴 도로 가장자리에는 빗자루로 쓸어 담아도 될 만큼 우수수 떨어져 있었다. 송충이에 비하면 쐐기는 그렇게 많아 보이지는 않았다. 식물의 잎을 일부러 뒤집어 봐야 모습을 볼 수 있을 뿐만 아니라 산속으로 들어가야 만날 수 있을 정도였다. 이런 동물들은 움직일 수 있어서 사람들 눈에 띄기 전에 제가 먼저 숨어 버려 만나기가 쉽지 않지만, 이동성이 없는 식물은 자신의 모습

470
솟은땅 너른땅의 푸나무

쐐기풀속 식물들_ 가는잎쐐기풀(왼쪽), 애기쐐기풀(가운데), 쐐기풀(오른쪽)

을 숨길 수 없으므로 가시를 크게 하거나 투명하게 만들어 몸을 보호한다. 아까시나무나 조각자나무처럼 줄기에 요란한 가시를 달고 있는 종들은 동물로 하여금 혐오감을 느끼게 하기에 충분하지만 찌르는 털刺毛을 가지고 있는 종들은 눈에 잘 보이지 않아 속아 넘어가기 일쑤다. 이런 특징을 가진 대표적인 식물이 혹쐐기풀이다. 혹쐐기풀 *Laportea bulbifera*은 말 그대로 줄기에 혹처럼 생긴 살눈, 즉 주아珠芽가 달려 있어 겉으로 풍기는 인상도 험상궂다.

학명에 이런 모습이 담겼으면 좋았을 텐데 속명 '*Laportea*'는 프랑스의 유명한 19세기 곤충학자 라포르테F. L. de Laporte를 기리기 위해 붙였고 종소명 '*bulbifera*'는 비늘줄기가 있다는 뜻으로 겉모습에서 풍기는 이미지와는 좀 다르다. 혹쐐기풀이라는 우리 이름은 살눈을 혹으로 표현하여 혹을 가지고 있는 쐐기풀이란 뜻이며, '알쐐기풀'이라고도 불린다. 혹쐐기풀속은 열대 지방이나 북아메리카에 주로 분포하고 우리나라에는 1종만이 있다. 물론 같은 과에 속하는 쐐기풀, 가는잎쐐기풀, 애기쐐기풀, 큰쐐기풀과 같이 자모를 가지는 종류들이 있지만 이들은 혹쐐기풀과는 다른 쐐기풀속Urtica과 큰쐐기풀속Girardinia에 속한다. 쐐기풀속은 잎이 줄기에 마주나 달리고 암술대가 없어 다른 2속과 구별되고, 큰쐐기풀속은 자모의 길이가 5밀리미터 이상으로 길고 4개의 꽃잎 중 3개는 길고 나머지 하나는 선 모양으로 작아서 혹쐐기풀속과는 차이가 있다. 산골짜기의 숲 가장자리에서 이 종류들을 만나면 일단 움찔하면서 등골이 오싹해지는 느낌이다. 특히 쐐기풀이나 큰쐐기풀은 잎의 크기도 10센티미터 이상으로 크고 잎 가장자리의 톱니가 불규칙할 뿐만 아니라 뾰족한 겹 톱니가 있어서 공포심이 더한다. 천하의 호랑이라도 우습게 보지 않을 것 같은 모양이다.

혹쐐기풀은 종자뿐만 아니라 주아, 즉 살눈으로도 번식이 가능하므로 쉽게 퍼져 나갈 수 있다. 줄기에 살눈이 있는 것은 마과Dioscoreaceae의 일부 종과 참나리 등 백합과Liliaceae에서 볼 수 있는 형태다. 완전히 숙성된 살눈을 손으로 톡 건드리면 아주 쉽게 바닥으로 떨어진다. 이런 성질 때문에 시골에서는 아이들의 장난감으로 인기가 높다. 종자의 산포를 위해서 마치 멀리 던져 주기를 기다리는 것일지도 모르겠다. 이렇게 퍼져 나간 개체들이 많기 때문에 숲 속에서 혹쐐기풀을 만난다면 그 주변에는 커다란 군락지가 있기 마련이다. 언젠가 조사를 나갔다가 그런 곳을 만난 적이 있었다. 마치 집에 담장이라도 세워 놓은 것처럼 겹겹이 에워싸고 있는 모습은 한 치의 침입도 허용하지 않을 태세였다. 그 군락지의 가운데로 들어가 서 보니 마치 적에게 포위된 포로가 된 느낌이었다. 그들만의 영역에 내가 침범한 셈이었다.

한방에서는 지상부를 주아애마珠芽艾麻라 하며 통증을 완화시키고 어린아이의 가벼운 풍 증세에 효과가 있다고 한다. 쐐기풀 종류는 사람들에게 특별한 도움을 주지는 못하지만 험상궂은 모습 때문에 쉽게 기억되는 특징은 있는 것 같다. 요즘

도시에서는 집의 담장을 없애자는 캠페인을 벌이는 곳이 있다고 하는데, 답답했던 담이 없어지면 이웃사촌도 더 만들 수 있고 정성들여 가꾼 정원을 다른 사람들에게 보여줄 수도 있을 것이다. 어떤 지방자치단체에서는 담장을 없애면 지원금도 지급한다고 하니, 삭막한 도시 생활을 하는 사람들이 이웃에게 마음을 여는 작은 계기가 되었으면 좋겠다. 시골의 집들이 대문은 있지만 항상 열려 있는 것처럼 말이다. 그렇다고 완전히 방심할 수는 없는 일. 밤손님이 다녀갈 걱정이 전혀 없는 것은 아니므로 없앤 담장 밑에 쐐기풀 종류들을 심어 놓는다면 자연스럽게 그들을 막으면서 친환경적인 신식 울타리가 되지 않을까 하는 생각을 해 본다. 쐐기풀에 쏘여 팔뚝이나 다리를 긁적거리는 양상군자의 우스꽝스러운 모습을 생각하니 웃음이 저절로 나온다.

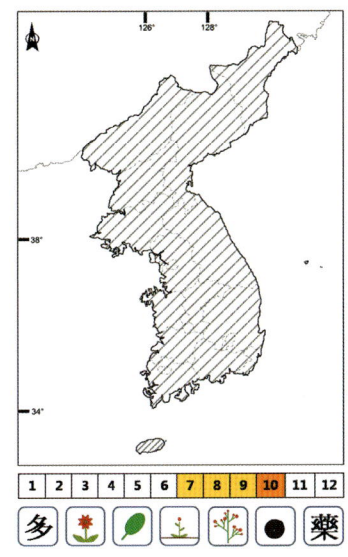

혹쐐기풀은 쐐기풀과 Urticaceae에 속하는 여러해살이풀로 높이는 40~80cm 정도고, 지상부 전체에는 가늘고 투명한 5mm 이하의 가시 같은 털이 나 있다. 이 털이 사람 피부에 닿으면 벌에 쏘인 것과 같은 통증을 느낀다. 뿌리에는 작은 덩이뿌리가 달려 있다. 줄기에 어긋나 달리는 잎은 긴 계란 모양이며, 가장자리에는 규칙적인 톱니가 분포하고 맥 위에는 짧은 털이 많다. 줄기와 잎 사이에는 갈색으로 된 동그란 모양의 살눈珠芽이 생기는데, 이것은 생식 능력이 있어 무성적으로 번식하는 데 쓰인다. 꽃은 7~9월에 피고 고깔 모양의 원추꽃차례로 달리며, 암꽃과 수꽃은 따로 핀다. 수꽃은 줄기와 잎겨드랑이 사이에 4~7cm 정도의 꽃자루에 달리고, 암꽃은 줄기 끝에 달리는데 마치 사마귀가 먹이를 공격하기 위해 잔뜩 움츠린 모습 같아 특이하다. 수꽃에는 4~5장의 꽃잎이 있으며, 암꽃에는 4장이 있는데 2장은 꽃이 핀 후에 길고 크게 자라 길이가 2.5mm 정도나 된다. 열매는 얇은 막에 하나씩 씨가 들어 있는 수과로 찌그러진 원반 모양이고 길이는 2.5mm 정도며 10월에 익는다.

오누이의 슬픈 전설을 간직한 금강초롱꽃

흔히 강원도를 자연 자원의 보고寶庫라고 한다. 그만큼 수려한 자연과 수많은 자원이 분포한다는 이야기일 것이다. 우리나라에는 약 4,000여 종의 야생식물이 자라는 것으로 보고되어 있는데, 이 중 강원도에 분포하는 종류가 약 1,700여 종으로 다른 시도에 비하면 종의 다양성은 확연히 높다. 전 세계적으로 우리나라에만 분포하는 식물 종류를 특산속特産屬, 특산종特産種 또는 고유종固有種이라고 하는데, 지금까지 우리나라에는 8개의 특산속과 약 570종류의 특산종이 분포하는 것으로 알려져 있다. 이 중 강원도에 분포하는 특산속으로는 금강초롱꽃속, 모데미풀속, 금강인가목속, 개느삼속의 4속이 있고 특산종은 142분류군이 자생하는 것으로 기록되어 있다. 그중 금강초롱꽃속은 일본의 식물학자인 우치야마Uchiyama가 1902년 금강산에서 최초로 채집한 것을, 우리나라 식물을 주로 연구했던 일본 식물학자인 나카이Takenoshin Nakai가 1911년에 새로운 속으로 명명했다. 처음에 이 식물은 꽃이 자색이고 수술머리가 붙어 있다는 특징 때문에 1909년에 *Symphyandra asiatica*

1	2	금강초롱꽃
3		1 군락　2 꽃 3 잎

로 발표되었던 식물이다. 그 후 *Symphyandra*속과는 달리 뿌리에서 나오는 잎이 없고 잎이 줄기의 가운데 부분에만 모여 달리며 꽃받침이 작고 뚜렷하다는 특징을 인정받아 새로운 속의 식물로 명명되었다.

　　금강초롱꽃 Hanabusaya asiatica의 속명 '*Hanabusaya*'는 나카이의 한국식물 연구에 도움을 준 하나부사Hanabusa를 기념하여 붙인 이름이고, 종소명 '*asiatica*' 는 아시아에서 자란다는 뜻이다. 금강초롱꽃이란 우리 이름은 금강산에서 처음 채집된 초롱꽃 비슷한 식물이라는 뜻으로 붙여진 이름이다. 이렇게 금강초롱꽃은 공

금강초롱꽃

흰금강초롱꽃

인을 받은 우리나라의 고유 식물인데도 영국의 원예도감에는 아직 'Symphyandra asiatica'로 실려 있어서 아쉬움이 크다. 한편 북한에서 발행한 도감에는 1976년부터 학명을 'Keumkangsania asiatica'라고 표기하고 있다. 적어도 이름을 바꾸려면 국제 식물명명규약법에 따라 적절한 절차를 밟아야 하는데, 사용 이유 등에 대한 구체적인 언급이 없어 문제가 될 수 있는 이름이다. 우리나라 특산속 식물명에 일본 정치인의 이름이 붙여진 것에 대한 불만 표시 같기도 하고, 아니면 가장 먼저 채집된 곳을 기념하기 위해서 붙인 이름 같기도 하다. 우리도 그 의미를 한번쯤은 되짚어 보고 그에 따른 적절한 절차를 밟아 보는 것도 생각해 보았으면 한다.

금강초롱꽃은 특산속으로서의 위치와 분포의 희귀성 때문에 우리나라에서는 환경부의 식물구계학적 특정식물종 4등급으로 지정되어 있으며, 북한에서도 금강산의 묘길상 부근에 있는 군락을 천연기념물 제223호로 지정하여 보호하고 있다. 금강초롱꽃은 희귀성과 더불어 꽃의 아름다움 때문인지 1962년에는 우리나라 우표의 모델이 되기도 했으며, 최근에도 시와 광고에 자주 등장하는 모델이기도 하다. 금강초롱꽃속에는 금강초롱꽃, 흰금강초롱꽃 *H. asiatica* for. *alba*과 검산초롱꽃 *H. latisepala*의 3종류가 있다. 검산초롱꽃은 금강초롱꽃에 비해 꽃받침의 폭이 5밀리미터 정도로 넓어 차이가 있으며, 분포도 함경남도와 평안남도의 낭림산에만 자라는 것으로 알려져 있어서 경기도의 명지산, 국망봉, 유명산, 용문산, 강원도의 설악산, 금강산, 오대산, 치악산, 대암산, 백석산, 일산, 점봉산 그리고 함경남도의 삼방 등 중부 이북 지방 30여 개 지역의 높은 산에만 제한적으로 분포하는 금강초롱꽃과는 차이가 있다. 금강초롱꽃 중 흰색 꽃이 피는 것은 '흰금강초롱꽃'이라 하여 별도의 품종으로 다루고 있으며, 이 외에도 꽃 색깔의 변이 개체를 '설악금강초롱꽃', '오색금강초롱꽃', '붉은금강초롱꽃' 등으로 세밀하게 나누는 학자도 있다. 금강초롱꽃은 잎이나 꽃의 크기와 색깔 등이 자생지에 따라 많은 변이를 보이는 것으로 관찰된다.

　금강초롱꽃에 얽힌 가련한 전설이 전한다. 옛날 금강산 깊은 산골에 오누이가 살고 있었는데, 어려서 부모님을 여의어 살림이 넉넉하지 않아 힘들었지만 남매의 우애만큼은 누구나 부러워할 만큼 좋았다. 그러던 어느 날 누나가 아파서 눕게 되었는데, 가난한 남매는 약을 지을 돈이 없었다. 이에 동생은 누나를 위하여 약초를 찾아 금강산을 헤매고 다니기 시작했다. 그런데 주변의 꽃들이 남동생에게 누나의 약초를 구하려면 달나라까지 가야 한다고 이야기해 주었다. 고민 끝에 동생은 누나를 살리기 위해 달나라로 약초를 구하러 나섰다. 한편 집에서 동생이 돌아오기를 기다리던 누나는 밤이 늦어도 동생이 돌아오지 않자 초롱불을 들고 마중을 나섰다. 몸이 좋지 않은 누나는 얼마 가지 못해 쓰러졌다가 그만 죽고 말았다. 약을 구한 동생이 급히 집으로 돌아오다가 길가에 쓰러진 누나의 죽음을 발견했는데 누나가 들고 나섰던 초롱불이 한 송이 꽃이 되어 동생을 맞아 주었다. 그 꽃이 바로 금강초롱꽃이다.

　필자인 나는 2005년 6월, 금강산에 다녀왔는데, 온정각에서 구룡폭포로 가는 숲 속에서 금강초롱꽃을 만났다. 처음 발견된 곳이라서 그럴까? 왠지 모를 야릇한 기분에 발길을 멈춘 채 한참 동안 넋을 놓고 바라보다 발길을 돌렸던 기억이 있다.

시간이 꽤 지났는데도 아직 그 모습이 머릿속에 생생하게 남아 있다. 꽃은 8월 이후에 피우기 때문에 보진 못했지만 다음 기회라도 활짝 핀 꽃을 그곳에서 볼 수만 있다면 그 감동은 예서 보는 것보다 몇 배 더 클 것 같다.

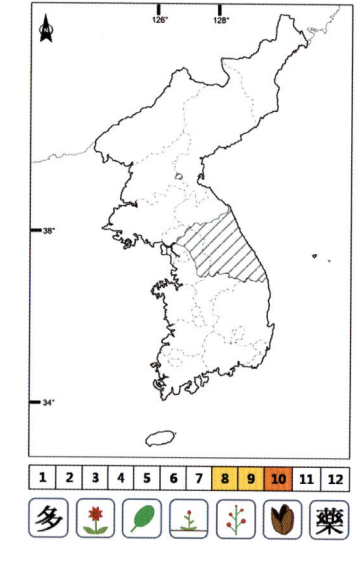

금강초롱꽃은 초롱꽃과 Campanulaceae에 속하는 여러해살이풀로, 높이는 30~90cm 정도 자란다. 전체에 털이 없고 줄기는 자색을 띠며 곧게 자란다. 잎은 계란 모양 또는 계란 모양의 타원형으로 줄기의 중간 부분에 4~5개씩 모여 달려 마치 돌려나는 것처럼 보이지만 실제로는 어긋나는 잎차례를 갖는다. 잎 끝은 꼬리처럼 뾰족하고 아랫부분은 얕은 심장 모양이며 가장자리에는 불규칙한 잔 톱니가 있다. 꽃은 초롱꽃처럼 생긴 종 모양으로 길이 4~8cm, 폭 2cm로 크고 8~9월에 청자색 또는 자색으로 핀다. 꽃은 줄기 끝에 1개씩 피거나 짧은 꽃자루에 몇 개씩 달려 전체적으로는 송이 모양의 총상꽃차례를 만든다. 꽃받침은 5개로 갈라지며 각각의 조각은 선 모양 피침형으로 가늘다. 수술은 5개로 수술머리는 붙어 있으며 암술은 1개로 끝이 3개로 갈라진다. 열매는 익으면 배봉선을 따라 껍질이 열개하는 삭과로 10월에 성숙하며, 씨는 연한 갈색의 타원형으로 작은 참깨처럼 생겼다.

홍·정·윤·갤·러·리

금강초롱꽃 *Hanabusaya asiatica*

함께하고픈 보랏빛 보조개를 가진 나도송이풀

식물의 이름에 '나도**'이라는 단어가 붙으면 그것과 비슷한 종류가 있기 마련이다. 우리나라에 분포하는 식물 중 이름이 '나도'로 시작되는 종류만 해도 40종이나 된다. 대부분은 같은 속에 속하며 형태적으로도 비슷한 종류라는 의미인데, 모두 그런 것은 또 아니다. 나도밤나무와 밤나무처럼, 나도밤나무과 Sabiaceae에 속하는 나도밤나무와는 달리 밤나무는 참나무과 Fagaceae에 속해 전혀 상관없는 것들도 있다. 나도송이풀 Phtheirospermum japonicum은 송이풀 Pedicularis resupinata과 같은 현삼과에 속하고 이름도 비슷하지만, 속과 자라는 곳은 완전히 다르다. 우리나라에 10여 종류가 분포하는 것으로 알려진 송이풀은 송이풀속屬에 속하고 해발 고도가 비교적 높은 깊은 산에서 자란다면, 나도송이풀은 지대가 낮고 양지바른 곳이면 우리나라 어느 곳에서나 쉽게 볼 수 있다.

이야기가 나온 김에 송이풀에 대해 좀 더 이야기하면, 꽃이 줄기 끝에 모여 달려 송이를 이룬다 하여 붙여진 이름이다. 여러해살이풀로 높이는 30~60센티미터

1	2	나도송이풀
		1 전체 2 잎과 줄기
3		3 꽃

정도이고, 밑에서 줄기가 여러 개 나와 함께 자라기도 하며 가끔 가지가 갈라지는 것도 있다. 잎은 어긋나거나 마주나며, 잎자루는 짧고 좁은 계란 모양으로 가장자리에는 규칙적인 겹 톱니가 있다. 꽃은 8~9월에 홍자색으로 피는데 원줄기 끝에

초여름부터 가을까지

모여 나는 포처럼 생긴 잎 사이에 모여 달리며, 꽃부리의 끝은 새 부리처럼 꼬부라졌다. 흰색 꽃이 피는 개체는 흰송이풀이라 하여 다른 품종으로 취급한다. 언젠가 산을 오르는데 아저씨 몇 분이 열심히 어떤 식물을 손으로 꺾는 광경을 목격했다. 이른 봄이라면 산나물을 뜯는구나 하겠지만, 이미 여름으로 접어들었기 때문에 산나물 철은 지나간 다음이었다. 이상한 생각에 다가가서 물었더니, 송이풀을 제거하는 것이라 하셨다. 너무 뜻밖의 대답이라서, 그 이유를 되물었더니 "송이풀이 잣나무에서 나타나는 털녹병의 중간 기주식물이기 때문"이라고 대답해 주셨다. 털녹병균은 1854년 러시아의 발트 해 연안에서 처음 발견되었는데, 5장의 바늘잎針葉이 모여 달려 오엽송五葉松이라고 불리는 소나무과科 식물에서만 발병하는 것으로 알려져 있다. 19세기 후반에는 유럽 대륙의 스트로브잣나무 조림지를 거의 전멸시킨 바 있고, 북미 대륙에서도 크게 번져 스트로브잣나무, 몬티클라잣나무 등에 심각한 피해를 입혔다. 지금까지도 오엽송 종류의 조림에 암적인 존재가 되고 있다. 우리나라에 야생으로 분포하거나 조림용으로 식재되고 있는 오엽송 종류로는 잣나무, 섬잣나무, 눈잣나무, 스트로브잣나무 등이 있는데 지금까지는 잣나무에서만 발병한 것으로 알려져 있다. 털녹병 균은 잣나무에서 잣나무로 병이 옮아가지 않고, 일단 중간 기주식물인 송이풀로 날아갔다가 다시 잣나무로 되돌아와 병을 일으킨다고 한다. 이와 같이 어떤 병원균이 그 생활사를 완성하기 위해서 기주를 바꾸는 것을 기주교대寄主交代라고 하는데, 이렇듯 기주교대를 하는 병원균들은 중간 기주가 없으면 생활사가 끊어지게 되므로 더 이상 병을 전파할 수 없게 된다. 그런 이유로 송이풀을 제거하고 계셨던 것이다. 사람 손으로 일일이 뽑아야 하는 상황이 조금은 안타까웠지만 그렇게 해서라도 방제가 가능하다면 그나마 다행이라는 생각이 들었다.

학명의 의미를 따져 보면 송이풀이나 나도송이풀은 둘 다 이蝨와 관련이 있다. 옛날 유럽에서는 'Pedicularis palustris'가 무성한 곳에 가축을 방목하면 이가 꼬

나도송이풀　　　　　　　　송이풀　　　　　　　　흰송이풀

인다고 믿었다고 한다. 나도송이풀의 속명 '*Phtheirospermum*'은 곤충의 일종인 '이'를 뜻하는 그리스어 'phtheir'와 종자를 의미하는 'sperma'의 합성어로, 종자가 이처럼 작다는 데서 유래되었다고 한다. 그러나 두 속은 생활 습성이나 형태적으로 많은 차이가 있다. 나도송이풀이란 우리 이름은 앞에서도 말했듯이 송이풀과 비슷한 꽃 모양을 가진 식물이란 뜻이다.

　나도송이풀은 관상이나 밀원식물로 이용되며, 한방에서는 식물체 전체를 송호松蒿라 하여 꽃이 피는 시기에 채취하여 햇볕에 말린 후 약으로 사용한다. 황달이나 전신이 붓는 증상에 효과가 있다고 하며, 감기에 걸렸을 때는 생강과 함께 달여서 복용한다고 한다.

　여러 종류를 포함하고 있는 송이풀속에 비해 나도송이풀은 1속 1종으로 외롭지만 꽃이 피어 있는 모습은 친구가 되어 주고 싶은 설렘을 갖게 한다. 송이풀을 닮았으니 나도 그렇게 불러 달라고 시위라도 하는 것 같다. 강원도 영월의 한적한 시골 마을로 식물조사를 갔다가 나도송이풀 군락지를 만난 적이 있다. 마을 뒤편의 조그만 산으로 가는 길 주변을 따라 마치 누군가 일부러 꽃밭을 조성해 놓은 것처럼 여러 개체가 나 있었는데 꽃 하나하나마다 제각기 그 느낌이 달랐다. 족히 500미터는 되어 보이는 거리에 하늘을 향해 피어 있는 건장하고 도전적인 꽃, 이제 막 활기를 펼치려는 듯 옆을 향해 있는 모습, 아직은 수줍어 고개를 아래로 향하고 있는 꽃 등 모습이 다양했다. 나름대로 자기를 뽐낼 줄 아는 식물인 것 같다.

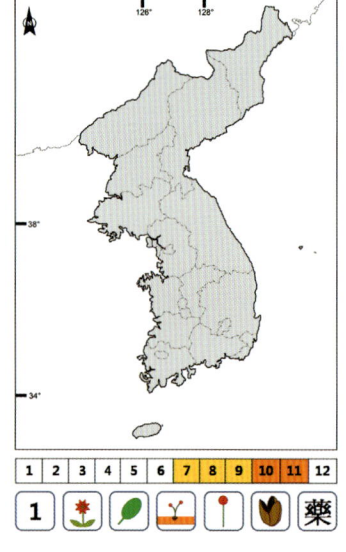

나도송이풀은 현삼과 Scrophulariaceae에 속하는 반기생半寄生의 한해살이풀로, 높이는 30~60cm 정도며 가지가 많이 갈라진다. 줄기에는 잎과 더불어 부드러운 다세포의 분비 털인 선모腺毛가 밀생하여 만지면 참깨 줄기처럼 끈적끈적한 느낌이 든다. 잎은 마주나고 잎자루는 없으며 모양은 삼각 모양의 난형이고 가장자리는 깃처럼 깊게 갈라지며 불규칙한 톱니가 있다. 꽃은 7~9월에 연한 홍자색으로 피는데, 드물게 흰 꽃도 있다. 꽃은 줄기 윗부분의 잎이 달리는 마디 사이에 1개씩 달리며, 꽃받침은 5~7mm로 가운데까지 갈라지고 톱니가 있다. 꽃은 길이 2cm 정도로 통 모양인데 윗부분은 입술 모양脣形이다. 꽃의 끝부분은 2개로 나눠지는데, 윗부분의 것은 젖혀져서 끝이 V자처럼 패이고 아래쪽은 옆으로 퍼져 3개로 갈라지는데 가운데 부분에는 꽃며느리밥풀의 꽃잎처럼 흰색으로 솟아난 밥알 또는 이빨 같은 모양의 무늬가 있어 아름다움을 더한다. 열매는 익으면 배봉선을 따라 껍질이 터지는 삭과로 10~11월에 성숙하는데 모양은 좁은 계란 모양이고 선모가 분포하며, 씨는 타원형으로 길이는 1mm 정도로 작다.

번식의 왕 벌개미취

불볕더위를 이겨 내면 새로운 계절인 가을이 찾아와 주변은 많은 것들이 달라진다. 선선한 바람과 높은 하늘, 그리고 도로가에 활짝 핀 국화꽃들이 가을을 대변해 준다. 아주 오래전에 우리나라에 도입되어 이제는 주변에서 흔하게 만날 수 있어서, 귀화식물이라기보다는 가을을 대표하는 길가 꽃으로 꼽히던 코스모스는 언제부터인가 계절에 관계없이 꽃을 피워 가을의 맛이나 정취가 덜하다. 요즘처럼 잘 만들어진 화단에 심어져 있지 않고 예전에는 도로가에 절로 나 자란 듯 한두 줄로 길게 늘어서 있어서 도로와 코스모스 사잇길을 걷는 정취 때문에 재미가 더했는지도 모르겠다. 그나마도 새롭게 등장한 '원추천인국'이나 '끈끈이대나물'에게 자리를 내주어 도로변 화단은 이들이 장악하고 있다. 대부분의 외래 식물들이 그렇듯이 번식력에 있어서는 이들 종류와 경쟁할 상대가 없는 것 같다. 제초 작업을 한다고 줄기를 잘라 내면 잘린 아랫부분에서 다시 가지가 나와 기어코 꽃을 피우고 열매를 맺는다. 꽃 한 송이에 들어 있는 씨의 수도 많아서 이듬해가 되면 어김없이 그 지역

벌개미취
1 군락 2 전체
3 잎 4 근엽
5 꽃

을 우점하며 군락을 이룬다. 우리나라의 자생식물들은 감히 함께할 엄두조차 내지 못할 지경이다. 그런데 반가운 소식이 하나 들려 왔다. 외래 식물과 한번쯤 겨뤄볼 만한 상대가 나타났다는 것이다. 우리나라 들꽃으로는 처음 원예화에 성공한 벌개미취 Aster koraiensis가 그 주인공이다. 도로 주변 화단에 많이 심어져 있으며, 국화꽃과 비슷한 보라색 꽃을 피우는 식물이 바로 벌개미취다. 특히 강원도의 인제 지역이나 태백 시내로 들어가는 길옆의 벌개미취 화단은 말 그대로 장관이다.

우리가 흔히 가을 국화꽃이라 부르는 종류들은 식물분류학적으로 개미취, 참취, 까실쑥부쟁이 등이 포함되어 있는 '참취속 Aster'에 속하는데, 이 속명은 별을 뜻하는 그리스어 'aster'에서 유래된 것으로 별처럼 생긴 꽃의 모양을 표현하고 있다. 이 중에서도 벌개미취는 'koraiensis'라는 종소명을 가지고 있어 우리나라에만 분포하는 특산종이라는 것을 잘 나타내고 있다. 벌개미취라는 우리 이름은 '취' 자가 붙은 다른 초본식물과 마찬가지로 국을 끓이면 미역국과 비슷하다 하여 붙여졌다고 하며, 지방에서는 '포드등', '고려쑥부쟁이', '별개미취'라고 달리 부르기도 한다. 벌개미취 종류나 쑥부쟁이류는 같은 속에 속하고 보랏빛 설상화를 피워 분류하는 데 헷갈리기 쉽다. 그런데 벌개미취는 다른 종류와는 달리 꽃의 지름이 4~5센티미터 정도로 크고, 꽃이 피기 전까지는 뿌리에서 올라온 긴 타원형의 잎, 즉 근엽根葉이 발달해 있어 쉽게 구별된다. 벌개미취는 번식이 쉬워 대량 증식이 가능하고 경제성이 뛰어나다. 뿌리가 튼튼하고 성장이 왕성하여 노출된 절개지 비탈면이나 척박한 땅에 식재해도 무리가 없다. 이들은 토양을 고정하는 능력이 뛰어나 토사 유출을 막는 효과가 크기 때문에 사방 공사나 습지 조성용 소재로 각광을 받고 있다. 들꽃을 재배하는 어느 농가는 이웃에게 얻어온 벌개미취 몇 뿌리를 밭 가장자리에 심어 놓았더니 몇 년 사이에 벌개미취가 밭 전체로 퍼져 자랐다고 할 정도로 번식력이 강하다. 현재 우리나라에 만들어진 공원이나 화단 등에서 자라고 있는 식물 종류들은 대부분 꽃이 화려하고 생명력이 끈질겨 오랫동안 볼 수 있는 장점 때

참취속 식물들
1 개미취　2 까실쑥부쟁이
3 벌개미취　4 참취

홍·정·윤 갤·러·리

벌개미취 *Aster koraiensis*

문에 얼핏 보기에는 괜찮은 식물처럼 보인다. 그러나 그 배경을 안다면 그리 예뻐할 것도 아니다. 안방을 손님에게 통째로 내어 준 격으로 정작 주인들은 갈 곳을 잃어버린 때문이다. 앞으로는 벌개미취 같은 식물들을 계속해서 개발하여 잃어버린 안방 텃밭을 되찾았으면 좋겠다.

한방에서는 뿌리를 '자원紫苑'이라고 하여 약으로 쓴다. 진해, 거담 작용을 하고, 폐암과 폐암에 의한 토혈에도 효과가 있는 것으로 알려져 있다. 벌개미취의 꽃말은 '너를 잊지 않으리' 또는 '추억'이라고 한다. 추억을 의미하는 벌개미취 꽃의 환영을 받으며 가을 정취에 흠뻑 빠져 전국을 누빌 수 있는 날을 기대해 본다.

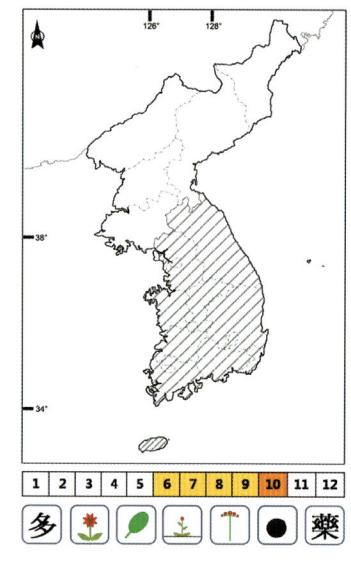

벌개미취는 국화과 Compositae에 속하며 약간 습한 곳을 좋아하고 키는 50~60cm 정도까지 자라는 여러해살이풀이다. 땅속에는 뻗는 줄기인 뿌리줄기根莖가 길게 자라므로 번식력도 좋다. 잎은 두껍고 어긋나 달리며 모양은 피침형이다. 잎의 길이는 12~19cm, 폭 1.5~3cm며, 끝은 뾰족하고 밑부분은 좁아져서 잎자루처럼 되며 가장자리에는 잔 톱니가 있다. 줄기 윗부분의 잎은 점차 작아져 줄 모양이 되는데 길이는 4~5mm 정도로 작다. 꽃은 가지와 원줄기 끝에 달리고 지름은 4~5cm로 크다. 대부분의 우리나라 자생식물들은 꽃이 피어 있는 시기가 짧고 꽃 색깔이 화려하지 못하다는 평가를 받는데, 벌개미취는 꽃피는 시기가 이른 것은 6월부터 늦은 것은 9월까지로 길고 꽃 색깔도 연한 보라색으로 아름다운 매력을 뽐내고 있다. 혓바닥 모양의 설상화 길이는 2.6cm 정도며 꽃송이의 가장자리를 에워싸고 있고 안쪽에는 통 모양의 통상화가 있다. 열매는 얇은 막에 씨가 1개씩 들어 있는 수과로 10월에 익으며 길이는 4mm고 모양은 긴 타원형이다.

밀짚의 윤기를 가진 여우오줌

식물 이름의 어원을 찾다 보면 유래를 알 수 없는 이름도 꽤 있다. 물론 대부분의 식물 이름은 특정한 이유가 있어서 붙여진 것이기는 하지만, 처음 이름을 붙이는 명명자의 의지에 따라 그 특색이 잘 반영된 것이 있는가 하면 그렇지 않은 것도 있다. 그러저러한 이유로 입에 붙지 않거나 귀에 익숙하지 않은 식물 이름들이 생기는 것인지도 모르겠다. 더구나 일단 한번 만들어져 공식화된 이름은 쉽게 고칠 수 없어서 잘못 붙여진 이름이라 하더라도 특별한 이유가 없는 한 그대로 따를 수밖에 없어 더 그럴 것이다. 몇 년 전 우리나라의 제5차에서부터 제7차 교육과정까지 편찬된 311종류의 초등과 중등학교 과학 교과서에 등장하는 식물의 종류와 특징을 살펴본 적이 있었다. 통계를 내어 보니 교과서에 인용된 식물의 종류는 총 441분류군이나 되었으며, 이 중 초본식물은 280종이었고 나머지는 목본식물이었다. 교육과정을 3번 개편하는 동안에 단골손님처럼 계속해서 등장하는 종류로는 등藤, 채송화, 제비꽃을 포함하여 161종류가 있었으며, 이들은 대부분 집 근처나 화

여우오줌_ 전체(왼쪽), 잎과 꽃(오른쪽)

단 등에서 쉽게 만날 수 있는 식물이었다. 그런데 이렇게 많은 종류가 반복해서 인용되는데 실제로 학생들이 알고 있는 식물의 종류는 실망스러울 정도로 적었다. 현장에서 직접 만지며 심고 가꾸어 보는 직접 체험이 유용한 학습방법이라는 사실을 알면서도 실제 교육 현장에서는 이를 따라가지 못하기 때문일 것이다. '벼'를 '쌀나무'라고 한다는 도심의 아이들 상황은 더할 것이다. 안타깝다 못해 불쌍하다는 생각마저 든다. 땅을 밟아 볼 수 있는 환경이 아닌 것은 접어 두더라도 찬찬히 나무나 풀을 관찰할 시간조차 없다. 하다못해 아파트 단지나 집 앞에 있는 놀이터에도 아이들이 없다. 자연을 느끼며 뛰어다니면서 놀아야 할 시간에 학원이라는 성냥갑 안에 갇혀 있어야 하는 것이 현실이다. 우리나라 학생들이 공부에 투자하는 시간은 전 세계에서 가장 긴데 창작력과 사고력은 바닥을 기고 있다는 통계 발표만으로도 우리의 교육 방식의 병폐를 읽을 수 있다. 우리 교육이 도대체 어디로 가고 있는지 그저 갑갑하기만 하다.

다시 식물 이름 이야기로 돌아가면, 식물도감에서 동물 이름이 붙은 식물들을 찾아보다가 '여우오줌'이란 이름을 발견했다. 이름에 무엇인가 특징이 있어 보이는 데 아무리 찾아도 그 근원을 알 수가 없었다. 우리나라에 살고 있는 식물 이름에 '여우'라는 단어가 들어간 것은 8종류쯤 꼽을 수 있다. 여우구슬, 여우꼬리사초, 여우꼬리풀, 여우버들, 여우오줌, 여우주머니, 여우콩, 여우팥으로, 그나마 꼬리나 주머니라는 단어가 들어간 이름은 대강 그럴 듯하게 이해되지만 나머지는 전혀 뜻을 알 수 없다. '오줌'이란 단어가 붙으면 어떤가? 냄새가 난다는 뜻일 것이다. '노루가 계곡으로 내려와 물을 마시고 계곡 주변에 오줌을 누고 가서 그 주변 식물에서 오줌 냄새가 난다고 하여 붙여진 '노루오줌', 뿌리에서 쥐 오줌 냄새 같은 고약한 냄새가 나는 '쥐오줌풀'처럼 이름이 붙여진 이유도 제각각이다. 그렇다면 여우오줌에서도 '노루오줌'처럼 냄새가 심하게 나거나, 잎이나 꽃이 여우의 날카로운 턱 모양을 닮았을 것이라 상상하겠지만 사실은 그렇지 않다. 둥글고 커다란 잎에 해바라기 같은 둥그런 얼굴 모양의 꽃이 달리는 아주 순박하고 수수한 식물로, 그 이름과 생김새는 전혀 어울리지 않는다. 칡과 등이 만나 갈등葛藤이 되었다고 했던가. 여우와 오줌은 만나서 그저 여우오줌*Carpesium macrocephalum*이 되었을 뿐이다.

속명 *Carpesium*은 밀짚을 의미하는 그리스어 'carpesion'에서 유래되었는데 총포 조각이 마르면 밀짚 같은 윤기가 난다고 해서 붙여졌다고 하며, 종소명 *macrocephalum*은 '크다'라는 뜻을 가지고 있어 꽃을 표현하는 것 같다. 그래서인지 '왕담배풀' 또는 'Bighead Carpesium'이라 부르기도 한다. 여우오줌이란 우리 이름은 정확하지는 않지만 꽃에서 나는 약간 지린내 같은 향기 때문에 붙여진 것으로 보인다. 여우오줌과 형태적으로 비슷한 종류로는 담배풀이 있는데, 잎의 길이가 9~25센티미터 정도이고 꽃의 지름이 2센티미터 이하로 작아서 여우오줌과는 차이가 있다.

한방에서는 꽃과 지상부를 대화금알이大花金挖耳라고 하여 약으로 쓴다. 잎을 찧어 만든 즙액은 종기나 타박상에 효과가 있다고 하며, 열매는 학슬鶴蝨이라 하여 구충제로 사용한다. 여우오줌은 꽃도 크고 꽃이 피어 있는 기간도 비교적 길어 관상용으로도 충분한 가치가 있어 보인다. 또 자생지에서는 이름이 가지는 느낌에 비해 훨씬 더 멋있는 형태를 하고 있다. 그리 흔하게 볼 수 있는 식물은 아니지만 완전히 자란 모습을 보면 주변의 식물을 압도하듯 위엄이 있어 보인다. 내가 좋아하는 강원도 태백시의 어느 산에는 여우오줌이 등산로 입구를 중심으로 양쪽에 50미터 정도나 길게 늘어서 자라고 있다. 그곳을 지나노라면 항상 기분이 좋아지는데, 우리의 산행을 환영이라도 하듯이 입구에 서서 방끗 웃고 있는 꽃이 너무나 보기 좋기 때문이다.

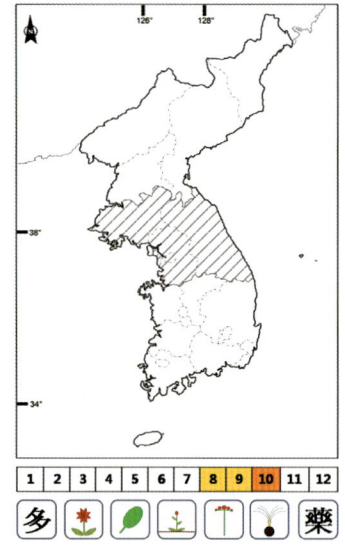

여우오줌은 국화과 Compositae에 속하는 여러해살이풀로, 높이는 1m까지 자라고 가지는 굵으며 흰 털이 많이 있다. 줄기 아랫부분에 달리는 잎은 계란 모양으로 길이 30~40cm, 폭 10~13cm고 날개가 달린 긴 잎자루를 갖는데 잎의 크기는 줄기 위쪽으로 갈수록 작아진다. 잎 가장자리에는 이빨 모양의 겹 톱니가 있고 양면에는 흰 털이 나 있으며, 줄기 윗부분의 잎은 긴 타원 모양의 피침형으로 양끝이 좁다. 꽃은 황색으로 8~9월에 피고 가지와 줄기 끝에 2.5~3.5cm 정도의 동전만 한 크기로 해바라기처럼 생긴 꽃이 1개씩 아래를 향해 달린다. 꽃을 감싸고 있는 잎 모양의 포엽은 길이가 2~7cm 정도로 피침 모양이며 가장자리에는 얕은 톱니가 있다. 꽃을 받치고 있는 총포는 반구형으로 길이는 8~10mm며 바깥쪽에 있는 조각은 포엽과 비슷하게 생겼다. 꽃 부분을 옆에서 보면 크고 작은 포엽과 총포의 조각들 때문에 약간은 불규칙해 보이지만, 위에서 내려다보면 비가 와도 새어 나가지 않을 정도로 견고하게 꽃 뭉치를 둘러싸고 있다. 열매는 10월에 성숙하며 민들레 씨처럼 생긴 수과로 길이 5.5~6mm, 지름 1mm 정도며 부리가 있다.

아주까리와 피마자

2:8, 3:7, 5:5. 경기 스코어가 아니라 뉴스를 진행하는 남자 아나운서들의 헤어스타일, 이른바 가르마의 비율이다. 머리숱이 많으면 이런 비율을 맞추는 것이 어려운 일이 아니지만 적은 분들에게는 스트레스가 아닐 수 없다. 어릴 적에 아버지는 정확하게 2:8 가르마를 타고 번쩍거리는 기름칠을 해서 다소곳하게 머리를 정리하고는 신사복을 차려 입으신 후에 자전거를 타고 학교로 향하셨다. 그러나 저녁이 되어 퇴근하실 때면 아침의 산뜻했던 모습은 사라지고 머리는 다소 흐트러지고 먼지를 잔뜩 얹어 하얀 백발이 되어 귀가하시곤 했다. 아버지를 그렇게 만든 것은 바람과 머리에 바른 기름이었다. 지금이야 심한 태풍에도 끄떡 않고 견딜 수 있는 소위 '무스'니 '젤' 같은 제품도 있고 근무 중에 수시로 머리 모양을 만져도 누가 뭐라고 할 일이 없지만, 그때는 하루에 집을 나가기 전 한 번 정도만 거울을 보았다. 그러니 퇴근할 때의 모습이란 정말이지 형편없이 추레해질 수밖에 없었다. 그 시절 아침마다 아버지께서 신경 써서 머리를 치장했던 그 기름은 무엇일까? 이

른바 '포마드'라는 것이었다. 피마자 *Ricinus communis*라는 식물의 씨를 주성분으로 하여 만든 것이다. 번들번들거리고 약간은 고소한 향기가 났던 것으로 기억되는데, 어머니가 사용하시던 '동동구루모'가 담겨 있던 통과 비슷한 모양의 플라스틱으로 된 동그란 통에 바셀린처럼 걸쭉한 형태로 들어 있었다.

여담인데 예나 지금이나 얼굴 부분, 특히 머리 모양은 아무래도 신경이 쓰이는 모양이다. 어느 집이나 마찬가지겠지만 중고등학생을 자식으로 둔 부모들은 아침마다 한바탕 전쟁을 치러야 한다. 제일 먼저 잠을 깨워 주어야 하고, 어떻게 하든 아침밥을 한술이라도 먹여야 하고, 등교 시간에 절대 늦지 않게 학교까지 데려다주어야 하는 의무를 다하기 위함이다. 누구를 위해 매일 아침 이런 북새통을 떨어야 하는지는 몰라도 아마 대부분의 가정에서 매일 벌어지는 일상일 것이라 생각된다. 그런데 이 중에서 밥을 먹이고 지각하지 않게 학교에 데려다 주는 것은 잠을 깨우는 일보다는 쉽다. 아무리 깨워도 들은 척을 하지 않을 때에는 한편으로 화가 나기도 하지만 단 1분만이라도 더 자고 싶은 그 마음이 오죽하랴 싶기도 해서 안쓰럽기 그지없다. 어렵게 잠을 깬 아이들은 서둘러 등교 준비를 하는데, 아들은 넉넉하게 10여 분이면 준비를 마치지만 문제는 딸내미다. 머리를 감고 말리고 빗어서 단장하는 시간이 족히 몇 십 분은 걸리기 때문이다. 밥을 먹는 것은 고사하고 제 오빠가 집을 나서는 시간에 맞추기도 어렵다. 때문에 아침마다 남매의 신경전이 팽팽하여 두 녀석이 웃으며 집을 나서는 날은 손가락을 꼽을 정도다. 머릿기름을 바를 수 없는 교칙 때문에 머리카락을 제 스타일에 맞추어 단정하게 정리하는 데 시간이 걸려서 벌어지는 일이다. 한창 외모에 신경 쓸 때이니 뭐라 할 수도 없고……. 그러더니 여름방학을 하는 날에는 제 엄마 손을 붙잡고 미장원으로 갔다. 기말고사 보는 동안에 약속했던 파마를 하기 위해서란다. 어찌 그런 약속은 잃어버리지도 않는 것인지, 공부를 그렇게 했더라면 우등생은 따 놓은 당상일 텐데 말이다. 그저 그 머리에 색깔까지 입히지 않기만을 바랄 뿐이다. 아버지의 포마드 이야기를 하다가 너무

1	2	피마자
3		1 전체 2 잎
4		3 꽃 4 열매

멀리 돌아온 것 같다.

피마자의 속명 'Ricinus'는 지중해의 지방어로 곤충인 이蝨를 뜻하는 'ricinus'에서 유래되었는데 씨의 모양이 이와 비슷하다고 하여 붙여졌고, 종소명 'communis'는 '통상의', '공통적'이라는 의미를 가진다. 피마자라는 우리 이름은 한방에서 사용하는 이름을 그대로 쓰는 것이다. 지방에서는 '아주까리', '피마주', '피만주', '피만쥐' 등으로 더 익숙하게 불린다. 피마자는 기름은 물론이고 다양한 목적으로 약용하고 있어서 시골의 빈터에 피마자가 서 있는 모습은 아주 쉽게 볼 수 있다. 우리 민요 「강원도아리랑」에도 등장한다.

아주까리 동백아 여지 마라　누구를 괴자고 머리에 기름
열라는 콩팥은 왜 아니 열고　아주까리 동백만 왜 여는가
아주까리 정자는 구경자리　살구나무 정자로 만나 보세.

사랑을 기다리는 순박하고 아름다운 모습을 표현한 가사인데, 아주까리피마자는 민요에 등장시킬 만큼 흔하기도 했다는 뜻이다.

피마자 씨를 짜서 만든 기름은 머릿기름, 도장밥, 공업용 윤활유 등으로 널리 사용되었다. 한방에서는 씨를 피마자蓖麻子, 잎을 피마엽蓖麻葉, 씨를 짠 기름은 피마유蓖麻油, 뿌리는 피마근蓖麻根이라 하여 약으로 쓴다. 피마자의 씨는 옴이나 버짐, 물이나 불에 데었을 때 환부에 찧어 붙이면 효과가 있으며, 변비, 반신불수 등에도 사용한다고 한다. 피마엽은 가래나 천식 또는 종기의 환부에 붙여 치료약으로 이용하고, 피마근은 파상풍, 경련의 진정 효과가 있으며 타박상에도 쓰인다. 이처럼 다양한 용도로 쓰이지만 씨에는 유독 성분인 리시닌ricinine과 리신ricin 등이 들어 있어 많은 양을 먹으면 복통과 설사를 유발할 수 있으므로 식용할 때는 주의가 필요하다.

어릴 때는 피마자의 열매를 따서 친구들과 얼굴 맞추기 놀이를 했었다. 다 성숙한 열매의 겉껍질에는 가시같이 뾰족한 돌기가 있어 위험하지만, 덜 익은 상태에서는 돌기가 부드러워 얼굴에 맞아도 따끔할 뿐 아프지는 않았다. 장난감이 흔치 않던 시절 재미있는 놀이 기구였다. 어디 이뿐이랴. 밥을 잘못 먹어 속이 더부룩할 때면 어머니는 피마자 기름 한 숟가락을 입에다 넣어 주셨다. 화장실을 여러 번 들락거려야 하는 단점은 있지만 더부룩함은 이내 사라졌다. 비상약의 역할을 톡톡히 한 셈이다. 비록 우리나라의 자생식물은 아니지만 일상생활에 꼭 필요한 존재였던 피마자였다. 아무리 칭찬해도 손색이 없는 기능성 식물이다.

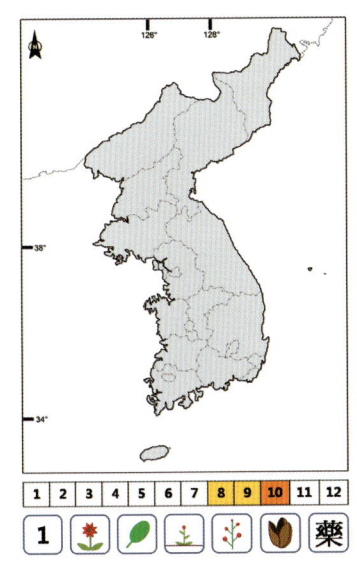

피마자는 대극과 Euphorbiaceae에 속하며 인도와 소아시아가 원산으로, 큰 목본식물 형태로 자라지만 우리나라에서는 월동할 수 없어 한해살이풀이 되었다. 키는 2m가 넘을 정도로 크게 자라고 줄기는 목질화되어 딱딱하며 가지는 나무처럼 여러 개로 갈라진다. 잎은 어긋나고 긴 잎자루를 가지며 방패 모양이다. 잎의 지름은 30~100cm 정도로 크고 단풍나무 잎처럼 5~11개로 갈라진다. 갈라진 잎 조각은 계란 모양이고 끝은 뾰족하며 가장자리에는 불규칙한 톱니가 있다. 꽃은 8~9월에 연한 황색이나 연한 분홍색으로 피고 줄기 끝에 나는 20cm 정도 되는 꽃줄기에 몇 개의 꽃이 송이처럼 달리는 총상꽃차례를 만든다. 꽃은 수꽃과 암꽃이 따로 피는데 수꽃은 꽃줄기의 아랫부분에 달리고 암꽃은 윗부분에 달려 제꽃가루받이를 억제한다. 열매는 10월에 성숙하고 익으면 배봉선을 따라 껍질이 터지는 삭과이며, 3개의 방이 있는데 각 방에는 씨가 1개씩 들어 있고 겉에는 돌기가 많이 나 있으며 이는 나중에 가시처럼 변한다. 씨는 타원형으로 짙은 갈색 반점이 있고 40~50% 정도의 지방유가 들어 있다.

하얀 꽃 잔치 미국쑥부쟁이

가을이 되면 들녘에서 쉽게 볼 수 있는 아름다운 국화 모양의 꽃이 있다. 국화과에 속하는 이른바 쑥부쟁이라 불리는 무리들은 모두 여기에 속한다. 이들은 모두 참취속Aster에 속하기도 한다. 우리나라에 분포하는 참취속 식물은 약 18종류이며, 그중 흔히 볼 수 있는 종류는 참취, 개미취, 해국 등이 있다. 울릉도에 자라는 섬쑥부쟁이를 제외하면 내륙 지방에 분포하는 쑥부쟁이 종류는 대부분 꽃 색깔이 자주색이나 하늘색인데, 미국쑥부쟁이Aster pilosus만큼은 순백색의 꽃을 피운다. 미국쑥부쟁이는 지대가 낮은 곳의 길가나 계곡이 인접해 있는 지역에서 자라는데, 군락을 이룬 모습이라도 만나면 황홀경에 빠질 정도로 아름다운 장관을 연출한다. 이렇게 아름다운 꽃을 피우는 식물의 이름이 왜 하필이면 미국쑥부쟁이인 것일까? 생태계와 환경 문제에 관심이 있는 사람이라면 '귀화식물외래 식물'이란 단어가 익숙할 것이다. 귀화식물이란 원산지는 외국이지만 우리나라에 와서 생활환을 완성한 종류들을 가리키는데, 현재 300여 분류군이 들어와 생육하는 것으로 집계된 적이 있다.

귀화식물이 도입되는 시기는 크게 3단계로 나뉜다. 제1기는 개항을 한 1876년 이후 1921년까지, 제2기는 1922~1963년까지, 제3기는 1964년~현재까지를 말한다. 제1기에는 우리가 잘 알고 있는 아까시나무, 토끼풀, 달맞이꽃, 지느러미엉겅퀴, 개망초, 서양민들레 등 64종류가 들어왔으며, 제2기와 제3기에는 각각 34종류와 173종류로 비교적 3기에 속하는 최근에 유입된 종류가 많다. 원산지로는 유럽과 미국 쪽이 압도적이다.

귀화식물은 우리 고유의 자생종과의 경쟁에서 이기기가 쉬우므로 자연 생태계를 교란시키는 역할을 해 왔다. 귀화식물이라는 이름에는 우리 자연 생태계에 별로 유익하지 않다는 의미가 포함되어 있다. 귀화동물도 마찬가지다. 이런 문제점 때문에 환경부에서는 생태계에 위해를 가하는 외래 동식물 16종을 지정해 고시하는 등 이들에 대한 관리 대책

미국쑥부쟁이_ 전체(위), 줄기와 잎(가운데), 꽃(아래)

을 세우고 있다. 생태계 위해 동물은 뉴트리아, 붉은귀거북, 황소개구리, 큰입배스, 파랑볼우럭 등 5종류고, 식물은 돼지풀, 단풍잎돼지풀, 서양등골나물, 털물참새피,

생태계 교란 식물
1	2
3	4

1 가시박 2 단풍잎돼지풀
3 돼지풀 4 미국쑥부쟁이

물참새피, 도깨비가지, 애기수영, 가시박, 서양금혼초, 미국쑥부쟁이, 양미역취 등의 11종류다. 동물은 주로 식용할 목적으로 도입하여 사육하거나 애완용으로 기르던 것이 관리 소홀로 자연으로 뛰쳐나오거나 종교적 행사로 자연에 방생된 것이 많은데, 이들은 야생에서 생활하는 자생종을 잡아먹는 등 생태계를 교란시키는 주범으로 지목당하고 있다. 예를 들어 방송을 통해 잘 알려진 황소개구리는, 야생 개구리는 물론 자기보다 덩치가 큰 뱀을 잡아먹는 등 엄청난 식성을 보일 뿐만 아니라 알도 상상 이상으로 많은 개체를 낳고 있다. 황소개구리를 퇴치하기 위해서 일부 지방자치단체에서는 1마리 잡아 오면 얼마 하는 식으로 보상해 주는 제도를 시행한 적이 있을 정도다. 또 '월남붕어', '납작붕어', '블루길' 등으로 불리는 파랑볼우럭의 폐해도 심각한 수준이다. 이들은 주로 호수에 사는데 강원도 춘천호의 경우 그물을 던져 잡아 올리는 물고기의 1/3 이상이 파랑볼우럭이라 할 만큼 개체 수가 엄청나게 불어나 있다. 특히 우리나라 대부분의 호수는 인공 댐 때문에 조성되어 자생하던 물고기들은 달리 도망칠 곳이 없으므로 그 자리에서 파랑볼우럭의 먹잇감이 되고 만다. 이런 추세라면 머지않아 우리나라 호수의 대부분은 파랑볼우럭으로 가득 차게 될지도 모르겠다. 그렇다면 외래 식물 종류는 괜찮은가? 동물은 눈에 잘 띄지 않는 물속에서 생활하므로 심각성이 덜 느껴질 수도 있겠지만, 식물은 눈에 보이기 때문에 그 심각성을 즉각적으로 알 수 있다. 귀화식물 중 생태계 위해 식물로 가장 먼저 지정된 종류는 북아메리카 원산의 돼지풀과 단풍잎돼지풀이다. 돼지풀은 이입 제2기에 들어와 제3기에 들어온 단풍잎돼지풀보다 먼저 들어온 종류로 전국적인 분포를 보이는 반면, 단풍잎돼지풀은 북한강 주변 지역을 중심으로 왕성하게 번져 나가고 있다. 단풍잎돼지풀은 한해살이풀인데도 키가 1~2.5미터까지 자라고 식물체 전체에 바늘 같은 강한 털剛毛이 있어 피부에 닿으면 쐐기에 쏘인 것처럼 통증이 있다. 또한 줄기 하나에서 만들어 내는 씨의 양이 어른 손바닥 2개를 붙여 담아도 넘칠 정도로 많다. 이런 강력한 번식력으로 인해 한 개체만 있어도 1년 후에는 그 주변을 단풍잎돼지풀이 온통 차지하게 된다. 일단 발아가 되면 줄기 사이로 햇빛이 거의 들어오지 못하므로 다른 식물은 자랄 수 없다. 단풍잎돼지풀 스스로도 다른 식물이 침입하지 못하도록 빽빽하게 자리를 잡는 속성이 있다.

미국쑥부쟁이는 제3기에 유입된 여러해살이풀로, 최근에 위해 식물로 지정되었다. 북아메리카 원산으로 한국전쟁 때에 미국의 군수 물자에 붙어서 들어온 것으로 추측되며, 주로 서울과 경기, 강원도 영서 지방, 경상도 지역을 중심으로 세력을 확대해 나가 지금은 우리나라 전역에 분포한다.

속명 'Aster'는 별을 뜻하는 그리스어 'aster'에서 유래되었는데, 국화과의 특징인 두상화頭狀花가 방사상 모양이어서 붙여진 듯하다. 종소명 'pilosus'는 부드러운 털이 있다는 뜻인데 실제로는 줄기에 까칠까칠할 정도로 많은 털이 분포한다. 그래서 어떤 사람들은 '털쑥부쟁이'라고도 한다. 미국쑥부쟁이란 우리 이름은 미국에서 들어온 쑥부쟁이란 의미로 붙여졌는데, 강원도 춘천의 중도에서 처음 보고되었다 하여 '중도국화'라고도 부른다. 형태가 비슷한 종류로는 '우선국'이 있는데 잎은 긴 타원형처럼 생긴 피침 모양으로 폭이 넓고, 꽃의 지름은 2.5센티미터로 크며 꽃 색깔이 자주색이어서 미국쑥부쟁이와는 차이가 있다.

아름다움을 느끼는 감정은 대부분의 사람들이 비슷한 것 같다. 분명 귀화식물이라 반갑지는 않지만 그래도 미국쑥부쟁이 꽃을 볼 때면 그런 사실을 잠시 잊을 만큼 썩 괜찮단 생각을 한다.

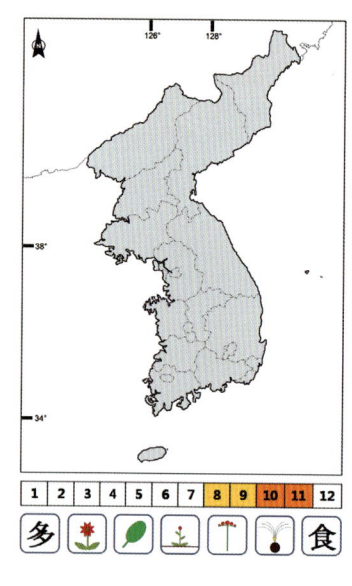

미국쑥부쟁이는 국화과Compositae에 속하는 여러해살이풀로, 줄기의 높이는 40~120cm 정도다. 줄기 아래쪽은 목질화되어 굵고 나무처럼 딱딱하며 털이 있고, 윗부분은 가지가 많이 갈라지는데 대부분 한쪽 방향으로 배열된다. 줄기 아래쪽의 잎은 주걱처럼 생겼고 가장자리에는 털이 있으며, 윗부분에 나는 잎은 어긋나 달리고 길이는 3~10cm로 좁은 선 모양으로 낫처럼 굽었으며 끝이 뾰족하지만 톱니는 없다. 꽃은 흰색으로 8~9월에 피는데 가지와 줄기 끝에 달리며 지름은 1~1.5cm 정도다. 꽃의 가장자리를 둘러싸는 혓바닥 모양의 설상화는 15~25개가 달리는데 길이는 6~9mm로 흰색 또는 연한 자색이다. 꽃의 가운데에는 통 모양의 꽃인 통상화가 있는데 황색으로 핀다. 꽃을 보호하는 총포엽은 3열로 배열하고 끝은 뾰족하며 바깥쪽의 것은 뒤로 말린다. 열매는 민들레 씨처럼 생긴 수과로, 짧은 털이 있고 황갈색이며 10~11월에 익는다. 씨의 끝에는 관모라고 부르는 흰색 털이 있다.

홍·정·윤 갤·러·리

미국쑥부쟁이 *Aster pilosus*

곤드레나물로 더 유명한
고려엉겅퀴

강원도 하면 머릿속에 떠오르는 몇몇 단어들이 있다. 아름다운 자연, 눈꽃, 감자, 산나물 등이다. 특히 산나물을 이용한 먹거리가 아주 다양해서, 나물을 주제로 하는 축제도 여럿이다. '곰취' 한 가지 종류만으로 진행되는 축제가 있는가 하면, 여러 산나물을 골고루 다루는 '산나물 축제'도 있다. 강원도뿐만이 아니라 전국에서 개최되고 있는 산나물 축제가 모두 23개나 된다고 하니 가히 봄의 축제는 '산나물 축제'라 해도 과언이 아닐 것 같다. 강원도에서는 8개 시군에서 9개의 산나물 축제가 열리고 있다. 축제는 지역마다 특색을 가지고 다양한 프로그램으로 운영되고 있는데, 홍보도 되고 해서 축제를 통한 수입만 해도 쏠쏠하다고 한다. 산채 식당으로 유명한 고랭지 근처의 평창이나 진부 등에 가 보면, 이른바 산채 식당가가 만들어져 있는데 집집마다 '원조'라는 간판을 내걸고 자기 가게를 홍보하기에 바쁘다. 어느 집은 식당 입구에 가마솥을 내걸어 놓고 직접 농사지은 콩으로 두부를 만드는 과정을 보여 주기도 하고, 가게 앞마당 한가득 산나물을 쌓아 놓고 손질하는 모습

1	2	고려엉겅퀴
		1 전체 2 잎
3		3 꽃

을 직접 보여 주기도 한다. 사람들 식욕을 돋우는 데는 직접 보여 주는 것이 최고인 것 같다. 시골에서 자란 사람들이야 그까짓 것 별거 아니겠지만, 도시에서 나고 자라난 아이들에게는 둘도 없는 현장 학습이요, 볼거리다. 밥상을 받아 보면, 상 한가득 올려놓은 접시마다 진녹색 산채들이 그득하고 한쪽에선 뚝배기에 보글보글 된장찌개가 끓고 있다. 봄에 찾은 산채 식당의 밥상이 신선한 녹색으로 가득하다면 여름이 지나면서부터는 밥상 위의 색깔은 누런 황토색으로 바뀐다. 봄에 따 모았던 나물들을 절이거나 삶아서 저장하기도 하고, 말려서 묵나물로 만들어 놓았다가 이용하기 때문이다. 밥상 위에는 20여 가지 나물이 나와 있는데 도대체 어떤 산채인지 구분할 수가 없다. 그래도 몸에 좋은 참살이 음식이라고 하니 맛있게들 먹는다.

꽃의 비교_ 고려엉겅퀴(위), 흰고려엉겅퀴(아래)

    신선한 산채로 이용하기보다 묵나물로 유명해진 산나물이 하나 있다. 강원도 평창 지역의 식당에 가면 '곤드레밥' 또는 '곤드레나물'이라고 하는 이름의 메뉴를 쉽게 찾아볼 수 있다. 이름도 독특한 '곤드레'라는 식물의 어린잎을 삶아서 말린 것을 함께 넣고 밥을 짓거나, 묵나물로 무쳐서 먹는 것이다. 이 식물은 고산 지방에서 주로 자라는 우리나라 특산식물인 고려엉경퀴Cirsium setidens로, '곤드레'는 지방에서 부르는 이름이다. 모르긴 해도 이 지방에서는 최고의 나물로 치는 것 중의 한 가지인 것 같다. 그런데 나물로 이용하기 위해서는 꽃이 피기 전인 늦은 봄이나 초여름에 수확해야 하므로, 어떤 모습으로 자라고 언제 어떻게 꽃이 피는지를 제대로 아는 사람은 드물다.

    고려엉경퀴의 속명 'Cirsium'은 그리스어 'Kirsion' 또는 'Cirsion'에서 유래된 말로 '정맥을 확장한다'라는 의미인데, 이는 엉경퀴와 비슷한 외국의 식물이 혈관에 생기는 정맥종을 치료하는 데 탁월한 효과가 있다고 해서 붙여진 이름이라고 한다. 그래서 이들 종류의 우리 이름을 지을 때도 피가 응고된다는 뜻에서 '엉킨다'는 표현을 사용하여 '엉경퀴'가 된 것 같다. 종소명 'setidens'는 찌르는 털刺毛 같은 톱니가 있다는 뜻으로 잎 가장자리에 있는 바늘같이 뾰족한 톱니를 표현한 것이다. 이런 뾰족한 톱니 때문인지는 몰라도 꽃말은 '근엄', '독립', '권위', '닿지 마세요' 등으로 다양하다. 고려엉경퀴라는 우리 이름은 고려한국의 엉경퀴라는 뜻

엉겅퀴 종류_ 엉겅퀴(왼쪽), 큰엉겅퀴(가운데), 정영엉겅퀴(오른쪽)

이고, 지방에서는 '독깨비엉겅퀴', '도깨비엉겅퀴', '구멍이', '곤드래'라고도 불린다. 지리산에서 평안남도 성천까지 우리나라에 널리 분포한다. 고려엉겅퀴 가운데 꽃은 자주색으로 피고 잎 뒷면이 모시풀처럼 흰색인 것은 '흰잎고려엉겅퀴', 흰색 꽃이 피는 것은 '흰고려엉겅퀴'라고 구분한다. 고려엉겅퀴와 생김새가 비슷한 종도 많은데, 우리나라에는 엉겅퀴, 물엉겅퀴, 큰엉겅퀴, 바늘엉겅퀴, 도깨비엉겅퀴, 동래엉겅퀴, 흰잎엉겅퀴, 정영엉겅퀴 등 8종류 정도가 자생한다. 이 종류들의 꽃은 대부분 자색으로 피며 잎 가장자리에 가시가 있다는 공통점은 있으나, 자생지나 잎이 갈라지는 정도, 총포의 모양, 줄기의 특징 등에는 조금씩 차이가 있다.

엉겅퀴 종류에 얽힌 전설이 있는데, 옛날 아주 외딴 마을에 한 소녀가 살고 있었다. 이 소녀는 우유를 짜서 장에 내다 팔아 생계를 잇는 가난한 소녀 가장이었다. 하루는 우유를 장에 내다 팔아 쌀과 식구들 선물을 사오려고 집을 나섰다. 항아리 가득 우유를 담아 머리에 이고 조심스럽게 장을 향해 걷다가 그만 길가에 피어 있던 큰 엉겅퀴에 손을 찔려 놀라는 바람에 항아리를 놓쳐 우유가 쏟아져 버렸다. 빈

손으로 돌아온 소녀는 너무나 아까워하며 몇 날 며칠을 슬퍼하다가 끝내 병을 얻어 앓다가 목숨까지 잃고 말았다. 훗날 소녀는 소로 환생하여 원망스러웠던 엉겅퀴를 모두 뜯어먹고 다녔다고 한다. 다행스럽게도 고려엉겅퀴는 주로 깊은 산의 높은 곳에서 자라므로 실제로 소에게 뜯어먹힐 염려는 없다.

우리나라 고유 식물인 고려엉겅퀴의 잎이나 줄기를 안주 삼아 술을 마시면 곤드레만드레가 될 때까지 마음껏 마실 수 있다고도 하고, 절대로 곤드레만드레가 되지 않는다는 말도 있다. 그만큼 영양가가 풍부하다는 뜻이다. 앞으로도 묵나물의 으뜸으로, 또 한국의 최고 엉겅퀴로 그 명맥이 영원히 지속되기를 고대한다.

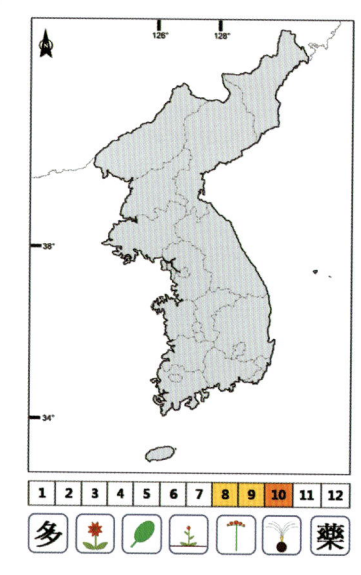

고려엉겅퀴는 국화과 Compositae에 속하는 여러해살이풀로, 줄기는 1m까지 높게 자라고 가지를 많이 치며 뿌리에서 올라온 잎은 꽃이 필 때쯤 말라서 없어진다. 줄기의 잎은 어긋나 달리고 줄기 가운데 잎은 잎자루가 있지만 위로 갈수록 없어진다. 계란 모양의 잎은 길이가 15~35cm 정도며 끝은 뾰족하고 밑은 넓은 쐐기 모양으로 가장자리에 가시 같은 톱니가 있다. 잎의 뒷면은 흰빛이 돈다. 꽃은 자색으로 8~9월 사이에 가지 끝과 원줄기 끝에 3~4cm 정도의 엉겅퀴와 비슷한 꽃이 1개씩 달린다. 꽃을 받치고 있는 총포는 둥그렇고 끝은 뾰족하며 거미줄 같은 털이 많이 있다. 열매는 10월에 익는데 씨방 1개에 하나의 씨가 들어 있으며 날개나 털이 있는 수과다. 씨의 모양은 긴 타원형이며 길이는 3.5~4mm고, 씨끝에 달리는 털인 관모는 11~16mm로 갈색이다.

가을을 닮은 청아한 보라색 꽃의 용담

낙엽이 지기 시작하는 가을이 되면 숲이 보여 주었던 짙은 녹색 빛깔은 줄어들고 주렁주렁 매달려 있는 열매만이 풍성함을 더한다. 대부분의 식물이 한 해를 마무리하며 결실의 시기로 가고 있을 때 몇몇 종류들은 이제야 자기를 한껏 뽐내기 위하여 여름 꽃보다 한층 더 화려하고 아름다운 자태를 드러낸다. 늦은 계절에 꽃이 피었으니 열매를 맺기 위해서는 화려한 빛깔로 곤충들을 유혹해야 한다. 훌륭한 삶의 지략智略이요, 전략戰略인 셈이다. 구절초, 산국, 쑥부쟁이 같이 여러 개의 작은 꽃들이 모여 두상화頭狀花를 형성하는 국화과 식물들이 그렇고, 보랏빛으로 가득한 투구꽃, 그리고 이번에 소개할 용담 *Gentiana scabra*도 이런 무리에 속한다. 용담이 꽃을 피울 시기가 되면 그 근처에 있는 식물들의 잎은 대부분 누런 황색으로 변하거나 말라 간다. 이런 쓸쓸한 풍경을 배경으로 진한 하늘색 꽃이 군데군데 보인다면 얼마나 반갑겠는가. 몇 년 전에 우리나라 굴지의 기업에서 운영하는 용담 재배지를 방문했던 적이 있다. 그 회사의 회장이 용담 종류의 꽃을 좋아해서 시작하

1	2	용담
3		1 전체 2 잎
		3 꽃

게 되었다고 하는데, 그곳에 머무는 몇 시간 동안은 정말이지 아무런 생각이 나지 않을 만큼 황홀경에 빠져 있었다. 비닐하우스로 되어 있어 겉으로 드러나는 화려함이나 운치는 없었는데도 말이다. 그곳에는 야생하는 용담을 개량한 흰색부터 진한

자색까지 색깔이 다른 수많은 종류의 품종들이 피어 있었고, 그 종류들은 대부분 일본에서 만들어진 것이라고 했다. 그래서 이들 품종과 우리나라에 자생하는 용담 종류를 교배하여 새로운 품종을 육성하는 것이 그곳의 목적이라고 했다. 우리나라 용담 종류의 진한 하늘색 피가 일본산 종류들과 혼합되면 어떤 빛깔의 꽃이 나올 수 있는지 원예 전문가에게 자문을 구했더니, 새로운 조합에 의해서 만들어질 수 있는 색깔은 무궁무진하다는 의견이다. 외국에서 만들어진 품종을 들여와 재배하여 판매하려면 소유권에 대한 사용료, 즉 로열티를 품종을 개발한 회사에 지불해야 한다. 화훼 시장에서 거래되는 수많은 종류의 꽃들이 대부분 이 범주에 포함되는데, 우리 고유 식물을 통해 새롭게 품종을 만들어 낼 수 있다면 얼마나 좋겠는가. 그 비싼 로열티를 물지 않아도 될 테니 말이다. 용담뿐만 아니라 화훼 품종으로 개발할 수 있는 우리나라 자생식물에 대한 연구가 활발하게 진행되어 이익을 얻을 수 있는 날이 빨리 왔으면 좋겠다.

용담의 속명 '*Gentiand*'는 기원전 500년 아드리아 해 동쪽에 있던 고대 국가 일리리아의 왕 젠티우스Gentius에서 유래되었으며, 종소명 '*scabra*'는 까칠까칠한 돌기물이 있다는 뜻으로 잎 가장자리와 맥 위에 있는 돌기를 표현한 것이다. 용담이란 우리 이름은 뿌리의 쓴맛이 웅담보다 강하다 하여 용담이 되었다고도 하고, '용의 쓸개 맛과 같다'는 의미로 용담이라 불리게 되었다고도 한다. 상상의 동물인 용의 쓸개에 비교할 만큼 쓴맛이 난다는 뜻이니 정말로 쓰긴 쓴 모양이다. 용담은 '초룡담', '섬용담', '선용담', '초용담', '룡담' 등으로도 불린다. 우리나라에 분포하는 용담속 식물은 10여 종이다. 용담과 달리 흰 꽃이 피는 것을 '흰용담'이라 하며, 생김새가 가장 비슷한 '진퍼리용담'은 주로 습지에서 자라고 잎이 좁은 피침형이어서 차이가 난다. 이 외에도 '과남풀', '비로용담', '산용담' 등이 중부 이북 지방이나 백두산에서 자라고, '흰그늘용담'은 한라산, 그리고 구슬붕이 종류들은 양지바른 풀밭에서 쉽게 만날 수 있다.

과남풀

구슬붕이

경상도 지방에는 용담 뿌리에 얽힌 전설이 전해지는데, 눈이 많이 내리는 겨울날, 한 나무꾼이 나무를 하러 산을 오르고 있었다. 그때 사냥꾼에게 쫓기는 토끼를 발견하고는 안전한 곳으로 피신시켜 주었다. 며칠 후 다시 나무하러 산에 간 나무꾼 앞에 토끼가 나타났다. 토끼는 쌓인 눈을 파헤쳐 그 안에 들어 있던 풀뿌리 하나를 캐 주었다. 마침 아침을 먹지 않아 배가 고팠던 나무꾼은 토끼가 파 준 풀뿌리를 먹었는데, 놀라 뱉어 내야 할 만큼 맛이 썼다. 나무꾼은 토끼가 자신을 놀린 것이라 여겨 토끼에게 마구 화풀이를 했다. 그때 토끼가 산신령으로 변하더니 '자신을 구해 준 은혜를 갚기 위해 보답의 의미로 찾아 준 귀한 약초'라고 설명하고는 눈앞에서 사라져 버렸다. 그 풀뿌리가 바로 용담의 뿌리였던 것이다. 나무꾼은 그 뿌리들을 모아 시장에 내다 팔아 큰 부자가 되었다고 한다.

용담 종류 중 용담, 과남풀, 비로용담의 뿌리는 용담초龍膽草라 하여 약으로 쓰는데, 용담초에는 겐티아닌gentianine과 겐티아피크린gentiapicrin 같은 성분이 들어 있다. 겐티아닌은 알칼로이드 성분으로 류머티즘 관절염에 효과가 있고, 겐티아피크린은 입안의 미각신경을 자극하여 위액 분비를 촉진시키는 작용을 한다. 이 외에도 간 기능을 원활하게 돕고 항염증작용을 하며 급성 결막염에도 유용하게 사용한다. 우리나라에 분포하는 용담속 식물들은 꽃이 크고 아름다워 관상용으로도 충분한 가치가 있다. 또 뿌리에는 여러 가지 약용 성분도 있으니 식물체 전체를 이용할 수 있는 훌륭한 자원식물임에 틀림없다.

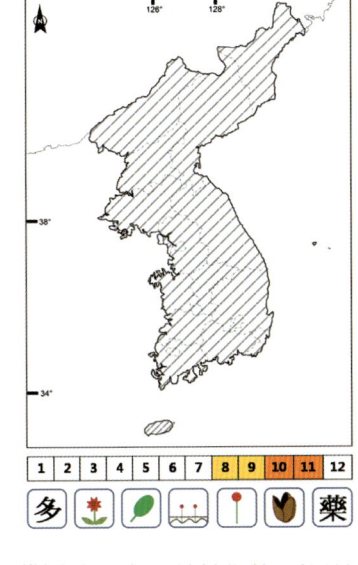

용담은 용담과 Gentianaceae에 속하는 여러해살이풀로, 높이는 20~60cm에 달하고 줄기에는 4개의 가는 세로줄이 있으며 털이 없어 매끈하다. 땅속줄기는 짧고 흰색의 굵은 수염뿌리는 여러 개가 뭉쳐져 덩어리를 이룬다. 잎은 마주나 달리고 앞면은 자색을 띠지만 뒷면은 연한 녹색이고 길이 4~8cm, 폭 1~3cm로 3개의 뚜렷한 맥이 있으며 맥 위와 가장자리에는 얕은 돌기가 있다. 꽃은 8~9월에 자주색으로 피며 원줄기 끝과 윗부분의 잎 사이에 꽃줄기 없이 달린다. 꽃의 길이는 4.5~6cm 정도로 종 모양이며 끝은 5개로 갈라지고 갈라진 조각 사이에는 잎 조각 같은 부속물이 있다. 암술은 1개이고 수술은 5개로 꽃잎 안쪽에 붙어 있으며 꽃받침은 12~18mm로 좁은 피침형이고 아래에는 꽃을 보호하는 2장의 포엽이 있다. 열매는 10~11월에 성숙하고 익으면 배봉선을 따라 껍질이 터지는 삭과로 끝에는 꽃잎과 꽃받침이 붙어 있다. 씨는 넓은 피침형으로 양 끝에 날개가 있다.

물가에 사는 예쁜 장난감, 물봉선

울밑에선 봉선화야 네 모양이 처량하다
길고긴 날 여름철에 아름답게 꽃 필적에
어여쁘신 아가씨들 너를 반겨 놀았도다.

일제의 총칼 아래 짓밟힌 민족의 슬픈 운명을 울밑에 선 한 송이의 봉선화 꽃으로 표현한 김형준 작시, 홍난파 작곡의 우리나라 대표 가곡 「봉선화」의 일부다. 누구나 한번쯤 불러 보았을 것으로 생각되는데 이 노래는 우리나라뿐만 아니라 외국, 특히 일본인들도 좋아했다고 한다. 그러나 경찰은 이 노래를 부르지 못하게 제지했을 뿐 아니라 노래를 불렀다고 연행하여 조사하기도 했었다고 한다. 그뿐이랴! 어린 시절 봉선화 꽃을 백반과 함께 짓이겨 손톱에 얹고 비닐로 칭칭 감고는 비닐이 풀어질까 노심초사하며 하룻밤을 자고 일어나면 손톱이 예쁘게 물들어 있던 즐거운 추억도 있다. 얼마 전에는 사랑하는 이를 봉선화에 비유했던 가요가 큰 인기를 얻기도 했다. 이렇듯 우리에게 친근하고 여러 가지 의미를 담고 있으며 용도도 다양한 이 식물은 사실 우리나라 토종 야생식물이 아니다. 인도, 말레이시아, 중국 원산의 식물을 관상용으로 들여온 도입종이다. 한해살이풀이지만 붉은색, 흰색, 자색 등으로 다양한 색의 꽃을 피워 내고 그 모습 또한 봉황새처럼 예뻐서 남녀노소 누구 할 것 없이 좋아하는 식물 중의 하나다. 그렇다면 우리나라에서 절로 나 자라는 봉선화는 없는 것일까? 봉선화가 여느 시골집 마당에서나 쉽게 볼 수 있는 식물이라면 우리나라 토종 봉선화에 해당하는 물봉선 Impatiens textori은 개울가나 산속 계곡 등에서 만날 수 있다.

물봉선_ 군락(위), 꽃(가운데), 열매(아래)

물봉선의 속명 '*Impatiens*'는 '참지 못한다'라는 뜻인데 열매가 익으면 바로 톡 하고 터져 버리는 특징을 따서 붙여졌다고 한다. 그래서 꽃말도 '나를 건드리지 마세요'다. 종소명 '*textori*'는 식물채집가인 텍스토 Textor를 기념하기 위해 붙인 이름이다. 물봉선이란 우리 이름은 물가에 사는 봉선화란 뜻이며, '물봉숭', '물봉숭아'라고도 부

물봉선 종류의 전체 형태와 꽃의 비교_ 물봉선(위), 흰물봉선(가운데), 노랑물봉선(아래)

른다. 흰 꽃이 피는 것은 '흰물봉선', 흑자색 꽃이 피는 것은 '가야물봉선'이라 하여 각각 품종으로 인정한다. 또 노란 꽃이 피고 잎 가장자리에 둔한 톱니가 있는 것은 '노랑물봉선'이라 구별하며, 그보다도 꽃색깔이 연한 노란색인 것은 '미색물봉선'이라 하여 노랑물봉선의 한 품종으로 다룬다. 이 종류들은 모두 친척지간으로 생육 환경이 비슷하여 한곳에 무리지어 자라는 경우도 있는데, 여러 빛깔의 꽃이 한꺼번에 활짝 피어 있는 군락지 정경은 말 그대로 장관을 이룬다. 물봉선 종류들의 줄기는 힘을 주어 잡으면 물이 배어 나올 정도로 수분이 많아 약해 보이지만 튀어나와 있는 마디가 줄기 전체를 지탱하는 역할을 한다. 이 부분은 식물의 조직 중 지지작용을 하는 후각세포厚角細胞라는 세포층에 의해 채워져 있는데, 현미경으로 보면 이들 세포가 마치 벽돌을 쌓아 놓은 것처럼 조밀하게 붙어 있다. 봉선화의 줄기와 미나리 줄기도 마찬가지다.

봉선화_ 꽃(위), 열매(아래)

봉선화는 손톱에 물을 들인다면 물봉선은 어디에 쓰일까? 비슷한 식물들은 서로 성분도 비슷하니 물봉선도 어느 정도 염료로 사용할 수는 있겠지만 봉선화처럼 손톱을 물들일 만큼 강한 염료의 역할을 하지는 않는다. 그러나 한방에서는 식물체 전체를 야봉선화野鳳仙花, 좌라초, 가봉선 등으로 부르며, 잎과 줄기, 그리고 뿌리를 생약으로 쓴다. 줄기는 해독 및 소종 작용이 있어서 뱀에 물렸을 때나 종기를 치료할 때 사용하고, 뿌리는 강장 효과가 있으며 멍든 피를 풀어 주는 데도 쓴다.

지금도 물봉선을 만날 때면 항상 동심으로 되돌아간다. 나도 모르게 어릴 적 봉선화 열매를 손으로 쳐서 튕겨 터트렸던 것처럼 물봉선의 열매를 튕겨 본다. 봉선화의 열매는 타원형으로 크고 털이 있는 데 비해 물봉선 종류는 작은 강낭콩처럼 생겼으며 털이 없어 매끈하다. 그래서인지 다소 투박한 소리가 나는 봉선화보다 물봉선은 훨씬 경쾌한 소리가 난다. 톡톡 껍질이 분리되는 소리와 튕겨 나간 씨가 떨어지는 소리의 멋있는 화음이 마치 음악처럼 들린다.

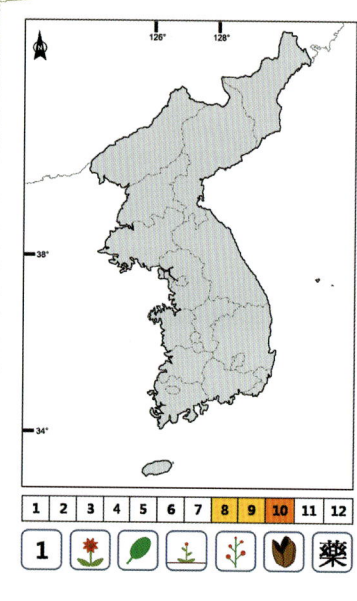

물봉선은 봉선화과Balsaminaceae에 속하는 한해살이풀로, 높이는 40~80cm 정도고 줄기는 보통 붉은색을 띠며 마디가 튀어나왔다. 줄기에는 털이 없어 매끈하며 윤기가 나기도 한다. 잎은 어긋나 달리고 넓은 피침형으로 길이 6~15cm, 폭 3~7cm며, 잎자루가 있고 잎 가장자리에는 날카로운 톱니가 있다. 꽃은 8~9월에 홍자색으로 피며 가지 윗부분에 몇 개의 꽃이 송이처럼 달려 총상꽃차례를 만든다. 작은 꽃자루는 아래쪽을 향하면서 꽃을 매달고 있어서 바람이 불면 그네가 움직이듯 살랑살랑 흔들린다. 꽃잎은 3개로 양쪽에 있는 것은 길이가 3cm 정도로 크고, 꽃부리는 넓고 자주색 반점이 있으며 끝은 안쪽으로 말려 동그랗다. 그 안에는 꿀샘이 있어 곤충들이 꿀을 따라 깊이 들어가면서 꽃가루받이를 하게 된다. 수술은 5개며 수술머리는 합쳐지고 암술은 1개다. 열매는 10월에 익고 성숙하면 껍질이 터지는 삭과로 피침 모양이며 길이는 1~2cm 정도다. 열매는 봉선화 열매가 터지듯 탄력 있게 뒤로 말리면서 씨를 밖으로 내보낸다.

홍·정·윤·갤·러·리

물봉선 *Impatiens textori*

외로운 계절을 홀로 지키는 빈 들의 색시, 산국과 감국

무더웠던 여름이 지나가면 하늘은 높고 말은 살찐다는 천고마비天高馬肥의 계절 가을이 돌아온다. 밭에는 잘 여문 들깨와 콩, 그리고 붉게 익은 고추가 탐스럽게 달려 있고, 논에는 누렇게 익은 벼가 바닥을 향해 고개를 숙이고 있다. 농부들에게는 수확의 계절로 가장 풍성함을 느낄 수 있는 이 시기가 일 년 중 가장 행복한 시간이 아닌가 싶다. 한마디로 부러울 게 없는 시간이다. 그러나 남자들에게는 좀 다르다. 여자는 봄을 타고 남자는 가을을 탄다고 했던가? 아직까지 제 짝을 찾지 못한 남자의 뒷모습에는 진한 쓸쓸함이 묻어 있다. 이 무렵 외로운 사람들의 마음을 달래 주기라도 하듯이 은은한 향을 뿜으며 아름다운 꽃을 피우는 식물이 있으니, 바로 우리가 '들국화'라고 부르는 그것이다.

들녘 비탈진 언덕에 늬가 없었던들
가을은 얼마나 쓸쓸했으랴.

산국_ 꽃(왼쪽), 줄기와 잎(오른쪽)

아무도 너를 여왕이라 부르지 않건만
봄의 화려한 동산을 사양하고
이름도 모를 풀 틈에 섞여
외로운 계절을 홀로 지키는 빈들의 색시여

시인 노천명은 들국화를 이렇게 노래했다. 들국화는 들에서 볼 수 있는 국화 모양의 꽃을 가지는 식물을 통틀어 이르는 말로, 식물학적으로는 국화과의 구절초속 *Chrysanthemum*, 쑥부쟁이속 *Kalimeris*, 갯쑥부쟁이속 *Heteropappus*, 개미취속 *Aster* 식물들이 포함된다. 하지만 좀 더 정확히 이야기하자면 들국화란 식물은 구절초속의 산국 *Chrysanthemum boreale*과 감국 *C. indicum*을 일컫는 말이다. 이 식물들은 언덕이나 길가, 마을 주변 등 주로 지대가 낮은 지역에서 자라며 단풍이 질 무렵 조그맣고 노란 꽃을 우리에게 보여 준다. 잎에서 나는 향기도 가을이라는 계절에 맞게 수수하고 은은하게 풍겨 머리와 정신을 맑게 해주므로 기분 좋은 꽃이라 아니할 수 없다.

산국과 감국의 속명 '*Chrysanthemum*'은 고대 그리스어 'Chrysanthemon'

꽃의 비교_ 산국(위), 감국(가운데), 구절초(아래)

에서 유래되었는데, 이 단어는 황금색을 의미하는 'chrysos'와 꽃을 의미하는 'anthemon'의 합성어로 '황금색 꽃'이라는 뜻이다. 산국의 종소명 *boreale*는 북쪽 지방에 분포한다는 뜻이고, 감국의 *indicum*은 인도 지방에 분포한다는 의미다. 산국이란 우리 이름은 산과 들에 피는 국화라는 뜻이고, 감국은 꽃잎에서 약간 쓴맛이 나는 산국에 비해 단맛이 나기 때문에 붙여진 이름인 것 같다. 이런 이유 때문에 국화차로 이용할 때는 산국보다는 감국을 많이 쓴다고 한다. 산국은 지방에 따라 '개국화', '들국', '나는개국화' 등으로 달리 불리기도 하며, 감국은 '선감국', '국화', '황국', '들국화'로도 불린다. 때로는 두 종을 '산국'이라고 같이 부르기도 한다. 산국과 감국의 친척쯤 되는 식물로는 구절초가 대표적이다. 구절초의 줄기는 오월 단오 때는 5마디가 되고 9월 9일 중양절에는 9마디가 되는데, 9마디일 때 잘라 내어 말려서 약으로 사용한다 해서 구절초라고 한다. 산국과 감국이 지대가 낮은 지역에서 볼 수 있는 들국화라면 구절초 무리는 높은 지역에 자란다. 그래서인지 키가 작고 꽃 색깔도 흰색에서 분홍색까지 다양하여 노란색인 산국이나 감국과는 차이를 보인다.

    한방에서는 산국과 감국의 꽃을 야국화野菊花라 하여 약용한다. 동맥에 혈류량을 증가시키고 혈압을 낮추는 효과가 있어 고혈압에 유용하며, 항균작용도 한다. 햇살 따사로운 날, 들에 나가 한껏 햇볕을 받고 있는 황금색 꽃을 보면 절로 가을을 실감하게 된다. 잎이나 꽃을 차로 이용하는 들국화 종류는 혈기에 좋고 몸을 가볍게 하며 위장을 편안하게 하는 효과가 있다고 한다. 중국의 유향이란 사람이 평생 국화류를 가까이하여 1,700살까지 살았다는 전설이 그 효능을 입증한다. 요즘은 편안한 잠자리를 위해 들국화 꽃을 말려 베갯속으로 사용하기도 하고, 비누를 만들기도 한다. 최근 강원도의 한 지방자치단체에서는 일거리 창출을 위한 사업으로 산국의 재배에서 상품 생산까지의 전 과정을 활발하게 스토리텔링하고 있다고 한다. 다양한 쓰임새 때문에 선택된 훌륭한 식물이다.

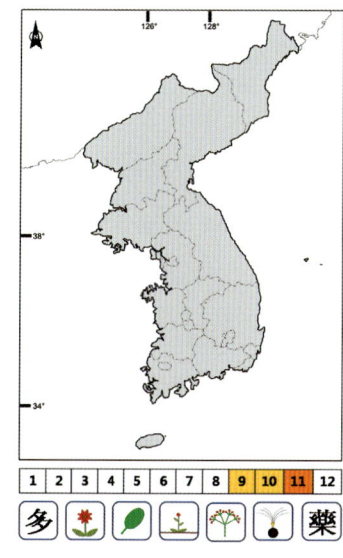

산국은 국화과 Compositae에 속하는 여러해살이풀로, 땅속의 뿌리줄기는 길게 뻗어나가고 원줄기는 곧추서는데 한 뿌리에서 여러 줄기가 나온다. 원줄기는 가지를 많이 치고 높이는 1~1.5m 정도로 크며 전체에 잔털이 있다. 잎은 어긋나고 계란 모양의 긴 타원형으로 길이 5~7cm, 폭 4~7cm다. 잎에는 1~2cm 정도의 잎자루가 있으며 밑부분은 얕은 심장 모양이고 가장자리는 깊게 갈라지며 뾰족한 톱니가 있다. 꽃은 황색으로 9~10월에 피는데 가지와 줄기 끝에 산형꽃차례 비슷하게 달리고 꽃의 지름은 1.5cm 정도로 작은 단추만 하다. 꽃을 받치고 있는 총포는 약 4mm로 각각의 조각은 3~4열로 배열하며 모양은 선형 또는 좁은 장타원형이다. 혓바닥 모양의 설상화는 꽃의 가장자리에 동그랗게 위치하고 가운데에는 통 모양의 통상화가 있다. 열매는 11월에 성숙하며 민들레처럼 생긴 수과로 길이는 1mm다.
감국은 줄기 아랫부분이 굽어 땅에 닿고 꽃의 크기는 2.5cm, 총포의 길이는 5~6mm로 커서 산국과 차이가 난다.

옛 친구가 그린 수채화 같은 개미취

얼마 전 연구실에서 한 통의 전화를 받았다. 상대는 뜬금없이 내 인적 사항을 묻더니 이내 반말이 튀어나왔다. "야, 너무 반갑다. 정말 오랜만이네. 어떻게 지내니?" 아닌 밤중에 홍두깨도 유분수지 자신의 신분은 밝히지 않고 저 궁금한 것을 속사포처럼 쏟아 냈다. 한 5분여 가까이 어정쩡하게 통화를 한 후에야 그가 누구인지를 알 수 있었다. 요즘은 걸려 오는 전화의 1/3 이상이 텔레마케팅을 하는 이들이고 보니 그저 그런 전화로 여겨 지극히 일상적인 반응으로 일관하는데 내가 살던 곳, 살던 때, 다니던 학교를 들먹이면서부터는 나를 잘 아는 사람이라는 것을 알게 되었다. 무턱대고 전화 연락을 해 온 이는 바로 초등학교 동창으로, 그의 말을 정리하면 초등학교를 졸업한 지 30여 년이 지났으니 이젠 가끔 연락도 하고 모임도 가지며 즐겁게 지내보자는 것이었다. 그 이후 아침에 컴퓨터를 켜면 가장 먼저 방문하는 곳이 동창회 카페가 되었다. 시간이 꽤 지났음에도 그때 그 시절의 추억이 소록소록 떠오르는 것이 신기하기도 하고 즐겁기 때문이다.

1	2	개미취
		1 전체 2 줄기와 잎
3		3 근엽

    이번에는 마치 초등학교 동창생 같은 식물을 하나 소개할까 한다. 흔하디흔하고 볼품이 없어 크게 환영받지는 못하지만, 마을 뒷산의 등산로나 밭둑의 가장자리 등 늘 우리 곁에서 함께하는 개미취 *Aster tataricus*가 그 주인공이다. 이름에 '취'라는 단어가 들어갔으니 우리가 좋아하는 취나물의 한 종류라는 것은 알 수 있다. 그러

개미취 꽃

나 '참취'나 '참나물' 처럼 정말 맛있다는 뜻의 '참' 자는 붙지 않았으니 인기 있는 나물은 아니다. 어렸을 때 뒷산에 가서 나물을 뜯어 오겠다고 큰소리를 치고 나가서는 하루 종일 헤매다 결국 허탕을 치고 돌아오는 길에, 그래도 체면을 차릴 요령으로 바구니에 담아 들고 왔던 것이 개미취였다. 나물 바구니라고 받아 든 어머니는 얼마나 허탈하셨을까? 그럼에도 어머니는 항상 나물 뜯어 오느라 수고가 많았다고 칭찬해 주셨다. 향이 좋거나 잎의 질이 좋아 생식할 수 있는 것은 쌈으로 이용하면 최고이지만, 개미취처럼 손으로 만졌을 때 거칠거칠할 정도라면 삶아서 묵나물로 이용할 수밖에 없는 재료다. 그렇다고 곤드레처럼 유명세를 탈 만큼 특별한 장점이 있는 것도 아니고. 어쨌든 개미취는 취 종류 중에서는 가장 볼품없는 종류로 취급받는 것이 사실이다.

속명 'Aster'는 별을 뜻하는 그리스어 'aster'에서 유래한 것으로 꽃의 모양이

방사 대칭이라는 것을 나타내며, 종소명 'tataricus'는 중앙아시아의 지명에서 따왔다. 개미취란 우리 이름은 꽃대에 개미처럼 작은 털이 붙어 있는 모양의 취라는 뜻인 것 같다. 우리나라에서 자라는 참취속 Aster 식물로는 쑥부쟁이, 해국 등 18종류 정도가 있는데, 가을에 흔히 볼 수 있는 국화처럼 생겨 하늘색 꽃이 피는 종류 대부분이 포함된다. 개미취와 비슷하게 생긴 종류로는 좀개미취와 갯개미취가 있는데, 좀개미취는 식물체 전체가 소형이고 꽃을 보호하는 총포의 조각總苞片은 둥글며 꽃의 수가 적고 꽃자루가 길어 개미취와 차이가 난다. 갯개미취는 1년생이거나 2년생으로 줄기에 털이 없고 주로 해안 습지에 여러 개체가 모여 군생을 하므로 개미취와는 차이가 있다. 지방에서 개미취는 '들개미취', '애기개미취'라고도 불린다. 하필이면 개미라는 단어가 이름에 들어가 혼동을 일으키게 하지만 개미와는 아무런 상관이 없는 것 같다. 추측컨대 개미취가 자라는 곳이 밭둑이나 길가 등 주로 개미들이 있는 개미집 근처라서 붙여진 이름이 아닐까 싶다.

한방에서는 뿌리를 자원紫苑이라 하여 약용한다. 주요 효능으로는 진해 및 거담 작용이 뛰어나고, 항균작용이 있어서 대장균, 이질균, 간균, 콜레라균 등의 증식을 억제하는 것으로 알려져 있다.

얼마 전에는 30년 만에 중학교 동창회를 한다고 해서 참석을 했다. 혹시 몰라 고향집에 들러 중학교 졸업 앨범을 꺼내 들고 이름과 얼굴을 맞춰 가며 훑어보았는데 정확하게 기억나는 친구가 한 명도 없었다. 남자들이야 그럭저럭 눈에 익은 친구도 몇몇 있었지만, 여학생들은 마치 처음 보는 사람처럼 낯설었다. 설렘 반 기대 반 모임을 갖기로 한 중학교 근처의 약속 장소로 가보니 낯모를 아줌마와 아저씨들이 가득 앉아 있다. 세월 따라 변해 버린 친구들의 모습이었다. 서먹함은 잠시 다시 그 시절로 돌아가 정말이지 몇 시간 동안은 행복하고 흐뭇한 시간을 보냈다. 저 멀리 땅 끝 마을 해남에서, 어떤 친구는 동쪽 끝 울산에서 만사를 제쳐 놓고 단숨에 달려온 친구들의 마음과 정성이 무엇을 의미하는지도 알 것 같았다. 그저 학교 다닐 때에 재미났던 에피소드, 선생님들의 근황, 참석하지 못한 동창들 소식 등 소소한 일상을 확인하는 정도였음에도 고향 냄새가 흠뻑 배어 나오는 정겹고 아름다운 자리였다. 개미취가 살고 있는 곳도 그런 정겨움이 느껴지는 시골스러움이 있다. 화려하지 않고 다른 것보다 뛰어나지는 않지만 스산한 가을바람을 맞으며 가을꽃을 감상할 수 있는 그곳은 어릴 적 친구들과 뛰어놀던 운동장 같은 곳이다. 그리운 친구가 있는 곳이며 어디든 고향이 된다.

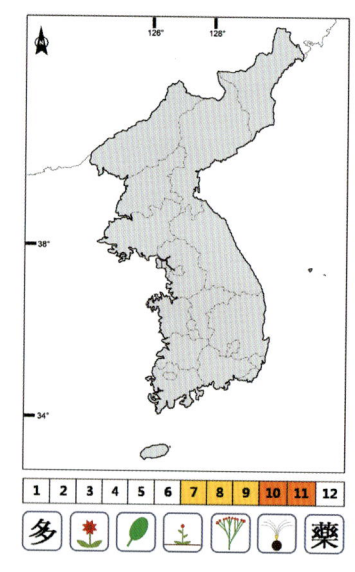

개미취는 국화과 Compositae에 속하는 여러해살이풀로, 높이는 1~1.5m까지 자라며 윗부분에서 가지가 많이 갈라진다. 줄기 전체에는 작고 강한 털이 있어 까칠까칠하다. 뿌리에서 직접 돋아난 잎은 계란 모양 또는 긴 타원형이며 길이는 30~70cm까지 자란다. 잎의 가운데 부분은 밑으로 갈수록 점점 좁아져 잎자루의 날개처럼 된다. 근엽의 양쪽 면에는 짧은 털이 있어 손으로 만져 보면 나무껍질처럼 거칠지만, 꽃이 필 때쯤이면 말라 없어진다. 줄기에 달리는 잎은 어긋나고 모양은 근엽과 비슷하며 길이 20~30cm, 폭 6~10cm로, 가장자리에는 날카로운 톱니가 있으며 위로 올라갈수록 잎자루는 짧아진다. 꽃은 7~9월에 하늘색으로 핀다. 가지와 원줄기 끝에 길이가 거의 같은 높이로 자라는 꽃자루에 꽃이 산방꽃차례로 달리며 꽃줄기에는 털이 많다. 꽃을 받치고 있는 총포는 반구형이고, 각각의 조각은 3열로 배열하며 피침형으로 끝은 뾰족하다. 열매는 10~11월에 성숙하고 씨방 1개에 하나의 씨가 들어 있고, 익은 후에도 껍질이 터지지 않는 수과로 길이는 3mm 정도며 털이 있고 끝에는 6mm 정도의 관모가 있다.

로마 병사의 투구를 닮은 투구꽃

식물의 꽃과 잎의 아름다움을 가장 잘 표현할 수 있는 사람을 꼽으라면, 단연 꽃집을 운영하거나 화훼 농원에서 꽃을 가꾸는 사람이라고 할 수 있겠다. 어렵고 힘은 들겠지만 때를 맞추어 꽃대가 올라오고, 연이어 활짝 피는 꽃을 제일 먼저 볼 수 있으니 그런 맛에 꽃 농사를 짓는 것이 아닌가 싶다. 자신의 귀한 노동의 결과로 잘 자란 꽃들이 늘어서서 한껏 제 꽃 색을 자랑하며 피어 있는 모습을 보면, 유명한 작곡가의 선율을 따다 놓은 음표 같기도 하고 어쩌면 화가의 붓놀림으로 그려진 굵고 강한 선처럼 보이기도 할 터이다. 이런 꽃들의 아름다움을 산속에서도 만날 수 있다. 꽃들이 한창인 4~8월에는 누가 누군지를 구별하지 못할 정도로 많은 식물이 앞다투어 꽃을 피워 달고 있다. 이때는 아무리 아름다운 모양과 색깔을 가졌다고 해도 지나가는 사람에게 제 모습을 드러내 자랑하기가 쉽지 않다. 모든 꽃이 최고의 모습으로 서 있기 때문이다. 절정의 이 시기가 지나면 여유를 부리며 모습을 드러내는 식물이 있다. 바로 투구꽃 *Aconitum jaluense*이다. 투구꽃은 다른 식물들이 열

1	2
3	

투구꽃
1 전체 2 꽃
3 잎

매를 맺거나 종자를 퍼트릴 준비를 하는 8~9월에 진한 보라색의 아름다운 꽃을 피우므로, 이 시기의 꽃 중에서는 단연 으뜸이다.

투구꽃의 속명 '*Aconitum*'은 어원이 분명하지 않은데 'Acone'이라는 지명에서 유래되었다는 말이 있으며, 종소명 '*jaluense*'는 '압록강'이란 의미를 가지고 있다. 학명의 의미는 그리 명확하지 않지만, '투구꽃'이란 우리 이름만은 꽃의 모양을 잘 나타내고 있다. 즉, 로마 병사가 머리에 쓰는 투구와 그 모양이 비슷하다 해서 붙여진 것이다. 우리나라에 분포하는 투구꽃 종류는 20여 종에 달하는데, 잎이나 꽃 색깔 등에 변이가 있다. 변이에 따라 '지리바꽃', '싹눈바꽃', '개싹눈바꽃', '진돌쩌귀', '세잎돌쩌귀', '그늘돌쩌귀' 등 여러 종류로 나누기도 하고, 학자에 따라서는 이들 모두를 투구꽃에 포함시켜 하나의 종으로 다루기도 한다. 이들과 같은 속에 속하는 종류 중 우리나라의 충청북도 이북 지역과 만주에서 자라는 백부자 A. koreanum 와, '금오오돌또기'라고도 불리며 경상북도 대구 근처에서 자라는 우리나라 고유 식물인 세뿔투구꽃 A. austrokoreense은 남획으로 개체 수가 크게 줄어 환경부에서 지정하는 멸종위기 야생식물 II급으로 지정되어 보호받고 있다.

투구꽃 종류의 뿌리는 '부자附子' 또는 '초오草烏'라 하여 약으로 사용하는데, 독성이 아주 강하여 옛날에는 사약을 만드는 주재료로 이용했다고 한다. 부자는 우리나라에는 분포하지 않는 오두烏頭, A. carmichaeli의 어린뿌리를 가공한 것인 데 비해 초오는 투구꽃, 놋젓가락나물, 세뿔투구꽃, 한라돌쩌귀 등의 덩이뿌리를 가공한 것이다. 초오의 주요 성분으로는 아코니틴 aconitine, 아코닌 aconin, 이노시톨 inositol 등이 보고되어 있다. 진통, 진정, 항염 작용을 하며 국부 마비 등에도 효과가 있다고 한다. 적은 양을 먹으면 심장 운동을 진정시키지만 많은 양을 복용

꽃의 비교_ 투구꽃(위), 백부자(아래)

하면 흥분작용을 한다고 한다. 조금 사용하면 약이지만 과하면 독이 된다는 뜻이다. 매운맛이 있으며 뜨거울 때 약효가 있기 때문에 덥게 복용하는 것이 적절한 치료법이라고 한다. 사약으로 사용할 때도 마찬가지다. 옛날에 초오로 사약을 만들 때면 맵고 역한 맛 때문에 죄인들이 마시려 하지 않아 달콤한 맛을 내는 감초 등을 섞어 달여서 먹었다고 한다. 가끔 텔레비전 사극에서 사약을 마시는 장면이 나올 때면 난 '저걸 투구꽃으로 만들었겠지' 하고 엉뚱한 생각을 하기도 한다. 참고로 드라마의 사실감을 높이려면 사약 사발에서는 모락모락 김이 나야 한다. 오히려 차가운 사약은 몸에 좋은 약이 되므로 완전히 틀린 내용이 되기 때문이다.

가을꽃으로는 최고라고 할 수 있는 투구꽃은 아름다운 모습 뒤에 맹독猛毒을 품고 있는 이중성격의 꽃이다. 겉과 속이 다른 대표적인 식물이다.

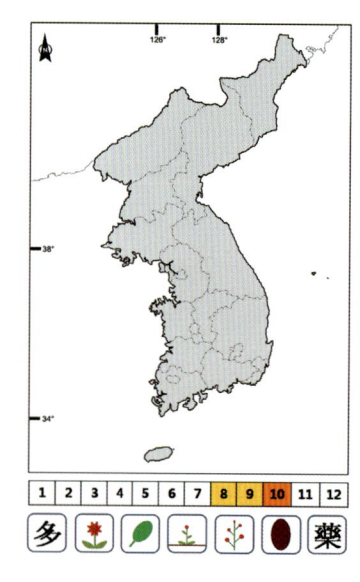

투구꽃은 미나리아재비과 Ranunculaceae에 속하는 여러해살이풀로, 줄기는 약 1m 정도이며 마늘쪽 같은 덩이뿌리에 잔뿌리가 많이 나 있다. 잎은 어긋나고 긴 잎자루 끝에 달리는데 가장자리는 3~5개로 갈라지고 각각의 조각은 한 번 더 갈라져 마치 종이를 찢어 놓은 것처럼 보인다. 잎 가장자리에는 톱니가 있으며 크기는 줄기 윗부분으로 갈수록 작아지고 윗부분의 잎은 3개로 갈라진다. 꽃은 8~9월에 자색으로 피고 줄기 끝과 윗부분의 잎겨드랑이에 몇 개의 꽃이 송이처럼 달리는 총상꽃차례를 이루며, 작은 꽃자루에는 곧고 퍼진 융단 모양의 털이 많다. 꽃잎 모양의 꽃받침조각은 5개가 어우러져 투구 모양을 만들며 표면에 털이 많다. 꽃잎은 2개로 긴 자루가 있으며 가장 윗부분의 꽃받침조각 속으로 들어가 꿀샘蜜腺이 된다. 꽃을 자세히 들여다보면 문창호지로 만든 종이 공예품을 보라색으로 물들여 놓은 것처럼 부분 부분이 신기롭게 생겼다. 씨방은 3~4개로 털이 많으며, 열매는 쪽꼬투리로 달리는 골돌과로 10월에 익고 각각의 모양은 타원형이다.

홍·정·윤·갤·러·리

투구꽃 *Aconitum jaluense*

갈대와 억새, 그리고 으악새의 관계는?

아무리 길고 매서운 겨울이었어도 봄이 되면 어김없이 눈을 뚫고 올라오는 식물들을 보면 자연의 신비로움에 놀라게 된다. 또한 여름이면 푸르디푸른 산림의 풍성함에 절로 감탄사가 흘러나오고, 가을에는 한해살이를 마무리하며 수확의 계절을 보내게 된다. 특히 9월 말이나 10월 초에는 이와 관련된 여러 가지 분주한 행사들이 이어지곤 한다. 추석이 지나 낙엽이 지기 시작하면 아무 준비 없이 훌쩍 떠나고 싶은 충동이 일기도 하고, 친한 친구랑 선술집에서 소주잔을 기울이며 지난 추억을 되새겨 보고 싶어지는 등 감상적이 되기 십상이다. 때로는 정말 행선지도 정하지 않고 훌쩍 자동차를 몰아 내달리기도 한다. 이럴 때면 내륙 지역에 살고 있는 사람들은 대부분 바다를 찾는 것 같다. 우리나라는 산림 면적이 전 국토의 64퍼센트인 640만 헥타르 6만 4,000킬로미터 정도이므로 백두대간을 중심으로 특히 영서 내륙에 사는 사람들은 바다 구경이 쉽지 않다. 바다에 도착하면 가슴이 후련해질 정도로 탁 트인 수평선과 짙푸른 바닷물이 우리를 기다리고 있었다는 듯이 반갑게 맞아

억새

준다. 여름의 시원함과는 달리 철 지난 가을과 겨울의 바다는 그 나름대로 운치가 있다. 바다에서 느끼는 이러한 기분을 산에서는 느낄 수 없는 것일까? 아마 산행을 좋아하는 사람 중에는 산 정상에서 울긋불긋 물든 단풍을 내려다보는 맛을 그에 비길 수 있다고 말하는 이도 있을 수 있다. 그러나 난 억새만 한 것이 없다고 생각한다.

가을이 절정에 달한 무렵 억새 꽃을 찾아 오르는 산행은 그 자체만으로도 즐겁고 신나는 일이다. 전국적으로 유명한 억새 *Miscanthus sinensis* 군락지로는 강원도 정선의 민둥산, 제주시 애월읍, 충남 홍성의 오서산, 경기도 포천의 명성산을 들 수 있다. 이곳에서 매년 가을이면 대규모 억새 꽃 큰잔치가 펼쳐진다. 특히 민둥산은 해발 1,119미터나 되는 산 정상부에, 나무는 눈에 띄지 않고 억새만이 약 20만 평이나 되는 넓은 지역을 뒤덮고 있어서 정선군 최고의 자랑거리가 되고 있다. 제주도는 도로 주변을 중심으로 억새 군락이 여럿 형성되어 있어서 제주도 전체가 억새

꽃의 비교_ 억새(위), 갈대(아래)

꽃 잔치를 열어도 될 정도다. 그런데 이 억새 꽃 축제들이 제 명칭을 찾기까지 약간의 우여곡절이 있었다. 지금은 사람들이 억새와 갈대가 서로 다른 종이라는 사실을 잘 알고 있지만, 예전에는 억새 비슷하게 생긴 것은 뭉뚱그려 갈대라고 불렀다. 따라서 초창기의 억새 꽃 축제 또는 잔치는 모두 갈대꽃 잔치 아니면 축제였다. 내 생각에 이런 오류가 발생하게 된 가장 큰 원인은 '아아, 으악새 슬피 우니 가을인가요.'라고 시작되는 노랫말과, '여자의 마음은 갈대'라는 광고 문구가 한몫한 것 같다. 이들은 각기 외로운 마음을 스산한 가을 풍경에 빗대어 말했거나, 바람에 흔들리는 억새의 모습에서 변덕 심한 여자의 마음을 읽었을 뿐일 텐데……. 문제는 애초부터 갈대와 억새를 정확히 구별하지 않은 데 있다. 얼핏 보면 두 종은 형태적으로 아주 유사하기는 하다. 그러니 전공하지 않은 작사가나 카피라이터가 헛갈렸던 것은 당연한 일인지도 모르겠다. 비록 서로 속한 속屬조차 다를지라도.

이왕 말이 나온 김에 두 종을 비교해서 구분해 볼까 한다. 갈대*Phragmites communis*와 억새는 우선 자라는 곳이 다르다. 갈대는 냇가나 습지를 중심으로 분포하는 데 비해 억새는

억새 종류_ 억새(왼쪽), 참억새(오른쪽)

산의 능선이나 양지바른 비탈면에서 볼 수 있다. 잎의 가장자리도 갈대는 톱니가 없어 부드러운 반면, 억새는 작고 단단한 가시 같은 톱니가 있어서 잘못 만지면 손을 다칠 염려도 있다. 꽃이 피는 형태도 갈대는 꽃 모양이 원추꽃차례를 이루고 작은 꽃줄기는 층층으로 많이 갈라져서 밑으로 처지며 꽃 색깔은 갈색인 데 비해, 억새는 꽃줄기 한 마디에서 여러 개의 꽃대가 나오며 꽃 색깔도 은백색을 띤다. 그래서 갈대꽃이 주먹처럼 커다랗고 강해 보이는 데 비해 억새는 연약하게 보인다.

　이 두 종의 차이는 학명에서도 드러난다. 갈대의 속명 '*Phragmites*'는 울타리를 뜻하는 그리스어 'phragma'에서 유래되었는데 냇가에서 울타리처럼 자라는 것을 표현한 것이고, 종소명 '*communis*'는 '공통적이다'라는 뜻이 있다. 억새의 속명 '*Miscanthus*'는 작은 꽃줄기를 의미하는 그리스어 'mischos'와 꽃을 뜻하는 'anthos'의 합성어로 꽃줄기에 꽃이 달리는 모습을 표현한 것이며, 종소명 '*sinensis*'는 중국에서 자란다는 뜻이다. 갈대라는 우리 이름은 강가에 사는 대나무 비슷한 잎을 가진 식물이라는 의미인 것 같고, 억새는 잎이 억센 벼과 식물 새와 비슷한 식물이라는 뜻이다. 갈대와 꽃의 형태가 유사한 종류로는 달뿌리풀이 있는데, 줄기가 바닥으로 뻗고 땅에 닿는 마디마디에서 뿌리를 내리는 것이 갈대와 차이가 있다. 억새의 경우는 잎에 얼룩무늬가 있는 '얼룩억새', 잎의 폭이 5밀리미터 정도로 가는 '가는잎억새', 그리고 꽃이 자주색인 '참억새'가 있으며 각기 억새의 품종으로 취급한다. 또 물가와 습지에서 자라고 사탕수수처럼 꽃이 피는 '물억새'라는 종류도 있다.

갈대와 억새는 한방에서 사용하는 부위도 차이가 있다. 억새는 망근芒根이라 하여 뿌리를 이용하는데, 이뇨작용에 탁월한 효능이 있다고 한다. 갈대는 뿌리줄기를 노근蘆根이라 하여 갈증이나 메스꺼운 증세에 쓰거나, 복어나 게를 먹고 생긴 독을 해독시키는 데 사용한다고 한다. 이 외에도 갈대는 줄기로 지붕을 잇거나 돗자리를 만드는 데 사용하기도 하며, 갈목비라 하여 이삭으로 빗자루도 만들고, 가축에게 사료로도 먹인다. 또 땅속줄기는 죽순처럼 식용하기도 하는 등 다양한 용도로 이용되고 있다.

그런데 불행하게도 갈대의 꽃말은 별로 좋지가 않다. 로마의 시

갈대(위)와 달뿌리풀(아래)

인 오비디우스Ovidius의 「변신 이야기」에서는 당나귀 귀를 가진 미다스 왕Midas의 비밀을 알게 된 이발사가 땅속 구덩이에 대고 '임금님 귀는 당나귀 귀'라고 외치고는 흙을 덮은 뒤 후련해 했는데, 그 구덩이 위에 자란 갈대가 바람이 불 때마다 미다스 왕의 비밀을 누설했다는 설화가 전해지기 때문인지 갈대는 '밀고'와 '무분별'에 비유되고 있다. '으악새'는 억새의 사투리라고 한다. 아직도 억새를 날아다니는 새鳥類의 한 종류로 생각하는 분이 있다면 이 글을 통해 바로잡아졌기를 희망한다.

나의 지도교수 아호는 죽파竹波다. 어린 시절 대나무의 잎사귀가 서로 부딪치며 내는 소리가 너무나 좋아서 만든 이름이라고 한다. 억새와 갈대의 줄기나 잎에서 나는 소리도 그에 못지않다고 생각한다. 콧노래와 함께 은빛 반짝이는 억새 숲을 거닐어 보는 일은 상상만으로도 운치 있고 기분이 좋아진다.

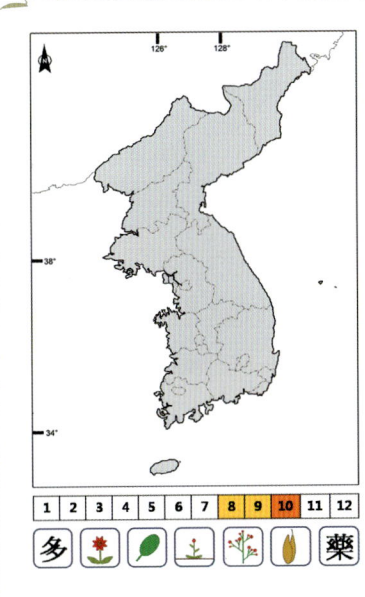

갈대는 벼과 Gramineae에 속하는 여러해살이풀로, 땅속줄기는 옆으로 길게 뻗으면서 마디에서 뿌리가 나오고 높이는 1~3m 정도며 속은 비어 있다. 잎은 2줄로 어긋나 달리고 긴 피침형으로 길이 20~50cm, 폭 2~4cm며, 끝은 길게 뾰족해져 밑으로 처지고 밑부분은 줄기를 감싸 잎집葉鞘을 만든다. 꽃은 8~9월에 고깔 모양의 원추꽃차례로 달리고 길이는 15~40cm며 끝은 처진다. 가지는 절반 정도가 꽃 축에 돌려나며 길이는 12~17mm고, 2~4개의 꽃으로 만들어진 이삭小穗이 달리는데 처음에는 자색이지만 차츰 자갈색으로 변한다. 꽃을 보호하는 포영苞穎은 2개이며 3~5개의 맥이 있다. 소수의 가장 아랫부분 꽃은 수꽃으로 길이는 10~15mm고, 아래쪽에는 6~10mm 정도의 털이 있다. 열매는 10월에 성숙한다.

감자를 닮았지만 소속이 다른 뚱딴지

　우리말에 '뚱딴지같은 소리 한다'라는 표현이 있다. 생각지도 못했던 질문이나 엉뚱한 소리를 할 때에 쓰는 말이다. 도대체 뚱딴지는 어떤 물건이기에 이런 표현의 주인공이 된 것일까? 많은 사람들 입에 자주 오르내리는 단어이지만 정작 뚱딴지 *Helianthus tuberosus*가 식물의 이름이라는 것을 아는 사람은 그리 많지 않은 것 같다. 뚱딴지의 겉모양은 그저 평범한 식물로만 보인다. 우리나라에서 절로 나 자라는 식물이 아니라 작물로 재배하는 식물이라서 무심코 지나쳤던 비교적 흔하게 보아 왔던 종류다. 문제는 땅속의 기관인데, 흙을 들어내고 땅속을 살펴보면 땅속줄기地下莖 끝에 감자처럼 생긴 덩이줄기塊莖라고 부르는 저장 기관이 여러 개씩 달려 있어 매우 신기하게 보인다. 감자하면 의례히 땅속에 달려 있는 감자를 떠올리지만, 뚱딴지는 그런 느낌을 전혀 받을 수 없기 때문이다. 처음에 뚱딴지는 가축 사료로 들어와 재배했던 것인데 지금은 야생화되어 자연에도 분포하게 되었다. 한때는 왕성한 번식력 때문에 생태계에 문제를 일으키는 식물이었지만, 덩이줄기에 국화과 식물에서 주로 볼 수 있는 저장 다당류의 하나인 이눌린Inulin이라는 물질이 많이 들어 있다는 것이 확인되어 유용한 약용식물로 인정받고 있다. 시골에 농사를 짓지 않는 묵밭이나 밭 주변에 심어 놓은 뚱딴지 재배지를 가 보면 여지없이 멧돼지가 다녀간 흔적이 남아 있다. 땅속 덩이줄기를 먹기 위한 것인데, 마치 밭을 뒤집어 놓은 것처럼 움푹움푹 패여 있는 구덩이가 여러 개 생겨나 있고 가끔은 미처 먹지 못한 덩이줄기가 하나둘씩 흩어져 있다. 어릴 적엔 거저 얻은 기분으로 그것들을 주워 담았던 기억이 생생하다.

얼마 전에 강원도 홍천의 어느 산으로 조사를 나갔었는데, 국립공원이나 도립공원처럼 잘 정리된 길을 따라가며 조사를 한다면 전혀 무리될 것이 없겠지만 내가 가는 대부분의 조사 지역은 길조차 명확하지 않은 곳이 많다. 산길을 찾기 위해 근처 마을을 찾아가 수소문하기도 하고, 지도에 나침판을 올려놓고 애써서 길을 찾기도 한다. 때로는 어렵게 동네 어르신들께 얻어 낸 길 정보가 너무 오래 전 기억이라 허탕치는 경우도 있었다. 그러다보면 하루 종일 길 입구 찾기만 반복하다가 정작 볼일을 보지 못하는 때도 있다. 그날도 대학원 학생이 알아 놓았다는 길을 따라 산 쪽으로 접근하고 있었는데 걸으면 걸을수록 길다운 길은 나오질 않고 환삼덩굴, 박주가리 같은 덩굴성 식물들이 얽혀 있는 묵밭으로만 이어졌다. 이른 아침 무렵이라 전날 밤에 내린 안개 때문에 습하게 젖어 있는 덩굴을 헤치며 뚫고 가자니 이내 바지가 흠뻑 젖어 버렸다. 한참을 더 걸어갔지만 길은 나오질 않았고 어른 키만 하게 자란 돌피며 강아지풀 같은 잡초들만이 무성한 묵밭 한가운데 서 있게 되었다. 되돌아갈 생각이 없었던 것도 아니지만 지도에 나와 있는 길을 믿고 조금 더 위까지 가 보기로 했다. 그때 저만치 앞쪽으로 바람에 흔들거리는 노란색 물체가 눈에 가득 들어왔다. '이 산중에 저렇게 흐드러지게 필 노란색 꽃이 무엇일까?' 하는 생각에 서둘러 그곳으로 가 보았더니 꽤 넓은 면적의 뚱딴지 밭이 조성되어 있었다. 해바라기만 한 높이까지 자란 노란색 꽃이 바람에 흔들려 그렇게 보였던 것이다. 그

뚱딴지 군락

저 몇 개체씩 심어 놓은 것은 보았어도 그렇게 많이 심어져 있는 것은 처음이라 어안이 벙벙할 정도였다. 길 찾던 것은 잠시 잊고 연실 사진기 셔터를 눌러 댔음은 물론이고, 그 앞에서 다함께 기념 촬영까지 했다. 결국 그날의 길 찾기는 실패하고 말았지만, 지금도 장관을 이루며 꽃이 피어 있던 뚱딴지 밭의 전경만은 머릿속에 생생하다.

여기서 잠깐, 그렇다면 뚱딴지는 어떻게 생겼을까? 뚱딴지란 말처럼 꼬이거나 갈라져 있을까, 아니면 어느 한 곳이 툭 튀어나와 있는 것일까? 그 해답을 학명에서 찾아보면, 뚱딴지의 속명 'Helianthus'는 그리스어로 태양을 뜻하는 'helios'와 꽃을 의미하는 'anthos'의 합성어이고, 종소명 'tuberosus'는 살이 많아 비대해진 땅속줄기를 갖는다는 뜻이다. 학명의 의미를 살펴보면 꽃은 해바라기처럼 생겼지만 땅속에는 튼실한 저장 기관을 감추고 있는 식물이란 것을 알 수 있다. 어쩌면 뚱

1	2	뚱딴지
3		1 꽃　2 잎 3 덩이줄기

딴지라는 우리 이름은 땅 위와 땅속의 모습이 전혀 다른 의외의 식물이라는 뜻에서 갖게 된 것인지도 모르겠다. 뚱딴지와 같은 속屬에 속하는 식물로는, 관상용으로 재배되고 있는 해바라기가 있다. 해바라기는 한해살이 식물이고 꽃은 지름이 8~60센티미터로 크며 땅속줄기인 덩이줄기도 생기지 않아 뚱딴지와는 차이가 있다.

뚱딴지는 '뚝감자', '돼지감자'라고도 부르며, 약용할 뿐만 아니라 차나 막걸리의 재료로 이용되기도 한다. 특이한 이름 덕분(?)인지 해장국집이나 선술집 상호로 가끔 도용되기도 있다. 한방에서는 뿌리를 국우菊芋라 하여 열을 내리거나 출혈을 멈추게 하는 데 쓴다. 잎과 줄기는 타박상과 골절상에 사용하기도 한다.

뚱딴지라는 단어가 주는 어감은 그다지 좋은 것은 아니지만, 여러 가지 유용한 성분을 포함하고 있어 의미 있는 식물이다. 이제부터는 엉뚱하다는 표현보다는 전혀 생각지도 못했는데 쓰임새가 많은 친근한 식물이란 뜻으로 생각을 바꿔야겠다.

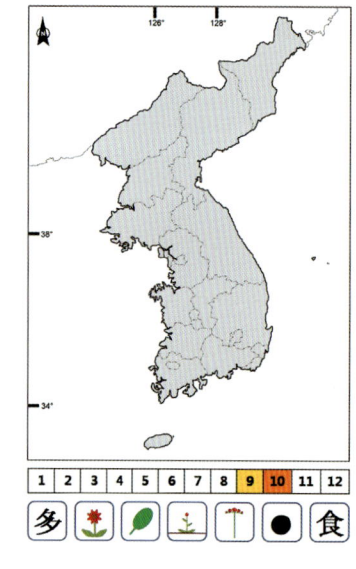

뚱딴지는 국화과 Compositae에 속하는 여러해살이풀로, 북아메리카가 원산지이며 높이는 1.5~3m 정도로 자란다. 식물체 전체에는 짧고 강한 털이 있다. 줄기 밑부분의 잎은 어긋나며 긴 타원형으로 길이 20cm, 폭 10cm 정도고, 아래쪽에는 3개의 큰 맥이 있고 밑부분은 좁아져 잎자루로 흘러 날개가 된다. 잎 가장자리에는 톱니가 있고 양면에는 강한 털이 있어 까칠까칠하다. 꽃은 황색으로 9월에 피며 가지와 줄기 끝에 두상꽃차례로 달린다. 꽃의 지름은 8cm 정도로 가장자리에는 혓바닥 모양의 꽃 설상화가 10개쯤 달리고 안쪽에는 통 모양의 통상화가 여러 개 들어 있다. 꽃을 보호하는 잎 모양의 총포는 반구형이며 각각의 조각은 피침형이고 끝은 뾰족하다. 열매는 씨방 1개에 하나의 씨가 있고 익어도 껍질이 열리지 않는 수과로, 비늘처럼 생긴 돌기가 있으며 10월에 성숙한다.

홍·정·윤·갤·러·리

뚱딴지 | *Helianthus tuberosus*

| 찾아보기 |

ㄱ

가는돌쩌귀 358
가는동자꽃 383
가는오이풀 451
가는잎쐐기풀 472
가는잎억새 540
가는잎왕고들빼기 436
가래나무 176, 207
가새뽕나무 295
가시박 502
가시상추 436
가야물봉선 519
가지더부살이 32
가지복수초 37
가지산꽃다지 63
각시붓꽃 121
간장풀 312, 385
갈대 252, 536, 538
갈졸참나무 310
갈참나무 306
갈퀴나물 393
갈퀴덩굴 393
감국 268, 522, 523
감나무 283, 285
감자 174
감초 377
감태나무 288
강아지풀 543
개나리 87, 91, 92, 173, 412
개노박덩굴 254
개느삼 229
개다래 319, 313
개망초 501

개미취 487, 500, 526, 527
개병풍 147, 333, 334
개불알꽃 312, 314
개산초 281
개싹눈바꽃 533
개암나무 349
개족도리풀 204
개종용 32
개회나무 159
갯개미취 529
거센털꽃마리 74
검산초롱꽃 475
게박쥐나물 393
겨우살이 30
겹도라지 378
겹동강할미꽃 84
겹산철쭉 183
겹함박꽃나무 237
고광나무 115
고깔제비꽃 60
고들빼기 89, 103, 121, 437
고란초 428, 429
고려엉겅퀴 506, 508
고로쇠나무 176, 207, 225, 368
고로쇠생강나무 51
고무나무 121, 313
고본 147, 454, 455
고사리 103
고산봄맞이 112
고삼 223, 344, 345

고욤나무 285
고추 371
고추나무 373
고추나물 371
고추냉이 373
곤약 42
골고사리 147
골등골나물 441
곰솔 189
곰의말채나무 210
곰취 153
과남풀 513, 514
관중 176
광릉요강꽃 314, 316, 334
광릉쥐오줌풀 341
괭이밥 247, 248
구내풀 385
구슬붕이 513
구실잣밤나무 32
구절초 510, 524
구주소나무 189
국화바람꽃 193
군자란 312
굴참나무 306
귀룽나무 217
귀박쥐나물 393
그늘고사리 105
그늘돌쩌귀 533
그늘송이풀 105
금강봄맞이 112
금강소나무 185, 188, 189

금강제비꽃 58
금강초롱꽃 355, 474
금낭화 121, 324, 326, 365, 396
금마타리 409
긴동강할미꽃 84
긴오이풀 451
긴잎느티나무 216
긴잎회양목 89
길뚝사초 385
까실쑥부쟁이 487
까치박달 176, 348, 350
깨풀 385
깽깽이풀 141, 142
꼬리겨우살이 32
꼬리뽕나무 295
꽃개회나무 159
꽃다지 61, 74, 87, 111, 173, 207
꽃마리 71, 73, 312
꽃며느리밥풀 396
꽃받이 74
꽈리 248, 326
꽝꽝나무 385
꿩고비 191
꿩고사리 191, 200
꿩의다리아재비 191
꿩의바람꽃 123, 191, 193
꿩의밥 191
꿩의비름 191
끈끈이대나물 485

ㄴ

나도냉이 245
나도밤달 225
나도밤나무 480
나도송이풀 480, 482
나래박쥐나물 393
나비나물 385, 391
나팔꽃 458
낙지다리 385
날개하늘나리 425
남산제비꽃 58, 123
남해배나무 147
냉이 61, 64, 74, 87,
　　111, 152, 173, 207,
　　241, 333
너도바람꽃 39, 194
넉줄고사리 429
넓은잎쥐오줌풀 341
네잎갈퀴 393
노각나무 385
노랑개불알꽃 314
노랑노박덩굴 254
노랑돌쩌귀 358
노랑물봉선 519
노랑미치광이풀 176
노랑제비꽃 58
노루귀 65, 67, 134,
　　141, 392
노루발풀 65, 66, 392
노루삼 65, 66
노루오줌 65, 200, 493
노루참나물 65
노린재나무 141
노박덩굴 252, 458
녹다래 319
녹마가목 265
논뚝외풀 373
놋젓가락나물 533

누리장나무 268
누린내풀 268, 451
눈빛승마 176
눈양지꽃 108
눈잣나무 190, 450, 482
눈주목 97
느티나무 212

ㄷ

다닥냉이 63, 241
다래 317
다북고추나물 372
단풍나무 223, 225,
　　226, 368
단풍잎돼지풀 501, 503
달래 152, 243, 333
달맞이꽃 501
달뿌리풀 540
닭의장풀 463
담배풀 493
당단풍나무 176, 227,
　　368
당마가목 265
대상화 138
대흥란 47
댑싸리 413
더덕 268, 348, 354,
　　377, 403, 404, 456,
　　459
덩굴꽃마리 74
덩굴닭의장풀 468
도깨비가지 502
도깨비엉겅퀴 509
도라지 348, 376
도라지모시대 379
돌나물 326
돌마타리 409
돌배나무 147

돌양지꽃 108
돌피 543
동래엉겅퀴 509
동백나무 24, 25, 32,
　　51, 52, 288
동백나무겨우사리 32,
　　288
동백사초쪽 288
동의나물 152, 153
동자꽃 381
돼지풀 501, 503
된장풀 312
두메고들빼기 436
둥굴레 262
둥근잎느티나무 216
둥근잎생강나무 51
둥근털제비꽃 123
등 458, 491, 493
등골나물 385, 439, 441
땅나리 425
땅빈대 392
때죽나무 290
떡갈나무 306
떡갈참나무 309
떡신갈나무 310
뚝갈 407, 442
뚝마타리 409
뚝새풀 257
뚱딴지 385, 542

ㄹ

라일락 157
리기다소나무 190

ㅁ

마가목 262, 264
마타리 407
만리향 332

만리화 92
만병초 206, 282
만삼 401, 403
말나리 425
말채나무 210
망초 313
매미꽃 122
매자나무 144
머루 317
머위 326
메꽃 458
메밀 268
며느리밑씻개 362, 363
며느리배꼽 364
명천봄맞이 112
모데미풀 131, 132, 136
모새나무 32
목련 35, 39, 87, 93,
　　163, 164, 237, 238
몬티클라잣나무 482
무 61
무궁화 174, 185
문배 147, 148
문주란 333
물레나물 372
물봉선 516
물양지꽃 108
물억새 540
물엉겅퀴 509
물참새피 502
물푸레나무 176, 252
미국실새삼 32
미국쑥부쟁이 500, 502
미나리냉이 451
미루나무 469
미색물봉선 519
미스김라일락 160
미역줄나무 318, 396

549
찾아보기

미치광이풀 123, 173, 174
민꽃다지 63
민들레 89, 100, 409
민산초나무 281
민작살나무 420

ㅂ

바늘엉겅퀴 509
바람꽃 193
박 407
박달나무 349
박주가리 458, 543
박쥐나무 392, 393
반들진달래 183
반송 188, 189
반하 42
밤나무 32, 454, 480
방울꽃 168
방울비짜루 168
방울새란 168
방크스소나무 189
배나무 34, 146
배목련 238
배추 61, 174
백당나무 272
백도라지 378
백리향 328, 450, 455
백목련 165
백부자 357, 358, 533
백선 268, 269
백송 190
백합 423
뱀딸기 107
버드나무 35, 120
벌개미취 485, 487
벌깨덩굴 176
벌등골나무 441
벚나무 78, 80, 220

벼 174
벼룩나물 87
변산바람꽃 194
별꽃 87, 111
별사초 121
병풍쌈 336
보리수나무 32
보춘화 45
복사나무 79, 220, 326, 364
복수초 35, 37, 40, 123, 134
복장나무 225
봄구슬붕이 111
봄망초 111
봄맞이 74, 111
봄여뀌 111
봉선화 413, 517, 519
부채마 458
분꽃나무 274
분홍동강할미꽃 84
분홍할미꽃 84
불두화 272
불로초 312
붉나무 366, 368
붉은겨우살이 32
붉은금강초롱꽃 477
붉은대산뽕 295
비로용담 513, 514
비목나무 312
뻐꾹나리 385
뻐꾹채 387
뽕나무 293, 294
뽈남천 144

ㅅ

사과나무 146
사스레피나무 32
사철나무 32

산가막살나무 274
산개나리 92
산개벚지나무 79
산겨릅나무 227, 397
산괴불주머니 39
산국 268, 522, 523
산꽃다지 63
산당화 272
산돌배 146
산딸나무 210
산마가목 265
산마늘 155, 451
산목련 165
산민들레 102
산벚나무 79
산뽕나무 293, 295
산수유 39, 49, 87, 173, 207, 210
산씀바귀 436
산오이풀 448, 449
산용담 513
산철쭉 183
산초나무 240, 278, 280
살갈퀴 393
살구나무 79, 220
삼색제비꽃 58
삼수구릿대 456
삼지구엽초 141, 197, 199, 265
삿갓나물 155
상수리나무 306
상추 103, 290, 371, 437
새 539
새끼노루귀 67
새며느리밥풀 399
새삼 32
생강나무 25, 35, 49, 120, 141, 451
서양금혼초 502

서양등골나물 441, 501
서양민들레 100, 501
서어나무 350
서울귀룽나무 222
선녀싸리 312
선제비꽃 58
설령쥐오줌풀 341
설악금강초롱꽃 477
설악눈주목 97
설앵초 329
섬고광나무 118
섬노루귀 67
섬다래 319
섬단풍나무 227
섬말나리 425
섬매발톱나무 144
섬백리향 331
섬뽕나무 295
섬쑥부쟁이 500
섬양지꽃 108
섬잣나무 190
섬초롱꽃 355
섬회양목 89
세바람꽃 193
세복수초 37
세뿔투구꽃 533
세잎돌쩌귀 533
세잎양지꽃 108
소경불알 404
소나무 121, 185, 268, 306, 310, 329, 348, 428, 448
소사나무 350
속새 103
솔나리 147, 329, 425
솔체꽃 409
솜양지꽃 108
송금나무 420
송장꽃 444, 445

송장풀 416, 444, 446
쇠뜨기 103
수박풀 451
수세미 313
수수꽃다리 157
수염며느리밥풀 399
수영 248
수정난풀 32
순갈일엽 312
스트로브잣나무 190, 482
신갈나무 305, 306, 329, 348, 456
신나무 225, 368
실새삼 32
십자고사리 176
싸리 252
싸리나무 294
싸리냉이 241
싹눈바꽃 533
쌍동바람꽃 138, 193
쐐기풀 63, 472
쑥부쟁이 510, 529
씀바귀 103, 121, 437

ㅇ

아까시나무 288, 471, 501
앉은부채 39
알록제비꽃 58
알며느리밥풀 399
암매 334
애기고추나물 372, 373
애기나비나물 394
애기더덕 404
애기도라지 379
애기동백나무 25
애기며느리밥풀 399

애기봄맞이 112
애기수영 502
애기쐐기풀 472
애기앉은부채 41
앵도나무 79, 220
야고 32
얇은잎노박덩굴 254
양다래 320
양미역취 502
양지꽃 105, 107
양지사초 105
억새 252, 536, 537
얼레지 123, 125, 127
얼룩억새 540
얼룩함박꽃나무 237
엉겅퀴 509
여뀌 364
여로 155
여우구슬 493
여우꼬리사초 493
여우꼬리풀 493
여우버들 493
여우오줌 491, 493
여우주머니 493
여우콩 493
여우팥 493
연밥매자나무 144
연복초 123
얇은잎고광나무 118
영산홍 183
오리나무 34, 350
오리나무더부살이 32
오색금강초롱꽃 477
오이풀 449
올벚나무 79
왕고들빼기 433, 435
왕벚나무 76
왕작살나무 420

왕제비꽃 58
왕진달래 183
왕초피나무 281
왕털마가목 265
외대으아리 373
용담 511, 514
용설채 436
우산나물 155
우선국 504
원추리 155
원추천인국 485
유채 64
육박나무 32
은대난초 45
은방울꽃 121, 168
은양지꽃 108
은행나무 149, 265, 268, 276
음나무 204, 397
음지꿩의다리 105
이삭봄맞이 113
익모초 412, 413, 446
인동덩굴 458
인삼 344
일본목련 166
일월비비추 147

ㅈ

자두나무 79, 220
자목련 165
자작나무 34, 349
자주꽃방망이 355
자주달개비 468
자주목련 166
자주방가지똥 436
작살나무 417, 420
잔고사리 288
잔대 354

잔디 358
잔잎바디 456
잔털마가목 265
잔털제비꽃 58
잣나무 190, 482
장미 423
장수만리화 92
정영엉겅퀴 509
정향나무 159
제비꽃 39, 54, 87, 207, 254, 491
제주찔레 302
조각자나무 471
조개나물 312
조밥나물 312
족도리풀 202
졸방제비꽃 60
졸참나무 306
좀개미취 529
좀고추나물 372, 373
좀꽃마리 74
좀닭의장풀 467
좀민들레 102
좀작살나무 420
좀쪽동백나무 290
좀찔레 302
주목 95, 132, 264
죽백란 45
줄딸기 302
중나리 425
쥐꼬리뚝새풀 260
쥐다래 319
쥐오줌풀 338, 340, 493
지느러미엉겅퀴 501
지리바꽃 533
지포나무 385
진달래 23, 93, 173, 174, 178, 207, 358

진돌쩌귀 533
진주고추나물 372
진퍼리용담 513
쪽동백나무 268, 288
쪽버들 288
찔레나무 299, 301
접빵나무 385

ㅊ

차빛귀룽나무 222
차풀 365
참꽃마리 74
참나리 423, 425, 472
참나무겨우살이 32
참나물 305, 528
참억새 540
참취 305, 487, 500, 528
창포 42
채고추나물 372
채송화 491
처녀치마 385
처진뽕나무 295
천남성 42
천리향 332, 455
철쭉 132, 173, 178, 180
청졸갈참나무 310
체꽃 409
초롱꽃 353, 354, 355
초종용 32
초피나무 240, 278, 280
층층고란초 431
층층나무 207, 292
칡 458, 493

ㅋ

코스모스 407, 485
콩제비꽃 60

큰개불알꽃 314
큰고란초 431
큰고추나물 372
큰괭이밥 247, 248
큰나비나물 394
큰달맞이꽃 313
큰뚝새풀 260
큰솔나리 425
큰쐐기풀 472
큰엉겅퀴 509
큰오이풀 451
큰졸방제비꽃 58

ㅌ

타래난초 45
태백제비꽃 58
태산목 166
털개불알꽃 314
털개회나무 160
털귀룽나무 220
털다래 319
털동자꽃 383
털뚝새풀 260
털머느리밥풀 399
털물참새피 501
털백선 269
털산돌배 147
털생강나무 51
털제비꽃 58, 123
털중나리 425
털진달래 183
털찔레 302
테에다소나무 190
토끼풀 501
토란 42
톱바위취 329
투구꽃 510, 531

튤립 313

ㅍ

팽나무 34, 461
풀산딸나무 210
풍도바람꽃 194
풍란 45, 333
피 121
피나무 121
피나물 121
피마자 495
피막이 121
피뿌리풀 121
피사초 121

ㅎ

하늘나리 425
하늘말나리 425
한계령풀 134, 144
한라돌쩌귀 358, 533
한란 45, 47, 333
할미꽃 81
함박꽃나무 165, 234
해국 500, 529
해당화 272, 302
해바라기 407, 545
해변노박덩굴 254
향나무 450
향등골나물 441
헛개나무 265, 396
현호색 39, 123, 134, 136
흑쐐기풀 469, 471
홀아비바람꽃 135, 176, 193
홍노도라지 379
화살나무 265

환삼덩굴 459, 543
황새냉이 241
황철쭉 183
회리바람꽃 39, 123, 137, 193
회솔나무 97
회양목 87, 88
회화나무 346
후박나무 32
흰겹도라지 378
흰고려엉겅퀴 509
흰귀룽나무 222
흰그늘용담 513
흰금강초롱꽃 475
흰꽃나비나물 393
흰꽃좀닭의장풀 468
흰동강할미꽃 84
흰동백나무 25
흰동자꽃 383
흰말채나무 210
흰물봉선 519
흰민들레 102
흰송이풀 482
흰알며느리밥풀 399
흰애기며느리밥풀 399
흰얼레지 128
흰용담 513
흰잎고려엉겅퀴 509
흰잎엉겅퀴 509
흰작살나무 420
흰제비꽃 58
흰진달래 182
흰철쭉 183
흰털귀룽나무 220